Dieter Lüst

Quanten-fische

Dieter Lüst

Quanten-fische

Die Stringtheorie und die Suche nach der Weltformel

C.H.Beck

Mit 37 Abbildungen und 1 Tabelle im Text

Satz: Fotosatz Amann, Aichstetten
Druck und Bindung: CPI – Ebner & Spiegel, Ulm
Umschlagentwurf: www.kunst-oder-reklame.de
Gedruckt auf säurefreiem, alterungsbeständigem Papier
(hergestellt aus chlorfrei gebleichtem Zellstoff)
Printed in Germany
ISBN 978 3 406 62285 4
www.beck.de

Für Ursula, Severin, Moritz und Ludwig

Inhalt

Vorwort

Keine Theorie wurde in den letzten Jahren so eingehend diskutiert wie die Stringtheorie, und keine Theorie wurde dabei auch so polemisch angegriffen wie diese. Häufig entsprang die Kritik der Unwissenheit, aber auch zum Teil berechtigter Skepsis. In diesem Buch möchten wir eine objektive Beschreibung der Stringtheorie mit ihren Erfolgen und ihren Schwierigkeiten geben. Der größte Erfolg der Stringtheorie ist sicherlich, dass sie zu einer Vereinigung aller Teilchen samt ihren Wechselwirkungen geführt hat. Insbesondere hat sie die Quantenmechanik und die Allgemeine Relativitätstheorie zusammengeführt. Aber hat sie uns wirklich bei der Suche nach einer Weltformel vorangebracht?

Dieses Buch ist aus dem Blickwinkel eines Stringtheoretikers geschrieben. Ich möchte im Folgenden erklären, warum mein Fazit über die Stringtheorie positiv und optimistisch ausfällt. Dieses Fazit bleibt jedoch vorläufig, denn die Stringtheorie ist kein abgeschlossenes Projekt. Man erwartet immer noch neue Ergebnisse. Eventuell können weitere Experimente in Teilchenbeschleunigern und in der Astrophysik zur Klärung der offenen Fragen einen Beitrag leisten.

In diesem Buch wird die These vertreten, dass die Stringtheorie den gesamten Kosmos als ein Multiversum auffasst, welches aus einer großen Anzahl von Universen – oft auch als Parallelwelten bezeichnet – besteht. Unser Universum ist im Rahmen dieser Theorie also nicht einzigartig. Wie man die Vielzahl der Universen zu interpretieren hat, ist unter den Physikern umstritten. Viele sehen das anthropische Prinzip als die einzig mögliche Erklärung für die Form der Naturgesetze in unserem Universum an.

Was die Kosmologie und die Geschichte des Universums angeht, beginnt dieses Buch in gewisser Weise gerade dort, wo die Geschichte des uns bekannten Universums endet; wir gehen darüber hinaus und betreten das bislang noch unbekannte Multiversum. Die Idee des Multiversums wird von verschiedenen Autoren, so zum Beispiel von Leonard Susskind in «Über die kosmische Landschaft» und von Stephen Hawking in «Der große Entwurf», behandelt. Die Stringtheorie ist auch Gegenstand von Brian Greenes Buch «Das elegante Universum». Schließlich kann ich zum Thema Teilchenphysik Harald Fritzschs Werke «Quarks» und «Vom Urknall zum Zerfall» sowie zum Thema Kosmologie Günther Hasingers Buch «Das Schicksal des Universums» empfehlen.

1. Einführung

Am Anfang sprach Gott: «Es werde Licht!», und es ward Licht, und die Erde ward erschaffen. Und am sechsten Tag wurde der Mensch als Krone der Schöpfung von Gott gemacht. Über viele Jahre haben Erde und Mensch ihre biblische Sonderrolle behaupten können. Doch in den letzten Jahrhunderten musste der Mensch eine Menge einstecken: Erst vertrieb ihn Nikolaus Kopernikus aus dem Zentrum der Welt, dann stieß Charles Darwin ihn ins Tierreich zurück, und mittlerweile wissen wir über unser Sonnensystem auch, dass es sich in einer ziemlich randständigen Region der Milchstraße aufhält. Und als wäre das nicht genug, behaupten nun Vertreter der Stringtheorie, dass selbst unser Universum nicht einzigartig, sondern nur eines unter Abermilliarden von Paralleluniversen sein soll.

Bekanntlich geht die Urknallhypothese von einem Universum aus, welches am Anfang aus einem immens heißen Feuerblitz entstanden ist, sich dann innerhalb von ungefähr 14 Milliarden Jahren wie ein Luftballon auf seine heutige Größe aufgeblasen und dabei fast auf den absoluten Temperaturnullpunkt abgekühlt hat. Dabei wird angenommen, dass unser Universum einzigartig ist, das heißt, es gibt nur ein einziges Universum, in dem die Naturgesetze der Physik an jedem Punkt und zu jeder Zeit gleichermaßen Gültigkeit besitzen. Und in der Tat hat all das, was die Astronomen und Astrophysiker in den vergangenen Jahrzehnten am Himmel mit ihren riesigen Teleskopen und Satelliten beobachtet haben, unsere Vorstellung über den heißen Urknall trefflich bestätigt. Deswegen sind fast alle Physiker davon überzeugt, dass die Urknalltheorie eines sich ausdehnenden Universums die Natur des Kosmos richtig beschreibt. Es ist sehr bemerkenswert, dass wir heutzutage in der Physik Gleichungen und For-

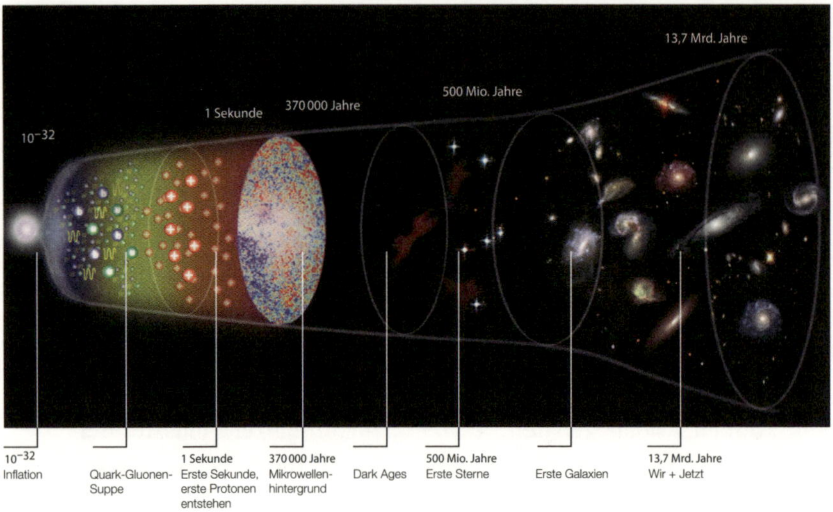

1 Der Radius des heute sichtbaren Universums ist hier als Funktion seiner (logarithmischen) zeitlichen Ausdehnung dargestellt, wobei wichtige Ereignisse in der Geschichte des Universums mit angegeben sind.

meln zur Verfügung haben, mit denen wir die Prozesse im Universum kurz nach dem Urknall berechnen können. Ebenso liefern uns dieselben Gleichungen eindeutige Vorhersagen über das Schicksal des Universums in ferner Zukunft, wenn auch nicht über dessen endgültigen Bestand oder gar sein Ende.

Die kosmologischen Gleichungen, die das Universum mit so großer Genauigkeit beschreiben, folgen aus Albert Einsteins Gesetzen der Allgemeinen Relativitätstheorie. Diese besagen, dass Raum und Zeit untrennbar mit der darin enthaltenen Materie verwoben sind und dass somit die Krümmung und die Ausdehnung des Raumes aus den Teilchen und deren Energien folgen, die während des heißen Urknalls urplötzlich entstanden sind. Die Gleichungen der Allgemeinen Relativitätstheorie erlauben, die Ausdehnung des Universums von Beginn bis in die ferne Zukunft vorauszuberechnen. Es handelt sich hierbei also um eine Theorie, die ein hohes Maß an Vorhersagekraft besitzt.

Ähnlich wie in der modernen Kosmologie gibt es auch in der Welt des Mikrokosmos – in der Welt der Elementarteilchen – eine allgemein akzeptierte Theorie, die alle Naturvorgänge sehr präzise und in überwältigender Übereinstimmung mit den Experimenten beschreibt. Diese Theorie wird als das Standardmodell der Elementarteilchen bezeichnet und beruht auf den Gesetzen der Quantenmechanik und der Relativitätstheorie. Dieses Modell besagt, dass auch die Gesetze, nach denen sich die Elementarteilchen bewegen und miteinander in Wechselwirkung treten, allumfassend sind und überall im Kosmos gelten. Das heißt, die mikroskopischen Naturvorgänge im gesamten Universum sind universell; ein Elektron und ein Quark folgen überall und zu allen Zeiten gleichen, unveränderlichen Naturgesetzen. Zwar beinhaltet das Standardmodell eine Reihe von nicht erklärten, sogenannten freien Parametern, wie zum Beispiel die Stärke der elektromagnetischen Anziehungskraft oder die verschiedenen und breit gestreuten Massen der Elementarteilchen. Die Mehrzahl der Physiker jedoch erwartet, dass diese Größen aus einer allumfassenden Theorie folgen und mit ihr auch eines Tages eindeutig berechenbar sein werden. Eine solche Theorie, die zwar bis heute noch nicht gefunden wurde, wird im Englischen gerne als «Theory of Everything» und im Deutschen als «Weltformel» bezeichnet. Würden wir wirklich diese Weltformel finden, dann könnten wir im Prinzip alles aus dieser Formel ausrechnen, obwohl das für komplexe Systeme wie Festkörper oder biologische Systeme praktisch unmöglich ist.

Sind also alle Naturgesetze wirklich universell und überall gültig, sind alle Vorgänge in der Natur eindeutig bestimmt? Jeder von uns hat sicher schon einmal in seiner Phantasie darüber spekuliert, dass es neben unserer Welt auch noch Nebenwelten geben könnte, die vollkommen anders aussehen und in denen viele Vorgänge gleichsam auf den Kopf gestellt sind. Ist dies nur Science-Fiction oder möglicherweise doch Realität? Was müssen wir tun, um Eingang in andere Welten zu finden? Wie können wir den genetischen Code des Universums begreifen?

Wir wollen uns in diesem Buch mit der Frage beschäftigen, ob die Grundlagen der modernen Physik wirklich so eindeutig sind, wie es oben in aller Kürze beschrieben wurde. Gibt es wirklich nur ein einziges, sich ausdehnendes Universum mit universell gültigen Gleichungen oder doch verschiedene Bereiche im Universum, in denen andere Naturgesetze gelten? Existieren eventuell sogar mehrere Universen, also Parallelwelten, die sich bis jetzt hartnäckig unserer Beobachtung entzogen haben? In diesen könnten dann andere Naturgesetze gelten, oder die Massen der Elementarteilchen hätten Werte, die sich in ihren von uns bisher gemessenen Größen unterscheiden. Wir müssten uns dann wahrscheinlich auch darauf einstellen, dass es auch schon eine Zeit vor dem Urknall gab. Der Urknall stellt lediglich den Moment dar, an dem unser Universum in seiner uns vertrauten Form entstand. Es stellt sich auch die Frage, ob es schon Naturgesetze vor dem Urknall gab. Diese Fragen rückten in den letzten Jahren mehr und mehr in den Vordergrund der Physik. Es gibt bereits einige Anzeichen dafür, dass sich die Physik auf einen dramatischen Paradigmenwechsel bezüglich unseres Verständnisses von Raum und Zeit vorbereitet, ja dass sich dieser sogar bei einigen Physikern bereits vollzogen hat. Die Existenz von Parallelwelten, auch oft als Multiversum bezeichnet, ist nicht mehr reine Phantasie, sondern ist in den Bereich der physikalischen Wirklichkeit gerückt.

Es lassen sich in diesem Zusammenhang weitere, sehr spannende Fragen stellen. Hat das Universum, in dem wir leben, wirklich nur drei räumliche Richtungen, Raumdimensionen genannt? Gibt es mehr als drei Raumdimensionen sogar schon in unserem Universum oder schließlich in einer der verschiedenen hypothetischen Parallelwelten? Und weiter: Existieren neben der uns bekannten Materie, die aus Quarks, Elektronen und anderen Elementarteilchen besteht, noch weitere Materieteilchen im Universum, die wir bislang nicht beobachtet haben? Solche Teilchen könnten beispielsweise jene sogenannte Dunkle Materie ausmachen, da sie sich bis jetzt noch nicht direkt experimentell manifestiert haben. Welche Kraft oder Energieform treibt die Expansion des Universums an – ist es nur die uns bekannte Materie, oder ist es eine als «dunkel» bezeichnete Energie, die bislang weder greifbar noch sichtbar ist?

Die mögliche Existenz eines Multiversums, von Extra-Dimensionen, Dunkler Materie und Dunkler Energie mag sicherlich als sehr hypothetisch und die Vermutung ihrer Existenz einfach als unsinnig erscheinen. Doch wie die Entwicklung der Physik immer wieder gezeigt hat, sind es oft gerade die neuen Phänomene, die der sinnlichen Wahrnehmung und deswegen auch der menschlichen Intuition gänzlich widersprechen, sich aber dann doch als physikalisch richtig erwiesen haben. Ein berühmtes Beispiel hierfür sind die in der Relativitätstheorie verwirrende Aussage über die in verschiedenen Bezugssystemen unterschiedlich schnell ablaufende Zeit – sogenanntes Zwillingsparadoxon – und die bewiesene Vorhersage, dass sich Licht nicht «geradlinig» ausbreitet, sondern von massiven Körpern abgelenkt wird. Ein zweites Beispiel ist die Quantenmechanik, die besagt, dass Teilchen sich auch wie Wellen verhalten und sich gewissermaßen überlagern können. Die Entwicklung der Physik bricht oft mit der alltäglichen Erfahrungswelt und auch mit den Lehren der Religion. Das berühmteste Beispiel hierfür sind die kirchlichen Prozesse gegen Galileo Galilei, der schließlich seinen Hypothesen über die Bewegung der Erde um die Sonne abschwören musste. Kopernikus, Galilei, Kepler, Newton und andere haben uns gelehrt, dass die Erde nicht das Zentrum des Universums darstellt, und wir haben akzeptiert, dass unsere Erde nur ein normaler Planet unter vielen anderen Himmelskörpern ist. Müssen wir demnächst auch hinnehmen, dass unser ganzes Universum nichts als eine kleine Seifenblase in einem viel größeren Gebilde ist?

Natürlich muss jede physikalische Theorie immer durch Experimente und Beobachtungen verifiziert werden oder auch, wie Karl Popper alternativ fordert, muss jede gute Theorie durch Experimente falsifizierbar sein. Es ist wirklich sehr bemerkenswert, dass äußerst präzise astrophysikalische Beobachtungen an der kosmischen Hintergrundstrahlung im Weltall und genaue Messungen der Bewegungen der Galaxien und Sterne in den letzten Jahren ein kosmologisches Bild produziert haben, das sich mit der Annahme von Dunkler Materie und Dunkler Energie in Einklang bringen lässt und deren Existenz somit als gesichert gilt.

Für weitere Dimensionen und für das Multiversum besteht experimentell weit weniger Evidenz als für Dunkle Materie und für Dunkle Energie. Jedoch trauen die theoretischen Physiker seit ein paar Jahren auch Multiversen mit Extra-Dimensionen eine konkrete physikalische Realität zu. Im Wesentlichen wurde dieser Umschwung durch neue Erkenntnisse in der Kosmologie und der Stringtheorie eingeleitet. Als physikalische Lösung ihres theoretischen Konzeptes bietet die Stringtheorie eine Vielzahl möglicher Welten an. Diese Gesamtheit aller möglichen Stringwelten wird auch als Landschaft der Stringtheorie bezeichnet, ganz ähnlich einer realen Landschaft mit Bergen und Anhöhen sowie Tälern, Mulden und Rinnen. Die Landschaft der Stringtheorie ist ein abstrakter Raum, den wir im weiteren Verlauf des Buches beschreiben werden. Die Täler und Mulden entsprechen Stringwelten, die eine relativ niedrige potentielle Energie besitzen, während die Berggipfel Universen mit sehr hoher potentieller Energie darstellen. Täler und Mulden bezeichnet man deswegen auch als die verschiedenen Grundzustände in der Stringlandschaft. Das bedeutet, dass Universen mit niedriger Energie wahrscheinlicher sind als Universen mit hoher Energie, vergleichbar einer Kugel, die sich aus energetischen Gründen viel lieber und wahrscheinlicher in den Tälern und Mulden einer ganz realen Landschaft aufhält und nicht auf deren Anhöhen. Unser Universum, in dem wir leben, entspricht in dieser Landschaft möglicher Welten einem ganz bestimmten Zustand – einer bestimmten Kugel.

Die Idee einer Landschaft mit energetisch unterschiedlich hohen Gipfeln und Tälern ist nicht vollkommen neu. Insbesondere die Festkörperphysik behandelt hochkomplexe Systeme mit einer größeren Anzahl von Lösungen, die auch alle im Rahmen einer Landschaft beschrieben werden können. Die verschiedenen Aggregatzustände von Materialien wie Wasser sind hierfür ein gutes Beispiel. Das Neue in der Stringtheorie ist, dass die verschiedenen Aggregatzustände der Strings ganz verschiedenen Welten und Universen zugeordnet werden müssen. Besonders frappierend ist die Entdeckung, dass es eine riesige Anzahl von Mulden, also Zuständen mit niedriger Energie, in der Stringtheorie gibt. Theoretische Abschätzungen liefern hier Zahlen einer Größenordnung von

10^{100} oder sogar 10^{1000}, also weit mehr als zum Beispiel die typische Anzahl von H_2O-Molekülen in einem Liter Wasser. Verbindet man die Idee einer Landschaft von Multiversen mit der Quantenmechanik und der Allgemeinen Relativitätstheorie, dann erhält man ein Szenario, in dem auch spontane Übergänge zwischen verschiedenen Universen möglich sind. Das bedeutet auch, dass Universen spontan aus anderen oder neben ihnen entstehen können und der Urknall unseres Universums höchstwahrscheinlich nur die Geburt eines neuen Universums in der riesigen Landschaft des Multiversums ist.

Die offensichtliche Existenz einer Stringlandschaft ist sicherlich ein zweischneidiges Schwert. Einerseits besitzen eine beachtliche Zahl dieser Stringwelten Eigenschaften, die denen unseres Universums nahekommen. Andererseits wurde durch die Stringtheorie zum ersten Mal wirklich klar, dass die Suche nach einer eindeutigen Weltformel, welche eindeutige Vorhersagen auch für zukünftige Experimente liefert, wahrscheinlich zu naiv gewesen ist. Welchen Sinn aber ergibt ein physikalisches Weltbild, in dem es eine Vielzahl von erlaubten Universen gibt und in denen darüber hinaus noch ganz verschiedene Naturgesetze gelten könnten? Anscheinend geht mit dem Bild des Multiversums – wenn es also wirklich eine riesige Anzahl von Möglichkeiten für die Naturkonstanten, für die Kraftgesetze, für die Anzahl und die Eigenschaft der Elementarteilchen und für die Struktur des Universums gibt – die Vorhersagekraft der Physik verloren. Warum ist unser Universum so beschaffen, wie es ist? Darüber ist unter den Fachgelehrten nun ein regelrechter Disput ausgebrochen.

Ein Teil der Physiker akzeptiert die Vorstellung, dass eine Unmenge von Parallelwelten mit unterschiedlichen Naturkonstanten, Kraftgesetzen und Elementarteilchen physikalisch realisiert ist, Parallelwelten also tatsächlich existieren. Sie begründen ihre Position – aus dem Griechischen *anthropos* (der Mensch) abgeleitet – mit dem anthropischen Prinzip. Dieses war ursprünglich von dem Kosmologen Robert Dicke eingeführt, dann insbesondere von Brandon Carter im Jahre 1973 anlässlich der Feierlichkeiten zu Kopernikus' 500. Geburtstag in seiner Schrift «Eine große Zahl von

Koinzidenzen und das anthropische Prinzip in der Kosmologie» aufgenommen worden, um zu erklären, warum intelligentes Leben im Universum entstand, obwohl das extrem unwahrscheinlich erscheint.[1] Es besagt in etwa, dass das von uns beobachtete Universum für die Entwicklung menschlichen Lebens geeignet sein muss, da wir sonst nicht existierten, um es zu beobachten. Es können also durchaus viele Welten koexistieren, und unser Universum ist in keiner Weise speziell! Wir dürfen uns aber nicht wundern, in genau unserem Universum zu leben. Denn ebendieses liefert die Voraussetzung für intelligentes Leben oder, abstrakter ausgedrückt, für das Vorhandensein von Beobachtern.

Ein anderer Teil der Wissenschaftler erkennt die Tatsache an, dass es im Prinzip viele Möglichkeiten gibt, ein Universum zu formen, so wie es in der Stringtheorie der Fall ist. Diese Forscher suchen daher nach einem Selektionsprinzip, das unser Universum gegenüber anderen hervorhebt. Deswegen mutmaßen oder hoffen sie, dass man eines Tages verstehen wird, warum unser Universum gerade so aussieht, wie wir es beobachten.

Schließlich ist ein Teil der Physiker der Auffassung, dies sei alles barer Unsinn, denn die Natur sei eindeutig.

Dieses Buch soll den derzeitigen Stand des Wissens über den Kosmos beschreiben und dabei insbesondere auf die Frage eingehen, ob die Naturgesetze eindeutig sind und welche Argumente für die Existenz des Multiversums sprechen, in denen die Naturgesetze nur anthropisch erklärt werden können. Dabei wollen wir uns klarmachen, was die Voraussetzungen für menschliches Leben, also für Beobachter im Universum, sind. Wir werden also den Gegensatz zwischen der Eindeutigkeitshypothese und dem anthropischen Prinzip beschreiben und dabei auf die neuesten Ergebnisse der Astro- und Elementarteilchenphysik sowie deren Bedeutung für die oben genannte Fragestellung eingehen. Wir werden versuchen, die Grundzüge der Stringtheorie zu erläutern und uns schlussendlich den aufregenden neuen Experimenten am CERN in Genf und auch im Weltraum widmen, die wahrscheinlich zur Lösung dieser Probleme einen wichtigen experimentellen Beitrag leisten werden. Eventuell wissen wir nach diesen Experimenten mehr über die Eigenschaft von Dunkler Materie und Dunkler Energie und sogar über die Existenz von Extra-Dimensionen.

Im Mittelpunkt dieses Buches werden der Mikrokosmos, nämlich die Welt der Elementarteilchen, und der Makrokosmos, also die Struktur des Universums, stehen. Die Elementarteilchen gehorchen den Regeln der Quantenmechanik, während die Körper im Weltall, die Sterne, Galaxien und Galaxienhaufen durch den Einfluss der Gravitationskraft miteinander wechselwirken. Albert Einstein hat in seiner Allgemeinen Relativitätstheorie gezeigt, dass die gravitationelle Anziehungskraft zwischen den Körpern einer Verbiegung des Raumes gleichzusetzen ist. Quantenmechanik und Allgemeine Relativitätstheorie haben sich als fundamentale Theorien glänzend bewährt und sind durch vielfältige Beobachtungen und Experimente genau überprüft und bestätigt worden. Jedoch ist die Physik immer noch unvollkommen: Die Quantenmechanik und die Allgemeine Relativitätstheorie stehen sich unversöhnlich gegenüber. Beide Theorien funktionieren bestens in ihrem jeweiligen Anwendungsbereich. Versucht man die Quantenmechanik und die Allgemeine Relativitätstheorie zu einer umfassenden, fundamentalen Theorie zu vereinigen, dann stößt man auf immense Widerstände und Schwierigkeiten. Diese Theorie, welche Quantenmechanik und Allgemeine Relativitätstheorie unter ein gemeinsames Dach stellt, heißt Quantengravitation. Die Suche nach ihr kann als die Suche nach der Weltformel bezeichnet werden. Man hofft, mittels der Weltformel alle Teilchen und alle Kräfte mit einer einzigen Theorie oder vielleicht sogar einer einzigen Gleichung beschreiben zu können. Alle physikalischen Naturphänomene würden dann zwangsläufig und hoffentlich eindeutig aus der Weltformel folgen. Der Anspruch, den die Physik an sie stellt, ist also gigantisch hoch.

Die Stringtheorie ist momentan die einzige Theorie, in der Quantenmechanik und Allgemeine Relativitätstheorie zusammengeführt und zudem auch noch alle Teilchen und Kräfte miteinander vereinigt werden können. Ist also mit der Stringtheorie die Suche nach der Weltformel erfolgreich abgeschlossen worden? Für etliche Jahre erschien dies als Möglichkeit. Aber seit einiger Zeit ist

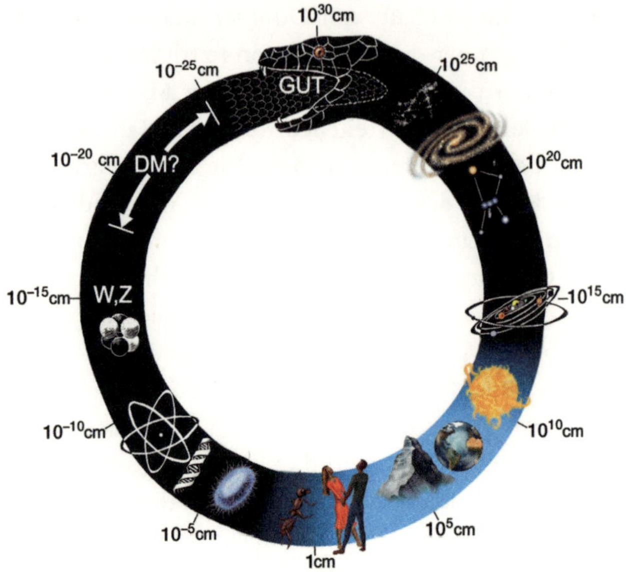

2 Der Körper der Urschlange Uroboros kennzeichnet vom Mikrokosmos bis hin zum Makrokosmos die verschiedenen Längenskalen, die für die verschiedenen Vorgänge in der Physik und im Universum charakteristisch sind. In den letzten Jahren ist die Physik des Allerkleinsten mit der Kosmologie bei extrem großen Abständen in eine für beide Seiten fruchtbare Symbiose eingetreten, weswegen sich die Schlange in ihren eigenen Schwanz beißt.

ein dramatischer Wandel eingetreten, ja fast eine Kehrtwendung um 180 Grad. Die Stringtheorie stellt zwar immer noch die Vereinigung von Quantenmechanik und Gravitationstheorie dar, aber die Anzahl ihrer Lösungen ist anscheinend riesig groß. Und jede Lösung der Stringtheorie beschreibt eine eigene Welt mit ganz bestimmten Elementarteilchen, mikroskopischen Kräften und Naturkonstanten. Der Preis, den man für die Vereinigung von Quantenmechanik und Gravitation zu zahlen hat, ist offenbar hoch: Die Eindeutigkeit der Naturgesetze steht auf dem Spiel. Es gibt eine große Anzahl von möglichen Universen, deren Gesamtheit man zum Multiversum zusammengefasst hat.[2]

Die Entwicklungsgeschichte der Physik kann gut mit einem Fabelwesen verglichen werden, dem Uroboros, der Urschlange, die sich in ihren eigenen Schwanz beißt.

Die Urschlange symbolisiert die ewige Wiederkehr und die Unendlichkeit. An jedem Ende steht immer ein neuer Anfang. In der Physik symbolisiert der Schlangenkörper einerseits die Entdeckung immer kleinerer Teilchen im Mikrokosmos. Die Reise ins Innerste der Materie wird oft auch mit einem Zwiebelschalenmodell verglichen, in dem man eine Zwiebelschale nach der anderen öffnet und somit immer weiter ins Innere der Zwiebel vordringt. Die andere Richtung des Schlangenkörpers steht für die astrophysikalische Erforschung weit entfernter Objekte im Makrokosmos. In der modernen Physik sind jedoch die Elementarteilchenphysik und die Astrophysik vor einigen Jahren aufeinandergetroffen und gehen nun einen gemeinsamen Weg, den man auch häufig als Astroteilchenphysik bezeichnet. Denn viele Phänomene in der Astrophysik und der Kosmologie stellen eine Herausforderung für die Elementarteilchenphysik dar, so wie auch die Beschäftigung mit den Wechselwirkungen der Elementarteilchen wichtig für die Befunde über die verschiedenen Entwicklungsphasen des frühen Universums waren. Diese Symbiose hat sich als sehr fruchtbar für beide Wissenschaftszweige erwiesen.

Wir möchten die Leser dieses Buches zu einer Reise ins Innerste und Äußerste unseres Kosmos einladen, zu einer Reise in fremde Welten, deren ferne Kontinente noch unbekannt sind. Wissenschaft ist immer eine Reise ins Unerforschte und setzt Unwissenheit voraus. Oft weiß man nicht, ob man jemals am Ziel ankommen wird. Das macht Wissenschaft sogar manchmal angreifbar. Aber unternehmen wir gemeinsam den Versuch!

Auf unserer Reise werden wir zunächst das wohlbekannte Land der klassischen Physik durchqueren, um dann im Land der Quantenmechanik haltzumachen. Die Quantenmechanik bildet die Grundlage für den weiteren Fortgang der Reise hinein in die Quantenwelt der Elementarteilchen. Quantenteilchen unterscheiden sich in vielerlei Hinsicht von klassischen Körpern, denn dank ihrer Welleneigenschaft und dank der Heisenberg'schen Unschärferelation können sie stabile Bindungszustände eingehen, welche klassischen Teilchen nicht möglich sind. Quantenteilchen sind ständig in Bewegung und setzen sich über Barrieren hinweg, die

3 Die Stringtheorie, dargestellt als hoher Berg mit unendlich vielen Stufen inmitten des Landes der Quantengravitation.

für klassische Teilchen unüberwindbar sind. Auf diese Weise dringen sie in Bereiche ein, die für klassische Teilchen verboten sind. Der nächste Stopp auf unserer Reise gehört wieder zum Bereich der klassischen Physik: Es ist das klassische Land von Raum und Zeit, welches die Bühne für das Spiel der Materie bereitstellt. Wir werden sehen, dass Raum und Zeit viele interessante Eigenschaften aufweisen, insbesondere die Möglichkeit von zusätzlichen Dimensionen, die wir in unserer Welt bislang noch nicht erwogen haben. Raum und Zeit sind eng verbunden mit der Gravitationsanziehung zwischen den Körpern, weswegen die Kosmologie und Schwarze Löcher die nächste Station auf unserer Reise darstellen werden. Ab diesem Punkt wird die Reise aufregender und gefährlicher, denn wir verlassen nun die Länder, über die wir aus vielen Beobachtungen und Experimenten schon genaue Landkarten besitzen: Jetzt betreten wir das Land der Quantengravitation, welches eine Brücke zwischen den Kontinenten der Quantenmechanik und der Gravitation schafft. Im Land der Quantengravitation gibt es auch unsichere und schlammige Regionen, in die wir uns besser nicht vorwagen wollen. Aber es gibt dort auch einen massiven und hohen Berg, die Stringtheorie, und es führen unendlich viele Stufen auf diesen Berg hinauf. Auf jeder Stufe werden wir mehr und mehr und immer schwerer werdende Elementarteilchen entdecken. Es wird uns einige Anstrengungen kosten, diesen steilen Berg zu erklimmen und alle seine Einzelheiten genau zu verstehen. Ob wir durch die vielen Wolken, die uns heute immer noch die Sicht verdunkeln, jemals seinen Gipfel erreichen werden, wird auch am Ende unserer Reise nicht klar sein.

Ob uns eventuell der Large Hadron Collider in Genf oder der Planck-Satellit bei der Ausmessung des Berges «Stringtheorie» Hilfestellung leistet, das werden wir auf der letzten Station unserer Reise erfahren.

Um die Reise in das Land der Quantengravitation und der Stringtheorie besser verstehen zu können, möchten wir uns eines Märchens bedienen, das von den sogenannten Quantenfischen im Fischteich handeln soll. Diese Quantenfische weisen sehr viele gemeinsame Eigenschaften mit Elementarteilchen auf.

Wie wir wissen, können Fische nur im Wasser leben – das ist das anthropische Prinzip der Fische –, und deswegen kamen die Fische lange Zeit nicht auf den Gedanken, dass es neben ihren eigenen noch mehr Fischteiche im Fischkosmos geben könnte. Die Quantenfische aber fassten eines Tages den Entschluss, ihren Fischteich genauer auszuforschen. Dabei entdeckten sie viele Phänomene, die auch in der Elementarteilchenphysik, der Kosmologie sowie der Stringtheorie eine große Rolle spielen. Und sie stellten sogar fest, dass sie selbst die Form von Strings besitzen – eine Erkenntnis, die ihnen helfen sollte, in neue Fischteiche vorzustoßen und so den Weg für ein langes Weiterleben zu ebnen.

2. Über die Eindeutigkeit der Naturgesetze

Das Märchen von den Quantenfischen im Fischteich

Es war einmal eine bestimmte Fischspezies, die irgendwo vor langer Zeit in einem ganz bestimmten Fischteich lebte. Diese Fische waren sehr intelligente Lebewesen. Sie konnten selbstständig Entscheidungen treffen, sie konnten sich untereinander verständigen, und im Laufe der Jahre hatten sie viele nützliche Geräte und Maschinen entwickelt, die ihnen das Leben im Fischteich sehr erleichterten. Darüber hinaus aber waren sie sehr daran interessiert, ihre Umwelt und auch sich selbst besser zu verstehen. Deswegen leiteten sie aus den verschiedenen Naturbeobachtungen und Experimenten, die sie in ihrem Fischteich durchführten, physikalische Theorien und Gleichungen her, die ihre Beobachtungen so gut wie möglich beschrieben. Über viele Jahre folgten die beobachteten Gesetzmäßigkeiten im Fischteich einem streng deterministischen Verhalten. Dies war die Epoche der klassischen Physik im Fischteich. Die Bahnen von Körpern im Teich folgten aus Gleichungen, deren Lösungen die mathematisch sehr begabten Fische im Prinzip mit beliebiger Genauigkeit berechnen konnten. In ihrer immer größer werdenden Neugierde zerlegten die Fische die Objekte, die sie in ihrem Teich vorfanden, in immer kleinere Bestandteile. Dabei entdeckten sie eines Tages etwas Sonderbares und zugleich sehr Aufregendes: Die kleinsten Teilchen bewegten sich nicht mehr auf genau vorbestimmten Bahnen, sondern waren einem neuen Zufallsprinzip unterworfen. Insbesondere, wenn man die kleinsten Teilchen auf zwei verschiedene Öffnungen in einem Hindernis lenkte, dann durchquerten die kleinen Teilchen anscheinend mal das eine und mal das andere Loch oder, noch seltsamer, beide Löcher im Hindernis zugleich. Den Fischen kam es so-

4 Der Fisch, der drei farbige Quantenfische mit einem Mikroskop beobachtet.

gar vor, als ob die kleinsten Teilchen von Fall zu Fall selbst entschieden, welche Bahn sie einschlugen. Den Fischen gelang es mit ihren Messungen nicht mehr, den Ort zu fixieren, an dem sich die kleinsten Teilchen mit einer ganz bestimmten Geschwindigkeit aufhielten. Jedes Mal, wenn sie den Ort eines kleinen Teilchens mit ihren Instrumenten möglichst exakt feststellen wollten, schwamm dieses Teilchen mit einer nicht genau messbaren Geschwindigkeit an ihnen vorbei. Die gleiche Schwierigkeit ergab sich bei der Bestimmung der Geschwindigkeit eines Teilchens: Das Bild dieses Teilchens verschwamm dann im Wasser, und der Aufenthaltsort des Teilchens ließ sich nicht mehr genau feststellen. Es waren dies Beobachtungen, die zur Geburtsstunde einer neuen physikalischen Theorie im Fischteich führten. Die Fische gaben ihr den Namen Quantenfischtheorie.

Es war eine rasante Phase von zahlreichen neuen Entdeckungen. Den Fischen gelang es, die vermeintlich kleinsten Teilchen zu identifizieren, aus denen alle Körper im Fischteich bestanden – inklusive die Fische selbst. Diese kleinsten Teilchen hatten, soweit die Fische feststellen konnten, keine nachweisbare räumliche Ausdehnung mehr. Sie hatten also die Form von punktförmigen Objekten. Die Fische bezeichnen diese Urbausteine allerdings nicht als Elementarteilchen, sondern nannten sie Quantenfische, da alle Teilchen das gleiche sonderbare Verhalten aufwiesen. Vielleicht fragen wir uns, warum man im Fischteich die Elementarteilchen als Quantenfische und nicht lediglich als Teilchen bezeichnete. Der Grund dafür war, dass die Fische annahmen, die kleinsten Teilchen im Fischteich seien selbst auch Lebewesen, also kleine Quantenfische. Denn ihr Verhalten legte nahe, dass sie wegen ihrer Quantennatur selbst entscheiden konnten, wohin sie sich gerade bewegen wollten. Die Fische im Fischteich nahmen also an, dass die Quantenfische auch eine Art von freien Willen besäßen, so wie sie selbst.

Die verschiedenen Quantenfische unterschieden sich zum einen durch ihre Masse, also durch ihr Gewicht. Es gab nämlich sehr leichte Quantenfische, die mit sehr hoher Geschwindigkeit durch das Wasser schnellten. Dann gab es schwere Quantenfische, die sich langsam und träge fortbewegten. Schließlich gab es auch noch masselose Quantenfische, die mit Lichtgeschwindigkeit durch das Wasser rasten. Kurioserweise wandelten sich die verschiedenen Quantenfische beim Durchqueren des Fischteiches oftmals spontan ineinander um, sie konnten also ihre Gestalt ändern. Beim genauen Hinsehen erkannte man sogar, dass Quantenfische häufig wie aus dem Nichts im Fischteich erschienen, um dann nach sehr kurzer Zeit gänzlich wieder zu verschwinden. Bei der weiteren Beobachtung des Spiels der Quantenfische entdeckten die Fische interessante unterschiedliche Eigenschaften; zum Beispiel, dass einige Quantenfische – man nannte sie auch Quarkfische – in ganz bestimmten Farben bunt schillerten – rot, grün oder blau. Schließlich konnte man einen gesamten Zoo von Quantenfischen genau klassifizieren. Ferner fiel auf, dass die Quantenfische fortwährend weitere kleine Objekte unter sich austauschten. Auf diese Weise traten sie miteinander in Kontakt und standen in wechselseitiger Wirkung miteinander. Das Ganze sah aus wie das Ballspiel von Kindern, die sich ständig kleine, zweifarbige Bälle zuwerfen und wieder auffangen. Warf ein farbiger Quantenfisch einen bunten Ball, so passierte es, dass sich dabei seine eigene Farbe wie die eines Chamäleons änderte, wobei die Farbänderung des Quantenfisches durch die Farben auf dem Ball bestimmt waren. Genauso erging es dem Quantenfisch, der den Ball wieder auffing: War er selbst zum Beispiel rot gefärbt, während der aufgefangene Ball rot und blau gefärbt war, dann wandelte sich die Farbe des Quantenfisches von rot zu blau. Die farbigen Quantenfische waren dabei so in ihr Ballspiel vertieft, dass sie sich nie sehr weit voneinander entfernten, sondern immer ganz nahe zusammenblieben. Die farblosen Quantenfische – diese nannte man Leptonfische – hingegen konnten sich frei im Fischteich bewegen, und sie bewarfen sich auch nur mit farblosen Bällen. Quark- und Leptonfische wiesen noch eine weitere interessante Eigenschaft auf: Sie drehten sich fortwährend mit einer ganz bestimmten Geschwindigkeit um ihre eigene Achse. Und auch die ausgetauschten Bälle drehten sich um ihre eigene Achse, und zwar doppelt so schnell wie die Quark- und Leptonfische. Schließlich gelang es den Fischen, eine Theorie aufzustellen, die das Spiel der Quantenfische im perfekten Einklang mit allen ihren Beobachtungen beschreiben konnte. Sie nannten diese Theorie deshalb auch das Standardmodell der Quantenfische. Diese Theorie sagte auch noch einen ganz besonderen, hübschen Quantenfisch mit dem Namen «Higgsquantenfisch» voraus. Kein Fisch hatte jemals schon den Higgsquantenfisch gesehen. Aber die Fische waren davon überzeugt, dass es den Higgsquantenfisch geben musste, denn laut ihrer Theorie klammerten sich alle anderen Quantenfische mehr oder weniger fest an den Higgsquantenfisch. Dadurch wurden sie in ihrer Bewegung durch den Fischteich mehr oder weniger stark abgebremst: die schnellen und leichten Quantenfische nur sehr wenig, da sie nur sehr schwach an den Higgsquantenfisch gekoppelt waren; die schweren und trägen Quantenfische hingegen sehr stark, da sie den Higgsquantenfisch, einer schweren Last vergleichbar, mit sich herumschleppten. Nur die masselosen Quantenfische, die sich mit Lichtgeschwindigkeit bewegten, konnten den Einfluss des Higgsquantenfisches überhaupt nicht spüren. Gemäß dem Standardmodell der Quantenfische war also der Higgsquantenfisch für die Massen der anderen Quantenfische verantwortlich. Deswegen durchstreiften die Fische jeden Winkel ihres Teiches, um nach dem Higgsquantenfisch zu suchen, bis sie ihn nach einigen Jahren mit der Hilfe einer gigantisch großen Maschine, genannt TSV 1860,[3] nachweisen konnten.

Zu guter Letzt vermuteten die Fische, dass es neben den Quantenfischen des Standardmodells noch weitere Quantenfische geben müsste, die nur sehr schwach mit den anderen Quantenfischen in Verbindung traten. Diese sollten fast durchsichtige, den Quallen ähnliche Objekte sein. Da sie sich nicht vom Wasserhintergrund abhoben, wurden sie von den Fischen auch als Dunkle Quantenfische bezeichnet. Der Grund für die Vermutung einer Existenz Dunkler Quantenfische lag in der Beobachtung, dass die Strömung des Wassers durch bestimmte, noch unbekannte Objekte mit beeinflusst sein musste. Diese aber passten nicht in die Theorie des Standardmodells.

Nach Fertigstellung des Standardmodells über die Quantenfische wollten die Fische auch verstehen, warum bestimmte Parameter ihrer Theorie, die sie durch verschiedene Messungen und Beobachtungen der experimentell arbeitenden Fische erhielten, gerade die beobachteten Werte annahmen und nicht irgendwelche beliebigen anderen Werte. Diese Messgrößen erschienen einerseits vollkommen willkürlich und nicht in der Theorie erklärbar. Andererseits stellten die Fische fest, dass bestimmte Größen nur so und nicht anders sein durften, damit es im Fischteich überhaupt Leben geben konnte. Zum Beispiel musste der Sauerstoffgehalt im Wasser einen ganz bestimmten Wert haben, um den Fischen das Leben im Wasser zu ermöglichen. Diese Umweltparameter, die entscheidend für bestimmte Lebensformen sind, bezeichneten die Fische – dem Griechischen *ichthys* (der Fisch) entlehnt – als ichthische Parameter. Wir würden sie natürlich als anthropische Parameter bezeichnen. Logisch betrachtet war es für die Fische völlig sinnlos, danach zu fragen, warum der Sauerstoffgehalt im Wasser gerade den Wert annahm, den sie in ihrem Fischteich beobachteten. Denn wäre der Sauerstoffgehalt von seinem tatsächlichen Wert abgewichen, dann hätte es die Fische gar nicht gegeben, und sie hätten die Frage nach dem Wert der Sauerstoffkonzentration gar nicht stellen können. Die ichthischen Größen ergeben sich also allein aus der Tatsache, dass sie das Leben der Fische in ihrem Fischteich ermöglichen.

Von unserer übergeordneten Warte aus wissen wir hingegen, dass es in der Natur noch viele andere Wasserteiche gibt, in denen der Sauerstoffgehalt andere Werte annimmt. Nur sehr wenige Fischteiche weisen genau den Sauerstoffgehalt auf, der für diese Fische lebensnotwendig ist. In der überwiegenden Mehrzahl dieser Parallelteiche wäre also die Existenz unserer Fischart unmöglich. Deswegen war es für die Fische erst einmal sehr schwierig herauszufinden, dass es Wasserteiche mit anderen Sauerstoffkonzentrationen gibt und über welche weiteren Eigenschaften diese Wasserteiche verfügen. Aber da zumindest die von uns betrachteten Fische außerordentlich intelligente Lebewesen waren, zogen sie nach einiger Zeit durch theoretische Überlegungen über die Grundgleichungen der Wasserteiche und ihre verschiedenen Lösungen doch den Schluss, dass es nicht nur ihren eigenen Fischteich gibt, sondern noch eine große Anzahl weiterer Wasserteiche mit recht verschiedenen Eigenschaften – zum Beispiel, was den Sauerstoffgehalt des Wassers betrifft. Denn die Grundgleichungen der Wasserteiche haben die verblüffende Eigenschaft, dass sie Fischteiche mit einem weit gestreuten Spektrum an Sauerstoffkonzentrationen als mathematisch korrekte Lösungen enthalten. Schließlich stellten die Fische bei der Betrachtung ihrer Wassergleichungen aber auch fest, dass bestimmte – nämlich verschmutzte und verschlammte – Teiche nie Lösungen dieser Gleichungen darstellen, also mathematisch gesehen inkonsistent sind. Die Fische bezeichneten die mathematisch inkonsistenten Lösungen ihrer Gleichungen deswegen als Schlammteiche.

An dieser Stelle ihrer Überlegungen hatten die Fische folgendes Problem: Gibt es in der Natur wirklich andere Wasserteiche mit unterschiedlichen Sauerstoffkonzentrationen, oder sind die Lösungen ihrer Gleichungen nur künstliche mathematische Gebilde, die keine Entsprechung in der Realität haben? Da alle experimentellen Untersuchungen der Fische bis dahin keinen Hinweis auf andersartige Fischteiche geliefert hatten, hielten die meisten Fische die Idee der Parallelteiche nur für ein mathematisches Hirngespinst. Nur eine kleinere Gruppe von Fischen nahm diese neue Idee ernst und dachte weiter über deren Konsequenzen nach.

Die Fische beschäftigte auch noch ein weiteres Problem: Sie fragten sich, wie und wann eigentlich ihr eigener Fischteich entstanden sei. Durch kluges Nachdenken und logische Schlüsse sowie durch verschiedene experimentelle Beobachtungen, nämlich durch die Entdeckung einer schwachen und gleichmäßigen Lichtstrahlung im Wasser, stellten sie fest, dass der Fischteich, in dem sie jetzt lebten, vor vielen Jahren urplötzlich aus einer sehr mysteriösen und sehr heißen Quelle entstanden war. Die Eigenschaften dieser Quelle konnten aber vorerst nicht von ihnen verstanden werden. Sie bezeichneten die heiße Quelle als den Urknall des Fischteiches. Ferner entdeckten die Fische durch sehr genaue Messungen der Teilchenbewegung im Fischteich, dass sich ihr Fischteich fortwährend ausdehnte. Da die gespeicherte Gesamtenergie im Fischteich nicht zunehmen kann, wurde den Fischen auch klar, weshalb sich die Temperatur im Fischteich über die vielen Jahre hinweg langsam abgekühlt hatte. Diese bemerkenswerte Entdeckung war für die Fische zugleich sehr beunruhigend, denn dies bedeutete, dass, obwohl sich der Sauerstoffgehalt im Wasser anscheinend nicht änderte, ihre Fischart in einigen Jahren in dem abgekühlten Wasser nicht mehr weiterleben können würde und deswegen zum Untergang verdammt war.

An dieser Stelle könnte nun unser Märchen enden, denn wir sind an der Grenze des gesicherten Wissens angelangt, welches die Fische durch ihre Beobachtungen über den Fischteich bislang zusammengetragen hatten. Deswegen beruht der zweite Teil des Märchens auf theoretisch begründeten Ideen und zum Teil auch auf Spekulationen, die man in der Welt der Fische noch nicht vollständig verstanden hatte und auch noch nicht durch experimentelle Beobachtungen beweisen konnte. Jedoch waren viele dieser Ideen mathematisch sehr fundiert und deswegen auch nicht so leicht zu entkräften. Auf jeden Fall ergriffen nun auch diejenigen Fische wieder das Wort, die immer noch an der Theorie der Parallelfischteiche arbeiteten. Sie beschäftigte insbesondere die Frage, ob das Wasser im Teich – also in dem Raum, in dem sie lebten –

selbst auch die Eigenschaften von Quantenfischen aufwies und den eigenartigen Quantenprinzipien unterworfen war. Denn es erschien ihnen plausibel, dass nicht nur die im Wasser schwimmenden Objekte, sondern auch das sie umgebende Wasser selbst über bestimmte materielle Eigenschaften verfügte. Deswegen vermuteten sie, dass sich bei ganz genauer Betrachtung des Wassers unter dem Mikroskop dauernd winzig kleine Blasen bilden und wieder zerplatzen würden, mithin eine gewisse Ähnlichkeit mit den Bällen des Standardmodells der Quantenfische zeigten. Nur waren die ihnen zur Verfügung stehenden Mikroskope leider viel zu schwach, um diese Vermutung auch im Experiment beweisen zu können.

Irgendwann kehrten die Fische auch wieder zur Frage nach den Eigenschaften der bislang unverstandenen und immer noch mysteriösen heißen Quelle am zeitlichen Beginn ihres Teiches zurück. Da die heiße Quelle zu diesem Zeitpunkt sehr klein gewesen sein musste, suchten die Fische nach winzigen Blasen, Kapillaren und Röhren, die zwischen ihrem Teich und anderen Teichen eventuell eine Verbindung herstellen würden. Denn die Berechnungen der Fische hatten inzwischen gezeigt, dass sich solche Blasen zwar sehr selten, aber doch spontan für sehr kurze Zeit bilden können, um dann auch sehr rasch wieder zu verschwinden. Nach ihrer bevorzugten Speise bezeichneten die Fische die kleinen Öffnungen und Verbindungsröhren zu anderen Teichen liebevoll als Wurmlöcher. Insbesondere erschien es möglich, dass durch spontane Fluktuationen winzige Wasserblasen und Kapillare im Fischteich entstehen konnten, die gewissermaßen die Keimzellen für neue Fischteiche darstellten. Deswegen begannen die Fische zu verstehen, dass ihr Fischteich wahrscheinlich spontan aus einem früheren Wasserteich entstanden war, in dem durch sogenannte spontane Fluktuationen plötzlich eine kleine Blase aufgerissen war: nämlich eine mikroskopisch kleine Quelle, aus der sich ihr eigener Fischteich vor langer Zeit urplötzlich aufgefüllt hatte. Diese Beobachtung über den Beginn ihres Fischteiches ließ die Fische schlussfolgern, dass die Bildung eines neuen Wasserteiches kein singuläres Ereignis darstellte, sondern immer wieder und zu jedem beliebigen Zeitpunkt spontan stattfinden kann. Die Fische waren schließlich davon überzeugt, dass es nicht nur ihren eigenen Fischteich gab, sondern dass die Welt aus vielen verschiedenen Fischteichen besteht, von denen viele auch durch Wurmlöcher miteinander verbunden sind. Sie nannten dieses Geflecht der verschiedenen Fischteiche auch das Multiversum der Fischteiche. Neue Fischteiche könnten durch spontane Blasenbildung aus alten, absterbenden Fischteichen entstehen, um sich dann ihrerseits sehr schnell auszudehnen. Diese neuen Blasen wären auf diese Weise auch imstande, die alten Fischteiche ganz in sich zu verschlucken. Deswegen wäre weder Anfang noch Ende in der Evolution der Fischteiche vorauszusehen.

Der letzte und dritte Teil des Märchens handelt vom Rettungsplan der Fische und hört sich noch phantastischer und spekulativer an als der zweite Teil unserer Erzählung. Nach vielen Überlegungen erschien den Fischen als einzige Rettung vor dem Absterben ihrer Fischart nur die Auswanderung in einen anderen Fischteich. Besonders geeignet erschienen hierfür natürlich diejenigen Fischteiche, die alle ichthischen Voraussetzungen für das Leben der Fische bieten würden, insbesondere den richtigen Sauerstoffgehalt. Sie selbst waren aber viel zu groß, um durch die Wurmlöcher hindurch in einen anderen Teich schlüpfen zu können. Man nahm aber an, dass die Quantenfische möglicherweise klein genug seien, um durch die Wurmlöcher hindurchzuwandern. Denn wie wir wissen, ist es eine Haupteigenschaft des Quantenfisches, dass sich sein Aufenthaltsort nicht genau berechnen lässt, sondern dieser dem Zufallsprinzip unterworfen ist und in der Nähe eines Wurmloches immer auch eine nicht verschwindende Komponente in einem anderen Fischteich besitzt. Deswegen wurde unter den Fischen vermutet, dass die Quantenfische durch einen spontanen Prozess, den sie als Quantentunneleffekt bezeichneten, durch ein Wurmloch in einen anderen Fischteich verschwinden könnten. Und tatsächlich versuchte eine Handvoll Quantenfische, sich auf die Reise durch das Wurmloch zu begeben, um in einen anderen Fischteich auszuwandern.

Bei ihrer Reise zu den Wurmlöchern des Fischteiches stellten die Quantenfische jedoch zu ihrer großen Verärgerung fest, dass die Umgebung der Wurmlöcher sehr gefährlich ist: Sie besteht nämlich aus extrem singulären Regionen, die sich sehr stark verengen, den sogenannten Singularitäten. An diesen bilden sich winzige, aber stark brodelnde Wasserblasen und kleine, sehr kräftige Strudel, sodass die Quantenfische bei zu großer Annäherung dort wahrscheinlich getötet würden. Schließlich wagte es doch einer der Quantenfische, sich etwas näher an die Singularität heranzupirschen, und siehe da, er schaffte es, wohlbehalten durch die Singularität zu entkommen und in einem anderen Fischteich, der als neue Blase in diesem Moment gerade geboren wurde, zu verschwinden. Es musste also irgendeinen Grund dafür gegeben haben, dass die Singularität diesem Quantenfisch nichts anhaben konnte. Weitere Berechnungen waren notwendig, um diesen Vorgang zu erklären! Und schließlich, nach weiteren Jahren harter Arbeit, lag das Ergebnis ihrer Überlegungen vor: Es zeigte sich, die Singularität verliert gerade dann ihre Bedrohung, wenn man annimmt, dass die Quantenfische nicht punktförmig sind, sondern eindimensionale Gebilde: kleine Fäden oder Quantenstrings. Ferner ergaben die mathematischen Gleichungen, dass es auch noch zusätzliche Raumdimensionen geben musste. Die Anzahl der räumlichen Dimensionen des Fischteiches war also in Wirklichkeit sehr viel größer, als es die Bewohner des Fischteiches bis jetzt wahrgenommen hatten. Die mögliche Form und die Geometrie der zusätzlichen Dimensionen waren allerdings bisher vollkommen unbekannt. Man fand jedoch bald heraus, dass es eine riesige Anzahl von möglichen Extra-Dimensionen geben musste. Alle verschiedenen Fischteiche unterschieden sich durch die Form ihrer zugeordneten Extra-Räume. Von der Form und der Geometrie hingen also viele Eigenschaften der unterschiedlichen Fischteiche ab. Nur sehr wenige der Extra-Räume führten zu einem Fischteich, der die ichthischen Voraussetzungen für das Leben der Fische erfüllte. Bei der Entstehung einer neuen Blase änderte sich im Allgemeinen die Form des Extra-Raumes, und es entstand ein neuer Fischteich, der dem ursprünglichen Teich gar nicht mehr ähnlich war. Deswegen sah der Quantenfisch, der es durch die Singularität hindurch in einen anderen Fischteich hineingeschafft hatte, dort eine ganz neue und sehr erstaunliche Welt:

Jenseits der Singularität besaßen die Quantenfische sowohl andere Massen als auch andere Farben und sie verhielten sich zudem auch ganz anders, als er es von seinem eigenen Fischteich gewohnt war. Was er da sah, war für ihn kein Ort, an dem er sich länger aufhalten wollte und konnte, und deswegen kehrte er dem neuen Fischteich sehr schnell wieder den Rücken und gelangte durch die Singularität wieder in seinen heimischen Fischteich zurück.

Hier endet diese Erzählung über die Quantenfische und das Multiversum der Fischteiche. Es bleibt nur noch zu sagen, dass es den Fischen nach vielen weiteren Jahren intensiver Forschungsarbeit endlich gelang, ihre genetische Information den Quantenfischen einzuimpfen und Quantenfische in einen anderen Fischteich zu schicken, der alle Voraussetzungen für ihr Weiterleben gewährleistet. Und wenn sie nicht gestorben sind, dann leben sie dort heute noch.

Im weiteren Verlauf des Buches werden die Quantenfische im Fischteich immer wieder als bildhafte Vorlage für viele Vorgänge in der Natur benutzt werden. Ich will versuchen zu beschreiben, warum viele Phänomene in der Physik eine große Ähnlichkeit mit den Vorgängen im Fischteich haben oder auch haben könnten. Allerdings müssen wir einen ganz wesentlichen Unterschied im Auge behalten, dass nämlich quantenmechanische Elementarteilchen keinen freien Willen in der Physik besitzen. Hier waren die Fische im Teich also einem Irrtum unterlegen. Die Quantenfische sind in Wirklichkeit keine echten Lebewesen mit einem freien Willen, sondern gehorchen lediglich den Gesetzen der Quantenphysik.

Klassischer Determinismus und Quantenmechanik

Können wir von der Physik erwarten, dass sich die fundamentalen Gesetze der Natur eindeutig aus einer universellen, fundamentalen Theorie herleiten lassen? Auch für Einstein lag hier eine Herausforderung vor, wie sein häufig zitierter Ausspruch zu diesem Thema zeigt: «Ich frage mich, ob Gott irgendeine Wahl hatte, als er das Universum erschuf?» Wie wir sehen werden, ist die grundsätzliche physikalische Frage nach der Eindeutigkeit der Naturgesetze eng verwoben mit dem uralten Streben der Menschen, den Grund des menschlichen Daseins zu verstehen. Wenn verschiedene Naturgesetze in der Physik möglich wären, dann könnten wir oder jegliche anderen Formen von Intelligenz möglicherweise nicht in allen verschiedenen physikalischen Umgebungen existieren. Viele Physiker reagieren allergisch oder zumindest sehr verhalten auf solche Überlegungen, die gemeinhin unter dem Begriff des anthropischen Prinzips subsumiert werden. Diese Skepsis ist durchaus verständlich, denn das anthropische Prinzip rührt an die Grundfesten der Physik des 20. Jahrhunderts, die davon ausgehen, dass es einige wenige fundamentale Gleichungen in der Physik gibt, aus denen sich prinzipiell alle bekannten Naturphänomene eindeutig berechnen lassen. Die Stringtheorie ist es nun, die eine sehr konkrete Antwort auf diese Frage vorschlägt: Die Gesetze der Physik sind hochgradig nichteindeutig, dies jedoch in einer sehr präzisen und erklärbaren Art und Weise. Darauf werden wir später noch genauer eingehen.

Der Determinismus in der klassischen Physik von Newton Stellen wir uns vor, jeder von uns ist ein sogenannter klassischer Beobachter, also ein Physiker, der seine Experimente und Beobachtungen im Rahmen der klassischen Physik durchführt. Dieser Beobachter sieht die Welt im Wesentlichen so, wie wir es aus dem Alltag gewohnt sind. Der klassische Alltag spielt sich im Bereich der makroskopischen Körper ab, beginnt bei recht kleinen Distanzen im Submillimeter-Bereich und erstreckt sich bis auf die Beschreibung des Sonnensystems, der Milchstraße und der Galaxien. Die Welt des klassischen Beobachters ist eine deterministische Welt, alle Naturvorgänge sind vorherbestimmt und im Prinzip auch berechenbar. Wäre das Universum zu allen Zeiten ein rein klassisches System, dann könnte man anscheinend die gesamte Geschichte des Universums genau vorausberechnen, stünde nur genug Rechenkraft eines riesigen Computers zur Verfügung.

Der Determinismus in der klassischen Physik wurde schon von

dem französischen Wissenschaftler Pierre-Simon Laplace mathematisch untersucht. Für Laplace ist die Welt durch die Anfangsbedingungen und die Bewegungssätze der klassischen Physik vollständig determiniert. Jeder zukünftige Zustand des Universums lässt sich also in Kenntnis sämtlicher Naturgesetze und aller Anfangsbedingungen aus den mathematischen Differentialgleichungen genau berechnen. Auf diese Weise ist es also zumindest im Prinzip möglich, eine – in diesem Zusammenhang oft als Laplace'scher Dämon bezeichnete – Weltformel aufzustellen. Die Unerreichbarkeit eines solchen Zieles war aber auch schon Laplace bewusst, da es in einem System von vielen Freiheitsgraden empirisch nicht möglich ist, alle Anfangsbedingungen genau festzulegen. Dies manifestiert sich auch in den Ergebnissen der Chaosforschung. Denn schlägt ein Schmetterling in China mit den Flügeln, kann man daraus nicht das Wetter in Europa berechnen. Der Laplace'sche Dämon hat den erbitterten Widerstand auch der Philosophen hervorgerufen, da er jeden freien Willen ausschließt, denn in einer deterministischen Theorie gibt es keine Wahlmöglichkeit.

Die Einschränkungen der totalen Berechenbarkeit ergeben sich also aus dem Umstand, dass man es oft mit komplexen Systemen zu tun hat, die aus sehr vielen einzelnen Teilchen bestehen. Denn bei der alltäglichen Teilnahme an den vielfältigen Vorgängen in der Natur oder ihrer Beobachtung sehen wir, dass auch die klassische Physik eine immense Fülle von Möglichkeiten für uns bereithält. Diese Feststellung mag trivial klingen, sie ist jedoch sehr wichtig im Hinblick auf das bessere Verständnis der fundamentalen Gesetze der Natur und deren Bedeutung. Jeder von uns hat sicher schon einmal in seinem Leben Mikado gespielt, ein Spiel, welches aus einer großen Anzahl gleichartiger, lediglich verschieden markierter Stäbchen besteht. Diese werden, nachdem sie gebündelt und mit der Hand festgehalten werden, plötzlich losgelassen und verteilen sich dann in großer Unordnung über die Tischoberfläche. Die Ausgangslage ist dabei offensichtlich immer die gleiche: Vor dem Loslassen sind alle Mikadostäbchen parallel und gleich ausgerichtet, aber es ist praktisch unmöglich, dass sie sich, nachdem sie die Hand verlassen haben, immer gleich über den

Tisch verteilen. Jedes Spiel sieht vollkommen anders aus, und dabei gibt es eine immense Anzahl von Mustern, die die Mikadostäbchen auf dem Tisch bilden können. Diese Muster sind schwer von uns vorherzusagen und auch schwer zu berechnen, obwohl die zugrunde liegenden Gleichungen sehr einfach sind und wir im Prinzip alle Informationen besitzen, um die Lage der einzelnen Mikadostäbchen berechnen zu können.

Im Gegensatz zum Mikadospiel können wir beim Billard den Lauf der Billardkugel mit etwas Geschick und Übung sehr gut vorausbestimmen und auch berechnen. Stößt eine Billardkugel an den Rand des Billardtisches, so ist der Ausfallswinkel immer gleich dem Einfallswinkel, und der Stoß der Billardkugeln untereinander folgt ähnlich einfachen Gesetzmäßigkeiten.

Die Bewegungen der Billardkugeln und der Mikadostäbchen folgen den gleichen physikalischen Gesetzen und Gleichungen, nämlich den Regeln der klassischen Mechanik von Isaac Newton.

Newton erkannte als Erster, dass alle Körper einer universellen Anziehungskraft unterworfen sind, nämlich der Gravitationskraft. Diese wirkt gleichermaßen auf der Erde wie auf dem Mond und, wie wir heute wissen, im gesamten beobachtbaren Universum. Anhand der Gravitationskraft lassen sich zum Beispiel die Bahnen der Planeten um die Sonne genau berechnen. Das Newton'sche Gravitationsgesetz besagt, dass die Stärke der Gravitationskraft zwischen zwei Körpern proportional zu den Massen der beiden beteiligten Körper ist und mit dem Quadrat des Abstandes zwischen den beiden Körpern abfällt.[4] Die Proportionalitätskonstante, die in die Beziehung zwischen den Massen, dem Abstand und der Gravitationskraft eingeht, ist die Newton'sche Gravitationskonstante G. Diese Konstante bestimmt also die Stärke der Gravitationskraft, der gemessene numerische Wert ist $G = 6{,}67 \times 10^{-11}\,m^3/kg\,s^2$. Dies ist eine sehr kleine Größe, die zur Folge hat, dass die Gravitationskraft im Vergleich zu den weiteren mikroskopischen Naturkräften nur sehr schwach wirkt.

Newton erkannte auch, dass die sogenannte schwere Masse, welche die gravitationelle Anziehung bestimmt, identisch mit der trägen Masse eines Körpers ist, die angibt, wie stark sich ein Körper einer Beschleunigung, also der Änderung seiner Geschwindigkeit, widersetzt. Aus dieser Beobachtung konnte Newton die mathematischen Gleichungen herleiten, aus denen sich die Bahnen der Teilchen im gegenseitigen Schwerefeld berechnen lassen. Sie werden als die Bewegungsgleichungen von Newton bezeichnet. Diese Gleichungen der klassischen Mechanik von Newton liefern eine streng deterministische Theorie, denn aus den Anfangsbedingungen, nämlich aus dem Ort und der Geschwindigkeit der betrachteten Körper zu einem gegebenen Zeitpunkt, kann man ihre Bahnen in der Zukunft genau berechnen. Allerdings lassen sich die Lösungen der Newton'schen Bewegungsgleichungen nur für das Zweikörperproblem durch einen geschlossenen mathematischen Ausdruck angeben. Man spricht dann auch von einer mathematischen, analytischen Lösung. Schon für drei Körper, die sich alle gegenseitig gravitativ anziehen, ist die analytische Lösung ihrer Bahnen nicht mehr möglich, sondern man muss sich hier Näherungsmethoden bedienen, die man allerdings mit beliebiger Genauigkeit auf dem Computer durchführen kann.

Warum verhalten sich nun die Mikadostäbchen und die Billardkugeln augenscheinlich ganz unterschiedlich, obwohl beide doch den gleichen physikalischen Gesetzen folgen? Der Grund für die Unvorhersagbarkeit, wie die Mikadostäbchen schließlich liegen werden, ist die große Zahl der Stäbchen. Es ist nämlich nicht möglich, vor dem Fallenlassen der Stäbchen immer die gleichen Anfangsbedingungen herzustellen. Schon das leichteste Zittern in der Hand oder ein geringfügiges Abweichen in der Ausgangskonfiguration hat einen dramatischen Effekt auf die Endkonfiguration: Alle diese Fluktuationen am Anfang werden durch die Vielzahl der Stäbchen enorm verstärkt. Trotz grundsätzlicher Beschreibung durch eine deterministische Theorie kann man keine eindeutige Vorhersage treffen. Im Gegensatz dazu folgt die Bahn einer einzelnen Billardkugel immer einem eindeutigen und vorhersagbaren Weg, wenn wir die Billardkugel immer gleich anstoßen – und also in diesem Fall keine Fluktuation besteht.

Physikalische Systeme mit einer großen Anzahl von beteiligten Körpern und eventuell auch mit fluktuierenden Anfangsbedingungen lassen sich am besten mit den Methoden der Statistik behandeln. Die Mikadostäbchen verhalten sich ähnlich wie die Kugeln in einer Lostrommel. Wir können beim Lottospiel oder beim Würfelspiel mit einer bestimmten Wahrscheinlichkeit ausrechnen, wie häufig ein bestimmtes Ereignis, also eine bestimmte Zahlenkombination, eintritt, aber wir können diese nicht eindeutig vorhersagen. So wissen wir, dass die Wahrscheinlichkeit, eine bestimmte Zahl wie die Sechs zu würfeln, genau 1/6 ist. Die Wahrscheinlichkeit, dass zwei aufeinanderfolgende Würfe zweimal die gleiche Zahl liefern, ist dann $1/6 \times 1/6$, also nur 1/36. Wenn wir dieses statistische Experiment nur oft genug durchführen, also die Geduld aufbringen, oft genug zu würfeln, dann würden wir die Vorhersagen der Wahrscheinlichkeitsrechnung tatsächlich bestätigen können. Die Ungenauigkeit in unserer Beobachtung, die sogenannte Streuung oder auch Standardabweichung, wird dabei von der Anzahl der Würfe abhängen, wobei wir feststellen werden, dass die Standardabweichung mit der größer werdenden Anzahl der Würfe abnimmt.

Die klassische Mechanik ist zusammen mit der Gravitationstheorie von Newton eine vollkommen deterministische Theorie, die bei vorgegebenen Anfangsbedingungen eindeutige Vorhersagen über die Bahn von Planeten oder anderen Körpern ermöglicht. Die Reproduzierbarkeit der Anfangsbedingungen ist bei einem Experiment im Rahmen der klassischen Physik eine wichtige Voraussetzung, um ein eindeutiges Ergebnis zu erhalten. Wenn allerdings ein physikalisches System aus einer großen Anzahl von Körpern besteht, dann wird es immer schwieriger, gleiche Anfangsbedingungen für alle beteiligten Teilchen herzustellen und die Berechnungen konkret und analytisch durchzuführen. In diesem Fall kann man statistische Aussagen über den Endzustand treffen, wobei oft auch die analytischen Berechnungen durch aufwendige Simulationen an Computern ersetzt werden müssen. Es gibt auch Vielteilchensysteme, die nunmehr ein ungeordnetes Verhalten aufweisen und Gegenstand der sogenannten Chaosforschung sind.

Das ungeordnete, chaotische Verhalten von bestimmten Systemen kann man sich anhand des Billardspiels verdeutlichen. Obwohl die Bahnen der Billardkugeln deterministisch vorherbestimmt sind, können wir doch ein Vielteilchensystem dadurch simulieren, indem wir die Anfangsbedingungen, mit der wir die Billardkugel anstoßen, immer wieder verändern. Dann verfolgen wir die Bahnen der Billardkugeln über einen sehr großen Zeitraum hinweg, wobei wir annehmen wollen, dass die Billardkugel nicht abgebremst wird, sondern idealerweise unendlich lange rollen kann. Betrachten wir zuerst einen rechteckigen oder auch einen kreisförmigen Billardtisch. Wie wir wissen, wird die Billardkugel am Rand des Tisches so reflektiert, dass Einfalls- und Ausfallswinkel genau übereinstimmen. Auf dem rechteckigen oder auf dem kreisförmigen Tisch sehen die Trajektorien der Billardkugel sehr geordnet und gleichmäßig aus. Hier liegt also kein chaotisches System vor. Dies ändert sich, wenn wir einen stadionförmigen Billardtisch betrachten. Dies ist das sogenannte chaotische Billard, oder auch – benannt nach dem russischen Mathematiker Yakov

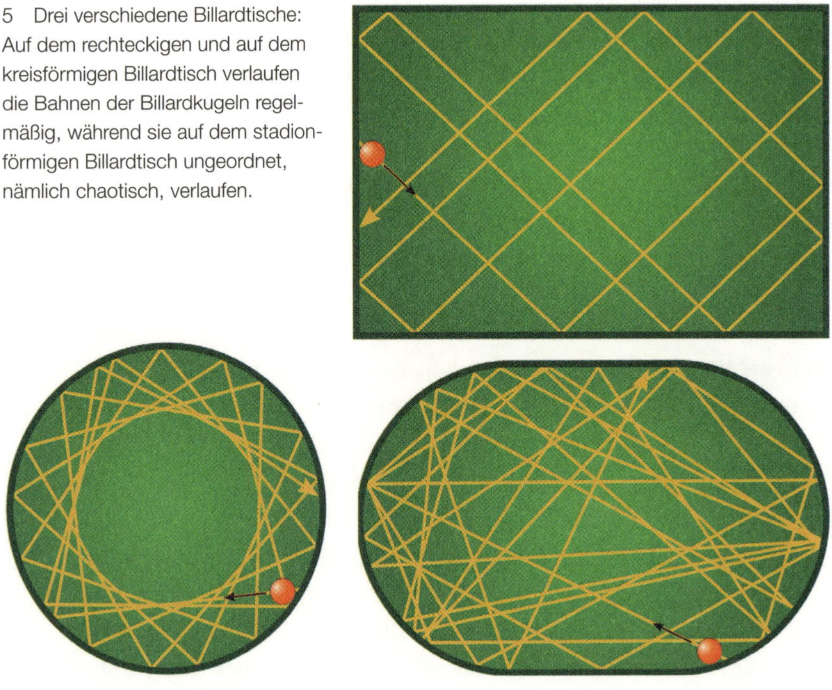

5 Drei verschiedene Billardtische: Auf dem rechteckigen und auf dem kreisförmigen Billardtisch verlaufen die Bahnen der Billardkugeln regelmäßig, während sie auf dem stadionförmigen Billardtisch ungeordnet, nämlich chaotisch, verlaufen.

Sinai – das Sinai-Billard. Hier verlaufen die Trajektorien der Billardkugeln nicht mehr gleichmäßig, sondern ungeordnet oder, wie man sagt, chaotisch. Man kann dabei die Länge der Geraden im stadionförmigen Billardtisch als den Parameter ansehen, der das Chaos bestimmt. Ist dieser Parameter gleich null, dann gibt es kein Chaos. Ist der Parameter allerdings nur um einen kleinen Betrag von null verschieden, dann setzt das chaotische Verhalten ein.

Die Chaosforschung befasst sich mit dynamischen, nichtlinearen Systemen, deren jeweiliges Verhalten sehr empfindlich von den gewählten Anfangsbedingungen abhängt. Das Verhalten der chaotischen Systeme erscheint auf lange Zeiten gesehen als irregulär und ungeordnet. Dennoch können sich nach einiger Zeit bestimmte Muster bilden, die durch universelle Konstanten gegeben sind. Ein typisches Verhalten von chaotischen Systemen ist die Bifurkation zusammen mit der Selbstreproduktion von bestimmten Formen, die allein gesehen nicht regulär sind, sich aber immer wiederholen. Ein schönes Beispiel hierfür ist der Baum des Pythagoras, dessen kleiner werdende Verästelungen immer wieder die Form der vorherigen Struktur reproduzieren.

Ein konkretes System, welches ein interessantes chaotisches Verhalten an den Tag legt, ist das demographische Modell der Population einer bestimmten Tierart. Das Anwachsen beziehungsweise das Absterben der betrachteten Population hängt von zwei Faktoren ab: Durch die Fortpflanzung der Tiere vermehrt sich die

6 Der Baum des Pythagoras stellt die fortwährende Wiederholung, genannt Selbstreproduktion, von bestimmten Strukturen in der Physik dar; denn beim genauen Hinschauen sieht man, dass alle Verzweigungen des Baumes und ihre immer kleiner werdenden Verästelungen die gleiche Form wie die des Baumes aufweisen.

Population proportional zur Anzahl der schon vorhandenen Tiere im Folgejahr um einen bestimmten Faktor. Andererseits verringert sich die Population der Tiere durch Verhungern, und zwar jährlich in Abhängigkeit von der Differenz zwischen ihrer aktuellen Größe und einer maximal möglichen Größe. (Die maximale Anzahl ist durch das verfügbare Nahrungsangebot begrenzt.) Ohne auf die genauen Details einzugehen, lässt sich nun das Anwachsen oder auch das Abnehmen der Population in Abhängigkeit von einem bestimmten Parameter r berechnen, der sowohl die Fortpflanzungsrate als auch die Verhungerungsrate berücksichtigt. Wir können uns jetzt fragen, wie der asymptotische Populationswert x (x misst die Anzahl der Tiere nach vielen Jahren im Verhältnis zum maximal möglichen Wert –x ist also immer zwischen 0 und 1) von einer bestimmten, vorgegebenen Anfangspopulation abhängt. Strebt die Population immer gegen einen einzigen Häufungspunkt x, oder gibt es mehrere solcher Häufungspunkte – je nachdem, wie viele Tiere am Anfang vorhanden sind? Die mathematischen Berechnungen in diesem Modell führen zu einem sehr interessanten Ergebnis: Mit r zwischen 0 und 1 stirbt die Population auf jeden Fall, alle Tiere verhungern schließlich, und man erhält also $x = 0$. Ab dem Wert $r = 1$ steigt die asymptotische Population kontinuierlich an, und egal, ob man am Anfang viele oder wenige Tiere hat, ist der asymptotische Populationswert x unabhängig von der gewählten Anfangspopulation. Hier liegt also genau ein Häufungspunkt vor. Ab einem bestimmten Parameterwert r ändert sich aber dieses Verhalten. Nun beobachtet man, dass sich für den wachsenden Parameter r die Anzahl der Häufungspunkte in der asymptotischen Populationsanzahl x immer bei einem bestimmten r-Wert verdoppelt.[5]

Dies ist die sogenannte Periodenverdopplung oder auch Bifurkation; der Abstand zwischen den Werten für r, bei denen sich die Anzahl der Häufungspunkte in der asymptotischen Population ändert, heißt Bifurkationsintervall. Für kleine r-Werte bewirken kleine Änderungen der Anfangswerte dabei normalerweise keine Änderung der Endpopulation. So führt im Falle von zwei Häufungspunkten eine relativ kleine Anfangspopulation auf den klei-

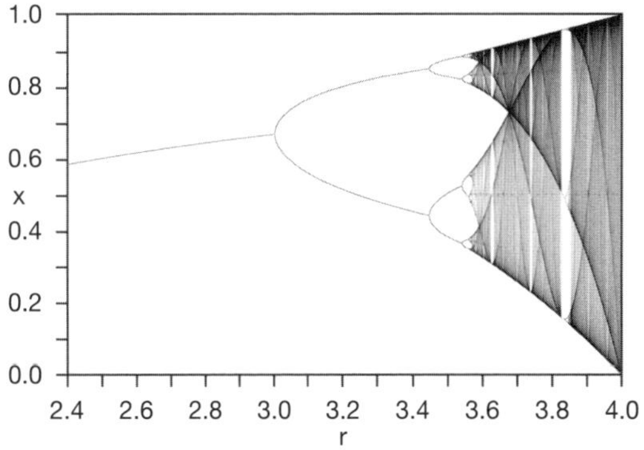

7 Das Populationsdiagramm, welches die asymptotische (relative) Anzahl x einer bestimmten Tierpopulation nach vielen Jahren darstellt. Auf der x-Achse ist der Parameter r aufgetragen, der das Verhältnis der Fortpflanzungsrate zur Verhungerungsrate der Tiere bestimmt. Für größer werdendes r verdoppelt sich die Anzahl der möglichen, asymptotischen Häufungswerte, wobei ab r ≈ 3,57 das chaotische Verhalten einsetzt: Die Werte der verschiedenen Häufungspunkte variieren vollkommen unregelmäßig.

neren der beiden x-Werte und eine große Anfangspopulation auf den größeren x-Wert. In diesem Bereich ist das Verhalten der Population also noch regelmäßig. Ab einem Wert r ≈ 3,57 stellt sich aber schlagartig das Chaos ein: Die Folge springt zwischen nun instabilen Häufungspunkten hin und her – schon winzige Änderungen der Anfangspopulation resultieren in unterschiedlichsten Werten für x – eine Eigenschaft des Chaos. Es gibt aber eine interessante Eigenschaft in diesem Populationsmodell: Das Längenverhältnis zweier nachfolgender Bifurkationsintervalle nähert sich einer fundamentalen Konstante, der Feigenbaumkonstante δ, die den Wert δ ≈ 4,669 annimmt. Dieser Zahlenwert von δ wurde zuerst im Jahre 1977 von den Physikern Siegfried Großmann und Stefan Thomae publiziert. Mitchell Feigenbaum entdeckte dann im Jahre 1978 die Universalität dieser Konstante, denn sie bestimmt das chaotische Verhalten in vielen dynamischen Systemen mit Bifurkation, wie zum Beispiel auch beim Wetter.

Die Unbestimmtheit der Quantenmechanik Das deterministische Weltbild von Laplace ist nicht kompatibel mit den Erkenntnissen der Quantenmechanik. Denn die Quantenmechanik macht einen ersten, wichtigen Schritt weg von der bis dahin unumstrittenen Gewissheit einer absoluten Berechenbarkeit aller Naturprozesse, weg vom totalen Determinismus der klassischen Mechanik von Newton. Mit der Theorie der Quantenmechanik lassen sich auch auf fundamentalster Ebene nur noch Wahrscheinlichkeitsaussagen treffen. In der Quantenmechanik laufen bestimmte Prozesse nur noch mit gewissen Wahrscheinlichkeiten ab, aber nicht mehr mit einer absoluten Gewissheit. Zuweilen scheint die Quantenmechanik den Gesetzen der klassischen Physik zu widersprechen. Diese Eigenschaft der Quantenmechanik empfand Einstein, obgleich er den Beginn der Quantenmechanik durch seine Arbeiten über die Brown'sche Bewegung und über die Lichtquantenhypothese – nämlich den photoelektrischen Effekt – mit ausgelöst hatte, im hohen Maße abstoßend und unphysikalisch, was ihn dann zu dem berühmten Ausspruch «Gott würfelt nicht!» veranlasst hatte. An dieser Stelle möchte ich jedoch etwaigen Missverständnissen und Missinterpretationen der Quantenmechanik vorbeugen. Die Quantenmechanik erlaubt sehr wohl, Vorhersagen zu machen, und die Naturprozesse laufen in der Quantenmechanik auch, wie man sagt, kausal ab, das heißt, es gibt keine Wirkung ohne Ursache. Die Quantenmechanik erlaubt ferner umso genauere statistische Vorhersagen, je mehr Teilchen an einem Prozess beteiligt sind. Ein makroskopischer Körper lässt sich daher sehr gut eindeutig beschreiben, und die Quantenmechanik geht auch bei der Beschreibung von Vielteilchensystemen oft nahtlos in die klassische Physik über. Ebenso liefert die Quantenmechanik eindeutige Aussagen, wenn man den Messprozess an einem Teilchen nur oft genug wiederholt und dann das statistische Mittel betrachtet. Die sogenannte Standardabweichung wird dann bei sehr häufiger Messung immer kleiner. In diesem Sinne kann man die Quantenmechanik durchaus als deterministische Theorie bezeichnen. Deswegen ist es nur ein – allerdings weitverbreitetes – Vorurteil, die Quantenmechanik lasse überhaupt keine Vorhersagen zu. Führt man allerdings eine einzelne Messung an einem atomaren Teilchen oder an einem einzelnen Elektron durch, dann ist eine eindeutige Vorhersage über den physikalischen Zustand des Teilchens in der Quantenmechanik nicht mehr möglich. So gesehen unterscheidet sich ein einzelnes mikroskopisches Teilchen ganz wesentlich von einer einzelnen makroskopischen Billardkugel.

Eine der wesentlichen Eigenschaften der Quantenmechanik ist

der Welle-Teilchen-Dualismus. Wir wissen schon länger, dass Licht als eine klassische elektromagnetische Welle beschrieben werden kann. Wenn man jedoch elektromagnetische Wellen von sehr geringer Intensität im Labor herstellt, dann sieht man, dass Licht in der Quantenmechanik aus Teilchen besteht, den Photonen. Viel verblüffender ist jedoch, dass auch Teilchen und Materiekörper einen Doppelcharakter besitzen und ihnen Welleneigenschaften zugeordnet werden können. Je größer und schwerer das betrachtete Objekt ist, umso weniger ist seine quantenmechanische Welleneigenschaft sichtbar. Aber leichte Elementarteilchen wie das Elektron verhalten sich unter bestimmten Umständen vollkommen wellenförmig. Die Wellennatur von Elementarteilchen wird zum Beispiel im berühmten Doppelspaltexperiment sichtbar: Schickt man einen Elektronenstrahl auf eine Trennwand mit zwei Spalten, dann kann man auf einem Schirm, der sich hin-

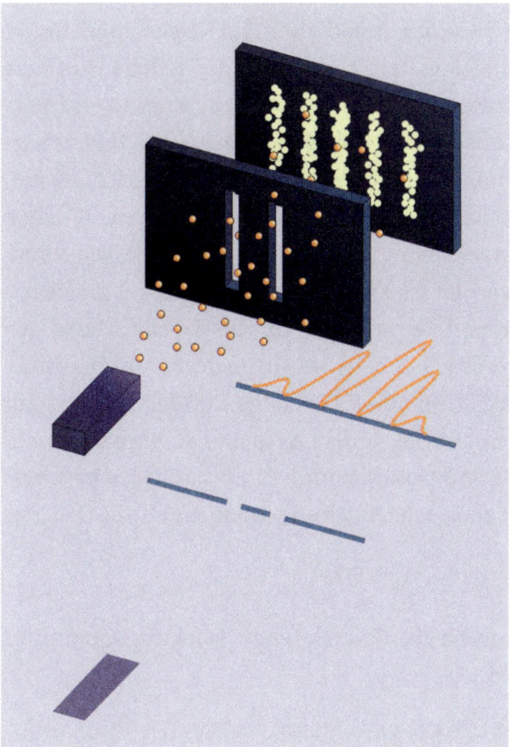

8 Das Doppelspaltexperiment: Es gibt die Wahrscheinlichkeitsverteilung an, mit der die Elektronen, die durch den Doppelspalt hindurchlaufen, auf dem dahinter befindlichen Detektorschirm auftreffen. Die hellen Streifen sind die Orte maximaler Auftreffwahrscheinlichkeit, während die dunklen Bereiche seltener oder gar nicht von Elektronen getroffen werden. Dieses Bild lässt sich dadurch erklären, dass man den Elektronen eine quantenmechanische Wellenfunktion zuordnet, die sich hinter dem Doppelspalt aus zwei Teilwellen zusammensetzt, die auf dem Schirm miteinander interferieren, das heißt sich entweder gegenseitig verstärken, abschwächen oder sich sogar vollkommen auslöschen.

ter dem Doppelspalt befindet, ein Interferenzmuster beobachten, welches von der Überlagerung der beiden Teilchenwellen aus den zwei Spalten herrührt.

Helle Bereiche auf dem Schirm bedeuten, dass dort viele Elektronen aufgetroffen sind, und die dunkleren Bereiche sind die Orte, an denen nur wenige Elektronen den Weg durch die Spalte auf den Schirm gefunden haben. Es gibt sogar Bereiche, die vollkommen schwarz sind – dort sind überhaupt keine Elektronen auf dem Schirm aufgetroffen. Wenn man die Wellennatur der Elektronen zugrunde legt, dann ist dieses Verhalten einfach zu verstehen: Durch die Überlagerungen der beiden Wellen können sich diese an bestimmten Orten verstärken, abschwächen oder sich sogar auslöschen. Dies ist genauso, wenn sich zwei Wasserwellen treffen: Die Wellenberge und Täler können sich gegenseitig verstärken oder sich gegenseitig auslöschen. Ein Strahl von klassischen Teilchen, zum Beispiel aus Sand, würde sich jedoch vollkommen anders verhalten: Er würde kein Interferenzverhalten aufweisen, und hinter der Trennwand mit dem Doppelspalt, dort, wo die Teilchen auf dem Schirm aufprallen, würden sich einfach zwei helle Punkte ergeben.

Eine unmittelbare Konsequenz der Wellennatur von Teilchen ist die Unschärferelation von Heisenberg, die er im Jahre 1927 formulierte. Sie besagt, dass man bestimmte Eigenschaften von Teilchen aus prinzipiellen Gründen nicht gleichzeitig genau messen kann. Am bekanntesten geworden ist diese Erkenntnis für die gleichzeitige Messung von Ort und Impuls (der Impuls ist die Masse mal die Geschwindigkeit) eines Teilchens: Multipliziert man die Unbestimmtheit Δx in der Position eines Teilchens (Δx der Bereich, auf den man den Aufenthaltsort des Teilchens genau eingrenzen kann) mit der Unbestimmtheit Δp seines Impulses, so kann das Ergebnis nicht kleiner als das Planck'sche Wirkungsquantum h sein:

$$\Delta x \, \Delta p \geq h/4\,\pi$$

Der numerische Zahlenwert des Planck'schen Wirkungsquantums ist allerdings sehr klein:

$$h \approx 10^{-34} \text{ J s}$$

Da das Planck'sche Wirkungsquantum eine Größe ist, die man in Energieeinheiten, multipliziert mit einer Zeiteinheit (der Sekunde), misst, spielt die Unschärferelation bei makroskopischen Körpern mit einer großen Masse keine praktische Rolle mehr. Denn bestimmen wir zum Beispiel die Position eines Fußballs mit ca. 300 Gramm Masse auf einen Millimeter genau, dann kann man seine Geschwindigkeit mit der ungeheuren Genauigkeit von ca. 10^{-24} Meter pro Sekunde messen. Ein Elektron hingegen, dessen Position mit einer Genauigkeit von der Ausdehnung eines Atoms bekannt ist, hat eine Geschwindigkeitsunschärfe von einigen Tausend Kilometern pro Sekunde.

Während nach Newton die Bahn eines klassischen Teilchens genau festgelegt ist, lässt sich nach Heisenberg aufgrund der Unschärferelationen die Bahn eines quantenmechanischen Teilchens nicht genau festlegen. Dies ist eine fundamentale Eigenschaft von Teilchen und hat nicht etwa eine Störung durch den Messprozess bei der gleichzeitigen Orts- und Geschwindigkeitsmessung zur Ursache. Schicken wir ein einzelnes Elektron auf einen Doppelspalt, so verbietet die Quantenmechanik grundsätzlich eine genaue Vorhersage, durch welchen Spalt das Teilchen gelaufen ist. Hier manifestiert sich eine fundamentale Zufälligkeit der Natur. Wir können lediglich vorhersagen, mit welcher Wahrscheinlichkeit das Teilchen auf einem bestimmten Punkt des Schirms auftrifft. Führen wir das Experiment mit einem Strahl durch, der aus vielen Elektronen besteht, oder wiederholen wir das Experiment mit einem einzigen Elektron viele Male, dann stellt sich ein ganz bestimmtes Häufigkeitsmuster ein. In diesem Fall erlaubt uns die Statistik der großen Zahl wie beim Würfelspiel eine genaue Vorhersage über die Wahrscheinlichkeit, das Teilchen an einem bestimmten Ort des Schirmes anzutreffen. Betrachten wir ein einzelnes Elektron, dann hängt seine Aufenthaltswahrscheinlichkeit auf dem Schirm auch davon ab, ob wir in der Trennwand entweder abwechselnd nur einen der beiden Spalte öffnen oder beide zugleich: Das Wahrscheinlichkeitsmuster von zwei Spalten ist nicht einfach die Summe der Muster der beiden einzelnen Spalten. Es hat also den Anschein, als hätte das Teilchen beim Durchqueren eines Spaltes auf irgendeine Art Informationen darüber erhalten, ob der andere Spalt geöffnet oder geschlossen ist. Dieses scheinbare Paradox löst sich dann wieder auf, wenn wir uns an die Welleneigenschaft der quantenmechanischen Teilchen erinnern. Denn eine Welle ist nicht lokal begrenzt, sondern sie bewegt sich immer in einem größeren Raumbereich und hängt auch von der Geometrie des Raumes ab.

Um die Welleneigenschaft von Teilchen zu beschreiben, ist es sehr nützlich, eine quantenmechanische Wellenfunktion einzuführen, abgekürzt mit dem griechischen Buchstaben Ψ. Diese gibt die Wahrscheinlichkeit an, die betrachteten Teilchen zu einem ganz bestimmten Zeitpunkt an einem ganz bestimmten Ort anzutreffen. Die Theorie der Teilchenwellen wurde im Jahre 1924 von Louis de Broglie veröffentlicht, weswegen man diese Wellen auch häufig De-Broglie-Wellen nennt. Kennen wir die Wellenfunktion Ψ eines Teilchens an einem bestimmten Zeitpunkt, dann lässt sich die zukünftige zeitliche Entwicklung von Ψ durch eine Wellengleichung genau berechnen. Dies ist die Schrödinger-Gleichung, eine der wichtigsten Grundgleichungen der Quantenmechanik. Sie wurde im Jahre 1926 von dem Wiener Physiker Erwin Schrödinger aufgestellt, und zwar auch als Alternative zur Matrizenmechanik von Heisenberg. Für diese Gleichung erhielt Schrödinger im Jahre 1933 den Nobelpreis für Physik – ein Jahr nachdem Heisenberg der Nobelpreis verliehen worden war. Die Schrödinger-Gleichung macht die Quantenmechanik gewissermaßen wieder zu einer deterministischen Theorie, und zwar in dem Sinne, dass man die zeitliche Entwicklung von Ψ genau vorhersagen kann. Dabei bleibt die Wahrscheinlichkeit, ein Teilchen zu einem bestimmten Zeitpunkt im gesamten Raum zu finden, immer erhalten – das heißt, dass das Teilchen nicht einfach verschwindet, sondern mit Sicherheit irgendwo im betrachteten Raum aufzufinden sein wird. Auch kann man aus der Schrödinger-Gleichung schließen, dass in der Quantenmechanik keine Wirkung ohne eine Ursache eintreten kann. Ein quantenmechanisches Teilchen kann eine zeitliche Bewegungsänderung nur dann ausführen, wenn es durch den Anstoß einer äußeren Kraft dazu veranlasst wurde. Man nennt dies auch das Prinzip der quantenmechanischen Kausalität.

Eine andere Sichtweise der Quantenmechanik hat Richard Feynman mit seinem sogenannten Pfadintegralformalismus. Dabei betrachtet Feynman alle möglichen Wege, die ein Teilchen einnehmen kann: den klassischen erlaubten Weg, aber auch unendlich viele andere. Zum Beispiel Wege, die im Zickzack durch den Raum und dann durch einen der beiden Spalte laufen. Alle diese Wege – man nennt sie auch oft die möglichen Historien der Teilchen – werden dann zueinander aufsummiert, wobei man jeden Weg noch mit einer bestimmten Wahrscheinlichkeitsfunktion gewichtet. Der klassische, direkte Weg ist dabei der wahrscheinlichste, aber auch die anderen Wege sind in der Quantenmechanik möglich und tragen deswegen zur Feynman-Summe bei. Man kann also sagen, dass die quantenmechanische Trajektorie eines Teilchens im Vergleich zu seiner klassischen Trajektorie verschmiert aussieht. Man nennt diesen Formalismus deswegen auch die Summe aller möglichen Historien eines Teilchens. Betrachtet man schließlich das Resultat dieser Summe, erhält man genau die Wahrscheinlichkeit, mit der das Teilchen auf dem Schirm hinter dem Doppelspalt auftrifft. Die Wahrscheinlichkeit, die man mit Feynmans Methode erhält, ist gleich der aus der Schrödinger-Gleichung. Feynmans Pfadintegralmethode ist jedoch sehr nützlich,

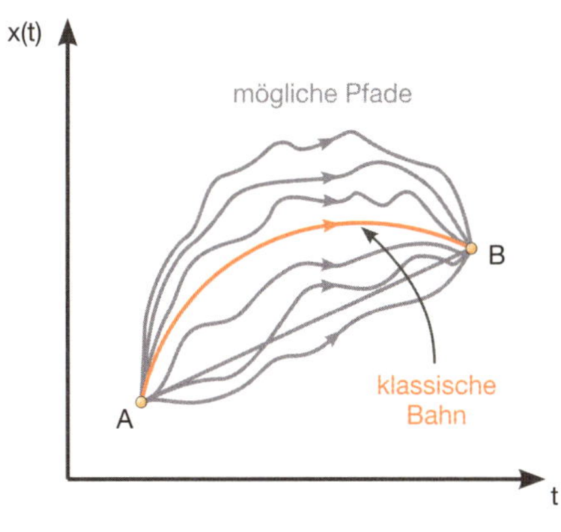

9 In der Quantenmechanik gibt es nicht nur einen möglichen Pfad x(t) für den zeitlichen Verlauf eines Teilchens vom Ort A zum Ort B, sondern sehr viele. Sie unterscheiden sich jeweils durch ihre quantenmechanische Wahrscheinlichkeit, wobei die klassische Teilchentrajektorie in vielen Fällen den wahrscheinlichsten Pfad darstellt. Durch Aufsummieren und entsprechendes Wichten aller möglichen Pfade erhält man die quantenmechanische Wahrscheinlichkeit, ein Teilchen an einem bestimmten Ort anzutreffen.

wenn man die «Historien» von verschiedenen Universen in der Quantengravitation betrachtet oder wenn man die quantenmechanischen Trajektorien eines Strings untersucht.

In ihrer praktischen Bedeutung ist die Schrödinger-Gleichung die wichtigste Gleichung in der Quantenmechanik und somit auch in der gesamten Atom- und Festkörperphysik. Sie erlaubt die Berechnung der Energieniveaus und der Wellenfunktionen von quantenmechanischen Systemen. Eine aus der Schrödinger-Gleichung eines physikalischen Systems mit bestimmter Energie und Wellenfunktion Ψ erhaltene Lösung bezeichnet man auch als seinen quantenmechanischen Zustand. Dabei kann ein bestimmtes physikalisches System im Allgemeinen eine große Anzahl von Zuständen besitzen, die im Allgemeinen durch ihre verschiedenen Energiewerte charakterisiert sind. Die Schrödinger-Gleichung erlaubt somit normalerweise eine große Anzahl von verschiedenen Lösungen. Dies gilt zum Beispiel schon für eines der einfachsten quantenmechanischen Systeme, nämlich das Wasserstoffatom. Die verschiedenen Wasserstoffzustände sind dadurch charakterisiert, dass sich ein Elektron auf energetisch verschiedenen Schalen um den Kern bewegt. Die erlaubten Energiewerte nehmen dabei sogenannte diskrete Werte an, was bedeutet, dass hier nicht jede denkbare Energiemenge erlaubt ist. Die verschiedenen Zustände des Wasserstoffatoms zeichnen sich auch durch eine weitere Eigenschaft aus, nämlich durch seinen Drehimpuls. Auch dieser kann, bei null beginnend, nur bestimmte diskrete Werte annehmen. Der Zustand eines Wasserstoffatoms kann sich durch den Einfluss einer äußeren Störung ändern. Befindet sich das Elektron auf einer hohen Schale, so wäre es für das System energetisch gesehen vorteilhafter, wenn das Elektron auf eine niedrigere Schale überwechseln würde. Dies kann in der Tat geschehen, wenn man das Elektron kurz anstößt: Es springt dann auf eine tiefere Schale. Die dabei frei werdende Energie verlässt das Wasserstoffatom in der Form eines Photons, welches gerade die Energiedifferenz im Wasserstoffatom als eigene Energie mit sich fortträgt.

In der Festkörperphysik und in der Vielteilchenphysik haben wir es mit Systemen zu tun, die aus einer großen Anzahl von Molekülen, also aus einer großen Anzahl von Atomen, bestehen. Ein Gramm Wasser enthält ca. 10^{23} Atome, sodass eine Person mit einer Masse von 70 kg ca. 7×10^{27} Atome enthält. Die Erde kommt dann schon auf 6×10^{49} Atome, die Sonne enthält ca. 10^{57} Atome, die Milchstraße mit ungefähr 100 Milliarden Sonnen enthält ca. 10^{68} Atome, und das gesamte beobachtbare Universum sollte ungefähr 10^{78} Atome beinhalten.

Die Teilchen, die einen Festkörper wie zum Beispiel einen Halbleiter oder einen Supraleiter bilden, sind so klein, dass in der Festkörperphysik die Quantenmechanik die dominierende Rolle spielt. Ein Festkörper besteht in der Regel aus einer großen Anzahl von Atomrümpfen, zwischen denen sich die Elektronen mehr oder weniger frei bewegen können. Die Kräfte zwischen diesen Teilchen sind durch den Elektromagnetismus bestimmt. Im Festkörper muss man streng genommen die Schrödinger-Gleichung aller vorhandenen Teilchen lösen, um den quantenmechanischen Zustand eines Festkörpers zu bestimmen. Wegen der großen Anzahl der beteiligten Teilchen und ihrer gegenseitigen Wechselwirkungen erhält man einen hochkomplexen Raum vieler verschiedener Lösungen, die zwar alle aus einer einzigen Grundgleichung folgen, aber sehr schwer konkret zu bestimmen sind. In vielen Fällen jedoch kann man es sich einfacher machen, indem man das Vielteilchensystem auf eine effektive Beschreibung reduziert, die nur einige wenige Parameter beinhaltet, welche das System maßgeblich charakterisieren. Man bezeichnet diese Parameter auch oft als die Ordnungsparameter des Systems; diese können die Leitfähigkeit eines Metalls oder auch eines Halbleiters kennzeichnen, sie können die Magnetisierung einer magnetischen Substanz angeben, oder sie entsprechen der Viskosität beziehungsweise der Deformierbarkeit einer Flüssigkeit beziehungsweise elastischer Materialien. Bei einem Gas genügt oft die Angabe von Druck, Volumen und Temperatur zur Beschreibung seines Zustands. Die verschiedenen Lösungen der vereinfachten Schrödinger-Gleichung entsprechen dann oft den verschiedenen Aggregatzuständen des Systems. Besonders interessant sind Phasenübergänge, bei denen sich die Ordnungsparameter in Abhängigkeit von einer äußeren Größe, wie der Temperatur des Systems, ändern. So kann sich ab einer bestimmten Temperatur die Leitfähigkeit eines Metalls erheblich ändern: Unterhalb einer kritischen Temperatur kann die Leitfähigkeit unendlich groß werden. Dies ist der Phasenübergang vom Normalleiter zum Supraleiter. Die Liste möglicher Phasenübergänge, bei denen sich der Aggregatzustand eines Systems ändert, ist sehr lang und enthält unter anderem folgende: den Phasenübergang von der festen zur flüssigen und zur gasförmigen Phase wie beim Wasser, den Phasenübergang von der magnetischen zur nichtmagnetischen Phase im Metall oder den Phasenübergang von der superfluiden zur nichtsuperfluiden Phase im Helium. Die verschiedenen Phasen eines Systems können auch gleichzeitig koexistieren. Dies passiert dann, wenn sich bei der kritischen Temperatur im Material erst ein kleiner Bereich der neuen Phase bildet, also eine Blase innerhalb der alten Phase, die sich dann immer weiter ausdehnt, bis sie die alte Phase vollkommen verdrängt hat.

Wir wollen uns nun im Folgenden noch etwas näher mit einigen physikalischen Konzepten beschäftigen, die für die quantenmechanische Beschreibung von vielen Systemen sehr wichtig sind.

Die Energielandschaft In einem physikalischen System, das aus einem, mehreren oder auch sehr vielen Teilchen besteht, hängt die Energie des Systems normalerweise davon ab, an welcher Stelle des Raumes sich die Teilchen befinden. So hängt in der klassischen Mechanik von Newton die potentielle Energie eines Körpers im Schwerefeld der Erde davon ab, in welcher Höhe über der Erdoberfläche es sich befindet. Wir können zum Beispiel die Autos in einer Achterbahn betrachten. Hier entspricht der Schienenverlauf der Achterbahn mit ihren zahlreichen Gipfeln und Tälern ziemlich genau der potentiellen Energie der Autos: Befinden sie sich weit oben, dann ist ihre potentielle Energie groß, während sie in der Nähe des Bodens kleiner ist. Wir können also die Achterbahn als die klassische Energielandschaft der Autos bezeichnen.

In der Quantenmechanik verhält es sich dazu analog. Auch hier hängt die Energie eines quantenmechanischen Teilchens davon ab,

10 Die Achterbahn steht für die sogenannte Energielandschaft in der Physik. Die Täler sind die Bereiche, in denen die Autos eine geringe (potentielle) Energie besitzen, während auf den Berggipfeln die Energie hoch oder sogar maximal ist. In der Quantenmechanik ist die Energie oft nicht nur eine Funktion des Aufenthaltsortes eines einzelnen Teilchens, sondern kann bei einem System aus vielen Teilchen von sogenannten kollektiven Ordnungsparametern wie zum Beispiel von der Magnetisierung eines Materials abhängen.

wo es sich gerade in einer bestimmten Energielandschaft aufhält. Für ein einzelnes Teilchen, wie für ein einzelnes Auto in der Achterbahn, ist die Energiefunktion ziemlich einfach zu bestimmen. Wesentlich komplizierter wird es jedoch, wenn wir es mit vielen Teilchen zu tun haben, die sich alle gleichzeitig in der Energielandschaft aufhalten und sich womöglich auch noch gegenseitig beeinflussen. Dies ist genau die Situation, die wir von den Festkörpern her kennen. In diesem Fall ist es sehr viel besser und einfacher, eine abstrakte Energielandschaft zu betrachten, die nicht mehr von den verschiedenen Aufenthaltsorten, sondern von den Ordnungsparametern des Systems abhängt. Wir betrachten also die Energie des Systems zum Beispiel in Abhängigkeit von seiner Magnetisierung oder seiner Leitfähigkeit. Ähnlich verhält es sich auch in der Achterbahn: Ist eine große Anzahl von Autos unterwegs, dann ist die Gesamtenergie aller Autos durch die Summe aller einzelnen Energien bestimmt. Addieren wir ihre kinetischen und die potentiellen Energien, dann hängt die Gesamtenergie jedes Zustands nicht mehr von den Positionen der einzelnen Autos ab, sondern nur noch von der Höhe des höchsten Gipfels. Diese Näherung wird umso genauer, je mehr Autos sich in der Achterbahn befinden. Die Größe ist also der Ordnungsparameter der Achterbahn.

Das Vakuum In einer Energielandschaft sind im Allgemeinen viele verschiedene Zustände mit unterschiedlichen Werten für die Energien der Teilchen möglich. Betrachten wir als einfachstes Beispiel wieder ein einzelnes Auto in der Achterbahn. Lassen wir es irgendwo in der Nähe eines Tales los, so wird es an Geschwindigkeit zunehmen, den Talboden durchfahren, dann wieder ein Stück den gegenüberliegenden Berg hinauffahren, um schließlich die umgekehrte Bewegung durchzuführen. Und wäre das Auto nicht durch Reibungseffekte gebremst, dann würde es einem Uhrpendel gleich diese Oszillationsbewegung um das Minimum des Potentials für einen unbegrenzten Zeitraum fortsetzen. Dabei bleibt die Gesamtenergie des Zustands – das ist die Summe aus kinetischer und potentieller Energie – immer gleich. Eine besondere Situation stellt sich ein, wenn wir das Auto von vornherein in Ruhe auf dem Talboden positionieren. In diesem Fall bleibt das Auto dort für ewige Zeiten in Ruhe stehen, es bewegt sich nicht, und seine Gesamtenergie ist null. Dies ist der Vakuumzustand des Systems, genannt das klassische Vakuum. Genauso verhält es sich, wenn wir mehrere Autos in der Achterbahn betrachten. Befinden sie sich alle in einem der vielen Talböden, dann bewegt sich in der Achterbahn gar nichts mehr, und das System befindet sich im Vakuumzustand. Das klassische Vakuum ist also durch vollkommene Ruhe und Bewegungslosigkeit aller Teilchen gekennzeichnet. Man kann sagen, dass das klassische Vakuum die absolute Leere und das absolute Nichts darstellt.

Auch in der Quantenmechanik stellt das Vakuum den Zustand niedrigster Energie dar. Aber das quantenmechanische Vakuum ist kein Zustand absoluter Ruhe und Bewegungslosigkeit, sondern im quantenmechanischen Vakuum sind die Teilchen in dauernder Unruhe und stetiger Bewegung. Nehmen wir an, das Auto in der Achterbahn verhält sich wie ein quantenmechanisches Teilchen, zum Beispiel wie ein Elektron. Versuchten wir nun, dieses Teilchen genau am Talboden zu positionieren, dann müssten wir kapitulieren: Die Unschärferelation verbietet es, dass sich das Elektron am Boden des Potentials in absoluter Ruhe befindet. Wäre dies möglich, dann könnten wir sofort die Position und gleichzeitig auch die Geschwindigkeit des Elektrons – diese wäre genau null – bestimmen. Das Elektron muss auch im quantenmechanischen Vakuum immer noch kleine Fluktuationsbewegungen um das Minimum des Potentials ausführen. Deswegen ist die Energie des quantenmechanischen Vakuums auch nicht exakt null, sondern nimmt einen kleinen Wert an, der durch das Planck'sche Wirkungsquantum h festgelegt ist. Genauso verhält es sich mit einem quantenmechanischen Vielteilchensystem. Auch im Vakuumzustand bewegen sich alle Teilchen, sie führen eine Art von kleinen Zitterbewegungen aus, die durch die Heisenberg'sche Unschärferelation diktiert sind. Das Vakuum stellt in der Quantenmechanik also keinen Zustand der absoluten Leere dar, sondern ist angefüllt mit den Vakuumfluktuationen aller hier vorkommenden Teilchen.

Der Tunneleffekt Klassische Teilchen wie Billardkugeln haben die Eigenschaft, dass sie am Rand des Billardtisches reflektiert werden. Der Rand des Billardtisches stellt für die Billardkugel eine unüberwindliche Wand dar, die es nicht durchstoßen kann. Ebenso kann ein Hochspringer nicht über eine zehn Meter hohe Wand springen, da ihm dafür die notwendige Energie fehlt. Ein analoger Sachverhalt gilt auch für die Autos in der Achterbahn: Ist ihre Energie nicht groß genug, dann können sie nicht über die Gipfel der Bahn fahren. Lassen wir zum Beispiel ein Auto auf halber Höhe zwischen zwei gleichen hohen Gipfeln los, dann bleibt das Auto immer im Bereich dieses Tales stecken und kann seine Reise in der Achterbahn nicht fortsetzen.

Quantenmechanische Teilchen legen ein ganz anderes Verhalten an den Tag: Sie können durch eine Potentialwand hindurchlaufen, auch wenn ihre Energie für das Überqueren des Berges nicht ausreicht. Dieser als quantenmechanischer Tunneleffekt bezeichnete Vorgang hat seine Ursache darin, dass die Wellenfunktion des quantenmechanischen Teilchens über einen größeren Raumbereich ausgedehnt ist. Befindet sich ein Elektron in einem Tal zwischen zwei endlich hohen Potentialgipfeln, so ist seine Wellenfunktion nicht nur innerhalb der beiden Potentialwälle ungleich null, sondern geht durch die Potentialwälle hindurch und ver-

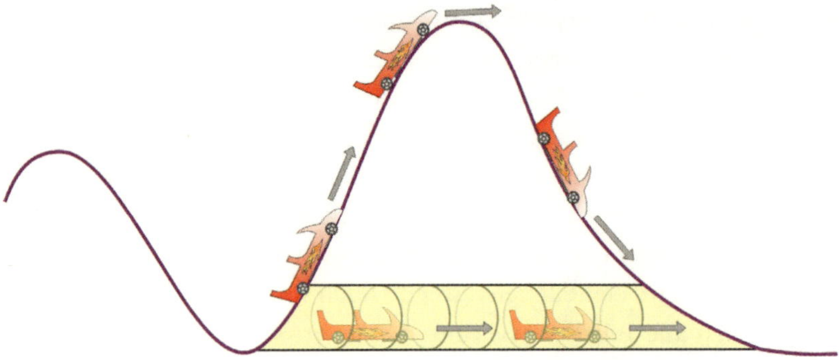

11 In der klassischen Mechanik kann das Auto den Potentialberg nur dann überqueren, wenn seine kinetische Energie größer als die potentielle Energie des Berges ist. Ein quantenmechanisches Teilchen kann jedoch durch den Potentialberg hindurchtunneln: Es kann den Potentialberg auch dann «überqueren», wenn seine kinetische Energie kleiner als die potentielle Energie des Potentialberges ist. Dies liegt daran, dass die quantenmechanische Wellenfunktion des Teilchens auch jenseits des Potentialberges von null verschieden ist. Die quantenmechanische Tunnelwahrscheinlichkeit nimmt jedoch mit kleiner werdender kinetischer Energie des Teilchens beziehungsweise mit dem Anwachsen des Potentialberges ab.

schwindet auch nicht in den angrenzenden Tälern. Da die Wellenfunktion die Aufenthaltswahrscheinlichkeit für ein Teilchen angibt, hat das Elektron bei nichtverschwindender Wellenfunktion jenseits des Potentialberges dort auch eine nichtverschwindende Aufenthaltswahrscheinlichkeit – es kann durch den Potentialwall mit einer bestimmten Wahrscheinlichkeit hindurchlaufen, oder wie man sagt, hindurchtunneln. Die Tunnelwahrscheinlichkeit hängt davon ab, wie groß die Energie des Elektrons im Vergleich zur Höhe des Potentialwalls ist, und auch von der Tiefe des benachbarten Tales. Liegt die Energie des benachbarten Tales tiefer als die Energie des Tales, in dem sich das Elektron gerade befindet, dann ist die Tunnelwahrscheinlichkeit relativ groß. Nichtsdestoweniger kann ein Elektron auch in ein energetisch höher gelegenes Tal durch einen Potentialwall hindurchtunneln, wenn seine (kinetische) Energie größer als das nächste Potentialminimum ist. Der quantenmechanische Tunneleffekt spielt in der Festkörperphysik und in der Mikroelektronik eine wichtige Rolle. In einem Halbleiter nämlich gibt es viele sogenannte Energiebänder, die durch Potentialbarrieren voneinander getrennt sind. Dennoch kann ein Elektron von einem tiefer gelegenen Energieband in ein höher gelegenes Band hineintunneln, auch wenn seine thermische Energie dazu, klassisch gesehen, nicht ausreicht. Dort kann sich das Elektron frei bewegen, und der Halbleiter erhält so eine kleine elektrische Leitfähigkeit, die mit steigender Umgebungstemperatur anwächst. Der Tunneleffekt ist auch für den radioaktiven Zerfall von bestimmten Elementen verantwortlich. So muss ein Quantenteilchen, zum Beispiel ein α-Teilchen, durch den Potentialberg seines Kernes tunneln, um aus dem Atomkern in die Freiheit zu gelangen. Die Halbwertszeit, also die Lebensdauer des instabilen Atoms, ist mithin durch die Tunnelwahrscheinlichkeit bestimmt.

Metastabile Quantenzustände Der quantenmechanische Tunneleffekt ist auch für den Zerfall eines Vakuumzustandes verantwortlich, der, klassisch gesehen, vollkommen stabil ist. Dazu betrachten wir wieder ein Auto in der Achterbahn, das sich in einem bestimmten Tal vollkommen in Ruhe befindet. Dieses Auto befindet sich also in einem Vakuumzustand. In der Nachbarschaft soll sich nun, durch einen Berg getrennt, ein weiteres Tal befinden, dessen Minimum energetisch tiefer als das andere Tal mit dem Auto liegt. In der klassischen Physik bleibt das Auto für alle Zeiten in seinem Minimum stehen. Das benachbarte, tiefer gelegene Vakuum ist für das Auto unerreichbar. Wir reden deswegen hier von einem lokal stabilen Vakuum. In der Quantenmechanik sieht die Sache wieder anders aus. Obwohl sich das Teilchen im höher gelegenen Tal in einem Zustand lokal niedrigster Energie befindet, kann es doch wegen seiner Vakuumfluktuationen durch den Potentialwall in das tiefer gelegene Tal hineintunneln. Dies geschieht mit einer gewissen Tunnelwahrscheinlichkeit, sodass das höher gelegene Tal für das Teilchen keinen quantenmechanisch stabilen Vakuumzustand darstellt, sondern nur einen metastabilen, gleichsam den Übergang vorbereitenden Vakuumzustand. Dieser zerfällt nach einer gewissen Zeit in ein energetisch bevorzugteres Vakuum. In der Quantenmechanik entspricht deswegen nur das tiefstmögliche aller Potentialminima einem stabilen Vakuumzustand. Die energetisch höher gelegenen Zustände sind lediglich metastabile Vakua. Übergänge von einem metastabilen in ein stabiles Vakuum sind oft auch mit Phasenübergängen verbunden. In diesem Fall bildet sich zu Beginn des Phasenübergangs innerhalb des metastabilen Vakuums eine sehr kleine Blase des tieferen, stabilen Vakuums. Diese Keimzelle wächst dann mit der Zeit kontinuierlich an, bis schließlich das instabile Vakuum gänzlich vom stabilen Vakuum aufgefressen wird. Es kann natürliche Situationen geben, in denen die Tunnelwahrscheinlichkeit so klein ist, dass das System für lange Zeiten im metastabilen Zustand steckt oder, wie man auch sagt, eingefroren bleibt. Dies ist zum Beispiel bei den Spingläsern der Fall – das sind magnetische Systeme von vielen Teilchen mit Spin. Die Zustände solcher Spingläser lassen sich als eine riesige Landschaft mit vielen metastabilen Grundzuständen verstehen, die den vielen wechselseitigen Ausrichtungen der Spins entsprechen. Allerdings ändert sich die Ausrichtung der Spins so langsam, dass der energetisch tiefere Zustand in der experimentell zugänglichen Zeitskala niemals erreicht wird. Man redet hier auch vom Effekt der Frustration. Eine weitere interessante Situation stellt sich ein, wenn es mehrere energetisch gleich tiefe Potentialminima gibt. In diesem Fall hält sich das quantenmechanische Teilchen im Vakuum in allen Potentialminima gleichzeitig auf. Es liegt dann eine Überlagerung von verschiedenen Zuständen vor.

Quantenchaos und Selbstreproduktion Wir hatten gesehen, dass in der klassischen Physik, die auf deterministischen Systemen beruht, Chaos aufgrund von fluktuierenden Anfangsbedingungen entsteht. In der Quantenmechanik verhalten sich Systeme mit vielen Teilchen noch komplizierter, da die Teilchen selber Quantenfluktuationen ausgesetzt sind. Dennoch gibt es auch in der Theorie der Quantenstatistik und des Quantenchaos einige Phänomene, die auf Ordnung in eigentlich ungeordneten Systemen hindeuten. Eines davon ist das Phänomen der Skaleninvarianz, manchmal auch Selbstähnlichkeit genannt. Es bedeutet, dass bestimmte Beobachtungsgrößen eines quantenmechanischen Systems Muster

12 Ähnlich zum Baum des Pythagoras gibt es quantenmechanische Vielteilchensysteme, die ein skaleninvariantes Verhalten aufweisen. Dies bedeutet, dass die räumliche Verteilung von bestimmten quantenmechanischen Größen, wie die Ausrichtung der Magnetisierung in einem Material, sich bei kleiner werdenden Abständen immer wieder fortsetzt. Das Phänomen der Skaleninvarianz werden wir später auch in den räumlichen Temperaturfluktuationen der kosmischen Hintergrundstrahlung im Universum wieder beobachten.

13 Das Bild «Circle Limit III» des Malers Maurits C. Escher zeigt sehr schön das Phänomen der Skaleninvarianz: Bestimmte Muster setzen sich vom Großen bis ins Kleinste immer wieder fort. In der Mathematik bezeichnet man dies oft auch als konforme Symmetrie.

und Strukturen aufweisen, die sich bei verschiedenen Abständen immer wiederholen. Als schönes Beispiel hatten wir schon den Baum des Pythagoras kennengelernt. Auch der Blumenkohl ist ein gutes Beispiel für ein skaleninvariantes System; auch hier wiederholt sich die knospenartige Struktur einige Male, was man bei Betrachtung mit einer Lupe deutlich sehen kann.

In der Festkörperphysik tritt die Skaleninvarianz bevorzugt in der Nähe von Phasenübergängen zwischen verschiedenen Aggregatzuständen auf. Ein Beispiel ist der Übergang vom unmagnetischen zum magnetischen Zustand in Metallen bei einer bestimmten kritischen Temperatur. In diesem Fall weist die Magnetisierung, also die Verteilung aller kleinen Elementarmagnete im Metall, eine skaleninvariante Struktur auf. Skaleninvarianz ist auch in dem Bild von M. C. Escher gut zu sehen, in dem sich die verschiedenen Muster bis ins Kleinste immer wieder fortsetzen.

Auch im Universum ist Skaleninvarianz von großer Bedeutung. Denn wie wir besprechen werden, weist die beobachtete Struktur der kosmischen Hintergrundstrahlung, die aus Quantenfluktuationen zu einem sehr frühen Zeitpunkt des Universums entstanden ist, ein skaleninvariantes Verhalten auf: Die Verteilung der Temperaturschwankungen wiederholt sich immer wieder, wenn man sie von kleinen zu großen Bereichen im Universum beobachtet.

Die Grenzen der Quantenmechanik Wie wir gesehen haben, beschreibt die Quantenmechanik mikroskopische Teilchen, wie das Elektron, während makroskopische Körper, wie die Billardkugeln, den Gesetzen der klassischen Physik folgen. Jede der beiden Theorien hat also ihren eigenen Gültigkeitsbereich. Aber wie groß ist die Quantenwelt? Wo liegt die Grenze zwischen beiden Theorien? Und wie vollzieht sich der Übergang von der Quantenmechanik zur klassischen Physik? Über diese Frage hatte auch schon Erwin Schrödinger nachgedacht, als er 1935 ein berühmtes Gedankenexperiment vorschlug, nämlich Schrödingers Katze: In einer abgeschlossenen Kiste befindet sich zusammen mit einer Katze ein instabiler Atomkern, der mit einer gewissen Wahrscheinlichkeit zerfällt. Beim Zerfall des Kernes wird augenblicklich ein Giftgas freigesetzt, welches die Katze sofort tötet. Der Quantenzustand des Atomkernes ist eine Überlagerung der beiden Zustände «Nichtzerfallen» und «Zerfallen». Demnach sollte sich auch die Katze im überlagerten Zustand befinden, sie wäre also lebendig und zugleich auch tot, zumindest dann, wenn man die Quantenmechanik auch auf makroskopische Systeme wie die Katze anwenden kann. Schrödinger wollte mit diesem Gedankenexperiment die Unvollständigkeit der Quantenmechanik nachweisen. In der Kopenhagener Interpretation der Quantenmechanik von Niels Bohr wird dieses Paradox so interpretiert, dass ein Beobachter beim Öffnen der Kiste in das System eingreift und der Atomkern sich dann für einen der beiden möglichen Zustände entscheiden muss. Man bezeichnet dieses «Sich-Entscheiden» als den Kollaps der Wellenfunktion, die in der Kopenhagener Deutung durch den äußeren Beobachter hervorgerufen wird. Es entscheidet sich also erst im Moment der Beobachtung, ob die Katze tot oder lebendig ist.[6]

Die Kopenhagener Interpretation geht ohne Zweifel davon aus, dass die Quantenmechanik eine vollständige Theorie darstellt. Heutzutage wird allerdings eine etwas andere Interpretation bevorzugt, was den Übergang von der Quantenmechanik zur klassischen Mechanik angeht. Dies ist die Dekohärenztheorie, nach der einem System, das aus vielen Teilchen besteht, über lange Zeiten hinweg keine eindeutige quantenmechanische Wellenfunktion zuzuordnen ist. Nach dieser Theorie stellt die Katze in Schrödingers Gedankenexperiment auch in der geschlossenen Kiste keinen Quantenzustand dar; sie verhält sich immer klassisch und ist deswegen schon vor dem Öffnen der Kiste durch den Beobachter entweder tot oder lebendig. Die Dekohärenz der Wellenfunktion tritt oft sehr schnell ein, sodass sich die einzelnen Wellenfunktionen von vielen Teilchen nicht mehr kohärent zu einer Wellenfunktion überlagern lassen.[7] Auch beschleunigt das Aufheizen eines Systems die Zerstörung seiner Quanteneigenschaft. So zeigen zum Beispiel ultrakalte Gase sehr interessante Quanteneigenschaften, wie die Bose-Einstein-Kondensation, bei der eine große Anzahl von Teilchen sich praktisch in Ruhe befindet und deswegen kollektiv mit einer Quantenwellenfunktion beschrieben werden kann. Erhöht man aber die Temperatur des Systems, dann verschwindet die Quanteneigenschaft, da sich die Teilchen dann zu stark in Bewegung setzen.

Die Grenze zwischen Quantenmechanik und klassischer Physik

hat sich in den letzten Jahren immer weiter verschoben. Wie exakt die Quantenmechanik die Natur beschreibt und auch auf Vielteilchensysteme zutrifft, wurde unter anderem durch bemerkenswerte Experimente des österreichischen Physikers Anton Zeilinger demonstriert. Er konnte 1999 erstmals die Quanteninterferenz von fußballförmigen Molekülen, den sogenannten Fullerenen, die aus bis zu 100 Kohlenstoffatomen bestehen, an Doppelspaltexperimenten nachweisen. Ferner konnte sein Team mittels sogenannter verschränkter optischer Zustände demonstrieren, dass die quantenmechanischen Eigenschaften von Photonpaaren, die sich voneinander fortbewegen, über weite Strecken und über große Zeiten erhalten bleiben. In diesen Experimenten beobachtet man quantenmechanische Korrelationen zwischen Teilchen, die in weit voneinander entfernten Detektoren nachgewiesen werden. Die gemeinsame Wellenfunktion der beiden Photonen kann also über große Strecken erhalten werden. Diesen Effekt nutzt man auch bei der Quantenteleportation, bei der Quantenverschlüsselung von Nachrichten und bei den Quantencomputern aus. Das Phänomen der Verschränkung wurde schon von Albert Einstein, Boris Podolsky und Nathan Rosen im Jahre 1935 in ihrem berühmten EPR-Gedankenexperiment eingeführt, allerdings um zu zeigen, dass die Quantenmechanik nicht vollständig sei. Einstein bezeichnete die Quantenverschränkung als «spukhafte Fernwirkung», und in der EPR-Arbeit wird die scheinbare Nichtlokalität der Quantenmechanik durch versteckte und letztlich klassische Variablen erklärt. Der irische Physiker John Bell formulierte jedoch einen Satz von Gleichungen, mit denen man experimentell zwischen der Existenz von versteckten Variablen und der Richtigkeit der Quantenmechanik unterscheiden kann. Erst 47 Jahre nach EPR konnte Alain Aspect die Bell'schen Gleichungen auf verschränkte Photonen experimentell anwenden. Das Ergebnis, das er erhielt, war eindeutig: Seine Versuche falsifizieren die EPR-Hypothese versteckter Variablen und bestätigen die Gültigkeit der Quantenmechanik. Deswegen können wir heutzutage bekräftigen: Die Quantenmechanik ist allgemeingültig und universell. Sie hat bis jetzt noch bei keinem experimentellen Test versagt!

Quantenmechanik und freier Wille Auch wenn sie sich manchmal anscheinend eigenartig verhalten, haben quantenmechanische Teilchen, anders als die Quantenfische in unserem Märchen, keinen freien Willen. Der Mensch als makroskopisches System besitzt keine kohärente Wellenfunktion und folgt in seinen Bewegungen der klassischen Mechanik und nicht der Quantenmechanik. Oder haben wir schon mal Menschen gesehen, die wie Harry Potter durch eine Wand hindurchtunneln oder sich mittels Teleportation über weite Strecken sekundenschnell fortbewegen können? Aber wie sieht es mit den Vorgängen im menschlichen Gehirn aus? Lässt sich aus dem Zufallsprinzip der Quantenmechanik ein freier Wille in den Entscheidungsmöglichkeiten des menschlichen Handelns ableiten? Die Frage nach dem freien Willen ist sowohl Gegenstand der modernen Hirnforschung als auch Streitpunkt vielfältiger philosophischer Überlegungen. Vor dem Hintergrund des klassischen und deterministischen Weltbildes sind zwei unterschiedliche Denkschulen von Bedeutung: Kompatibilismus versteht unter freiem Willen nicht die Fähigkeit, unter gleichen inneren und äußeren Bedingungen verschiedene Entscheidungen treffen zu können. Willensfreiheit erscheint hier als bedingt, was bedeutet, dass der Mensch Entscheidungen trifft, die von seiner persönlichen Entwicklung und von Umwelteinflüssen abhängen. In der konkreten Situation gibt es aber für eine Person nur eine Möglichkeit, sich zu entscheiden. Einige Experimente in der Hirnforschung unterstützen deutlich die Position der bedingten freien Willensfreiheit. Im Gegensatz dazu steht die unbedingte Willensfreiheit. Hier hängt das Wollen von absolut nichts ab, ist also durch nichts bedingt. Ein Mensch kann sich in derselben Situation bewusst oder auch zufällig für das eine als auch für das andere entscheiden. Diese mit dem deterministischen Weltbild unvereinbare und von der Quantenmechanik gestärkte Auffassung einer unbedingten Willensfreiheit wird repräsentiert durch die Denkschule der Inkompatibilisten. Jedoch begibt man sich hier auf ziemlich unsicheren Boden. Denn zum einen besagt auch das Prinzip der quantenmechanischen Kausalität, dass es keine echte creatio ex nihilo, also keine Entscheidungen ohne Vorbedingungen, gibt. Ferner läuft vermutlich der allergrößte Teil der Vorgänge im Gehirn nach den Gesetzen der klassischen Physik ab. Die Teilchen im Gehirn haben einfach eine zu hohe Temperatur, um die Dekohärenz ihrer Wellenfunktion zu vermeiden. Andererseits liefert uns die Theorie des klassischen Chaos die Erkenntnis, dass auch deterministische Systeme nicht vorhersagbar sind. Deswegen ist es nicht klar, ob sich aus der Physik Schlussfolgerungen hinsichtlich der Willensfreiheit ziehen lassen.

Das Multiversum als quantenmechanisches System In diesem Buch wollen wir nun der Frage nachgehen, ob man die Prinzipien der Quantenmechanik nicht nur in der Elementarteilchenphysik oder in der Festkörperphysik, sondern auch auf das Universum als Ganzes anwenden kann. Dies erscheint auf den ersten Blick fraglich, denn das Universum verhält sich heutzutage mehr wie ein klassisches System denn wie ein Quantensystem. Das war aber zu Beginn des Universums während des Urknalls nicht der Fall. Zur Geburtsstunde des Universums war auch die Physik von Raum und Zeit durch die Quantenmechanik beherrscht.

Ferner werden wir der Frage nachgehen, was passiert, wenn die fundamentalen Gleichungen der Physik, die den Kosmos bestimmen, selbst zwar eindeutig sind, aber mehrere Lösungen zulassen, die man als unterschiedliche quantenmechanische Zustände in einem Multiversum ansehen kann. Dann haben wir es mit einem komplexen Zustandsraum zu tun, aber auf einer noch fundamentaleren Ebene als in der Festkörperphysik. Die verschiedenen Zustände im Multiversum – Universen genannt – können durch quantenmechanische Tunneleffekte ineinander übergehen. Metastabile Universen können für lange Zeiten existieren, bis sie schließlich in ein anderes Universum zerfallen. Natürlich ist eine direkte Beobachtung des Urknalls und anderer Universen schwierig, wenn nicht sogar unmöglich, denn wir kennen nur den Zustand unseres Universums aus unseren Experimenten. Auch sind statistische Experimente mit verschiedenen Universen unmöglich, denn dazu müsste man die Neugeburt von Universen im Labor simulieren können. Dennoch werden uns verschiedene Überlegungen über die Natur und die Wechselwirkungen der uns bekannten Elementarteilchen sowie über die Geschichte und die Struktur unseres Universums wertvolle Hinweise darauf geben, die die Existenz eines Multiversums plausibel erscheinen lassen.

3. Punktförmige Standard-Quantenfische

In diesem Kapitel werden wir uns in die Welt des Mikrokosmos, also in die Welt der Elementarteilchenphysik, begeben. Die Elementarteilchen mit ihren Wechselwirkungen sind als Hauptakteure der fundamentalen Physik gleichsam die Quantenfische im Fischteich des Universums.

Das Periodensystem der Elemente Der Aufbau der sichtbaren Materie ist in der Physik in sehr vielen Details und mit sehr großer Genauigkeit verstanden. Festkörper, Flüssigkeiten und Gase bestehen aus verschiedenen chemischen Molekülen, die aus verschiedenen Atomen zusammengesetzt sind. Schon im Jahre 1869 hatte der russische Chemiker Dmitri Mendelejew das Periodensystem der Atome aufgestellt. Wir wissen heute, dass es mindestens 188 verschiedene Atome gibt, die sich durch ihre Masse und ihre Kernladungszahl, das heißt durch die elektrische Ladung des Atomkerns, unterscheiden.

Verwandlung von Luft Das Periodensystem der Elemente ist sicherlich nicht sehr ästhetisch in dem Sinne, dass es übersichtlich und einfach ist, dass es also nur sehr wenige Elemente enthält. In der Antike hatte man vom Aufbau der Stoffe erheblich einfachere Vorstellungen: Nach Anaximander (ca. 610–547 v. Chr.) sind Luft, Wasser, Stein und Feuer die vier Grundelemente aller Materie. In seinem Werk «Über die Natur» sieht der griechische Gelehrte und Vorsokratiker Anaximenes von Milet (ca. 585–526 v. Chr.) die Luft als Urstoff allen Seins. Durch Verdichtung der Luft entstehen Wasser und Stein, und durch Verdünnung entsteht Feuer. Somit ist Anaximenes der Erste, der die Verwandlung eines Stoffes einführt, ein Prinzip, welches in der modernen Elementarteilchenphysik eine herausragende Bedeutung hat. Die Vorstellung des Kosmos als harmonisches Ganzes, das sich zwar stets verändert, aber andererseits von ewigem Bestand ist, geht auch auf Anaximenes zurück. Allerdings hat die konkrete Vorstellung von Luft, Wasser, Stein und Feuer als Urbausteine, so einfach und schön sie auch ist, nur bedingt mit dem konkreten Aufbau der Materie zu tun. Auf unser Thema übertragen, könnte also ein Modell für die Elementarteilchen auf der einen Seite sehr schön einfach und elegant sein, muss aber deswegen nicht unbedingt die physikalische Wirklichkeit treffen. Andererseits kann ein kompliziertes und hässliches Modell wie das Periodensystem der Elemente durchaus recht viel mit der Realität zu tun haben.

Von den Atomen zum Standardmodell der Elementarteilchen Heute wissen wir, der Grund für die Unübersichtlichkeit und die Hässlichkeit des Periodensystems liegt darin begründet, dass Atome nicht elementar sind, sondern aus kleineren Bestandteilen zusammengesetzt sind. Dies ist die Welt des Mikrokosmos, die Domäne der Elementarteilchenphysik. Hier hat man sich in den letzten fünfzig Jahren auf ein relativ einfaches und mathematisch hochattraktives Modell geeinigt, das heute den Namen Standardmodell der Elementarteilchen trägt. Dieses Standardmodell hat sich bereits als eine ertragreiche Saat für Nobelpreise in der Physik erwiesen. Nobelpreise wurden verliehen an Abdus Salam, Sheldon Glashow und Steven Weinberg für die Formulierung der Gleichungen der elektroschwachen Wechselwirkung sowie an David Gross, David Politzer und Frank Wilczek als Begründer der Theorie der starken Wechselwirkung zwischen den Quarks und auch an Gerard 't Hooft und Martinus Veltman für den Beweis der mathematischen Richtigkeit des Standardmodells.

Das Wasserstoffatom Zur Beschreibung des Standardmodells wollen wir uns zunächst der atomaren Welt zuwenden. Anhand von Kathodenstrahlen in einer evakuierten Röhre gelang im Jahre 1897 dem britischen Physiker Sir Joseph John Thomson der experimentelle Nachweis der Elektronen. Dies war die erste Entdeckung eines subatomaren Teilchens. Daraufhin entwickelte Thomson das sogenannte Rosinenkuchenmodell, wonach die Elektronen im Inneren der Atome wie Rosinen in einem Kuchenteig gleichmäßig eingebettet sind. Dieses Modell konnte von Ernest Rutherford durch Streuversuche von geladenen Alphateilchen an einer Goldfolie im Jahre 1911 widerlegt werden, die zeigten, dass die Atome aus einem positiv geladenen Kern und einer Hülle von negativ geladenen Elektronen bestehen. Bei diesen Experimenten entdeckte Rutherford das Proton.

Das einfachste und leichteste Atom ist das Wasserstoffatom. Schon am Wasserstoffatom können wir sehr gut die verschiedenen Arten von Elementarteilchen und deren Kräfte untereinander studieren. Das Wasserstoffatom besteht aus einem Kern und einer Hülle. Beide sind in diesem Fall besonders einfach: Der Wasserstoffkern besteht aus einem elektrisch positiv geladenen Proton[8] – aus dem Griechischen *to proton*, das Erste –, während die Wasserstoffhülle aus einem einzigen Elektron[9] besteht, das genau die entgegengesetzte elektrische Ladung besitzt. Nach außen ist das Wasserstoffatom elektrisch neutral. Zusammengehalten werden Kern und Hülle durch die elektromagnetische Kraft zwischen geladenen Körpern. Schon seit dem Altertum weiß man, dass elektrisch geladene Körper Kräfte aufeinander ausüben. Gleichartig geladene Körper stoßen sich ab, ungleichartig geladene Körper ziehen sich gegenseitig an. Wir werden später noch genauer verstehen, wie diese Kräfte erzeugt werden. Größere Atome bestehen genau wie das Wasserstoffatom aus einem Atomkern, der sich aus mehreren Protonen und zusätzlich aus Neutronen[10] zusammensetzt. Über die Neutronen und die Kraft zwischen Neutronen und Protonen werden wir später noch ausführlicher zu reden haben. Die Atomhülle wird aus Elektronen gebildet, die auf bestimmten Bahnen den Atomkern umkreisen. Man spricht von verschiedenen Schalen, auf denen sich die Elektronen bewegen. Die charakteristische Größe eines Atoms wird zweckmäßigerweise in Angström[11] gemessen. Ein Wasserstoffatom zum Beispiel hat eine durchschnittliche Ausdehnung von ungefähr einem halben Angström, während ein Schwefelatom schon ungefähr ein Angström groß ist.

Riesenatome und ein kohärenter Quantenzustand Noch größere Atome, wie das hoch angeregte Rubidiumatom, weisen sehr interessante Quanteneigenschaften auf. Der Kern des Rubidiumatoms besteht aus 87 Protonen, und die Elektronen können auf weit ausliegende Schalen in der Hülle – bis auf die 43. Schale – angeregt werden. Man nennt solche Atome auch Riesenatome oder Rydberg-Atome. Der Gesamtdrehimpuls des Rubidiumatoms ist eine ganze Zahl, das Atom ist ein sogenanntes Boson. Kühlt man ein Gas von riesigen, angeregten Rubidiumatomen stark ab, so kommen sich die Atome so nahe, dass sich ihre Wellenfunktionen überlappen. Sie bilden dann einen gemeinsamen Zustand, das Bose-Einstein-Kondensat. Dies ist ein perfekter Quantenzustand, die einzelnen Bosonen sind dabei vollständig delokalisiert, das heißt, die Wahrscheinlichkeit, jedes Boson an einem bestimmten Punkt anzutreffen, ist überall im Kondensat gleich. Daraus ergibt sich auch, dass das Bose-Einstein-Kondensat eine perfekte suprafluide Flüssigkeit darstellt. Die Existenz dieses Quantenzustands wurde schon im Jahre 1924 von Satyendranath Bose und Albert Einstein theoretisch vorhergesagt, aber erst am 5. Juni 1995 wurde experimentell das erste Bose-Einstein-Kondensat im Labor hergestellt. Im Jahre 2001 erhielten Eric Cornell, Wolfgang Ketterle und Carl Wieman den Nobelpreis für Physik für die Herstellung des Bose-Einstein-Kondensats aus einem Gas von Rubidium- beziehungsweise Natriumatomen.

Atomrümpfe und Elektronen Die elektrischen Kräfte sind auch für den Zusammenhalt der festen Körper verantwortlich. Mit Röntgenstrahlen oder mit den Strahlen eines Elektronenmikroskops können wir in einen Festkörper hineinleuchten und seine innere Struktur sichtbar machen. Diese besteht in der Regel aus einer großen Anzahl von positiv geladenen Atomrümpfen, die periodisch in einem Festkörper angeordnet sind. Der Abstand zwischen den einzelnen Atomrümpfen schwankt von Fall zu Fall und liegt zwischen einigen und mehreren tausend Angström. Zwischen den positiv geladenen Atomrümpfen befinden sich negativ geladene Elektronen, die den Festkörper fest zusammenkleben. Die Elektronen können sich in vielen Fällen fast frei zwischen den Atomrümpfen hin und her bewegen, wir haben es dann mit Metallen zu tun. Die freie Beweglichkeit der Elektronen hat die gute elektrische Leitfähigkeit der Metalle zur Folge. Sind die Elektronen mehr oder weniger unbeweglich, das heißt, es gibt keine freien Ladungsträger im Festkörper, dann haben wir es mit einem Isolator zu tun. Als Teilchen mit gleicher (negativer) Ladung stoßen sich Elektronen gegenseitig ab. Diese elektrische Kraft ist der Grund für die gegenseitige Undurchdringlichkeit fester Körper.

Symmetrien, Rotationen im Raum und eine Begegnung mit mathematischen Gruppen Physiker sind versessen auf Symmetrien. Eine Symmetrie liegt dann vor, wenn sich ein physikalisches System oder eine physikalische Theorie auch durch bestimmte Drehungen des Systems oder Transformationen der Theorie nicht ändert. Man nimmt zum Beispiel an, dass die Naturgesetze in unserem Universum nicht davon abhängen, an welchem Ort man sich gerade befindet. Dies bezeichnet man als Symmetrie unter örtlichen Verschiebungen. Genauso sollten die Naturgesetze nicht davon abhängen, zu welchem Zeitpunkt ein bestimmtes Experiment durchgeführt wird. Dies ist die Symmetrie unter zeitlichen Verschiebungen im Universum. Ob diese beiden Symmetrien auch noch im gesamten Multiversum Gültigkeit besitzen, ist natürlich ungewiss.

Auch die periodische Anordnung der Atomrümpfe in einem Festkörper weist eine interessante geometrische Symmetriestruktur auf, welche die Form eines sehr regelmäßigen, dreidimensionalen Kristallgitters aufweist. Man kann die Gitterstruktur um bestimmte Winkel im Raum drehen, ohne dass sich dabei die räumliche Anordnung der Atome ändert. Hier liegt also eine räumliche Drehsymmetrie des betrachteten Körpers vor. Schauen wir uns den einfachsten Fall an: Alle Atome befinden sich auf den Eckpunkten eines Würfels, der sich in alle drei Raumrichtungen fortsetzt. Versuchen wir uns nun vorzustellen, auf welche Arten man einen Würfel drehen kann, um ihn nach der Drehung deckungsgleich vorzufinden wie vorher. Als Erstes betrachten wir Rotationen um die drei Mittelachsen, die durch die Mittelpunkte zweier sich gegenüberliegender Würfelflächen verlaufen. Hier kann man den Würfel um 90, um 180, um 270 oder um 360 Grad drehen, und nach jeder dieser vier möglichen Drehungen erhält man genau den ursprünglichen Würfel zurück. Deswegen nennt man diese Drehungen auch vierzählig. Als Nächstes betrachten wir die möglichen Drehungen des Würfels um seine Raumachsen, also um seine räumlichen Diagonalen. Hier kann man den Würfel um 120, 240 oder um 360 Grad drehen, ohne dass er sich dabei ändert. Dies sind also dreizählige Drehungen, die den Würfel invariant lassen. Noch einfacher sieht die Sache in zwei Dimensionen aus, wenn wir ein Quadrat anschauen. Der Leser wird sich sicherlich leicht davon überzeugen können, dass wir es hier mit vierzähligen Drehungen um den Mittelpunkt des Quadrats zu tun haben: Wir können das Quadrat um einen Winkel von 90 Grad drehen, ohne die Positionen seiner Eckpunkte zu verändern. Für den Mathematiker sind diese räumlichen Drehungen sehr beliebte Objekte. Er spricht in diesem Zusammenhang von Drehgruppen, wobei mathematische Gruppen, grob gesprochen, bestimmte Gruppenelemente enthalten, die man miteinander verknüpfen kann, sodass man genau wieder ein Gruppenelement erhält. In unserem Fall sind die Gruppenelemente nichts anderes als die Drehungen, die den betrachteten geometrischen Körper unverändert oder, wie der Mathematiker sagt, invariant lassen. Verknüpft man zwei Drehungen, das heißt, führt man zwei verschiedene Drehungen hintereinander aus, so lässt sich die Gesamtdrehung immer durch ein weiteres erlaubtes Drehelement ausdrücken.

Die Drehgruppen, die auf geometrische Objekte wie das zweidimensionale Quadrat oder auf den dreidimensionalen Würfel wirken, besitzen offensichtlich eine endliche Anzahl Drehelemente, nämlich genau die erlaubten Drehungen, die wir eben besprochen haben. Deswegen spricht man hier auch von endlichen Symmetrie-Drehgruppen dieser Objekte. Wichtiger noch sind für uns Gruppen, die eine unendliche Anzahl von Drehelementen besitzen. Wie kann man sich dies vorstellen? Dafür müssen wir einfach das Quadrat oder den Würfel durch Gebilde ersetzen, welche eine noch perfektere Symmetrie aufweisen. Fangen wir damit einfach in zwei Dimensionen an und betrachten anstelle eines Quadrates den Kreis. Wie wir uns leicht vorstellen können, kann man einen Kreis mit einem ganz beliebigen Winkel um seinen Mittelpunkt drehen, ohne dass sich etwas an ihm ändert. Sogar beliebig kleine Drehungen sind erlaubt. Wir haben es also hier mit einer, wie man sagt, kontinuierlichen Drehgruppe zu tun, die man mit genau einem Drehwinkel beschreiben kann, den man ganz kontinuierlich, also beliebig, wählen kann. Diese kontinuierliche Drehgruppe in zwei Dimensionen wird in der Mathematik als spezielle, orthogonale, zweidimensionale Drehgruppe bezeichnet und mit dem mathematischen Symbol SO(2) abgekürzt. In drei Raumdimensionen verhält es sich ganz analog. Hier ist die Kugel der Körper mit der maximalen Symmetrie. Die kontinuierliche Drehgruppe in drei Dimensionen wird dann mit SO(3) abgekürzt. Wie viele verschiedene Drehwinkel benötigen wir, um jede beliebige Drehung in drei Dimensionen darzustellen? Dieses Problem wurde schon von Leonard Euler gelöst, er hat gezeigt, dass dazu genau drei Drehwinkel ausreichen, die man als Euler'sche Winkel bezeichnet. In der Luftfahrt werden diese als Roll-, Nick- und Gierwinkel bezeichnet. Der Gierwinkel legt den Steuerkurs, nämlich den Azimutwinkel, fest, der die Drehungen in der x-y-Ebene beschreibt. Als Nächstes beschreibt der Nickwinkel die Längsneigungen und dreht den Körper in der x-z-Ebene. Und schließlich gibt der Rollwinkel die Querneigung an und beschreibt die Drehungen in der y-z-Ebene. Alle drei Winkel können ganz beliebige Werte annehmen, wenn man die Drehungen der Kugel in drei Dimensionen betrachtet.[12] Wir wollen dem Leser den Beweis überlassen, dass die Anzahl der möglichen Drehwinkel von kontinuierlichen Drehungen im n-dimensionalen Raum durch folgende Formel gegeben ist: $d = n \times (n - 1)/2$. Man bezeichnet diese Zahl auch als die Dimension d der Drehgruppe, wobei die dazugehörige Drehgruppe SO(n) heißt. Diese Gruppe wird später in der Stringtheorie noch eine wichtige Rolle annehmen. Wir können die Formel kurz auf ihre Richtigkeit hin überprüfen, für $n = 3$ ergibt die Formel $d = 3$, was gerade den drei

Euler'schen Winkeln entspricht, und für n = 2 erhalten wir korrekterweise d = 1, also genau einen möglichen Drehwinkel in zwei Dimensionen.

Warum ist das Wasserstoffatom überhaupt stabil? Nach diesem Exkurs in die mathematische Welt der Gruppentheorie wollen wir uns wieder dem Wasserstoffatom zuwenden. In einem Wasserstoffatom ziehen sich das elektrisch positiv geladene Proton und das elektrisch negativ geladene Elektron an. Dennoch nehmen Proton und Elektron einen stabilen energetischen Grundzustand ein, in dem sich das Proton und das Elektron nicht viel näher als ein halbes Angström kommen können. Man kann das Wasserstoffatom anregen und das Elektron auf eine höhere Schale heben. Nach kurzer Zeit wird es aber unter Aussendung eines Lichtteilchens, also eines Photons, wieder in seinen Grundzustand zurückfallen. Warum also bilden Proton und Elektron einen stabilen Grundzustand? Warum stürzt das Elektron trotz der starken gegenseitigen Anziehung nicht in dem Atomkern hinein? Vergleichen wir das Elektron, welches sich um das Proton herumbewegt, mit der Bewegung der Erde um die Sonne. Beide ziehen sich durch die Gravitationskraft gegenseitig an, dennoch stürzt die Erde nicht in die Sonne, sondern bewegt sich auf einer stabilen, fast kreisförmigen Bahn um die Sonne. Der Grund für die stabile Kreisbahn ist hier relativ leicht in der klassischen Newton'schen Mechanik zu finden: Die Gravitationsanziehung zwischen Sonne und Erde wird gerade durch die Zentrifugalkraft ausgeglichen, die in entgegengesetzter Richtung auf die Erde wirkt. Die Zentrifugalkraft kennen wir alle, wir spüren sie zum Beispiel im Kettenkarussell, wo sie uns nach außen treibt. In der klassischen Mechanik ist die Zentrifugalkraft eine Folge des nicht verschwindenden Drehimpulses eines Körpers, den er besitzt, wenn er sich auf einer Kreisbahn befindet. Ist es also der Drehimpuls des Elektrons beziehungsweise die auf das Elektron wirkende Zentrifugalkraft, die es vor dem Absturz in den Atomkern bewahrt? Frühe Messungen zu Beginn des 20. Jahrhunderts ergaben aber mit großer Genauigkeit, dass das Wasserstoffatom und sein Elektron keinen

Drehimpuls besitzen können. Die Zentrifugalkraft kann also nicht der Grund für die Stabilität des Wasserstoffatoms sein. Gibt es noch eine weitere geheimnisvolle Kraft, die sich der elektrischen Anziehung genau widersetzt?

Göttinger Spaziergang und der Beginn der Quantenmechanik Die oben gestellte Frage beschäftigte die Physiker in den ersten beiden Jahren des zwanzigsten Jahrhunderts sehr intensiv. Insbesondere Niels Bohr aus Kopenhagen, einer der bekanntesten Atomphysiker jener Zeit, arbeitete beharrlich an der Lösung dieses Rätsels. Im Jahre 1922 besuchte er die Universitätsstadt Göttingen und unternahm mit dem damals noch jungen Physiker Werner Heisenberg – er hatte gerade sein Physikstudium in München unter Arnold Sommerfeld beendet – einen Spaziergang in den Hügeln um Göttingen. Beide unterhielten sich über die Größe und die Stabilität der Atome. Viele Jahre später gab Heisenberg aus seiner Erinnerung die Worte von Niels Bohr wie folgt wieder: «Ich meine mit dem Wort Stabilität, dass immer die gleichen Stoffe mit den gleichen Eigenschaften auftreten. ... Das ist nach der klassischen Mechanik unbegreiflich, besonders dann, wenn ein Atom Ähnlichkeit mit einem Planetensystem hat. ... Man könnte in diesem Zusammenhang sogar an die Biologie denken; denn die Stabilität der lebendigen Organismen, die Bildung hoch kompliziertester Formen, die doch nur jeweils als Ganzheit existenzfähig sind, ist ein Phänomen ähnlicher Art. Aber in der Biologie handelt es sich um komplizierte, zeitlich veränderliche Strukturen, von denen wir hier nicht reden wollen. Ich möchte hier nur von den einfachen Formen sprechen, denen wir schon in Physik und Chemie begegnen. Die Existenz einheitlicher Stoffe, das Vorhandensein der festen Körper, alles das beruht auf dieser Stabilität der Atome.»

Das Gespräch mit Bohr hatte einen großen Eindruck bei Heisenberg hinterlassen und dessen Denken über mehrere Jahre hinweg beeinflusst. Heisenberg kehrte nach seinem Besuch in Göttingen im Jahre 1922 nach München in die Arbeitsgruppe von Arnold Sommerfeld zurück und begann dort, sich mit dem Rätseln der Atomphysik zu beschäftigen. Im Sommer 1924 wechselte er dann nach Göttingen in die Arbeitsgruppe von Max Born. Hier gelang Heisenberg mit der Formulierung der Quantentheorie schließlich der Durchbruch. Die Lösung des Problems der atomaren Stabilität verlangte ein radikales Umdenken, einen vollkommenen Paradigmenwechsel, nämlich die Abkehr von der klassischen Physik Newtons. Für seine bahnbrechenden Arbeiten zur Quantenmechanik und zur Stabilität der Atome wurde Werner Heisenberg im Jahre 1932 mit dem Nobelpreis für Physik ausgezeichnet.

Die Unschärfe macht's Wir haben im zweiten Kapitel die Grundzüge der Quantenmechanik schon kennengelernt. In deren Zentrum steht die Unschärferelation von Heisenberg, die besagt, dass man den Ort und den Impuls – also die Geschwindigkeit – eines Teilchens nicht mit beliebiger Genauigkeit bestimmen kann. Ein Teilchen in Ruhe kann sich deswegen nicht in einem beliebig kleinen Raumbereich aufhalten. Das gilt natürlich auch für das Elektron im Wasserstoffatom: Es ist für das Elektron – bedingt durch die Unschärferelation – vollkommen unmöglich, sich dauernd extrem nahe am Kern aufzuhalten. Ein bestimmter Mindestabstand muss vom Elektron immer eingehalten werden. Es ist die quantenmechanische Natur des Elektrons und nicht die Zentrifugalkraft, die für die Stabilität der Atome und auch für ihre endliche Ausdehnung verantwortlich ist. Aus der Unschärferelation lässt sich sogar die Größe des Wasserstoffatoms ziemlich genau abschätzen. Der gemessene mittlere Abstand von ungefähr einem halben Angström im Grundzustand des Wasserstoffatoms stellt nämlich den bestmöglichen energetischen Kompromiss zwischen kinetischer und potentieller Energie des Elektrons dar. Würde man das Elektron in einen Raumbereich hineinzwingen, der viel kleiner als ein Angström ist, so wären wegen der Unschärferelation seine Geschwindigkeit und damit seine kinetische Energie sehr hoch. Andererseits kann man die kinetische Energie verringern, indem man das Elektron sehr weit weg vom Kern positioniert. In diesem Fall wäre aber seine potentielle elektrische Energie vergleichsweise groß. Das heißt, der mittlere Abstand von einem halben Angström stellt also den Zustand der minimalen Summe von kinetischer plus potentieller Energie für das Elektron dar. Dieser Zustand beschreibt den Grundzustand des Wasserstoffatoms. Die Herleitung des quantenmechanischen Grundzustands des Wasserstoffatoms ist ein Problem, das heutzutage jeder Physikstudent spätestens im dritten Semester beherrschen muss. Vor ungefähr 85 Jahren jedoch hat diese Entdeckung die Welt der Physik revolutioniert!

Arnold Sommerfeld und seine Feinstrukturkonstante α Die Tragweite der Quantenmechanik und auch ihre weitreichende Gültigkeit in der Atomphysik hat als einer der Ersten Arnold Sommerfeld aus München erkannt. Arnold Sommerfeld führte auch die sogenannte Feinstrukturkonstante α in die Physik ein. Er gehörte neben Planck, Bohr, Heisenberg und anderen zu denen, welche die theoretische Physik des 20. Jahrhunderts entscheidend beeinflusst haben. Sein Beitrag zur Wissenschaft bestand weniger in der Formulierung neuer Theorien als vielmehr in der Anwendung neuer Methoden auf physikalische Probleme. Darüber hinaus war Sommerfeld auch einer der herausragenden akademischen Lehrer seiner Zeit. In München baute Sommerfeld in den zwanziger und dreißiger Jahren ein bedeutendes Zentrum für theoretische Physik auf. Viele berühmte Schüler wie Werner Heisenberg, Wolfgang Pauli, Hans Bethe und andere stammen aus der Münchner Schule von Sommerfeld. Nach ihm benannt wurde das Arnold-Sommerfeld-Zentrum für theoretische Physik an der Ludwig-Maximilians-Universität in München, das im Jahre 2004 gegründet wurde und sich zum Ziel gesetzt hat, die Tradition von Sommerfeld in Forschung und Lehre fortzuführen.

Was ist besonders an 1/137? Was bedeutet die Sommerfeld'sche Feinstrukturkonstante α in der Physik? α ist im Wesentlichen eine Kombination aus drei dimensionsbehafteten Größen in der Physik, denn α ist definiert als das Quadrat der Elementarladung e geteilt durch das reduzierte Planck'sche Wirkungsquantum ħ ($\hbar = h/(2\pi)$) und die Lichtgeschwindigkeit c:

$$\alpha = e^2/(\hbar c)$$

Man nennt die Sommerfeld'sche Feinstrukturkonstante auch elektromagnetische Kopplungskonstante, da α die Stärke der elektrischen Anziehungskraft bestimmt.[13] Das Besondere an dieser Kombination von e, $\hbar$ und c ist, dass α eine reine Zahl ist, also keine physikalischen Einheiten trägt. In diesem Sinne ist α eine absolute Größe, die nicht von einem bestimmten Einheitensystem abhängt. Anders ist eine Längenmessung zum Beispiel dadurch bestimmt, dass man sie mit dem Urmeter in Paris vergleicht. Nimmt man aber für die zu messende Strecke einen anderen Maßstab, auf dem Meilen aufgetragen sind, dann erhält man eine andere Maßzahl als Ergebnis. Weil nun die Stärke der elektrischen Kraft immer durch α bestimmt ist, hat man diese von jedwedem Einheitensystem unabhängige, absolute Größe α in den Rang einer Konstante der Natur erhoben. Man kann α extrem genau im Experiment messen. Der heute gültige Wert ist:

$$\alpha = 7{,}2073525376(59) \times 10^{-3} \approx 1/137$$

Wir sehen, dass α fast genau den Wert 1/137 annimmt. Warum ausgerechnet 1/137 als Stärke der elektrischen Wechselwirkung auftritt, ist bislang noch ein großes ungelöstes Rätsel. Einstein, Heisenberg und viele andere physikalische Genies wussten keine Antwort auf diese Frage. Auch Richard Feynman sagt über α: «Seit sie vor über fünfzig Jahren entdeckt wurde, ist sie ein Mysterium, und alle guten theoretischen Physiker hängen sich diese Zahl an die Wand und zerbrechen sich den Kopf darüber.»

Folgen wir andererseits dem anthropischen Prinzip, dann wäre eine mögliche Erklärung für die Zahl 1/137, dass innerhalb enger Grenzen dieser Wert für α genau der erforderliche ist, um die Bildung von Materie und die Formation von Leben zu erlauben. Wir können uns in einem Gedankenexperiment vorstellen, dass man α wie die Lautstärke eines Radios durch Drehen eines Knopfes beliebig einstellen kann. Drehen wir die Lautstärke kleiner, entspricht dies einer schwächeren elektrischen Anziehungskraft. Dies hätte zur Folge, dass viele Prozesse in der Natur nicht mehr so ablaufen können, wie sie für die Formation von Leben notwendig sind. Insbesondere wissen wir aus der Theorie der Nukleosynthese im frühen Universum, dass zur Bildung der Atomkerne α ziemlich genau den Wert 1/137 annehmen muss. Wäre die elektromagnetische Kraft nur um vier Prozent schwächer, dann gäbe es keinen Wasserstoff und keine normalen Sterne. Darüber hinaus würde ein viel größerer Wert für α eine so starke elektrische Kraft implizieren, dass auch quantenmechanisch keine stabilen Atome mehr möglich sind. Wir sehen also, die Feinstrukturkonstante muss sehr genau auf ihren gemessenen Wert eingestellt sein, um menschliches Leben zu ermöglichen.

Wir werden später noch besprechen, dass in der Quantenfeldtheorie der Wert von α auch von der Energie abhängt. Das heißt, $\alpha = 1/137$ ist der Wert für die elektrische Anziehung zwischen elektrisch geladenen Objekten, die sich in Ruhe befinden. Schießt man Elektronen mit einer bestimmten Geschwindigkeit, also mit einer bestimmten Energie, aufeinander, dann nimmt man einen anderen, und zwar größeren Wert für α im Experiment wahr. So ist zum Beispiel bei Energien wie 100 GeV/c^2, die typisch für die Elementarteilchenphysik an Beschleunigern ist, der Wert für α schon auf etwa 1/128 angestiegen.[14] Zwei Elektronen mit großer Geschwindigkeit stoßen sich also stärker als in Ruhe voneinander ab. Theoretisch lässt sich dieser auf den ersten Blick erstaunliche Sachverhalt dadurch erklären, dass die elektrische Ladung der Elektronen durch eine Wolke von virtuellen, unsichtbaren Elektronen-Positronen-Paaren abgeschirmt wird, die kurzzeitig aus dem Vakuum entstehen können. Je näher sich aber zwei Elektronen mit größerer Geschwindigkeit und steigender Energie kommen, umso mehr verschwindet auch dieser Abschirmeffekt.

Man hat sich auch die Frage gestellt, ob α zeitlich variiert oder in anderen entfernten Teilen des Universums andere Werte annimmt. Was die zeitliche Änderung heutzutage betrifft, so kann man mit Atomuhren die zeitliche Änderung von α pro Jahr auf höchstens 10^{-16} einschränken. Ferner könnte es sein, dass sich α nach dem Urknall verändert hat, aber die Nukleosynthese im frühen Universum setzt dem sehr starke Grenzen entgegen. Natürlich können wir darüber spekulieren, dass in einem Multiversum α

fluktuiert und in unserem Universum α nur deswegen gerade den Wert 1/137 annimmt, weil es uns gibt.

Der Magnetismus Jetzt wollen wir uns ausführlicher mit der Natur der elektrischen Kraft beschäftigen. Die elektrische Anziehung oder Abstoßung zwischen elektrisch geladenen Teilchen ist nur eine Seite einer Münze, die den Namen Elektromagnetismus trägt. Die Rückseite dieser Münze ist der Magnetismus, den jeder von uns auch schon kennengelernt hat. Man denke insbesondere an die magnetische Kraft zwischen zwei Stabmagneten oder die Wirkung des Erdmagnetfeldes auf einen Kompass. Dabei wirkt die magnetische Kraft in der Form, dass sich die unterschiedlichen Pole eines Magneten, also der Nord- und der Südpol, gegenseitig anziehen, während sich gleichartige Pole abstoßen. Zerteilt man einen Stabmagneten in zwei Teile, so setzt sich dieses Spiel fort: Auch die beiden Hälften tragen ihrerseits sowohl einen Nordpol als auch einen Südpol. Bis heute ist es noch niemandem gelungen, einen Nordpol vollständig von einem Südpol zu trennen. Beide treten in der Natur anscheinend immer gemeinsam auf. So gesehen verhält sich die magnetische Kraft anders als ihr elektrisches Pendant, wo man sehr wohl die positiven und die negativ geladenen Teilchen voneinander trennen kann. Würde es jemandem gelingen, einen magnetischen Nordpol oder einen Südpol einzeln herzustellen, dann wäre dies eine physikalische Sensation. Man würde dann diese Objekte als magnetische Monopole bezeichnen. In bestimmten vereinheitlichten Theorien sind magnetische Monopole sogar theoretisch denkbar; deswegen hat man vor einigen Jahren auch intensiv nach magnetischen Monopolen in der kosmischen Höhenstrahlung gesucht, bislang aber ohne Erfolg.

Die erste wirkliche Vereinigung von Kräften Vor zweihundert Jahren dachte niemand daran, dass Elektrizität und Magnetismus etwas miteinander zu tun haben könnten und dass sie in der gleichen Kraft ihren Ursprung besitzen. Im Jahre 1829 machte der dänische Physiker Christian Ørsted eine einschneidende Entdeckung. Er bewegte elektrische Ladungen in der Nähe eines

Kompasses hin und her und sah, dass sich der Kompass dabei bewegte. Also mussten bewegte elektrische Ladungen ein Magnetfeld um sich herum erzeugen! Dies war das erste Zeichen, aus dem man schließen konnte, dass es zwischen elektrischen und magnetischen Phänomenen einen engen Zusammenhang geben muss. Konnte man auch umgekehrt mit Magneten elektrische Ströme erzeugen? Dies gelang erstmalig dem englischen Physiker Michael Faraday, der einen Magneten in der Nähe eines elektrischen Leiters hin und her bewegte. Den Durchbruch bei der Vereinigung von elektrischer und magnetischer Kraft erzielte dann im Jahre 1861 der schottische Physiker und Mathematiker James Clerk Maxwell. Ihm gelang es, die bis dahin experimentell bekannten Phänomene mit den nach ihm benannten Maxwell-Gleichungen in eine exakte mathematische Sprache zu kleiden. Damit war Maxwell der Erste, der eine vereinheitlichte Feldtheorie geschaffen hatte, den Elektromagnetismus.

Elektromagnetische Wellen und Licht Die Maxwell-Gleichungen gelten heute noch genauso, wie Maxwell sie formuliert hat. Sie bilden die Grundlage der gesamten Radiotechnik. Gemäß Maxwell pflanzt sich die elektromagnetische Kraft durch eine elektromagnetische Welle fort, und zwar mit endlicher Geschwindigkeit, mit der Lichtgeschwindigkeit c. Man kann das gut mit einer Wasserwelle vergleichen: Wirft man einen Stein in einen See, so lässt sich beobachten, wie sich kreisförmige Wasserwellen mit einer bestimmten Geschwindigkeit vom Treffpunkt des Steines herum ausbreiten und fortpflanzen. Die Wasserwellen signalisieren also die Wirkung des Steines im Wasser, und wir können den Effekt des Steines auch noch in einigem Abstand durch einen Wellendetektor nachweisen. Wir müssen dabei natürlich etwas warten, bis die Wasserwelle am Detektor eintrifft. Die Wasserwelle transportiert auch gleichzeitig eine bestimmte Energie, die wir uns am Ort des Wellendetektors zunutze machen können. Im Falle des Elektromagnetismus wird die Rolle des Steines von einer bewegten elektrischen Ladung in einer Sendeantenne übernommen. Um die Antenne herum pflanzt sich eine elektromagnetische Welle fort, die wir dann mit einem Empfänger nachweisen können. Dabei wird auch wieder elektromagnetische Energie transportiert. Ursprünglich hatte man gedacht, dass die elektrische Kraft eine Fernwirkungskraft sei, sich also unendlich schnell ohne jegliche Verzögerung ausbreitet. Dies wurde durch die Arbeit von Maxwell glänzend widerlegt. Ein ähnlicher Schritt gelang Einstein mit seiner Allgemeinen Relativitätstheorie, die beweist, dass sich auch die Gravitationskraft nur mit endlicher Lichtgeschwindigkeit ausbreitet und nicht wie in der Newton'schen Theorie unendlich schnell.

Die elektromagnetischen Wellen wurden im Jahre 1888 relativ kurz nach ihrer theoretischen Postulierung von Heinrich Hertz in Deutschland nachgewiesen. Da sich die elektromagnetischen Wellen mit Lichtgeschwindigkeit ausbreiten, wagte Maxwell auch die Hypothese, dass Licht nichts anderes als eine elektromagnetische Welle sei. Wir wissen, dass er damit recht hatte. Das Licht als elektromagnetische Welle zeichnet sich durch eine bestimmte Schwingungsfrequenz aus, die im sichtbaren Licht ungefähr bei 500 Terahertz (THz) liegt, also 500 Milliarden Schwingungen pro Sekunde. Je langwelliger das Licht ist, umso röter erscheint es uns (ca. 400 THz), und das hochfrequente Licht mit kurzer Wellenlänge erscheint uns ultraviolett (ca. 700 THz). Bei noch höherer Frequenz ist das Licht für das menschliche Auge nicht mehr sichtbar, wir betreten dann den Bereich des Röntgenlichts (10^{17}–10^{19} Hz) oder auch der Gammastrahlung (ca. 10^{21} Hz). Andererseits sind Wärme- beziehungsweise Mikrowellen (400 MHz–5 GHz) in der Küche auch nichts anderes als Licht mit noch niedrigerer Frequenz. Und bei noch tieferen Frequenzen kommen wir dann in den Bereich der Fernseh- und Radiowellen (einige KHz bis einige MHz). Wir sehen also, elektromagnetische Wellen kommen in verschiedenen Erscheinungsformen vor.

Fassen wir nochmals zusammen: Elektromagnetische Wellen haben ihren Ursprung in der Schwingung elektrischer Ladungen. Dabei entstehen schwingende elektrische und magnetische Felder. Diese Felder oder Wellen benötigen im Gegensatz zu einer Wasser- oder auch einer Schallwelle aber kein materielles Medium, um sich auszubreiten – sie breiten sich einfach im Vakuum mit Lichtgeschwindigkeit aus.

Das Rätsel des Schwarzen Körpers Auch die Wärmestrahlung im luftleeren Raum, etwa in Form der Mikrowellenstrahlung, ist nichts anderes als eine elektromagnetische Welle. Ein schwarzer Körper absorbiert die auftreffende elektromagnetische Strahlung wie auch Licht vollständig. Dadurch erhitzt sich der Schwarze Körper und sendet eine charakteristische Strahlung – die Schwarzkörperstrahlung – aufgrund seiner thermischen Energie wieder aus. Man kann den schwarzen Strahler dadurch annähernd realisieren, indem man in einen metallischen Hohlraum ein kleines Loch bohrt. Von diesem Hohlraumresonator wird die gesamte einfallende elektromagnetische Strahlung absorbiert. Nur ein kleiner Teil der Strahlung kann durch die Öffnung wieder austreten. Weil diese Strahlung die Eigenschaften eines schwarzen Körpers hat, verwendet man diesen Namen oft als Bezeichnung für den Hohlraumresonator. Der Schwarze Körper sendet im energetischen Gleichgewicht thermische Strahlung mit einer bestimmten Intensität und einer bestimmten Temperatur von seiner Oberfläche aus. Zum Beispiel emittiert ein Schwarzer Körper bei Raumtemperatur (300 K) pro Quadratmeter Oberfläche eine Strahlungsleistung von ungefähr 460 Watt. Diese Strahlung liegt allerdings nicht im sichtbaren Bereich, sondern tief im infraroten. Auf der Sonnenoberfläche mit 5800 K wird pro Quadratmeter hingegen eine Leistung von 64 Megawatt ausgestrahlt.

Können wir die Leistung eines Schwarzen Körpers mit einer bestimmten mittleren Temperatur als Funktion der Frequenz der elektromagnetischen Strahlung mittels einer mathematischen Formel berechnen? Dies ist genau die Frage, der Max Planck ab dem Jahre 1894 nachging. Die beiden englischen Physiker Baron Rayleigh und James Jeans hatten schon einige Jahre zuvor eine Formel ausgearbeitet, indem sie konsequent nur die Gleichungen von Maxwell über die Theorie des Elektromagnetismus anwendeten. Sie erhielten ein Resultat, das zwar bei tiefen Frequenzen gut funktionierte, aber bei hohen Frequenzen gar nicht mit den damaligen Messungen der Technischen Reichsanstalt übereinstimmte. Ja, viel schlimmer noch, bei sehr hohen Frequenzen (also im Ultravioletten) lieferte das Gesetz von Rayleigh und Jeans ein fast unendlich großes Resultat, was physikalisch überhaupt keinen Sinn ergab. Andererseits hatte der deutsche Physiker Wilhelm Wien 1893/94 ein rein empirisches Gesetz entwickelt, das die Leistung des Schwarzen Körpers gerade bei hohen Frequenzen richtig beschrieb.

Energiequanten sind des Rätsels Lösung Max Planck versuchte, aus den Gesetzen des Elektromagnetismus eine Formel herzuleiten, die zwischen dem Rayleigh-Jeans-Gesetz und dem Wien'schen Gesetz interpolierte. Insbesondere musste er eine mathematische Lösung finden, mit welcher die ultravioletten Unendlichkeiten vermeidbar waren. Nach sechs Jahren Arbeit konnte er am 14. Dezember 1900 seine Ergebnisse veröffentlichen: Die Strahlung eines Schwarzen Körpers lässt sich nur dann richtig beschreiben, wenn man annimmt, dass die Energie E der elektromagnetischen Strahlung als Funktion ihrer Frequenz ν nur in Form von unteilbaren Energieelementen (Energiequanten) emittiert oder absorbiert werden kann:

$$E = h\,\nu$$

Die Konstante h ist dabei das berühmte Planck'sche Wirkungsquantum. Dies war die Geburtsstunde der Quantentheorie, schon viele Jahre vor der endgültigen Formulierung der Quantenmechanik durch Heisenberg, Bohr und Schrödinger. Somit sollte dieses Datum im Winter 1900 den Beginn einer neuen Epoche in der Physik markieren, deren radikale Neuformulierung dann in den zwanziger und dreißiger Jahren erfolgte. Max Planck war sich der Radikalität seiner Entdeckung anfangs noch gar nicht bewusst, im Gegenteil, für ihn war sein Strahlungsgesetz mehr ein Akt der Verzweifelung, da ihm jede statistische Teilcheninterpretation des Schwarzen Körpers eigentlich zuwider war. Dennoch war er zu jedem Opfer bereit, um nur die physikalische Wirklichkeit richtig zu beschreiben. In den folgenden Jahren wandte Max Planck viel

Arbeit und Energie auf, den Sinn seiner Energiequantelung des Lichtes zu erfassen, aber im Wesentlichen vergeblich. Max Born schrieb über Max Planck: «Er war von Natur und auch der Tradition seiner Familie konservativ, revolutionären Neuerungen abgeneigt und skeptisch gegen Spekulationen. Aber sein Glaube an die zwingende Kraft des auf Tatsachen gestützten logischen Denkens war so groß, dass er nicht zauderte, eine Behauptung, die aller Tradition widersprach, auszusprechen, weil er sich überzeugt hatte, dass kein anderer Ausweg möglich war.»

Es werde Teilchen Es war dem sehr viel jüngeren Albert Einstein im Jahre 1905 vorbehalten, die richtige Deutung der Planck'schen Energiequantelung zu liefern: Einstein erkannte, dass Licht Teilcheneigenschaft besitzt. Diese Lichtteilchen bezeichnet man als Photonen, und die Energie eines einzelnen Lichtteilchens ist durch die Planck'sche Beziehung gegeben. Albert Einstein konnte sich bei seiner Lichtquanten-Hypothese auf den Photoelektrischen Effekt stützen, der schon im Jahre 1839 von Alexandre Edmond Becquerel erstmals beobachtet wurde: Beschießt man einen festen Körper mit Licht einer bestimmten Frequenz, kann man dadurch Elektronen aus dem Körper herauslösen. Dabei stellt man fest, dass die maximale kinetische Energie (also die maximale Geschwindigkeit) der herausgelösten Elektronen einen bestimmten Wert nicht übersteigt, nämlich gerade den Wert, der der Energie $h\,\nu$ entspricht. Die Intensität des Lichtes (die Bestrahlungsstärke) bestimmt andererseits die Anzahl der herausgeschlagenen Photoelektronen. Diese Ergebnisse standen im krassen Widerspruch zur klassischen Maxwell'schen Vorstellung von Licht als Welle. Man konnte das nur verstehen, wenn man die Existenz von Lichtteilchen postulierte. Schon Isaac Newton hatte angenommen, dass Licht aus Korpuskeln besteht, seine Theorie ging allerdings von materiellen Teilchen aus. Die Photonen von Planck und Einstein besitzen zwar Energie, aber keine Ruhemasse, man kann sie also nicht als normale Materieteilchen bezeichnen. Einstein erkannte in seiner Speziellen Relativitätstheorie, dass sich jedes Teilchen mit verschwindender Ruhemasse genau mit Lichtgeschwindigkeit bewegen muss. Somit bestand in diesem Punkt eine vollkommene Übereinstimmung mit dem herkömmlichen Wellenbild von Licht und der radikal neuen Teilcheninterpretation: Elektromagnetische Welle und Lichtteilchen bewegen sich beide mit Lichtgeschwindigkeit. Eine weitere wichtige Eigenschaft der Photonen ist, dass sie Teilchen mit Eigendrehimpuls = 1 sind (gemessen in Planck'schen Einheiten). Man kann nicht eindeutig sagen, ob Licht eine Welle oder ein Teilchen darstellt: In bestimmten Situationen und Experimenten, insbesondere bei der Beugung und Interferenz von Licht, ist die Welleneigenschaft die adäquatere Beschreibung. In anderen Situationen, wie beim Photoelektrischen Effekt, kommt die Teilcheneigenschaft des Lichtes zum Tragen. Man nennt dies den Welle-Teilchen-Dualismus, der erst im Rahmen der Quantenmechanik vollständig verstanden wurde und dort nicht nur für Licht gilt, sondern auch für jedes andere Teilchen, wie zum Beispiel für das Elektron. Aber die Elektronen besitzen auch Welleneigenschaften, die man bei der Beugung von Elektronen an einen Atomgitter sehen kann. Das zweite Kapitel enthält hierzu bereits nähere Erläuterungen.

Richard Feynman und seine Diagramme Die endgültige quantenmechanische Formulierung des Elektromagnetismus gelang erst nach dem Zweiten Weltkrieg durch die Amerikaner Richard Feynman und Julian Schwinger mit ihrer Theorie der Quantenelektrodynamik. Diese beschreibt die elektromagnetische Kraft als Wechselwirkung zwischen geladenen Teilchen und den Photonen. Die elektromagnetische Anziehung oder Abstoßung entsteht dadurch, dass zwischen geladenen Körpern immer Photonen hin und her fliegen. Die dabei entstehende Kraft ist vergleichbar jener, die entsteht, wenn sich zwei Kinder immer einen Ball zuwerfen. Richard Feynman hat für diese Austauschprozesse anschauliche Rechenregeln entworfen, die man in der Form der sogenannten Feynman-Diagramme gut darstellen kann. Diese beschreiben, wie die Historie von miteinander wechselwirkenden Punktteilchen in der Raum-Zeit aussieht. Dabei nimmt man zur Vereinfachung an, dass sich die Teilchen nur in einer Raumrichtung bewegen. Man trägt

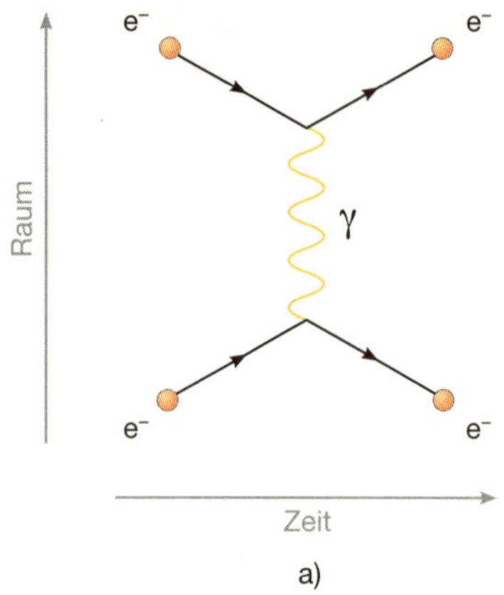

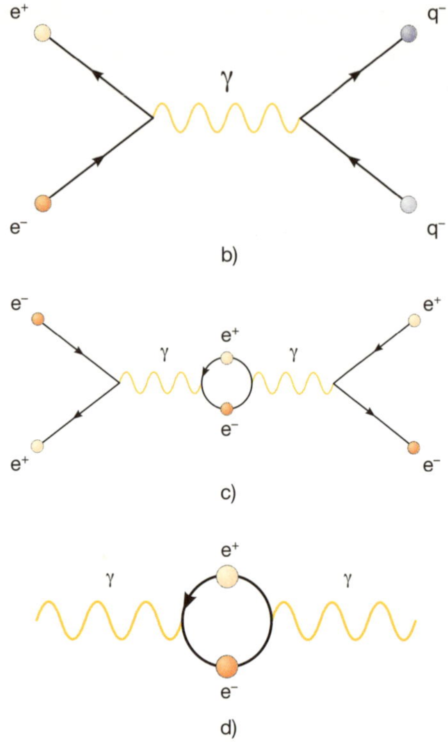

14 Feynman-Diagramme werden in der Quantenfeldtheorie zur Berechnung von Streuwahrscheinlichkeiten und auch zur Berechnung von Erzeugungs- und Vernichtungsprozessen quantenmechanischer Teilchen verwendet.

Bild a): Streuprozess von zwei Elektronen. Diese stehen miteinander in Wechselwirkung, indem sie ein Photonteilchen untereinander austauschen.

Bild b): Ein Elektron und ein Positron treffen aufeinander, vernichten sich und bilden ein Photon. Dieses Photon zerfällt nach einiger Zeit in ein Quark und in ein Antiquark.

Bild c) und d): Das erzeugte Photon zerfällt für kurze Zeit in ein Elektron und in ein Positron, die sich dann wieder zu einem Photon rekombinieren. Dieser Prozess ist auch die Ursache der sogenannten Vakuumpolarisation, das heißt, das Vakuum besteht aus fluktuierenden (virtuellen) Teilchen- und Antiteilchen-Paaren, die spontan aus dem Vakuum erzeugt werden und nach kurzer Zeit wieder verschwinden. Das quantenmechanische Vakuum ist also mit virtuellen Teilchen-Antiteilchen-Paaren angefüllt.

also in der x-Achse eines Feynman-Diagramms die Zeitrichtung auf und auf der y-Achse die betrachtete Raumrichtung. Ein Punktteilchen, das sich in einer bestimmten Richtung durch den Raum bewegt, hinterlässt in diesem Diagramm eine Linie, also seine Bahnkurve. Das Besondere in der Quantenelektrodynamik – oder auch allgemeiner – in der Quantenfeldtheorie ist nun, dass sich Teilchen zu einem ganz bestimmten Zeitpunkt und an einem ganz bestimmten Ort gegenseitig verwandeln können, oder auch, dass es zur Entstehung neuer Teilchen kommen kann. Man bezeichnet diesen Vorgang als Wechselwirkung der Teilchen und den Punkt im Feynman-Diagramm, an dem dies stattfindet, als Wechselwirkungsort. Zum Beispiel kann an einem bestimmten Ort des Feynman-Diagramms ein elektrisch geladenes Teilchen ein Photon abstrahlen. Dieses Photon kann dann von einem anderen elektrisch geladenen Teilchen wieder aufgefangen werden. Auf diese Weise wandert ein Photon zwischen zwei geladenen Teilchen hin und her, ein Prozess, der sich als Kraft zwischen den Teilchen bemerkbar macht. Die Photonen wirken wie ein unsichtbares Band zwischen den geladenen Teilchen. Photonen können von den Elektronen auch vollständig abgestrahlt werden und dann als Lichtteilchen durch die Raum-Zeit wandern.

Die Entdeckung der Antimaterie Ein sehr ähnliches Feynman-Diagramm beschreibt noch einen weiteren, neuen Effekt in der Quantenelektrodynamik. Wenn wir das Diagramm und auch die durch Pfeile gekennzeichnete Laufrichtung eines von zwei Teilchen um 90 Grad herumdrehen, dann sieht das Feynman-Diagramm so aus, als würden sich die beiden Teilchen gegenseitig vollkommen vernichten, wobei gleichzeitig ein neues Teilchen, ein Photon, entsteht. Diese Paarvernichtungsprozesse gibt es in der Quantenelektrodynamik. Was bedeutet es, die Laufrichtung des Elektrons in diesem Prozess umzudrehen? Um das zu verstehen, müssen wir in das Jahr 1932 zurückgehen. Zu dieser Zeit arbeitete der Physiker Carl Anderson, Sohn schwedischer Einwanderer, am California Institute of Technology (Caltech) in Pasadena unter dem berühmten Physiker Robert Millikan. Anderson beobachtete Teilchen aus der kosmischen Höhenstrahlung mit einer für die Teilchenbeobachtung besonders geeigneten, auch große Nebelkammer genannten Vorrichtung. Meistens sah er dabei die ihm wohlbekannten Teilchen, wie Elektronen oder Protonen. Am 2. August 1932 aber bemerkte Anderson etwas sehr Eigenartiges: In seinen Analysen fand er die Spur eines Teilchens, das sich genau wie ein Elektron verhielt, nur dass seine Bahnkurve genau in die andere Richtung gekrümmt war. Anscheinend hatte dieses Teilchen genau die gleiche Masse wie das Elektron, nur seine elektrische Ladung war umgekehrt, also positiv wie beim Proton. Als er Millikan diese Teilchenspur zeigte, war dieser zuerst sehr skeptisch und der Meinung, es müsste sich einfach um die Spur eines Protons handeln. Aber schließlich war auch Millikan überzeugt: Anderson hatte ein neues Teilchen entdeckt, welches er Positron taufte. Aber Anderson hatte nicht nur ein neues Teilchen entdeckt, sondern als Erster die Tür zu einer neuen Welt aufgestoßen – zur Welt der Antiteilchen. Heute wissen wir, dass es zu jedem elektrisch geladenen Elementarteilchen genau ein Antiteilchen gibt, welches die gleiche Masse und auch sonst die gleichen Eigenschaften besitzt, bis auf den Wert der elektrischen Ladung seines ihm zugehörigen Teilchens. So gibt es auch zum Proton ein Antiproton, welches eine negative elektrische Einheitsladung aufweist. Antiprotonen wurden zum ersten Mal im Jahre 1955 im Lawrence Berkeley National Laboratory in den USA erzeugt. Wesentlich schwieriger ist die künstliche Herstellung von Antiwasserstoff, also dem Bindungszustand von einem Antiproton mit einem Positron. Dies ist erst im Jahre 1995 am CERN in Genf gelungen, und im Jahre 2002 konnte man die große Menge von 50 000 Antiwasserstoffatomen am CERN herstellen.

Paul Dirac wusste es schon davor Neben der experimentellen Entdeckung und Herstellung von Antimaterie sollten wir auch ihre theoretische Vorhersage erwähnen. Schon im Jahre 1929 stellte der englische Physiker Paul Dirac in Cambridge (UK) eine neue quantenmechanische Gleichung auf, in der sich mit annähernder Lichtgeschwindigkeit bewegende Elektronen beschrieben werden. Ähnlich wie Anderson stieß auch Paul Dirac auf einen eigentümlichen Sachverhalt: Seine Gleichung enthielt aus mathematischen Gründen nicht nur das Elektron als Lösung, sondern immer auch Teilchen mit gleicher Masse, aber entgegengesetzter elektrischer Ladung. Das kommt uns natürlich jetzt schon bekannt vor! Paul Dirac hatte das von Carl David Anderson drei Jahre später experimentell bestätigte Positron theoretisch vorhergesagt – eine in der Elementarteilchenphysik nicht seltene Abfolge von Theorie und Praxis.

Teilchen und ihre Antiteilchen haben die Eigenschaft, sich gegenseitig vernichten zu können. Sie zerstrahlen dabei in ein Photon, das ihre Energie dabei übernimmt. Dieser Vernichtungsprozess ist genau im obigen Feynman-Diagramm dargestellt. Aber auch der umgekehrte, als Paarerzeugung bezeichnete Prozess ist möglich. Ein Photon wandelt sich in ein Elektron-Positron-Paar um.[15] Allerdings muss das Photon eine genügend große Energie haben, um für die Masse eines Elektron-Positron-Paars aufkommen zu können, und nach Einsteins Formel $E = m\,c^2$ mindestens die Energie aufweisen, die der doppelten Ruhemasse des Elektrons entspricht (das sind zweimal 511 keV/c^2). Denn die Energie bleibt bei all diesen Prozessen immer erhalten; ganz aus dem Nichts kann man keine neuen Teilchen erzeugen. Die Energieerhaltung ist auch genau der Grund dafür, dass die Erzeugung neuer und sehr massiver Teilchen durch Teilchenvernichtung Einrichtungen voraussetzt, in denen die Teilchen auf sehr hohe Energien beschleunigt werden können.

Unendlich große Wahrscheinlichkeiten? Aus den Feynman-Diagrammen kann man nun in der Quantenelektrodynamik ganz wohldefinierte und genaue Rechenregeln herleiten, die bestimmen, mit welcher quantenmechanischen Wahrscheinlichkeit ein bestimmter Streuprozess zwischen Elementarteilchen abläuft. Wir erinnern uns daran, dass die Wechselwirkung der beteiligten Punktteilchen immer an einem ganz bestimmten Punkt in der Raum-Zeit stattfindet. Man kann also den Zeitpunkt und den Ort der Wechselwirkung genau angeben. Deswegen sprechen wir in diesem Zusammenhang auch von einer lokalen Quantenfeldtheorie von Punktteilchen. Eine kleine Einschränkung ist allerdings im Rahmen der Unschärferelation von Heisenberg gegeben, denn in Wirklichkeit sind ja die Teilchenbahnen in einem Diagramm, in dem wir den Ort und die Geschwindigkeit der Teilchen gegeneinander auftragen, etwas verschmiert. Nach Anwendung der Rechenregeln von Feynman hat man festgestellt, dass in einigen Fällen auf den ersten Blick unsinnige Ergebnisse herauskommen: Viele dieser Streuprozesse laufen mathematisch gesehen mit einer unendlich großen Wahrscheinlichkeit ab. Aus physikalischer Sicht ist dies ein sinnloses Unterfangen, denn jede physikalische Messgröße sollte immer einen endlichen Wert haben.

Schmutz wird unter den Teppich gekehrt Was ist der Grund dafür, dass die mathematische Rechnung unendliche Ergebnisse ausspuckt? Dies liegt an folgender Beobachtung: Da die betrachteten Teilchen streng punktförmige Objekte sind, können sich die verschiedenen Wechselwirkungsorte im Feynman-Diagramm im Prinzip beliebig nahe kommen. Zwei verschiedene Wechselwirkungen können beliebig schnell hintereinander und auch beliebig nahe beieinander stattfinden, wenn nur die Energien der beteiligten Teilchen genügend groß sind. Je näher aber bestimmte Wechselwirkungspunkte in den Feynman-Diagrammen zusammenrücken, umso größer ist die Wahrscheinlichkeit, dass dieser Prozess auch tatsächlich stattfindet. Summiert man nun über alle möglichen Wechselwirkungspunkte, so ist das Resultat unendlich und ergibt keinen Sinn. Man spricht hier auch von ultravioletten Divergenzen, da die beteiligten Teilchen eine sehr hohe Energie haben. In der Quantenelektrodynamik hat man sich nun ein mathematisches Verfahren ausgedacht, diese Divergenzen wieder loszuwerden. Man ordnet die Divergenzen unphysikalischen Parametern der Theorie zu, die man im Experiment nicht messen kann. Man kehrt also die Unendlichkeiten einfach unter den Teppich, nämlich dorthin, wo sie im Moment nicht stören. Dieses komplizierte Verfahren bezeichnet man als Renormierung. Es hat den physikalischen Effekt, dass man bei jedem Streuprozess von Elementarteilchen mit angeben muss, bei welcher Energie der ausgetauschten Teilchen der betrachtete Prozess stattfindet. Man versteht unter Renormierung die Festlegung einer bestimmten Referenzenergieskala als Bezugssystem bei der Festlegung des Streuprozesses. Die Wahl dieser Energieskala ist willkürlich, so wie man physikalische Einheiten auch willkürlich festlegt. Dies hat zur Folge, dass der gleiche Prozess bei einer anderen Energie mit einer anderen Wahrscheinlichkeit abläuft. Man kann das in der Quantenelektrodynamik genau berechnen und bekommt auf diese Weise energieabhängige Messgrößen in der Physik. Ein gutes Beispiel hierfür ist die Energieabhängigkeit der Sommerfeld'schen Feinstrukturkonstante α. Diese wächst bei steigenden Energien der ausgetauschten Photonen immer mehr an. Physikalisch lässt sich dies dadurch erklären, dass man bei hohen Energien dem Elektron immer näher kommt und die das Elektron umgebende Wolke von virtuellen Elektronen und Positronen immer abnimmt. Die elektrische Ladung nimmt also bei kleinerem Abstand immer mehr zu. Würde man dem Elektron unendlich nahe kommen können, dann würde man schließlich seine nackte Ladung sehen. Diese ist aber unendlich groß!

Das Auftreten virtueller Elektronen und Photonen bezeichnet man als Vakuumpolarisation. Wir hatten schon besprochen, dass in der Quantenmechanik das Vakuum keine absolute Leere darstellt, sondern die Teilchen im Vakuum immer noch kleine Bewegungen ausführen und sich in ständiger Unruhe befinden. Genauso verhält es sich in der Quantenelektrodynamik: Das Vakuum ist nicht leer, sondern dadurch gekennzeichnet, dass der gesamte Raum mit virtuellen Elektronen und Photonen angefüllt ist, die dauernd aus dem Nichts entstehen und nach sehr kurzer Zeit wieder verschwinden.

Das geschilderte Renormierungsverfahren ist bei den Punktteilchentheorien unumgänglich und funktioniert beim Elektromagnetismus auch sehr gut. Viele Physiker sind jedoch der Auffassung, dass in einer übergeordneten und endgültigen Theorie keine Unendlichkeiten mehr auftreten sollten, womit dann auch die Renormierung obsolet wäre. Wir werden später sehen, dass die Stringtheorie diesem Ziel sehr nahe kommt. Wendet man allerdings die Renormierung auf die Gravitationstheorie von Albert Einstein an, so erleidet man Schiffbruch. Im Falle der Quantisierung der Gravitation scheint die Stringtheorie momentan die einzige Rettung zu sein.

Nun wird es mathematisch: Eichtheorien und abstrakte Räume Für den mathematisch interessierten Leser wollen wir erwähnen, dass man den Elektromagnetismus auch oft als Eichtheorie bezeichnet. Die Lichtteilchen, die Photonen, werden in diesem Zusammenhang auch als Eichteilchen bezeichnet. Die quantenmechanische Wellenfunktion, die die Aufenthaltswahrscheinlichkeit des Elektrons im Raum angibt, stellt in Wirklichkeit eine komplexe Zahl dar. Komplex ist hier nicht im Sinne von «kompliziert» zu sehen, sondern im mathematischen Sinne. Komplexe Zahlen kann man sich als Punkte in einem zweidimensionalen, abstrakten mathematischen Raum vorstellen.[16] Man hat es hier also nicht mit dem normalen Ortsraum zu tun, sondern mit einem zusätzlichen, zweidimensionalen abstrakten Raum der komplexen Zahlen, in dem die Wellenfunktionen des Elektrons und auch die des Positrons leben. Als Nächstes können wir uns Drehungen in diesem komplexen Raum der Wellenfunktionen vorstellen, ganz analog zu den räumlichen Drehungen in der zweidimensionalen Ebene. Drehungen lassen sich immer durch einen Drehwinkel beschreiben, wobei jede Drehung um einen bestimmten Winkel durch ein Element der Drehgruppe dargestellt werden kann. Die Drehgruppe der räumlichen zweidimensionalen Drehung hatten wir mit SO(2) bezeichnet. Die Drehgruppe im Raum der komplexen Zahlen ist ähnlich; sie hängt auch von einem Drehwinkel ab und heißt U(1) (für unitäre Drehungen im komplexen, eindimensionalen Raum).[17] Dies ist genau die Drehgruppe des Elektromagnetismus und wird oft als Eichgruppe bezeichnet. Denn wendet man eine solche U(1)-Drehung auf die Wellenfunktion des Elektrons an, dann passiert etwas Eigenartiges: Das Elektron emittiert ein Photon, um diese Drehung seiner Wellenfunktion zu kompensieren.[18] Deswegen kann man die Wechselwirkung zwischen geladenen Teilchen wie Elektronen und Photonen durch Drehungen in diesem abstrakten Raum beschreiben. Eichtheorien bilden eines der wichtigsten theoretischen Konzepte in der Elementarteilchenphysik, und wir werden den Eichtheorien in der starken und der schwachen Wechselwirkung immer wieder begegnen. Die mathematisch komplizierten Eichtheorien haben zu konkreten physikalischen Vorhersagen geführt, die experimentell glänzend verifiziert wurden.

«Three quarks for Muster Mark» Wenden wir uns dem nächsten Problem in der Elementarteilchenphysik zu, nämlich der Frage, wie es im Inneren eines Protons und eines Neutrons, den beiden Kernbausteinen – den Nukleonen –, aussieht. Eine Zeitlang dachten die Physiker, dass die Protonen und die Neutronen zusammen mit den Elektronen die elementaren, unzerteilbaren Bestandteile aller Materie sind. Während die Elektronen immer noch als elementar angesehen werden, weiß man seit den Experimenten am Stanford Linear Beschleuniger (SLAC) aus dem Jahre 1968, dass die Protonen und Neutronen nicht fundamental sind. Die Experimentalphysiker am SLAC streuten hochenergetische Elektronen an Protonen und konnten auf diese Weise tief bis in das Innerste des Protons eindringen. Die Elektronen übernahmen die Rolle eines sehr starken Mikroskops, mit dem man die innere Struktur eines Protons auflösen konnte. Was man in diesem Jahr am SLAC feststellte, war wirklich sehr aufregend: Jedes Proton und auch jedes Neutron besteht im Wesentlichen aus drei noch kleineren Bestandteilen, nämlich den Quarks. Diese Bezeichnung hatte schon im Jahre 1964 der amerikanische Physiker Murray Gell-Mann aus dem 1939 veröffentlichten Roman «Finnegan's Wake» von James Joyce entnommen: «Three quarks for Muster Mark».

Murray Gell-Mann und sein Zoo der Hadronen Die Quarks waren schon vor ihrer Entdeckung von Gell-Mann und von George Zweig theoretisch postuliert worden, um den Teilchen-Zoo der sogenannten Hadronen systematisch zu erklären. Die Hadronen (griechisch *adros*, «dick») sind Teilchen, die an der starken Wechselwirkung teilnehmen. Die meisten Hadronen zerfallen binnen sehr kurzer Zeit in andere, leichtere Hadronen, wobei die typischen Zerfallszeiten sehr viel kürzer als bei den elektromagnetischen Prozessen sind. Stabil ist nur ein einziges Hadron, das Proton. Das Neutron hingegen ist als freies Teilchen nicht stabil, es zerfällt statistisch gesehen nach ungefähr elf Minuten in drei Zerfallsprodukte, nämlich in ein Proton, in ein Elektron und in ein Neutrino. Darüber werden wir uns noch später unterhalten. Im Atomkern hingegen, also im Verbund zusammen mit dem Proton, ist das Neutron stabil. Die Hadronen unterteilen sich ihrerseits in zwei Klassen, nämlich in die Baryonen (griechisch *barys*, «schwer»), die relativ schwer sind und zu denen auch das Proton und das Neutron gehören, und in die leichteren Mesonen (griechisch *mesos*, «mittel»), zum Beispiel die π- oder K-Mesonen. In den fünfziger und sechziger Jahren waren zahlreiche dieser Hadronen experimentell entdeckt worden, und die Physiker standen vor dem Problem, den Zoo der Hadronen zu verstehen, also eine wohldefinierte Systematik in die Welt der Hadronen zu bringen und ihre Eigenschaften wie Masse, Spin und andere sogenannte Quantenzahlen wie die Strangeness zu erklären. Die meisten Physiker in den sechziger Jahren favorisierten das duale Resonanzmodell. Dieses lief darauf hinaus, dass die Hadronen eindimensionale Objekte, nämlich Strings, sind. Wie wir im siebten Kapitel noch sehr viel genauer besprechen werden, war dies genau die Geburtsstunde der Stringtheorie. Die Stringtheorie wurde geschaffen, um das Spektrum der Hadronen zu erklären. Da sich das Quarkmodell in den siebziger Jahren als richtig herausgestellt hat, wollen wir die Strings hier erst einmal fallen lassen und uns wieder den Quarks von Gell-Mann zuwenden. Murray Gell-Mann bemerkte schon im Jahre 1961, dass das Spektrum der Hadronen sehr schöne Symmetriestrukturen aufwies: Die Baryonen traten in einer Gruppe von zehn verschiedenen Teilchen – zu denen, wie wir nun wissen, auch das Proton und das Neutron gehören – mit halbzahligen Spin auf, waren also Fermionen, während die Mesonen in einer Gruppe von acht Bosonen mit ganzzahligem Spin auftraten. Es gehört schon Genialität gepaart mit sehr guten mathematischen Kenntnissen dazu, um – wie Gell-Mann drei Jahre später – zu erkennen, dass sich dieses Muster nur durch das Postulat einer Existenz von drei verschiedenen Quarks mit Spin 1/2 erklären lässt.

Die Achtundsechziger: Quarks werden entdeckt Gell-Mann forderte aus reinen Symmetriegründen, dass die Baryonen aus drei Quarks, hingegen die Mesonen aus einem Quark und einem Antiquark zusammengesetzt sein sollten. Für einige Jahre wurde diese Idee als zu abstrakt abgetan. Man sprach den Quarks jegliche physikalische Realität ab, da noch niemand ein frei herumfliegendes Quark in der Natur gesehen hat. Dies änderte sich schlagartig im

Jahre 1968 durch die Streuexperimente am SLAC. Dort sah man: Das Proton besteht in der Tat aus zwei up-Quarks und einem down-Quark, während ein Neutron aus zwei down-Quarks und einem up-Quark zusammengesetzt ist. Daneben benötigte Gell-Mann noch ein drittes Quark, das er strange-Quark, also seltsames Quark, nannte. Schon im Jahre 1969 erhielt Murray Gell-Mann den Nobelpreis für die Schematisierung des hadronischen Teilchen-Zoos.

Die elektrische Ladung ist nicht mehr ganzzahlig Eine hervorstechende Eigenschaft der Quarks ist, dass ihre elektrische Ladung kein ganzzahliges Vielfaches der Elementarladung e ist, sondern ihre Ladungen drittelzahlige Werte in Einheiten von e annehmen: Das up-Quarks besitzt elektrische Ladung $+2/3\,e$, während das down- und das strange-Quark elektrische Ladung $-1/3\,e$ besitzen.[19] Das einfache Nachrechnen dieser Quarkladungen führt zum richtigen Ergebnis für die elektrischen Ladungen von Proton und Neutron (Proton: $2/3 + 2/3 - 1/3 = 1$, Neutron: $2/3 - 1/3 - 1/3 = 0$). Darüber hinaus ergibt sich auch, dass alle anderen aus Quarks zusammengesetzten Hadronen immer nur ganzzahlige elektrische Ladungen besitzen. Gäbe es also einen triftigen Grund dafür, dass Quarks nie für sich allein in der Natur auftreten, sondern immer zusammengesperrt als Hadronen, dann hätte man auch verstanden, warum man noch nie Teilchen mit drittelzahligen Ladungen in der Natur gesehen hat. Darauf werden wir wieder zurückkommen.

Schwere Quarks Die gesamte sichtbare Materie des Kosmos besteht im Wesentlichen aus Elektronen, up-Quarks und down-Quarks. Es gibt keine experimentellen Anzeichen dafür, dass eines dieser Teilchen aus noch kleineren Bestandteilen zusammengesetzt ist. Theoretisch ist dies nicht vollkommen ausgeschlossen, und deswegen arbeiteten zahlreiche Physiker besonders in den achtziger Jahren an Modellen, in denen Quarks und Elektronen ihrerseits wieder zusammengesetzte Teilchen sind. Auch darüber werden wir später noch etwas mehr berichten. Allerdings sind die drei Quarks zusammen mit den Elektronen nicht die einzigen Elementarteilchen, die wir in unserem Universum kennen. Es gibt noch drei weitere Quarks, geordnet nach steigender Masse: das charm-Quark mit elektrischer Ladung +2/3, das bottom-Quark mit Ladung −1/3 und schließlich das schwerste Quark, das top-Quark, wieder mit Ladung 2/3. Dieses superschwere Quark hat eine Masse von ungefähr 171 GeV/c^2 und ist damit das schwerste bekannte Elementarteilchen. Es wurde erst im Jahre 1995 am Fermi National Accelerator Laboratory in der Nähe von Chicago experimentell nachgewiesen, obgleich es schon viel früher theoretisch vorhergesagt wurde. Alle sechs Quarks werden von ihren Antiteilchen, den Antiquarks, begleitet.

Und leichte Teilchen Auch das Elektron ist nicht auf sich allein gestellt, es gehört einer Gruppe von sechs Elementarteilchen an, die man – in Übernahme des griechischen leptos (leicht) – als Leptonen Λ bezeichnet. Dazu gehören zusammen mit ihren Antiteilchen zwei sehr enge Verwandte des Elektrons mit negativer elektrischer Einheitsladung, aber höherer Masse, nämlich das Myon und das τ-Lepton. Schließlich und endlich gibt es noch drei extrem leichte, neutrale Leptonen, die Neutrinos. Diese werden wir später im Rahmen der schwachen Wechselwirkung etwas näher betrachten.

Drei Teilchenfamilien mit Spin 1/2 In der Elementarteilchenphysik hat es sich als nützlich erwiesen, sowohl die sechs Quarks als auch die sechs Leptonen zu drei Familien zusammenzufassen, wobei man die drei Familien nach ihrer Masse ordnet. Jede einzelne Quarkfamilie besteht immer aus einem Quark mit Ladung 2/3 und einem Quark mit Ladung −1/3. Konkret bilden das up-Quark und das down-Quark die erste Quarkfamilie (diese Familie liefert die Bausteine für die Protonen und die Neutronen), die zweite Quarkfamilie besteht aus dem charm-Quark und dem strange-Quark, und in der dritten Quarkfamilie finden wir schließlich das top-Quark und das bottom-Quark. Analog verhält es sich auch bei den Leptonen: Die erste Familie besteht aus dem Elektron-Neutrino plus dem Elektron, die zweite Leptonfamilie aus dem mu-Neutrino plus dem Myon und die dritte Familie schließlich aus dem tau-Neutrino und dem τ-Lepton.

Alle zwölf fundamentalen Materieteilchen mit Spin 1/2 des Standardmodells und ihre Massen (in GeV/c^2) sind in folgender tabellarischer Übersicht zusammengefasst.

1. Familie		2. Familie		3. Familie	
Teilchen	Masse	Teilchen	Masse	Teilchen	Masse
up-Quark	0,0025	charm-Quark	1,27	top-Quark	171
down-Quark	0,0050	strange-Quark	0,105	bottom-Quark	4,2
e-Neutrino	ca. 10^{-9}	mu-Neutrino	?	Tau-Neutrino	?
Elektron	0,000511	Myon	0,113	τ-Lepton	1,77

Diese Tabelle ist sicher etwas einfacher als das Periodensystem der Elemente aus dem Jahre 1869, aber wir stellen fest: Sie sieht immer noch ziemlich kompliziert aus! Zahlreiche «Warums» kommen uns beim Betrachten dieser Tabelle in den Sinn. Warum gerade drei Familien von Quarks und Leptonen? Warum gerade diese elektrischen Ladungen? Warum gerade diese breit gestreute Verteilung der Massen der Elementarteilchen? All dies erscheint mysteriös. In der Tat, das Standardmodell der Elementarteilchen liefert keinerlei schlüssige Erklärung für diese Fragen. Deswegen sind viele Physiker überzeugt, dass es eine übergeordnete Theorie geben muss, die eine logische Erklärung für diese fundamentalen Eigenschaften der Elementarteilchen liefert.

Der Klebstoff zwischen den Quarks Nachdem wir nun alle Spin-1/2-Materieteilchen, die man bis jetzt im Universum gefunden hat, kennengelernt haben, wollen wir uns wieder den Kräften zuwenden, die zwischen diesen elementaren Bausteinen wirken. Wir müssen als Nächstes verstehen, welche Kraft die Quarks im Proton, im Neutron und in den anderen Hadronen so fest bindet, dass sie anscheinend gar nicht als freie Teilchen auf sich allein gestellt leben können. Man könnte vielleicht meinen, dass die Quarks als elektrisch geladene Teilchen auch durch die elektrische Anziehungskraft zusammengehalten werden, aber dem ist nicht so: Die elektromagnetische Kraft ist viel zu schwach, um die Quarks in ihren Gefängnissen, den Hadronen, einzusperren. Die dominante Kraft zwischen den Quarks hat eine andere Ursache und wird auch als starke Wechselwirkung oder auch als Kernkraft bezeichnet. Analog zu den Photonen als Kraftteilchen des Elektromagnetismus wird auch die starke Wechselwirkung durch den Austausch von neuen Kraftteilchen, den Gluonen (abgeleitet von «glue» Klebstoff), verursacht. Im Gegensatz zum Elektromagnetismus gibt es aber nicht nur ein einziges Gluon, sondern acht verschiedene Gluonen. Theoretisch gesehen haben wir es hier wieder mit einer Eichtheorie zu tun, einer sogenannten Nicht-Abel'schen Eichtheorie. Solche Eichtheorien wurden schon im Jahre 1954 von Chen Ning Yang und Robert Mills am Institute for Advanced Study in Princeton mathematisch konstruiert, aber ohne den Bezug zu den Quarks herzustellen, die damals noch gar nicht bekannt waren.

Drei klebrige Farben Für das Verständnis der starken Wechselwirkung müssen wir noch eine sehr wichtige Eigenschaft der Quarks erwähnen. Jedes einzelne Quark kommt in der Natur in drei verschiedenen Ausführungen vor. Es gibt also nicht nur ein up-Quark, sondern vielmehr drei, und dies trifft auch für alle anderen Quarks zu. (Das heißt, in Wirklichkeit gibt es nicht nur sechs verschiedene Quarks, sondern achtzehn.) Um die drei verschiedenen Quarks einer bestimmten Gattung besser unterscheiden zu können, bezeichnet man sie mit drei verschiedenen Farben. Es gibt ein blaues, ein rotes und ein grünes up-Quark; dies gilt auch für die restlichen Quarks. Diese Farben haben nichts mit den wirklichen Farben eines Stoffes zu tun, sie beschreiben vielmehr eine neue Eigenschaft der Quarks, die wir beim Elektron und bei den anderen Leptonen nicht vorfinden. Man könnte diese Eigenschaften auch einfach mit 1, 2 und 3 bezeichnen oder die drei verschiedenen Quarks mit den Buchstaben a, b und c versehen. Die drei Farben eines Quarks nehmen eine ähnliche Rolle ein wie die elektrische Ladung eines Teilchens. Sie werden deswegen oft als Farbladungen bezeichnet. Wichtig ist, dass die drei Farbladungen unabhängig von der elektrischen Ladung sind, sie kommen bei den Quarks als zusätzliche Eigenschaft hinzu.

Die drei Farben eines Quarks führen uns auf ziemlich direktem Wege zu den Gluonen und Anziehungskräften, die zwischen den Quarks wirken. Ziehen sich zwei Quarks an, werden zwischen ihnen ständig Gluonen ausgetauscht. Die Gluonen bilden den Klebstoff, der die Quarks im Proton zusammenhält. Im Vergleich zum Photon besitzen die Gluonen aber noch eine zusätzliche Eigenschaft: Sie tragen selbst Farbladung. Die Quarks ändern nämlich bei der Wechselwirkung mit den Gluonen in der Regel ihre Farbe. So kann sich ein rotes Quark bei der Abstrahlung eines Gluons in ein blaues Quark verwandeln. Das Gluon transportiert dann genau eine rote Farbladung weg und überträgt dem Quark andererseits eine blaue Farbladung. Das funktioniert nur dann, wenn das Gluon selbst Farbladungen trägt, in diesem Fall trägt es eine positive rote Farbladung und eine negative blaue Ladung. Analog ist es bei den anderen Farben. Jedes Gluon verwandelt ein Quark mit einer bestimmten Farbe in ein andersfarbiges. Alle möglichen Farbkombinationen sind dabei für die Gluonen erlaubt, bis auf eine Ausnahme: Nur das Gluon, das jede der drei Farben in sich selbst überführen würde, also rot → rot und gleichzeitig blau → blau und auch gleichzeitig grün → grün, kommt in der Natur nicht vor. Durch einfaches Abzählen können wir uns vergewissern, dass es genau acht verschiedene Gluonen gibt.

Die Farbenlehre der starken Wechselwirkung: Quantenchromodynamik Diese Farbenlehre zwischen den Quarks und Gluonen und die daraus resultierende Theorie der starken Wechselwirkung wird als Quantenchromodynamik, abgekürzt QCD, bezeichnet. Sie wurde im Jahre 1973 von Murray Gell-Mann zusammen mit dem deutschen Physiker Harald Fritzsch und dem Schweizer Heinrich Leutwyler zum ersten Mal als Quantenfeldtheorie von Quarks und

Gluonen formuliert. Vorher schon hatte der japanische Physiker Yoichiro Nambu gefolgert, dass Quarks Farbladungen tragen sollten, um bestimmte experimentelle Rätsel, die mit der Fermi-Statistik der Quarks zu tun haben, im Spektrum der Hadronen zu lösen. Harald Fritzsch, der zugleich auch mein Doktorvater in München war, hat dann die Entwicklung der Elementarteilchenphysik maßgeblich beeinflusst.

Die Flucht über das Schwarze Meer und das Meer der Farben

Harald Fritzsch, der in Zwickau aufgewachsen war, hatte in Leipzig Physik studiert. Dort protestierte er zusammen mit einem Kommilitonen während des Internationalen Bach-Wettbewerbs im Jahre 1968 gegen die Sprengung der Universitätskirche mit einem großen Transparent, das sich durch einen automatischen Mechanismus entrollen ließ. Noch im selben Jahr flüchtete Harald Fritzsch mit einem Faltboot über das Schwarze Meer von Bulgarien aus über die Türkei in die Bundesrepublik. Diese spektakuläre Flucht aus Leipzig hat Harald Fritzsch in einem sehr spannenden Buch beschrieben. Bald nach seiner Flucht begann er am Caltech seine Zusammenarbeit mit Murray Gell-Mann, die schließlich im Jahre 1973 zur Formulierung der QCD führte. Allerdings waren sich Fritzsch, Gell-Mann und Leutwyler zunächst noch nicht genau darüber im Klaren, was sich schließlich als wichtigste Eigenschaft der QCD erweisen sollte: die dauerhafte Fesselung der Quarks in den Protonen. Dieses Problem wurde nahezu zeitgleich von David Gross, David Politzer und Frank Wilczek an der Ostküste der USA gelöst.

Ich möchte nun kurz erklären, warum man die QCD ebenso wie den Elektromagnetismus als Eichtheorie bezeichnet. Wie bei den Elektronen beschreibt man die quantenmechanische Aufenthaltswahrscheinlichkeit der Quarks im dreidimensionalen Ortsraum durch eine komplexwertige Wellenfunktion. Da es aber wegen ihrer zusätzlichen Farbladung drei verschiedene Quarks und demnach auch drei komplexe Quarkwellenfunktionen gibt, können wir diese als «Ortspunkte» in einem zusätzlichen dreidimensionalen, komplexen Raum auffassen. Nur um den Leser an dieser Stelle nochmals zu warnen: Dieser dreidimensionale Raum hat nichts mit dem Ortsraum zu tun, in dem wir uns bewegen, er ist vielmehr ein abstrakter, zusätzlicher Raum, den man auch als Farbraum bezeichnet. Andererseits hält uns nichts davon ab, wiederum Drehungen in diesem Farbraum zu betrachten, nämlich Drehungen, die ein Quark einer bestimmten Farbe in das Quark einer anderen Farbe rotieren und Quarks mit verschiedenen Farben auch miteinander mischen lässt. Dieses verhält sich genauso wie eine Drehung im wirklichen Ortsraum, in der sich ein bestimmter Punkt mit einem bestimmten Winkel um den Ursprung des Koordinatensystems bewegt. Die Drehungen im dreidimensionalen Farbraum werden mathematisch durch die Nicht-Abel'sche Gruppe SU(3) beschrieben – hierbei handelt es sich um die speziellen, unitären Drehungen im komplexen dreidimensionalen Raum. Eine SU(3)-Drehung kann also ein rotes Quark in ein grünes Quark verwandeln. Dabei muss dieses Quark ein Gluon emittieren, um so die Drehung seiner Wellenfunktion im Farbraum zu kompensieren. Auf diese Weise kann man also mathematisch sehr elegant die Wechselwirkung zwischen Quarks und Gluonen beschreiben.

Farblose Hadronen Warum können Quarks in der Natur nicht als freie, sondern immer nur als in Hadronen eingesperrte Teilchen existieren? Sicher hat dies auch damit zu tun, dass die Hadronen selbst keine Farbladung tragen und sich nach außen hin also farbneutral verhalten. Betrachten wir zuerst die drei farbigen Quarks in einem Proton oder in einem Neutron. Hierbei tragen alle drei Quarks unterschiedliche Farben, also rot, grün und blau. Kombiniert man diese drei Farben, erhält man «weiß» – ein farbneutrales Objekt. Die drei Farbladungen kompensieren sich also vollständig, genau wie die elektrischen Ladungen von Proton und Elektron im Wasserstoffatom. Es gibt aber noch eine einfache Möglichkeit, ein weißes Objekt aufzubauen, indem man nämlich ein Quark mit positiver Farbladung mit einem Antiquark mit negativer Farbladung kombiniert, also zum Beispiel rot mit antirot. Dann erhält man wieder ein weißes zusammengesetztes Objekt, nämlich ein Meson.

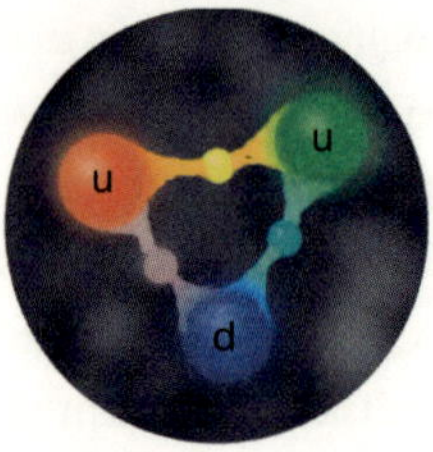

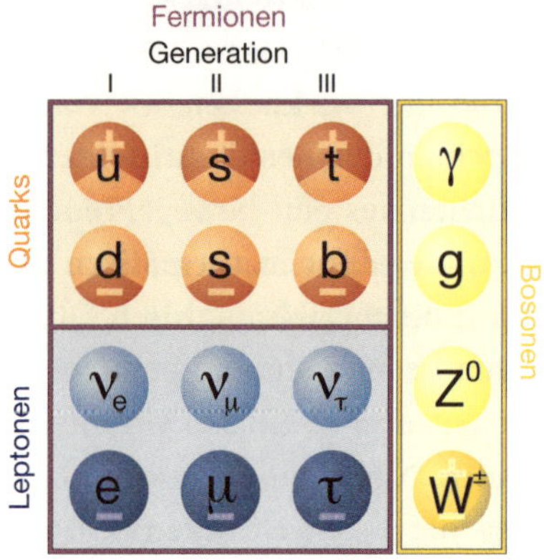

15 Ein Proton besteht aus zwei up-Quarks und einem down-Quark, wobei die drei Quarks jeweils eine andere Farbe tragen. (Daneben enthält ein Proton auch noch weitere virtuelle Gluonen und virtuelle Quark-Antiquark-Paare.) Diese drei Quarks werden durch den gegenseitigen Austausch von Gluonen zusammengehalten, und zwar so stark, dass die Quarks bei niedriger Temperatur niemals isoliert auftreten können. Dieses Phänomen nennt man «Confinement». Erhitzt man allerdings ein Proton sehr stark oder erhöht man die Dichte der Protonen über einen kritischen Bereich, dann wird das Confinement aufgelöst, und Quarks und Gluonen existieren als freie Teilchen im sogenannten Quark-Gluon-Plasma. In der unteren Figur ist nochmals das Teilchenspektrum des Standardmodells abgebildet.

Infrarote Sklaverei Der Grund dafür, dass man nur weiße, farbneutrale Objekte in der Natur vorfindet, liegt an der Quantennatur der starken Wechselwirkung. Beim Elektromagnetismus hatten wir festgestellt, dass bei steigender Energie der aneinander streuenden elektrisch geladenen Teilchen sich die Kraft zwischen ihnen immer mehr vergrößert. Bei zunehmendem Abstand zwischen den geladenen Teilchen nimmt die elektromagnetische Kraft andererseits immer mehr ab. Das liegt an der quantenfeldtheoretischen Beschreibung des Elektromagnetismus. Die elektrische Ladung eines Elektrons wird durch Quanteneffekte, nämlich durch virtuelle Paare von geladenen Elektronen, die das Vakuum anfüllen, bei größerem Abstand abgeschwächt. Zeigt auch die starke Wechselwirkung ein ähnliches Verhalten? Dieser Frage gingen im Jahre 1973 der theoretische Physiker David Gross und sein damaliger Doktorand Frank Wilczek in Princeton sowie der junge Doktorand David Politzer unter der Anleitung seines Doktorvaters Sidney Coleman in Harvard nach. Sie stellten insbesondere detaillierte Berechnungen darüber auf, wie die Quanteneffekte von farbgeladenen Teilchen die Stärke der gluonischen Kraft beeinflussen. Ein Quark ist von einer Wolke aus virtuellen Quark-Antiquark-Paaren umgeben, die die Farbkraft bei großen Abständen abschwächen. Aber in der QCD ist die Sache komplizierter: Auch die Gluonen können eine virtuelle Teilchenwolke um ein Quark herum bilden und die Stärke der Farbkraft beeinflussen. Zuerst schien es in den Rechnungen so zu sein, dass der Effekt der virtuellen Gluonen dem der virtuellen Quarks völlig vergleichbar ist. Doch beim Nachprüfen der Resultate stellten die Physiker plötzlich fest: Das Vorzeichen des gluonischen Beitrags zur Kraft ist genau entgegengesetzt, die Gluonen vergrößern die Farbkraft bei großen Abständen. Die Kraft zwischen den Quarks wird größer, je weiter man die Quarks voneinander entfernt. Der physikalische Grund für dieses auf den ersten Blick merkwürdige Verhalten war auch bald gefunden: Die Gluonen tragen auch eine Farbladung. Die Farbladung der Gluonen verstärkt die Farbkraft bei großen Abständen, anstatt sie abzuschirmen. Dieser Effekt ist so stark, dass die Farbkraft zwischen den Quarks bei sehr großem Abstand praktisch unendlich groß wird. Die Quarks können nie isoliert auftreten. Man nennt diesen Effekt auch Infrarote Sklaverei. Diese zugegebenermaßen drastische Formulierung bedeutet einfach, dass bei niedrigen Energien im Infraroten – was großen Abständen zwischen den Quarks entspricht – die Quarks gleichsam nur versklavt innerhalb der Hadronen leben können.

Die Verstärkung der Farbkraft bei großen Abständen ist wieder ein Effekt der nichttrivialen Struktur des Vakuums. Hatten wir in der Elektrodynamik gelernt, dass das Vakuum mit virtuellen Elektronen, Positronen und Photonen angefüllt ist, so wissen wir jetzt, dass das Vakuum auch noch virtuelle Quarks, Antiquarks und Gluonen enthält, die ständig aus dem Nichts auftauchen und dann gleich wieder verschwinden.

Confinement hat seinen Preis: Wer wird Millionär? Das Phänomen niemals isoliert auftretender Quarks bezeichnet man auch oft als «Confinement». Wir können uns die Auswirkungen des Confinements nochmals etwas genauer bei den Mesonen anschauen. Ein Meson besteht aus einem Quark und einem Antiquark, zum Beispiel das π-Meson, das aus einem Gemisch von up-Quark/Anti-up-Quark plus down-Quark/Anti-down-Quark besteht. Beginnt man nun bei festgehaltenem Quark am Antiquark zu ziehen, so wird die Kraft zwischen den beiden Bestandteilen des Mesons immer größer. Dabei bildet sich ein länglicher Flussschlauch, der eine große Anzahl von Gluonen enthält.[20] Zieht man am Antiquark jedoch über einen bestimmten Punkt hinaus, dann reist der Flussschlauch, und aus dem einen Meson werden zwei neue Mesonen gebildet. Die Energie wird beim Auseinanderziehen der Teilchen so groß, dass sich aus dem Vakuum ein neues Quark/Antiquark bilden kann, aus dem zusammen mit den schon vorhandenen Quarks zwei Mesonen gebildet werden können. Der Flussschlauch mit den Quarks an seinen beiden Enden und dieser Vorgang erinnern uns auch an die Eigenschaft eines Stabmagneten. Wie die Quarks können auch der Nordpol und der Südpol eines Stabmagneten nicht für sich allein existieren. Deswegen hat der Nobelpreisträger Gerard t'Hooft aus Utrecht versucht, das Phänomen des Confinements mittels der magnetischen Kraft zu erklären. Allerdings konnte das Confinement in der starken Wechselwirkung bisher noch nicht im streng mathematischen Sinne bewiesen werden. Dieses noch ungelöste Problem ist so bedeutsam, dass es das Clay Mathematics Institute in den USA zu einem der sieben Millenniumprobleme in der Mathematik erklärt hat. Die Lösung jedes dieser sieben Millenniumprobleme ist dem Clay Mathematical Institute eine Million Dollar wert! Nur eines wurde bislang gelöst, nämlich die Vermutung, die Henri Poincaré im Jahre 1904 über die Beschaffenheit von dreidimensionalen Mannigfaltigkeiten aufgestellt hat. Es war der russische Mathematiker Grigori Perelman, der im Jahre 2010 endlich diese harte mathematische Nuss knacken konnte. Ihm wurde dafür der Millenniumpreis 2010 verliehen. Gemessen an der Zeitspanne, die von Poincarés Vermutung bis zu ihrer Bestätigung vergangen ist, wäre es nicht verwunderlich, wenn die mathematische Lösung des Confinements auch noch etwas auf sich warten ließe.

Asymptotische Freiheit Die Rechnungen von Gross, Politzer und Wilczek zeigten auch, wie sich Quarks bei der Streuung mit sehr hohen Energien verhalten, also im ultravioletten Energiebereich beziehungsweise bei sehr kleinen Abständen. In diesem Bereich ergeben die Rechnungen, dass die starke Wechselwirkung immer schwächer wird und schließlich bei unendlich kleinem Abstand verschwindet. Dieses Verhalten wird als asymptotische Freiheit bezeichnet und ist neben dem Confinement die zweite extrem wichtige Eigenschaft der QCD. Deswegen wurden David Gross, David Politzer und Frank Wilczek im Jahre 2004, einunddreißig Jahre nach ihrer Entdeckung, mit dem Nobelpreis ausgezeichnet. Die asymptotische Freiheit ist auch der Grund dafür, weshalb sich Quarks bei hohen Energien gleichsam wie freie Teilchen verhalten. Dies wurde so am SLAC schon bei den ersten Streuexperimenten von Elektronen an Quarks bemerkt. Die Abstandsabhängigkeit der starken Kraft ist mittlerweile in vielen Experimenten glänzend bestätigt worden, wie zum Beispiel auch durch die Messungen von Siegfried Bethke vom Münchner Max-Planck-Institut für Physik.

Heiße Quarks können entkommen Die starke Wechselwirkung weist ein interessantes Verhalten bei sehr hohen Temperaturen auf. In diesem Fall kann die Energie der Quarks so groß werden, dass sie in der Lage sind, ihrem Gefängnis der Hadronen doch zu entkommen. Bei einer ganz bestimmten Temperatur von mehreren Billionen Kelvin,[21] die man am Schwerionenbeschleuniger (Relativistic Heavy Collider, RHIC) in Long Island schon vor ein paar Jahren erreichen konnte, erreichen die Quarks mehr als 99,9 Prozent der Lichtgeschwindigkeit. Dort setzt dann der Übergang des Systems aus Quarks und Gluonen von der Confinement-Phase in eine Deconfinement-Phase ein. Diese Phase stellt eine neue Zustandsform der Quarkmaterie dar, in der sich alle Quarks und Gluonen wie in einem Plasma frei bewegen können, weshalb man diesen neuen Zustand auch ein Quark-Gluon-Plasma nennt. Im frühen und heißen Universum sollten die Quarks und Gluonen folglich nicht in den Hadronen eingesperrt gewesen sein, sondern in der Form des Quark-Gluon-Plasmas existiert haben.

Neue Fragen Wir sind nun am Ende unserer Beschreibung der starken Wechselwirkung angekommen. Obgleich das Confinement noch nicht mathematisch bewiesen wurde, ist doch vieles in der QCD sehr gut verstanden. Dennoch möchten wir an dieser Stelle wieder auf einige konzeptionelle Probleme hinweisen, die man nicht innerhalb der QCD behandeln oder lösen kann. Warum nehmen einige Parameter in der QCD gerade bestimmte Werte an? In der QCD gibt es wie im Elektromagnetismus eine Feinstrukturkonstante, genannt α_s, welche die Stärke der Farbkraft bestimmt. Der Wert von α_s stellt keine konstante Größe dar, sondern ist energieabhängig. α_s muss also bei einer ganz bestimmten Referenzenergie angegeben werden. Genaue Messungen am CERN-Beschleuniger LEP ergaben, dass bei einer Energie von ungefähr 100 GeV/c^2 die starke Feinstrukturkonstante α_s ungefähr den Wert $\alpha_s \approx 0{,}118$ annimmt. Gemessen an der Sommerfeld'schen Konstante $\alpha \approx 1/128$ bei dieser Energie ist das ein vergleichsweise großer Wert. Aber warum genau 0,118 und nicht 0,5 oder jeder andere Wert? Niemand weiß bis jetzt die Antwort auf diese Frage. Was wir aber wissen, ist, dass innerhalb enger Grenzen $\alpha_s \approx 0{,}118$ die Notwendigkeit besteht, dass unser Universum in der Form, in der wir in ihm leben können, existiert. Der Wert von α_s beeinflusst insbesondere die Massen von Proton und Neutron, das heißt die Massen aller Atome und chemischen Elemente, und dies ist eine Voraussetzung für die Entstehung der Galaxien und der Sonnensysteme und somit schließlich auch für das Entstehen von Leben auf der Erde.

Eine weitere Klasse von Parametern, die man in der QCD nicht erklären kann, sind die Massen der Quarks. Die Massen der beiden leichten up- und down-Quarks beeinflussen wiederum auch die Massen von Proton und Neutron. Zwar kommt die Gesamtmasse des Protons und des Neutrons (beide «wiegen» ca. 1 GeV/c^2) weniger von den Massen der Quarks als vielmehr von der großen Bindungsenergie zwischen diesen Teilchen. Aber die Massendifferenz zwischen Proton- und Neutronmasse hängt sehr stark von den Quarkmassen ab. Stellen wir uns in einem Gedankenexperiment vor, das down-Quark wäre leichter als das up-Quark. Die atomare Welt wäre gewissermaßen auf den Kopf gestellt! Denn dann wäre auch das Neutron leichter als das Proton. Alle Protonen würden in Neutronen zerfallen, und stabile Atome wären völlig unmöglich. Eine Erklärung von α_s und der leichten Quarkmassen wäre vielleicht in einer übergeordneten Theorie denkbar, und viele Physiker hoffen darauf. Wenn aber alle diese Ansätze scheitern sollten, könnte es durchaus sein, dass wir an dieser Stelle wieder das anthropische Prinzip strapazieren müssen. Und vielmehr noch, diese Parameter der QCD könnten in entfernten Bereichen des Multiversums ganz andere Werte annehmen mit der Folge, dass die Welt dort grundverschieden von der unsrigen wäre.

Was die Massen der schwereren Quarks betrifft – des strange-, charm-, bottom- und top-Quarks –, sieht die Sache anders aus. Auch diese vier Größen sind freie, nicht erklärbare Parameter in der QCD. Aber sie haben andererseits keinen großen Einfluss auf den Großteil der sichtbaren Materie, denn sie sind sehr kurzlebig und zerfallen äußerst schnell im Rahmen der schwachen Wechselwirkung. Deswegen hängen die Massen der Atome und der chemischen Elemente nicht von diesen Parametern ab. Eine anthropische Erklärung hilft uns also hier nicht viel weiter.

Schwache Wechselwirkung und β-Strahlung Wir wollen nun auf die letzte der drei Wechselwirkungen des Standardmodells eingehen, nämlich auf die schwache Wechselwirkung, auch schwache Kernkraft genannt. Wir können uns hier etwas kürzer fassen, denn wir haben das Prinzip der Kräfte und der Kraftteilchen schon eingehend besprochen. Die schwache Wechselwirkung bewirkt, dass bestimmte Atome nicht stabil sind, sondern zerfallen können. Man nennt diesen Effekt auch die radioaktive β-Strahlung. Ein β-Teilchen ist dabei nichts anderes als ein Elektron (oder auch ein Positron). Der Grundprozess der β-Strahlung besteht in dem Zerfall eines Neutrons in ein Proton (p^+), ein Elektron (e^-) und in ein (Anti-)Neutrino (ν). Schematisch lässt sich dieser Vorgang folgendermaßen darstellen:

$$n \rightarrow p^+ + e^- + \nu$$

Dieser Zerfall wurde schon im Jahre 1896 von Antoine Becquerel entdeckt. Zu dieser Zeit war das Neutrino als Teilchen noch nicht bekannt. Deswegen fiel es auf, dass ein Teil der Energie des Neutrons anscheinend im Nichts verschwand, also gleichsam verloren ging. Um diese nicht mögliche Energieverletzung zu vermeiden, schlug Wolfgang Pauli im Jahr 1930 die Beteiligung eines weiteren neutralen, masselosen Teilchens vor, welches er Neutron nannte. Enrico Fermi änderte dies 1931 in Neutrino, also die Verkleinerungsform des wesentlich schwereren Neutrons, welches fast zeitgleich entdeckt wurde. Das Neutrino wurde 1956 von Clyde Cowan und dem Träger des Physiknobelpreises 1995, Frederick Reines, an einem der ersten Kernreaktoren in den USA nachgewiesen.

Massive Neutrinos Das Neutrino ist ein Elementarteilchen, das die Elementarteilchenphysiker bis zum heutigen Tag in Atem hält. Wie das Elektron ist es ein Fermion mit Spin 1/2. Da man über viele Jahre hinweg keinen Hinweis auf eine nichtverschwindende Ruhemasse des Neutrinos im β-Zerfall des Neutrons fand, nahm man an, dass das Neutrino masselos ist und sich demnach mit Lichtgeschwindigkeit bewegt. Dies änderte sich dann aber durch sehr genaue Messungen an Neutrinos, die von der Sonne oder auch aus dem Weltall auf die Erde treffen. So konnte Raymond Davis im Jahre 1970 in der Homestake-Goldmine in South Dakota[22] zum ersten Mal die Sonnenneutrinos nachweisen. Die gemessene Anzahl der Neutrinos war allerdings um ein Drittel geringer, als man es von den gültigen Sonnenmodellen her erwarten musste. Die Fachwelt war irritiert. Waren die Berechnungen über die Neutrinoproduktion in der Sonne etwa falsch, oder konnten auf dem Weg von der Sonne zur Erde ein Teil der Neutrinos einfach verloren gehen? Genau das war der Fall! Aber wohin verschwindet ein Teil der Sonnenneutrinos? Um der Lösung auf die Spur zu kommen, muss man wissen, dass in der Sonne hauptsächlich die zum Elektron gehörenden Neutrinos produziert werden – die sogenannten Elektron-Neutrinos. Dies sind aber nicht alle in der Natur vorkommenden Neutrinos. Der Schlüssel zur Lösung dieses Puzzles liegt also in der Existenz von weiteren Neutrinos. Neben dem Elektron-Neutrino gibt es nämlich auch das Neutrino, das mit dem Myon verwandt ist, und schließlich gibt es auch noch den neutralen Partner des τ-Leptons, genannt Tau-Neutrino. Der russische Physiker Bruno Pontecorvo hatte vorgeschlagen, dass sich die verschiedenen Neutrinos ineinander verwandeln können, sofern sie nur eine kleine Masse besitzen. Man nennt diesen Effekt auch Neutrinooszillationen, da die Neutrinos von einer Neutrinospezies in eine andere und auch wieder zurück oszillieren können. Die Masse der Neutrinos ist also dafür verantwortlich, dass nur ein Drittel der Elektron-Neutrinos aus der Sonne auch wirklich als Elektron-Neutrinos auf der Erde ankommt. Denn nur diese konnte Raymond Davies unter der Erde in seinem Detektor nachweisen. Recht ähnlich verhält es sich auch mit einem Experiment, das wieder tief unter der Erde im Super-Kamiokande-Experiment unter der Leitung Masatoshi Koshibas in Japan durchgeführt wurde. Ursprünglich hatte man dieses Experiment entworfen, um einen Kilometer unter der Erdoberfläche in einem gigantischen Wassertank mit 50 000 Tonnen reinsten Wassers den sehr seltenen Zerfall des Protons zu beobachten – siehe etwas später die Diskussion über die GUT-Theorien. Der Versuch scheiterte, denn die Lebensdauer des Protons ist zu groß. Manchmal jedoch wandelt sich ein Fehlschlag auch in einen großen Erfolg: 1998 erhielt man nicht den ursprünglich erhofften Befund, konnte aber mit dem Detektor Neutrinos nachweisen, und zwar diesmal zur Überraschung der Physiker Myon-Neutrinos. Eigentlich hatte man Elektron-Neutrinos erwartet, die durch die kosmische Strahlung in der Erdatmosphäre entstehen. Die einzige und richtige Erklärung für das Auftreten der Myon-Neutrinos ist wieder die Masse der Neutrinos und die daraus resultierenden Neutrinooszillationen. Für ihre Entdeckung erhielten Raymond Davies und Masatoshi Koshiba im Jahre 2002 den Nobelpreis für Physik. Wir wissen mittlerweile aus verschiedenen Experimenten, dass alle drei Neutrinos eine nichtverschwindende, wenn auch sehr kleine Masse besitzen müssen. Direkte Messungen aus dem β-Spektrum von Tritium im Jahre 2006 ergaben, dass die Neutrinomasse des Elektron-Neutrinos kleiner als 2 eV/c^2 sein muss. Bis heute sind die Neutrinos mysteriöse Objekte, deren Eigenschaften wir noch nicht vollständig kennen. Insbesondere geben sie Physikern das Rätsel auf, warum ihre Masse im Vergleich zu derjenigen anderer Elementarteilchen so klein ist.

Massive neue Eichteilchen: W- und Z-Bosonen Wir kehren nun wieder zum Ursprung der schwachen Wechselwirkung zurück und fragen uns, welche Kraft beziehungsweise Wechselwirkung für den β-Zerfall verantwortlich ist. Ursprünglich hatte Fermi in seiner Theorie der schwachen Wechselwirkung angenommen, dass die beteiligten vier Fermionen – das Proton, das Neutron, das Elektron und das (Anti-)Neutrino – an einem Punkt in der Raum-Zeit miteinander in Verbindung treten. Man stellte aber nach einiger Zeit fest, dass diese Beschreibung zu ernsten Problemen in der Quantenmechanik führt. Die quantenmechanische Streuwahrscheinlichkeit ist ab einer bestimmten Energie der beteiligten Teilchen immer größer als eins. Dies ist, physikalisch gesehen, ausgeschlossen. Des Rätsels Lösung sind wieder drei Kraftteilchen, durch deren Austausch die schwache Wechselwirkung verursacht wird. Diese Theorie wurde im Jahre 1967 von Sheldon Glashow, Abdus Salam und Steven Weinberg theoretisch formuliert. Alle drei erhielten dafür im Jahre 1979 den Physiknobelpreis. Die Glashow-Salam-Weinberg-Theorie postuliert die Existenz von drei Eichbosonen mit Spin 1, nämlich zwei elektrisch geladene Eichteilchen, genannt W^+- und W^--Teilchen, sowie ein neutrales Eichboson, das Z^0-Teilchen. Diese Theorie geht auf die von Heisenberg schon im Jahre 1932 eingeführte Isospin-Symmetrie zurück. Heisenberg vermutete nämlich, dass Proton und Neutron wegen ihrer fast gleichen Masse sehr eng verwandte, nahezu identische Teilchen seien, und ordnete sie einem zweikomponentigen Spinor zu, also einem Objekt, das aus zwei Mitgliedern, nämlich aus dem Proton und dem Neutron, besteht. Der einzige wirkliche Unterschied zwischen Proton und Neutron neben ihrer kleinen Massendifferenz ist ihre elektrische Ladung.

Heisenbergs Isospin Um diesen Unterschied kenntlich zu machen, führte Heisenberg eine neue Ladung ein, den Isospin I. Er ordnete dem Proton den Isospin $I = +1/2$ und dem Neutron den Isospin $I = -1/2$ zu. Analog ordnen wir dem Neutrino und dem Elektron den schwachen Isospin $I = +1/2$ beziehungsweise $I = -1/2$ zu. Auf diese Weise können wir die quantenmechanischen Wellenfunktionen von Proton und Neutron sowie von Neutrino und Elektron betrachten. Diese befinden sich in einem zweidimensionalen, komplexen Raum, dem Isospin-Raum. Drehungen in diesem Raum werden durch die Eichtransformationen mit der Gruppe SU(2) beschrieben. Mathematisch verhält sich dies analog zu den drei Farben der Quarks, deren Rotationen im dreidimensionalen Farbraum durch die Gruppe SU(3) beschrieben werden. Betrachtet man die SU(2)-Drehungen im Isospin-Raum, dann müssen diese wieder durch drei verschiedene Kraftteilchen kompensiert werden. Diese sind das W^+, das W^-- und das Z^0-Teilchen. Das W^+-Teilchen wandelt ein Proton in ein Neutron oder auch ein Neutrino in ein Elektron um, und das W^--Teilchen bewirkt den umgekehrten Prozess. Das Z^0-Teilchen hingegen lässt den Isospin – mithin auch die elektrische Ladung – unverändert und kann deswegen sowohl von einem Proton oder auch von einem Neutron abgestrahlt werden.

Dubletten im Isospin-Raum Bis jetzt haben wir nur von den Wechselwirkungen der drei Kraftteilchen mit dem Proton und dem Neutron gesprochen. Wir wissen aber, dass Protonen und Neutronen aus Quarks zusammengesetzt sind. Das gleiche Bild lässt sich problemlos auf die elementaren Quarks übertragen. Wir ordnen einfach auch das up-Quark und das down-Quark einer zweikomponentigen Wellenfunktion in SU(2) Isospin-Raum zu. Man nennt dies auch ein Isospin-Dublett, ausgedrückt durch (u, d). Das up-Quark besitzt also die Isospin-Ladung $I = +1/2$ und das down-Quark die Isospin-Ladung $I = -1/2$. Das W^+-Teilchen wandelt ein up-Quark in ein down-Quark um, und das W^--Teilchen bewirkt wieder den umgekehrten Prozess. Das Z^0-Teilchen kann sowohl von einem up-Quark oder auch von einem down-Quark abgestrahlt werden.

Es bietet sich an, auch die zwei anderen Quark-Paare der nächsten beiden Familien, also charm- und strange-Quark sowie top- und bottom-Quark, jeweils paarweise in zwei weitere Isospin-Dubletts zusammenzufassen: (c,s) und (t,b). Auf diese Weise nehmen auch die vier schweren Quarks an der Wechselwirkung mit den schwachen Eichbosonen W^+, W^- und Z^0 teil. Gleiches gilt auch für die sechs Leptonen. Sie lassen sich auch paarweise zu drei Isospin-Dubletts gruppieren: (ν_e, e), (ν_μ, μ) und (ν_τ, τ). Alle Materieteilchen können also in folgender Form zu drei Familien von Quarks und Leptonen gruppiert werden:

$$(u,d),\ (c,s),\ (t,b)$$
$$(\nu_e,e),\ (\nu_\mu,\mu),\ (\nu_\tau,\tau)$$

Zwischen den einzelnen Mitgliedern eines jeden Dubletts können die schwachen Eichbosonen W^+, W^- und Z^0 ausgetauscht werden.[23] Jetzt verstehen wir, wie der bereits erwähnte β-Zerfall funktioniert: Ein down-Quark wandelt sich unter Aussendung eines W^--Teilchens in ein up-Quark um. Das W^--Teilchen zerstrahlt dann seinerseits in ein Elektron und in ein Antineutrino.

Entdeckung der massiven Eichbosonen In unserer Diskussion über die Kräfte im Standardmodell der Elementarteilchen haben wir inzwischen 12 verschiedene Kraftteilchen kennengelernt: 1 Photon, 8 Gluonen und 3 schwache Eichbosonen. Zwischen dem Photon und den Gluonen auf der einen Seite und den schwachen Eichbosonen auf der anderen Seite besteht ein gravierender Unterschied: Während die Photonen und die Gluonen masselos sind, handelt es sich bei den schwachen Eichbosonen um massive Teilchen! Sie bewegen sich also mit weniger als Lichtgeschwindigkeit durch den Raum. Die Massen dieser Teilchen sind relativ gut bekannt und konnten auch schon vor ihrer Entdeckung theoretisch aus der schwachen Wechselwirkung vorhergesagt werden. W^+- und W^--Teilchen haben eine Masse von ungefähr 80,40 GeV/c^2, das Z^0-Teilchen ist mit einer Masse von ungefähr 91,19 GeV/c^2 etwas schwerer. Während die elektromagnetische Kraft wegen der

Masselosigkeit des Photons eine unendliche Reichweite besitzt, ist die Reichweite der schwachen Wechselwirkung extrem kurz. Die massiven schwachen Eichbosonen können wegen ihrer hohen Masse nur eine sehr kurze Strecke bis zu ihrem Zerfall zurücklegen und sind deswegen nicht direkt zu beobachten. Man muss sie durch Teilchenkollisionen erst im Beschleuniger herstellen und kann sie dann mittels ihrer Zerfallsprodukte im Teilchendetektor nachweisen. Dies gelang zuerst im Jahre 1983 am CERN im Proton-Antiproton-Speicherring unter der Leitung von Carlo Rubbia. Man fand die Teilchen genau bei denjenigen Massenwerten, welche die Theoretiker schon einige Jahre zuvor berechnet hatten. Man musste aber erst eine völlig neue Beschleunigungstechnik entwickeln, um die Protonen und die Antiprotonen auf solch hohe Energien zu beschleunigen. Diese Beschleunigung der Protonen- beziehungsweise der Antiprotonenstrahlen und ihre extreme Fokussierung trägt den Namen Stochastic Cooling. Entwickelt wurde diese Technologie von Simon van der Meer. Sowohl Rubbia als auch van der Meer erhielten schon kurz nach ihren Entdeckungen im Jahr 1984 den Nobelpreis für Physik.

Drei Physiker und ein Higgs-Teilchen Wie kommen die Massen der W^+-, W^-- und das Z^0-Teilchen zustande? Die Lösung dieses Problems ist eine der größten Herausforderungen in der Elementarteilchenphysik. Die drei theoretischen Physiker Robert Brout, François Englert und Peter Higgs haben dafür ein raffiniertes Modell entwickelt, das auch gleichzeitig die Massen der Quarks und Leptonen erklären kann. Ihr Modell sagt ein neues und bislang nur hypothetisches Teilchen voraus, das nach Peter Higgs ganz lapidar als Higgs-Teilchen bezeichnet wird. Das Modell von Peter Higgs und den beiden anderen Forschern ist theoretisch jedoch so überzeugend, dass nur wenige Physiker ernstlich an der Existenz des Higgs-Teilchens zweifeln. Aber gesehen hat das Higgs-Teilchen trotz intensiver Suche an den Beschleunigern noch niemand! Denn die Theorie sagt zwar die Existenz dieses Teilchens voraus, aber leider nicht seine Masse. Das macht die Suche nach ihm so ungemein schwierig.

LHC und die Suche nach dem Higgs Im Jahre 2009 ging nach fünfzehnjähriger Bau- und Entwicklungsarbeit und einer ernsten Panne im Jahr zuvor der Large Hadron Collider (LHC) am CERN endlich in Betrieb. Der LHC ist der größte bis jetzt gebaute Beschleunigerring. In einem Tunnel von ca. 27 Kilometer Länge werden zwei gegenläufige Protonenstrahlen fast auf Lichtgeschwindigkeit beschleunigt. Beide Strahlen treffen in vier verschiedenen Wechselwirkungspunkten mit großer Wucht und Energie aufeinander. Man hofft, die Protonen so stark zu beschleunigen, dass sie mit einer gemeinsamen Schwerpunktsenergie von 14 TeV aufeinandertreffen. An den Punkten, an denen die Protonen aufeinandertreffen und durch ihre Kollision massive Teilchen erzeugen können, sind riesige Teilchendetektoren, wie der ATLAS- und der CMS-(Compact Muon Solenoid-)Detektor aufgestellt, um die Bruchstücke der Kollisionen nachzuweisen. Meistens enthalten diese Bruchstücke lediglich bekannte Teilchen wie Mesonen oder Leptonen; in einzelnen und seltenen Fällen könnten die Bruchstücke aber auch neue, bislang nicht bekannte Teilchen enthalten. Es wird die höchste Kunst der Experimentalphysiker erfordern, aus der Unmenge der Stoßprozesse und der Ereignisse am LHC genau diejenigen zu finden, die neue Teilchen enthalten. Nur zum Vergleich sei erwähnt, dass die Menge der Daten und die Fül-

16 Schematische Abbildung des 27 Kilometer langen LHC-Teilchenbeschleunigers am CERN in der Nähe von Genf. In der Strahlröhre des LHC verlaufen zwei hochenergetische Protonenstrahlen in gegenläufigen Richtungen, die durch supraleitende Magnete auf ihrer Kreisbahn gehalten werden, sich in bestimmten Kollisionspunkten treffen und dort möglicherweise neue massereiche Teilchen, wie das Higgs-Teilchen, supersymmetrische Teilchen (Dunkle Materie), Stringteilchen oder sogar Mini-Schwarze-Löcher erzeugen können.
Die zweite Abbildung zeigt den riesigen ATLAS-Detektor am LHC (A large Toroidal LHC ApparatuS), der ungefähr 45 Meter lang und 25 Meter hoch ist und ca. 7000 Tonnen wiegt. ATLAS ist das größte Experiment in der Teilchenphysik, das jemals in Betrieb genommen wurde. Hier kann man die Teilchenbahnen der Teilchen beobachten, die aus der Kollision der beiden hochenergetischen Protonenstrahlen entstehen, indem man sie durch sehr große Magnetfelder lenkt und die Teilchenbahnen in verschiedenen Bereichen elektronisch nachweist. Dabei entstehen so viele Teilchensignale, dass sie ca. 100 000 CDs pro Sekunde füllen. In den bis zu 1000 Millionen Kollisionen pro Sekunde gibt es allerdings nur sehr wenige Ereignisse, die möglicherweise neue Teilchen beinhalten.

le der Ereignisse, die sich in den Detektoren des LHC jede Sekunde ereignen und auf riesigen, überall auf der Erde verteilten Computernetzwerken gespeichert werden müssen, sogar den Datenverkehr im weltweiten Telefonnetz übertrifft. In der

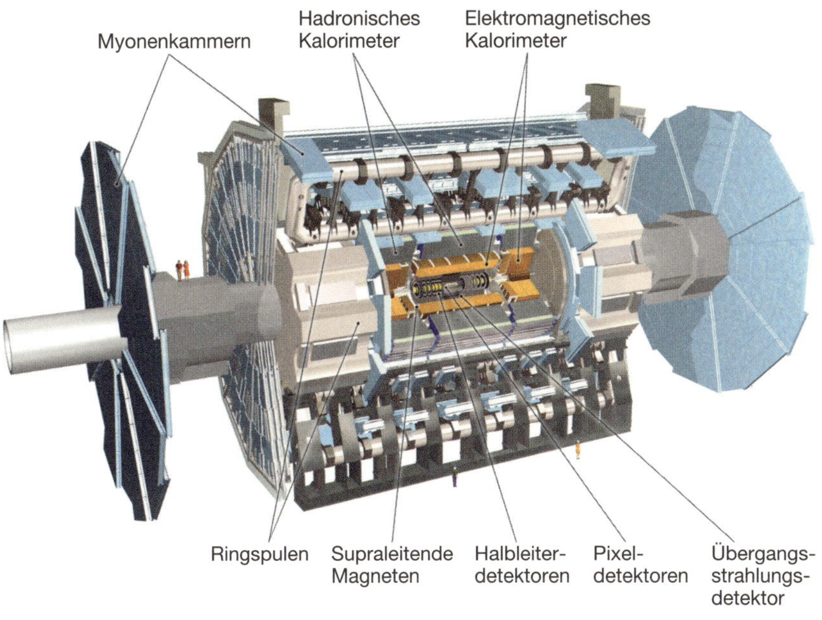

Öffentlichkeit haben sich auch schon einige Gegner des LHC zu Wort gemeldet. Nicht nur wegen der beträchtlichen Baukosten des gigantischen Projekts – diese belaufen sich auf ca. 3 Milliarden Euro, die von den 20 Mitgliedsstaaten sowie sechs weiteren Staaten bezahlt werden müssen –, sondern auch wegen vermeintlicher Gefahren für die Menschheit, die vom LHC ausgingen. Die Gegner befürchten insbesondere, dass am LHC massive Schwarze Löcher erzeugt werden, die binnen kurzer Zeit die Erde zerstören könnten. Deswegen reichte eine Gruppe von Personen sogar Klage beim Europäischen Gerichtshof für Menschenrechte ein. Unter extremen Voraussetzungen könnten Schwarze Löcher in der Tat am LHC hergestellt werden. Wir werden darauf noch genauer im achten Kapitel des Buches eingehen. Die Leser mögen aber schon jetzt beruhigt sein: Die möglichen Schwarzen Löcher am CERN in Genf stellen keinerlei Bedrohung für die Menschheit dar. Das ist durch zahlreiche Studien kompetenter Wissenschaftler zweifelsfrei bewiesen worden. Schwarze Löcher werden, sofern es sie am CERN gibt, genauso schnell wieder zerfallen, wie sie durch die Protonenstrahlen erzeugt wurden. Die Ängste der Gegner des LHC beruhen sicher auf der Unkenntnis der relevanten Physik, haben aber eventuell ihre Ursache auch in einer generell skeptischen Einstellung gegenüber den Naturwissenschaften.

Für die meisten Physiker ist die Sache hingegen klar und eindeutig: Vom LHC erwartet man Entdeckungen und den Nachweis neuer Teilchen, wodurch unser physikalisches Weltbild und das Verständnis der Kräfte in der Natur weiter wachsen würden. Das LHC wird uns auch einen weiteren Einblick in die Physik des frühen Universums ermöglichen, denn am LHC werden die Teilchen auf so hohe Energien beschleunigt, wie sie kurz nach dem Urknall im Universum vorhanden waren. Vordringlich am LHC sind sicherlich die Suche nach dem Higgs-Teilchen und ein besseres Verständnis darüber, wie die Masse der Elementarteilchen erzeugt wird. Aber auch andere neue Teilchen, die von den Theoretikern vorgeschlagen wurden, sind ins Visier der Experimentalphysiker gerückt. Ganz oben auf der Wunschliste der Theoretiker stehen die supersymmetrischen Teilchen. Über die Supersymmetrie werden wir bald noch mehr berichten. Sogar die Entdeckung von Strings ist am LHC – obgleich sehr unwahrscheinlich – nicht vollständig ausgeschlossen.

Symmetriebrechung und die Energie des Vakuums Wie kommt es, dass das Higgs-Teilchen für die Masse der Ws, des Z sowie der Quarks und Leptonen verantwortlich gemacht werden kann? Um diesen theoretischen und sicherlich auch nicht sehr anschaulichen Prozess auch nur ansatzweise verstehen zu können, muss man wissen, dass das Higgs-Teilchen ein ganz besonderes Teilchen ist: Es trägt keinen Spin. Sein Eigendrehimpuls ist null. Man nennt solch ein Teilchen auch skalares Teilchen. Es ist vollkommen unempfindlich unter Drehungen im Raum. Deswegen kann es auch passieren, dass dieses Teilchen spontan aus dem Nichts, das heißt aus dem Vakuum, entstehen kann. Ebenso spontan kann es wieder im Nichts verschwinden, also gleichermaßen vom Vakuum wieder verschluckt werden. Bei diesem Prozess kann das Higgs-Teilchen Energie aus dem Vakuum heraussaugen. Da das Higgs-Teilchen zudem noch mit den Ws, den Zs und mit den Quarks und den Leptonen in dauernder Wechselwirkung steht, gibt das Higgs-Teilchen die Energie, die es dem Vakuum entnommen hat, an diese anderen Teilchen in Form ihrer Masse wieder ab. Man kann diese Massenerzeugung der Teilchen durch das Higgs-Teilchen auch so verstehen, dass sie durch die Wechselwirkung mit dem Higgs-Teilchen im Vakuum fast wie in einem zähen Kuchenteig so weit abgebremst werden, dass sie sich nicht mehr mit Lichtgeschwindigkeit fortbewegen können, also Masse besitzen. Denn masselose Teilchen, wie zum Beispiel die Photonen, bewegen sich laut Einsteins Relativitätstheorie immer mit Lichtgeschwindigkeit, während sich massebehaftete Teilchen immer langsamer als mit Lichtgeschwindigkeit fortbewegen.

Das Higgs-Teilchen kann einer skalaren Feldgröße zugeordnet werden, die nicht verschwindet, sondern im Grundzustand der Theorie einen bestimmten Wert – genannt Vakuumerwartungswert – annimmt. Der Vakuumerwartungswert des Higgs-Feldes kann durchaus mit einem allgegenwärtigen Äther verglichen werden, also mit einer Feldgröße, die überall im ganzen Raum vorhanden ist. Das Higgs-Teilchen erzeugt also durch seinen Vakuumerwartungswert die Massen der anderen Elementarteilchen. Nur an die Photonen und an die Gluonen kann das Higgs-Teilchen nicht koppeln. Deswegen bleiben auch die Photonen und die Gluonen vom Vakuumerwartungswert des Higgs-Teilchens verschont und bleiben masselos.

Obgleich das Higgs-Teilchen keinen räumlichen Spin besitzt, tritt es doch wie die Quarks und Leptonen als Dublett im Isospin-Raum der schwachen Wechselwirkung auf. Allerdings nimmt nur eine Isospin-Komponente des Higgs-Feldes einen Vakuumerwartungswert an. Die Theorie verhält sich also nicht mehr symmetrisch unter SU(2)-Rotationen im Isospin-Raum. Der Vakuumerwartungswert des Higgs-Feldes gibt eine bevorzugte Richtung im Isospin-Raum vor. Man sagt deshalb auch, die SU(2)-Eichsymmetrie ist durch das Higgs-Feld spontan gebrochen. Interessanterweise verbietet die mathematische Struktur der SU(2)-Eichsymmetrie die Massen der Elementarteilchen im Standardmodell. Erst wenn diese Symmetrie durch das Higgs-Feld gebrochen wird, kann man im Standardmodell die Teilchenmassen mathematisch exakt formulieren. Dieser Symmetriebrechungsvorgang lässt sich sehr gut mit der Magnetisierung eines Stücks Eisen vergleichen. Setzt man dieses in zuerst noch nicht magnetischem Zustand einem Magnetfeld aus, so wird das Eisen durch die Ausrichtung der vielen kleinen Stabmagnete in seinem Inneren selbst magnetisch. Diese spontane Magnetisierung bewirkt, dass durch die Richtung des Magnetfeldes eine ganz bestimmte Raumrichtung, zum Beispiel die z-Richtung in einem Koordinatensystem, gegenüber den anderen Raumrichtungen ausgezeichnet ist. Die räumliche Symmetrie unter Drehungen im Raum ist spontan gebrochen. Dies geschieht analog zur Brechung der Isospin-Symmetrie durch das Higgs-Teilchen. Durch seine Magnetisierung nimmt das Stück Eisen darüber hinaus auch noch ein bestimmtes Maß an Energie auf. Dies entspricht genau der Vakuumenergie des Higgs-Teilchens und letztlich den Massen der Elementarteilchen.

Die Struktur des Standardmodells: einfach oder kompliziert? Wir sind nun am Tellerrand dessen angelangt, was wir in der Elementarteilchenphysik bis zum heutigen Zeitpunkt an theoretisch und auch experimentell gesichertem Wissen erworben haben: Das Standardmodell der Elementarteilchen (siehe Abb. 15) besteht aus punktförmigen Materieteilchen mit Spin 1/2, und zwar aus den sechs Quarks – beziehungsweise aus 18 Quarks, wenn man die Farbladung mitzählt – sowie aus 6 Leptonen plus ihren jeweiligen Antiteilchen. Die Materieteilchen wechselwirken mit 12 verschiedenen Kraftteilchen, die Spin 1 besitzen, nämlich mit dem Photon, den 8 Gluonen und den drei massiven schwachen Eichbosonen. Diese Kraftteilchen besitzen keine Antiteilchen, sie sind gleichermaßen ihre eigenen Antiteilchen. Schließlich vermutet man die Existenz eines Spin-0-Higgs-Teilchens, welches für die Masse der anderen Teilchen verantwortlich ist. Mathematisch wird das Ganze durch eine Eichtheorie erklärt, welche die Rotationen in einem abstrakten Raum beschreibt. Das heißt, die Quarks, Leptonen und die Krafteilchen leben einerseits in der vierdimensionalen Raum-Zeit, darüber hinaus sind sie auch noch Elemente in dem inneren Raum, der durch die Quantenzahlen wie Farbe und Isospin aufgespannt wird. Wir benutzen zur Beschreibung des inneren Raums die Sprache der Gruppentheorie. Die Eichtheorie des Standardmodells wird durch folgende Eichgruppe beschrieben:

$$SU(3) \times SU(2) \times U(1)$$

In dieser komprimierten Schreibweise steht SU(3) für die starke Wechselwirkung, SU(2) ist die Abkürzung für die schwache Wechselwirkung, und U(1) beschreibt im Wesentlichen den Elektromagnetismus.[24]

Ist diese Struktur nun einfach oder eher kompliziert? Ich denke, Letzteres ist der Fall. Warum beobachten wir genau diese drei Kräfte in der Natur? Warum gerade dieser innere Raum? Warum genau drei Farben der Quarks? Warum zwei Isospin-Komponenten? Dieser Fragenkatalog lässt sich noch weiter ausbauen. Die genaue Antwort auf diese wichtigen Fragen ist bis heute unbekannt.

Die Große Vereinigung Die theoretischen Physiker fragen sich schon seit einiger Zeit, ob es nicht eine gemeinsame Kraft gibt, die alle Materieteilchen und alle Eichteilchen zusammenfasst. Insbesondere möchte man die inneren Quantenzahlen und die inneren Symmetrien nicht durch drei verschiedene gruppentheoretische Räume beschreiben, sondern nur durch einen Raum. Solche Theorien sind der Gegenstand vieler theoretischer Publikationen und werden vereinheitlichende Theorien oder im Englischen Grand Unified Theories (GUT) genannt. Schon im Jahre 1974 haben Howard Georgi und Sheldon Glashow einen Vorschlag für ein GUT-Modell gemacht, der immer noch sehr aktuell ist: Bei der Betrachtung der Quantenzahlen der Quarks und der Leptonen fiel es Georgi und Glashow auf, dass man die drei Farbquantenzahlen (rot, grün und blau) und die zwei Isospin-Quantenzahlen ($I = 1/2$ und $I = -1/2$) sehr schön in einem gemeinsamen inneren Raum zusammenfassen kann. Dieser größere innere Raum, der die drei Farben und die zwei Isospins auf eine gemeinsame Stufe stellt, ist fünfdimensional. Die dazugehörigen Rotationen werden durch die Eichgruppe SU(5) mathematisch beschrieben und insbesondere Quarks und Leptonen zu einem Objekt vereinigt. Die Unterschiede zwischen den Quarks und den Leptonen verschwinden dann, sie sind nur verschiedene Erscheinungsformen ein und desselben Objektes. So bilden die drei farbigen d-Quarks zusammen mit dem Positron/Neutrino-Isospin-Dublett ein fünfkomponentiges Objekt, das man als Punkt in dem fünfdimensionalen inneren Raum darstellen kann. Man beachte, dass die Summe der elektrischen Ladungen der fünf einzelnen Komponenten genau null ergibt: $3 \times (-1/3) + 1 = 0$. Ähnliche Überlegungen treffen auch für die anderen Quarks und Leptonen zu. Dies ist kein Zufall, sondern lässt sich durch die mathematischen Eigenschaften der Gruppe SU(5) erklären. Wir würden hier also zum ersten Mal verstehen, warum die Quarks drittelzahlige Ladungen besitzen.

Quarks und Leptonen verschmelzen Durch Rotationen in diesem fünfdimensionalen Raum können Quarks in Leptonen übergeführt werden. Diese Umwandlung eines Quarks in ein Lepton (oder umgekehrt) wird durch neue Eichteilchen ermöglicht, welche die Drehungen in dem fünfdimensionalen Raum kompensieren. Es gibt, genauer gesagt, 24 Kraftteilchen in der SU(5)-GUT-Theorie. Zwölf von ihnen entsprechen genau den bekannten Kraftteilchen des Standardmodells. Die restlichen zwölf, genannt X- und Y-Bosonen, sind diejenigen Teilchen, die ein Quark in ein Lepton umwandeln und auch zwei Quarks vernichten können. Zum Beispiel wird folgender Umwandlungsprozess durch die Y-Bosonen ermöglicht:

$$\mathrm{u} + \mathrm{d} \rightarrow \mathrm{Y} \rightarrow \mathrm{e}^+ + \text{Anti-u}$$

Protonen zerfallen Diese Umwandlungsmöglichkeit von zwei Quarks in ein Lepton plus ein Antiquark zieht einen dramatischen physikalischen Effekt nach sich: Das Proton ist nicht mehr stabil, sondern kann in Positronen und Mesonen zerfallen. Kommen sich zum Beispiel ein u-Quark und ein d-Quark im Proton sehr nahe, dann könnte das sehr fatale Auswirkungen haben. Denn die beiden Quarks könnten sich in ein Y-Boson verwandeln, welches nach kürzester Zeit in ein Positron und in ein Anti-up-Quark zerstrahlt. Also ist im SU(5)-GUT-Modell folgender Zerfall möglich:

$$\mathrm{p}^+ \rightarrow \mathrm{e}^+ + \pi^0$$

Andererseits wissen wir, dass das Proton sehr stabil sein muss; wäre dies nicht so, dann gäbe es keine stabilen Atome im Universum. Der Zerfall eines Protons kann allenfalls ein extrem seltenes Ereignis sein. Dennoch begannen die Physiker schon kurz nach der ersten Veröffentlichung von Georgie und Glashow fieberhaft nach dem Protonenzerfall zu suchen. Da diese Ereignisse so äußerst rar sind, benötigt man zu ihrem Nachweis eine große Menge an Protonen. Wäre zum Beispiel die Halbwertszeit des Protons 10^{35} Jahre, dann benötigten wir ungefähr 10^{35} Protonen, damit statistisch gesehen eines davon zerfiele. Also baute man am Super-Kamiokande-Experiment in Japan einen riesigen Wassertank reinsten Wassers unter der Erde auf. Würde sich dort ein Proton in ein Positron und ein π-Meson umwandeln, dann erzeugten die

Zerfallsprodukte einen kurzen Lichtblitz im Wassertank. Man plante, diesen Blitz mit Hilfe von 11 200 Photomultipliern, die man um den Wassertank herum positioniert hatte, nachweisen zu können. Aber jegliche Suche nach dem Zerfall des Protons war bislang vergeblich. Kein einziges zerfallendes Proton konnte bei den in Japan durchgeführten oder in anderen Experimenten nachgewiesen werden. Deswegen wissen wir heute, dass die Halbwertszeit des Protons größer als 10^{35} Jahre sein muss. Diese Zeitspanne ist um ein Vielfaches größer als das derzeitige Alter des Universums!

Neue sehr hohe Energien Haben also die Theoretiker diesmal nicht recht gehabt? Ist mit dem nicht geglückten Nachweis eines zerfallenden Protons die Idee der Großen Vereinigung wieder gestorben? Die Antwort des Theoretikers ist: «Das muss nicht unbedingt so sein!» Die Experimente zum Protonenzerfall bedeuten lediglich, dass die neuen X- und Y-Kraftteilchen eine sehr große Masse besitzen müssen. Unter dieser Voraussetzung ereignet sich der Protonenzerfall nur sehr selten. Genaue Berechnungen ergeben, dass diese Teilchen schwerer als ungefähr 10^{16} GeV/c^2 sein müssen. Das ist eine Masse beziehungsweise eine Energie, die man in noch keinem Beschleuniger auf der Erde erreicht hat und auch in der Zukunft kaum erreichen wird. Es entspricht ungefähr 10^{16} Protonenmassen, also etwa 10^{-9} g Materie – ungefähr der Masse eines Bakteriums. Die einzige Möglichkeit, die Theorie dennoch zu bestätigen, besteht in noch genaueren Messungen zum Protonenzerfall. Daran wird gearbeitet, aber es wird noch eine Zeit dauern, bis man auf neue experimentelle Ergebnisse hoffen kann.

Laufende Kopplungen und Vereinigung der Kräfte Die Idee der Vereinigung der drei Kräfte führt zu einem weiteren Problem. Falls wirklich die starke, die schwache und die elektromagnetische Wechselwirkung einen gemeinsamen Ursprung besitzen, dann müssten eigentlich alle drei Kräfte mit der gleichen Stärke wirken! Wir wissen, dass dies in der Natur keineswegs der Fall ist! Dies zeigt sich insbesondere darin, dass die Sommerfeld'sche Feinstrukturkonstante α sehr viel kleiner ist als ihr Pendant α_s der starken

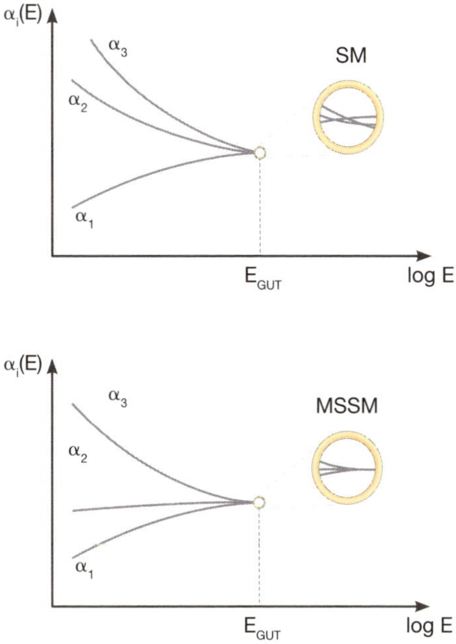

17 Die drei Kopplungskonstanten α_1 der elektromagnetischen Wechselwirkung, α_2 der schwachen Wechselwirkung und α_3 der starken Wechselwirkung ändern ihre jeweiligen Werte, wenn man sie bei verschiedenen Energien berechnet. Der Verlauf der drei Kopplungskonstanten ist hier auf einer logarithmischen Energieskala aufgetragen, wobei sich die Kopplungskonstanten bei einer bestimmten Energie, genannt E_{GUT}, anscheinend treffen. Genaue theoretische Berechnungen und genaue Messungen am LEP haben allerdings ergeben, dass sich die drei Kopplungskonstanten im Standardmodell nicht in einem Punkt treffen (oben). Hier ist also anscheinend keine Vereinigung der Kopplungskonstanten möglich. In der supersymmetrischen Erweiterung des Standardmodells (MSSM) würde der energetische Verlauf der Kopplungskonstanten hingegen durch die supersymmetrischen Teilchen so abgeändert werden, dass sich die drei Kopplungskonstanten tatsächlich in einem Punkt treffen (unten) und ab dann gemeinsam in einer einzigen Kopplungskonstante weiterlaufen können. Dieses Verhalten der Großen Vereinigung wird von vielen Physikern als ein starkes, indirektes Indiz für Supersymmetrie angenommen.

Wechselwirkung. Nehmen wir noch die Kopplungskonstante der schwachen Wechselwirkung, genannt α_W, hinzu, so liegt ihr gemessener Wert irgendwo zwischen α und α_S. Kurz und gut, wir haben es also mit drei Kräften ganz unterschiedlicher Stärke zu tun. Das passt anscheinend gar nicht mit der GUT-Idee zusammen. Diesem Rätsel widmeten sich Howard Georgi, Helen Quinn und Steven Weinberg im Jahre 1974. Sie erinnerten sich an die Energieabhängigkeit der elektromagnetischen Kopplungskonstante und an die asymptotische Freiheit in der QCD: Die starke Kopplungskonstante nimmt zu hohen Energien hin ab, während die elektromagnetische Kraft mit der Energie zunimmt. Es muss also genau einen Punkt geben, an dem beide Kräfte gleich stark werden. Führt man, wie Georgi, Quinn und Weinberg, die entsprechende Rechnung durch, dann sieht man, dass dies bei einer Energie von etwa 10^{15} GeV bis 10^{16} GeV stattfindet. Jetzt muss man noch die schwache Kopplungskonstante α_W

betrachten und prüfen, ob auch sie bei dieser Energie den gleichen Wert wie α und α_s annimmt. Und fast wie ein Wunder fügte sich das Bild für Georgi, Quinn und Weinberg perfekt zusammen: Alle drei Kopplungskonstanten treffen sich in ihrer Rechnung an einem Punkt, nämlich bei einer Energie von ca. 10^{15} GeV. Wir haben diesen Sachverhalt im Diagramm auf Seite 123 schematisch zusammengefasst.

Viele Physiker sind davon überzeugt, dass dies kein Zufall sein kann. Bei hohen Energien werden alle drei mikroskopischen Kräfte zu einer einzigen Kraft vereinigt. Bei niedrigen Energien hingegen wird die SU(5)-Symmetrie durch ein neues skalares Teilchen gebrochen. Durch diesen Symmetriebrechungsprozess erhalten die X- und Y-Teilchen ihre hohe Masse. Zudem vollzieht sich die Vereinigung der drei Kräfte anscheinend genau bei den Energien, die mit den Grenzen an die X- und Y-Bosonen durch den Protonenzerfall übereinstimmen. Erst bei diesen hohen Energien verschwimmen die Unterschiede zwischen den Quarks und den Leptonen. Das theoretische Bild ist also ganz analog zum Standardmodell mit seiner Massenerzeugung für die schwachen Eichbosonen: Die Masse der neuen Eichteilchen kommt wiederum aus dem Vakuum, nur dass die Energie des Vakuums anscheinend viel höher ist als im Standardmodell ursprünglich angenommen.

Die GUT-Idee wurde von den meisten Teilchenphysikern mit großer Begeisterung aufgenommen. Man sah auch, dass sich nicht nur die Gruppe SU(5) sehr gut zur Vereinigung der Teilchen und der Kräfte des Standardmodells eignete, sondern auch größere Gruppen, insbesondere die Gruppe SO(10) oder die exzeptionelle Gruppe E_6, sehr gut in dieses Schema passten. Hier bewegen sich die Teilchen in einem noch größeren inneren Raum, der im Falle der Gruppe SO(10) zehndimensional ist. Die Gruppe E_6 ist noch komplizierter, und wir werden uns im Rahmen der Stringtheorie noch ausführlicher über die exzeptionellen Gruppen unterhalten.

Das Hierarchieproblem Aber wie so oft in der Wissenschaft – der Teufel steckt meist im Detail! Hat man vermeintlich ein Problem gelöst, bekommt man als Geschenk dafür einen Strauß neuer Probleme. Das erste Problem war eines, das ursprünglich nur die Theoretiker beschäftigte, es war das Problem großer Zahlen in der Physik. Dem einen oder anderen Leser ist es vielleicht schon aufgefallen: Die Energie, bei der sich die Kopplungskonstanten vereinigen, ist um ein Vielfaches höher als der typische Energiebereich, in dem die Teilchen des Standardmodells liegen. Nehmen wir die X- und B-Bosonen mit ihrer Masse von ca. 10^{16} GeV/c^2 und vergleichen diese mit der Masse der schwachen Eichbosonen von ca. 100 GeV/c^2, so ergibt sich ein Größenverhältnis von 10^{14}. Die GUT-Energieskala liegt sogar schon verdächtig nahe an der Planck'schen Masse von 10^{19} GeV/c^2, sodass man sich auch fragen kann, warum die Energieskala des Standardmodells um so viele Größenordnungen kleiner als die Planck'sche Masse ist. Man bezeichnet dieses Problem auch als das Hierarchieproblem in der Teilchenphysik. Um dieses Problem der unterschiedlichen Energieskalen angemessen zu würdigen, muss man zuerst zur Kenntnis nehmen, dass große Massenunterschiede in der Physik a priori kein Problem darstellen. Ein Elefant ist auch um ein Vielfaches schwerer als ein Proton, aber niemand macht sich deswegen große Sorgen. Denn der Massenunterschied zwischen Elefant und Proton lässt sich sehr einfach daraus erklären, dass ein Elefant aus sehr vielen Protonen besteht. Jedoch handelt es sich bei dem riesigen Energieunterschied zwischen der Standardmodell-Energieskala und der GUT-Energieskala nicht nur um ein Problem von großen Zahlen, sondern auch gleichzeitig um die tiefer gehende und grundsätzlichere Frage nach der Stabilität der Standardmodell-Energieskala. Das Higgs-Teilchen des Standardmodells ist nämlich durch Quanteneffekte an die hohe Energieskala gekoppelt. Wie die anderen Teilchen ist auch das Higgs-Teilchen von einer Wolke virtueller Teilchen und Antiteilchen umgeben. Aber anders als bei den Fermionen, also bei den Quarks und Leptonen, hat die virtuelle Teilchenwolke des Higgs-Bosons einen dramatischen Effekt: Sie verleiht dem Higgs-Teilchen eine sehr große Masse, die normalerweise im Bereich der GUT-Energie oder auch der Planck'schen Masse liegt. Das liegt daran, dass das Higgs-Teilchen Spin 0 besitzt und deswegen sehr anfällig gegenüber der großen Massenkorrektur durch die virtuellen Teilchen ist. Die Fermionen verhalten sich in dieser Beziehung sehr viel robuster. Ihre Masse ist sehr unempfindlich gegenüber Quantenkorrekturen und deswegen von diesem Effekt nicht betroffen. Ein Higgs-Teilchen mit einer Masse von 10^{16} GeV/c^2 oder sogar 10^{19} GeV/c^2 hat aber im Standardmodell nichts mehr zu suchen, denn es kann seine Aufgabe, die SU(2)-Isospin-Symmetrie zu brechen und die Masse der schwachen Eichteilchen zu erzeugen, nicht mehr erfüllen. Dafür dürfte die Masse des Higgs-Teilchens höchstens einige hundert GeV/c^2, maximal ein paar tausend GeV/c^2 betragen, das heißt maximal einige TeV/c^2. Die einzige Möglichkeit, diese Katastrophe zu vermeiden, bestand darin, die Kopplung des Higgs-Teilchens an die schweren GUT-Teilchen so genau einzustellen, dass seine Masse klein blieb. Dies bedarf einer Feineinstellung mit einer Genauigkeit von mindestens eins in 10^{14} beziehungsweise von eins in 10^{17}, wenn man die Planck'sche Masse zugrunde legt. Vergleichsweise würde dies bedeuten, einer mit 10^{14} beziehungsweise 10^{17} Kugeln gefüllten Lostrommel genau eine bestimmte Kugel zu entnehmen. Dies ist extrem unwahrscheinlich oder, wie der Physiker sagt, sehr unnatürlich.

Die Vereinigung der Kopplungskonstanten am LEP Die beiden nächsten Probleme sind mehr experimenteller Natur. Im Jahre 1991 begann eine Gruppe Experimentalphysiker um den Karlsruher Physiker Wim de Boer, die am Elektron-Positron-Collider LEP am CERN gewonnenen Daten nochmals zu analysieren. Die Wissenschaftler waren besonders an der präzisen Ermittlung der Werte der drei Kopplungskonstanten des Standardmodells interessiert und an der Frage, ob diese sich wirklich in einem Punkt bei 10^{15} GeV/c^2 bis 10^{16} GeV/c^2 treffen. Das Resultat ihrer Analyse war erst einmal sehr ernüchternd: Die drei Kopplungskonstanten verfehlen sich tatsächlich um einen kleinen, aber doch signifikanten Betrag. Bedeutete dies, dass die Vereinigung der drei Naturkräfte des Standardmodells doch nicht funktioniert? Wim de Boer und seine Kollegen waren nicht bereit, ihre Datenanalyse damit abzuschließen. Neben dem Standardmodell untersuchten sie auch noch eine etwas andere Variante des Standardmodells, nämlich seine supersymmetrische Erweiterung. Und tatsächlich trafen sich in der supersymmetrischen Erweiterung die drei Kopplungskonstanten im Rahmen der Messgenauigkeit bei LEP genau wieder in einem Punkt. Man kann sich gut vorstellen, wie groß die Erleichterung der GUT-Anhänger über dieses Ergebnis war.

Mehr als nur das Standardmodell: Dunkle Materie Vermutlich handelt es sich bei dem letzten der drei Probleme des Standardmodells zugleich um sein gravierendstes: das Rätsel der Dunklen Materie. Wir werden es im übernächsten Kapitel genauer behandeln. An dieser Stelle wollen wir nur schon so viel vorwegnehmen, dass die sichtbare Materie, die wir im Standardmodell kennengelernt haben, bei Weitem nicht die gesamte Materie im Universum ausmachen kann. Es muss vielmehr im Universum Teilchen geben, die für uns nicht sichtbar sind. Diese Teilchen können kein Licht aussenden, tragen also keine elektrische Ladung, sie senden auch keine Gluonen aus, tragen also auch keine Farbladung, und sie können auch nicht mit den schwachen Eichteilchen wechselwirken, sind also auch blind gegenüber der schwachen Wechselwirkung. Die einzige Möglichkeit, mit der wir mit der Dunklen Materie in Kontakt treten können, ist die Gravitationskraft, denn die Dunklen Teilchen tragen eine nicht verschwindende, im Moment noch unbekannte Masse. Dunkle Materie wird also gravitativ von der sichtbaren Materie angezogen, und umgekehrt. Hochsensible Detektoren, die auch auf die extrem schwache Gravitationswechselwirkung reagieren, könnten die Dunkle Materie sichtbar machen. Auf jeden Fall sind wir uns heute sicher, dass es neben den Teilchen des Standardmodells noch weitere im Universum geben muss, deren Eigenschaften jedoch noch unbekannt sind.

Supersymmetrie als Allheilmittel Wir können an dieser Stelle noch einmal kurz zusammenfassen: Die drei Probleme im Standardmodell, die wir eben besprochen haben, sind erstens das Hierarchieproblem, nämlich die Frage nach dem großen Unterschied in den Energieskalen, zweitens das Problem der Kopplungskonstantenvereinigung und drittens das Problem der Dunklen Materie. Möglicherweise lassen sich alle drei Probleme durch eine einzige Erweiterung des Standardmodells lösen. Der «Stein der Weisen» scheint hierbei die Supersymmetrie zu sein – oft mit SUSY abgekürzt. Sie ist eine neue mögliche Symmetrie in der Physik. SUSY wurde zuerst auf indirektem Weg durch den russischen Physiker Juri Golfand und seinen Studenten Evgeni Likhtman sowie, unabhängig von ihnen, durch die ukrainischen Physiker D. Volkov und W. Akulov eingeführt. Die Formulierung einer supersymmetrischen Quantenfeldtheorie mit wechselwirkenden Teilchen in vier Raum-Zeit-Dimensionen, so wie wir es in der Elementarteilchenphysik benötigen, gelang dann zwei Jahre später dem Österreicher Julius Wess zusammen mit dem Italiener Bruno Zumino. Die Supersymmetrie ist eine vollkommen neuartige Symmetrie in der Physik, die eine Beziehung zwischen Fermionen und Bosonen herstellt. Fermionen sind Elementarteilchen mit halbzahligem Eigendrehimpuls, also insbesondere alle Quarks und Leptonen mit Spin 1/2. Bosonen hingegen sind Teilchen mit ganzzahligem Spin, also alle Kraftteilchen mit Spin 1; auch das Higgs mit Spin 0 gehört zu der Gattung der Bosonen. Im Vergleich zueinander verhalten sich Fermionen und Bosonen ganz unterschiedlich: Bosonen lieben es, sich am gleichen Ort aufzuhalten und sich also in ein und demselben Zustand zu befinden. Die Fermionen haben dagegen sehr abstoßende Charaktereigenschaften. Das Pauli-Verbot verbietet zwei identischen Fermionen nämlich, sich genau am gleichen Ort zu gleicher Zeit aufzuhalten. Zwei identische Fermionen können nicht den gleichen Quantenzustand einnehmen. Da Fermionen mit Spin 1/2 zwei Ausrichtungsmöglichkeiten für ihren Eigendrehimpuls haben – der Spin kann entweder nach oben oder nach unten zeigen –, tragen zwei Fermionen, die sich nahe beieinander aufhalten, bevorzugt unterschiedlichen Spin. Genauso verhält es sich auch im Heliumatom mit seinen beiden Elektronen in der ersten Energieschale, die unterschiedlichen Spin besitzen. Wie kann es nun sein, dass man zwischen den Fermionen und den Bosonen – Teilchen mit solch unterschiedlichen Eigenschaften – eine Symmetrie herstellen kann? Wie von Julius Wess und Bruno Zumino herausgefunden wurde, lässt sich eine supersymmetrische Theorie dadurch bilden, dass zu jedem Fermion die Existenz genau eines bosonischen Partnerteilchens postuliert wird. Man stellt vor jedem Elementarteilchen gewissermaßen einen supersymmetrischen Spiegel auf, der bewirkt, dass zu jedem Teilchen ein supersymmetrisches Partnerteilchen mit genau den gleichen Eigenschaften, wie der elektrischen Ladung, der Farbquantenzahl und dem Isospin, existiert. Auch die Massen der supersymmetrischen Teilchen müssen gleich sein. Nur die Spins der supersymmetrischen Partnerteilchen unterscheiden sich gerade um eine halbe Einheit. Supersymmetrie ist also eine Symmetrietransformation zwischen Teilchen unterschiedlichen Spins. Da der Spin mit den räumlichen Dreheigenschaften der Teilchen verknüpft ist, wirken die Supersymmetrietransformationen in bestimmter Hinsicht auch in der Raum-Zeit. Die Supersymmetrie ist zwar keine Eichsymmetrie im herkömmlichen Sinn und auch keine normale räumliche Drehung, man kann sie aber fast als eine Zwittersymmetrie ansehen, angesiedelt zwischen Eichsymmetrien und räumlichen Symmetrien. Die Supersymmetrie agiert deswegen in einem ganz neuartigen mathematischen Raum, den man als Superraum bezeichnet.

Weiche Supersymmetrie Schauen wir uns nochmals das Teilchenspektrum im Standardmodell an. Können wir dort die vorhandenen Teilchen als «sich spiegelnde» Superpartner identifizieren? Das wäre sicherlich zu schön, um wahr zu sein! Und leider – die uns bekannten Fermionen und Bosonen im Standardmodell haben zu unterschiedliche Eigenschaften, als dass sie sich selbst Superpartner sein könnten. Die einzige Möglichkeit, die Supersymmetrie im Standardmodell zu realisieren, besteht in einer Erweiterung durch das Postulat eines neuen supersymmetrischen Partnerteilchens mit gleichen Eigenschaften zu jedem bekannten Elementarteilchen. Der supersymmetrische Spiegel erzeugt also einen ganzen Zoo von neuen Elementarteilchen mit ziemlich exotischen Namen. Der neue Partner des Elektrons wird als S-Elektron oder kurz nur als Selektron bezeichnet, und die neuen Partner der Quarks und Leptonen heißen Squarks beziehungsweise Sleptonen.

Squarks und Sleptonen besitzen Spin 0, da ihre supersymmetrischen Brüder und Schwestern Spin 1/2 haben. Genauso verhält es sich auch bei den Kraftteilchen: Der neue Partner des Photons heißt Photino, die Partner der acht Gluonen sind die Gluinos, und dann gibt es noch zwei Winos und ein Zino. Photino, Gluinos, Winos und Zino besitzen Spin 1/2. Wenn wir schließlich auch noch an das Higgs-Teilchen glauben, so muss es wegen der Supersymmetrie auch hier noch ein Partnerteilchen geben, nämlich das Higgsino.[25] In der supersymmetrischen Erweiterung des Standardmodells gibt es also doppelt so viele Elementarteilchen wie im Standardmodell. Das sieht auf den ersten Blick nicht attraktiv aus. Dazu kommt noch, dass bis jetzt die neuen supersymmetrischen Partnerteilchen bislang von niemandem gesehen wurden; kein Teilchenbeschleuniger hat je ein supersymmetrisches Teilchen nachweisen können. Deswegen müssen die supersymmetrischen Teilchen, wenn es sie überhaupt geben sollte, viel schwerer als ihre Geschwister im Standardmodell sein. Die Supersymmetrie kann also in der Natur gar nicht perfekt, sondern allenfalls partiell realisiert sein, was die Ladungen der Partnerteilchen, nicht jedoch ihre Massen betrifft. Die Supersymmetrie muss in der Natur ein wenig gebrochen sein, und zwar auf eine weiche Art.

Wie schafft es die Supersymmetrie, mit den Problemen fertig zu werden? Wir sehen, die Einführung der Supersymmetrie im Standardmodell erfordert doch einige Klimmzüge und lässt das ganze Modell noch komplizierter erscheinen, als es ohnehin schon ist. Warum also diese beträchtlichen Anstrengungen? Der Grund, weshalb viele Physiker auf die Supersymmetrie in der Teilchenphysik schwören, ist die feste Überzeugung, dass die Supersymmetrie alle drei oben diskutierten Probleme lösen kann. Auch die weich gebrochene Supersymmetrie behandelt die Bosonen genau wie die Fermionen. Das gilt insbesondere auch für das Higgs-Teilchen. Durch die supersymmetrische «Heirat» aller Teilchen wird dem Higgs-Teilchen mit Spin 0 ein ganz ähnlicher Schutzmantel übergezogen, den sonst nur die Fermionen besitzen: Es ist nicht mehr anfällig gegenüber einer großen Massenkorrektur durch virtuelle Teilchen. Damit wäre das Hierarchieproblem in der Teilchenphysik gelöst. Aber Supersymmetrie kann noch mehr. Den Einfluss der supersymmetrischen Teilchen beim Problem der Vereinigung der Kopplungskonstanten in den GUT-Theorien wollen wir als Nächstes betrachten. Die Superpartner wie Squarks, Sleptonen, Photinos, Gluinos, Winos, Zino und Higgsinos tragen als virtuelle Teilchen auch zur Abschirmung der elektrischen Ladung beziehungsweise zur Verstärkung der Farbladung bei. Daraus ergibt sich eine zusätzliche Verschiebung der Energieabhängigkeit aller drei Kopplungskonstanten des Standardmodells. Und in der Tat treffen die drei Kopplungskonstanten nach Berücksichtigung der Superpartner in einem Punkt zusammen, zumindest im Rahmen der heutzutage möglichen Messgenauigkeit. Die GUT-Idee ist also in Verbindung mit der Supersymmetrie wieder zum Leben erweckt worden. Wenden wir uns schließlich noch dem dritten Problem zu, nämlich der im Standardmodell nicht vorhandenen Dunklen Materie: Um nicht mit verschiedenen Experimenten in Widerspruch zu geraten, muss man annehmen, dass das leichteste aller supersymmetrischen Partnerteilchen (LSP) vollkommen stabil ist. Das LSP kann also nicht in normale Materie zerfallen. Da es elektrisch neutral ist und auch keine Farbe trägt – es wird deswegen auch oft als Neutralino bezeichnet und kann zum Beispiel der Partner des Photons oder auch des neutralen Higgs-Teilchens sein –, wechselwirkt es nur extrem schwach mit der sichtbaren Materie. In anderen Worten, das LSP ist ein hervorragender Kandidat für die Dunkle Materie.

Die Suche nach Supersymmetrie am LHC Diese schönen Eigenschaften der Supersymmetrie, sich als Lösungen des Hierarchieproblems, als Retter der GUT-Idee und LSP als Kandidat für Dunkle Materie anzubieten, sind die Gründe für die große Beliebtheit von SUSY. Deswegen wurden viele Experimentalphysiker von den Theoretikern davon überzeugt, dass es sich lohnt, nach SUSY zu suchen. Diese Suche ist heute eines der Hauptthemenfelder des LHC-Beschleunigers am CERN. Aus früheren Experimenten wissen wir, dass die elektrisch geladenen supersymmetrischen Teilchen schwerer als einige Hundert GeV/c^2 sein müssen. Andernfalls hätte man dort schon einige von ihnen gesehen. Um andererseits die drei beschriebenen Probleme lösen zu können, sollten sie nicht schwerer als einige tausend GeV/c^2, also einige TeV/c^2, sein. Dieser Energiebereich wird vom LHC in einigen Jahren erforscht sein. Die Entdeckung der Supersymmetrie wäre ein immenser Triumph für die theoretische Physik und ein wichtiger Schritt für unser Verständnis der Elementarteilchen.

Die wichtigsten offenen Fragen des Standardmodells Wir sind nun am Ende unserer Diskussion über die Elementarteilchenphysik angelangt. Wir haben gesehen, dass das Standardmodell, das auf punktförmigen Elementarteilchen beruht, immer noch ein recht kompliziertes Modell darstellt. Es wird sicherlich nicht das Ende aller Bemühungen zur Beschreibung der Materie und der mikroskopischen Kräfte in der Natur sein. Wir befinden uns bei der Suche nach einer endgültigen Theorie noch im Dickicht vieler unverstandener Probleme und wichtiger offener Fragen, auf die das Standardmodell keine Antworten liefert, ja auch gar keine Antworten liefern kann. Die Anstrengungen der Zukunft richten sich insbesondere auf folgende Fragen:

- Warum nehmen die Parameter des Standardmodells wie die Massen der Teilchen oder die Werte der drei Kopplungskonstanten gerade die gemessenen Werte an? Lassen sich diese Eigenschaften aus einer übergeordneten Theorie herleiten, oder sind sie rein zufälliger Natur? Oder ist gar das anthropische Prinzip die einzig mögliche Erklärung? Zeigen die gemessenen Parameter und Naturkonstanten eine zeitliche Abhängigkeit, oder variieren sie in anderen Bereichen des Universums?
- Warum gibt es anscheinend genau drei verschiedene Kräfte im Standardmodell und warum genau drei Familien von Quarks und Leptonen? Besteht vielleicht sogar ein Zusammenhang zwischen diesen beiden «Dreifaltigkeiten» in der Natur?
- Sind die GUT-Theorien der erste richtige Schritt in Richtung einer übergeordneten Theorie?
- Woraus besteht die Dunkle Materie?

- Was ist die Lösung des Hierarchieproblems? Deutet dieses auf ein noch tieferes konzeptionelles Problem in der Physik hin, oder ist es eher zufälliger Natur? Ist das anthropische Prinzip auch hier die einzig mögliche Antwort?
- Ist die Supersymmetrie eine gute Antwort auf das Hierarchieproblem und das Problem der Dunklen Materie?
- Ist eine Quantenfeldtheorie mit punktförmigen Teilchen konzeptionell der richtige Ansatz zur Beschreibung des Mikrokosmos? Ist es hinnehmbar, dass wir mathematische Unendlichkeiten, die in den Rechnungen der Quantenfeldtheorie auftreten, durch das Renormierungsverfahren einfach unter den Teppich der unphysikalischen Größen kehren?

4. Über die Struktur von Raum, Zeit und Extra-Dimensionen

Die Begriffe Raum und Zeit werden ganz selbstverständlich in der täglichen Umgangssprache verwendet. Sehr oft redet man auch über «neue Dimensionen». So kann zum Beispiel ein bestimmter Sachverhalt ganz neue Dimensionen annehmen, oder es eröffnen sich diese, wenn man auf etwas Neues oder Unerwartetes stößt. In der Physik und auch in der Mathematik haben Raum und Zeit sowie der Begriff Dimension eine ganz konkrete Bedeutung, die nun näher erläutert werden soll. Dies wird uns dann auch bei der Beschreibung der physikalischen und der mathematischen Eigenschaften eines Universums mit Extra-Dimensionen weiterhelfen.

Jeder von uns ist mit dem dreidimensionalen Raum, in dem wir uns bewegen, gut vertraut. Wir kennen unsere Nachbarschaft, die Stadt und das Land, in dem wir wohnen, und auch viele andere Orte auf der Erde. Wir steigen mit Ballons, Flugzeugen und Raketen in die Höhe, und sogar bis zum Mond ist der Mensch vorgestoßen. Forschungssatelliten haben entfernte Teile unseres Planetensystems erkundet, wie die Sonden, die auf dem Mars gelandet sind. Wir können mit unseren Teleskopen bis in extrem entfernte Bereiche des Universums vordringen. Von den entferntesten Objekten im Weltall, den riesigen, sehr leuchtkräftigen Quasaren, und von anderen weit entfernten Galaxien benötigt das Licht mehrere Milliarden Lichtjahre, bis es bei uns eintrifft. So hat man im Jahre 2000 festgestellt, dass der 1,6 Milliarden Lichtjahre von uns entfernte Quasar SDSS J0013+1523 als Gravitationslinse für eine 5,9 Milliarden Lichtjahre dahinter liegende Galaxie wirkt.

Aber was bedeutet Raum wirklich? Ist der Raum wirklich nur dreidimensional, oder kann es auch mehr als drei Raumdimensionen geben?

Über die Struktur des Raumes im Flatteich Um dieser Frage nachzugehen, wollen wir uns überlegen, welche Auswirkungen zusätzliche Dimensionen auf unser Leben in drei Dimensionen haben könnten und wie menschliches Leben in Räumen unterschiedlicher Dimension aussehen könnte. Dabei wollen wir der berühmten, im Jahre 1884 erschienenen Novelle «Flatland» von Edwin Abbott folgen, in der das Leben der Flatlander in einem zweidimensionalen Raum, also auf einer Ebene, sehr anschaulich beschrieben wird. In diesem Buch erzählt der Autor, selbst auch ein Einwohner von Flatland, ein unterhaltsames und auch nachdenklich gestimmtes «Märchen mit vielerlei Dimensionen». Wir wollen uns im Folgenden vorstellen, dass das Universum sowohl weniger als auch mehr als drei Dimensionen haben kann. Unsere Bewohner von Flatland sind zweidimensionale Fische, also eine Art Flundern, die wie Dreiecke, Vierecke, Fünfecke, Kreise und andere Figuren aussehen. Diese Flundern können sich nur auf einer bestimmten Fläche des Teiches frei bewegen. Auch dünne Linienfische gibt es dort. Allerdings haben die Fische von Flatland nicht die Fähigkeit, aus der Fläche emporzusteigen oder darunter abzusinken. Sie verhalten sich also ganz so wie Schatten, die feste Kanten besitzen. Die Flundern von Flatland sprechen deswegen auch von ihrem zweidimensionalen Universum. Mehr als zwei Dimensionen kennen sie gar nicht. Aus der Perspektive eines Flächenfisches sehen alle Gegenstände oder auch alle anderen Fische wie gerade Linien aus. Die ist genauso, als würden wir sehr flache Gegenstände auf einer Tischplatte beobachten, sobald sich unsere Augenhöhe auf einer Höhe mit der Platte befindet. So ähnlich erblicken Seefahrer ferne Inseln am Horizont. Diese sind auch nichts anderes als graue Linien am Horizont – Vorsprünge und Einbuchtungen sind von der Ferne nicht sichtbar. Genauso verhält es sich auch im Flatteich, denn dort gibt es keine Sonne, die Schatten werfen und Konturen sichtbar machen könnte. Nähert sich in Flatteich ein Fisch einem anderen Fisch, dann sehen beide einfach eine anwachsende Linie, ganz egal, ob es sich um ein Dreieck, ein Viereck oder um einen Kreis handelt. Auch ein Fisch, der die Form einer Linie hat, erscheint von Weitem als eine Linie, außer man schaut genau in Richtung des Linienfisches; dann erscheint dieser von der Ferne nur als ein Punkt.

In Flatteich scheint ein schwaches gleichmäßiges Licht, das von allen vier Himmelsrichtungen, Nord, Süd, Ost und West, kommt. Tagsüber und nachts, zu jeder Zeit und überall. Woher es kommt, wissen die Flundern vom Flatteich nicht. Nach vergeblichen Versuchen von gelehrten Fischen, eine Antwort auf die Frage «Was ist der Ursprung des Lichtes?» zu geben, wird die Forschung an diesem Problem von der Gesetzgebung gänzlich untersagt. Nur der Erzähler der Geschichte wird als einziger Fisch von Flatteich die Lösung des Rätsels nach der Hintergrundstrahlung des Lichtes finden.

Im Flatteich besteht unter den Bewohnern eine Hierarchie im Hinblick auf die Symmetrieeigenschaften der verschiedenen Flundern. Die untere Arbeiterklasse und die Soldaten haben die Form von gleichschenkligen Dreiecken. Die Mittelschicht weist schon etwas mehr an Symmetrie auf, sie besteht aus gleichseitigen Dreiecken. Nach diesen folgen in der Form gleichseitiger Vielecke mit einer großen Anzahl von Ecken die Aristokraten und die vornehmen Bürger, zu denen der Erzähler gehört. Ganz oben in der Gesellschaftspyramide befinden sich die Priesterfische, welche die perfekt symmetrische Gestalt eines Kreises besitzen. Von Natur aus wird ein Sohn mit einer Seite mehr als sein Vaterfisch geboren, sodass in der Evolution jede Generation zu der um einen Grad höheren Symmetrie aufsteigt.

Eines Nachts hatte der Erzähler des Märchens einen Traum: Nachdem er sich bis zu später Stunde seiner Lieblingsbeschäftigung, der Geometrie, hingegeben hatte, traf er in der Nacht auf eine große Anzahl von Linien, die sich alle entlang einer einzigen Geraden bewegten. Doch nachdem er im Traum eine dieser Linien ansprach, erhielt er als Antwort: «Ich bin der Herrscher des Linienteiches.» Für den unwissenden Monarchen des Linienlandes gab es keinerlei Vorstellung darüber, dass der Raum neben der Linie, auf der er sich frei bewegen konnte, auch noch eine zweite Raumrichtung besitzt. Im Traum nun versuchte der Erzähler den König auf den Boden des gesunden Fischverstandes zurückzubringen und ihn davon zu überzeugen, dass der Fischteich in Wirklichkeit aus einer zweidimensionalen Ebene besteht. Um dieses dem König des Linienteichs zu demonstrieren, bewegte sich der Erzähler langsam wieder aus dem Linienteich heraus. Als er den Linienteich verlassen hatte, war er für den König auf einen Schlag verschwunden. Ein paar Augenblicke später begab er sich wieder dorthin, wo der Linienteich verlief, und er erschien dem König wieder als Punkt im Linienteich. Doch der König glaubte ihm nicht, sondern wurde zornig und wollte ihn mit seinem Schwert durchbohren. In diesem Moment wurde der Erzähler durch das Klingeln des Weckers in die Realität des Flächenteiches zurückgeholt.

Eines weiteren Abends unterhielt sich der Erzähler mit seinem sechseckigen Enkelfisch über die Berechnung des Inhalts von geometrischen Flächen, also über das Quadrieren von verschiedenen Seitenlängen wie 3^2. Plötzlich fragte der Enkel seinen Großvater, ob auch die kubischen Zahlen wie 3^3 eine konkrete geometrische Bedeutung hätten. Der Großvater tat dies als Unsinn ab und schickte seinen Enkel zu Bett. Doch kurz darauf erschien ihm aus dem Nichts ein Punkt, der rasch zu einer zweidimensionalen kreisförmigen Gestalt anwuchs. Der Erzähler hatte mittlerweile Besuch von einem Kugelfisch aus dem bislang vollkommen unbekannten dreidimensionalen Fischteich bekommen. Dieser fremde Besucher begann mit der Flunder des Flatteiches zu reden, die daraufhin fragte: «Woher kommen Sie?» – «Aus dem Raumteich, woher sonst!», war die Antwort des Kugelfisches. Zuerst konnte die Flunder die Bedeutung dieser Worte nicht verstehen. Der Kugelfisch aber versuchte sich der Flunder dadurch zu erklären, dass er wieder für einen Moment vollkommen in den dreidimensionalen Raumteich zurückkehrte, wobei sich der Kreis erst verkleinerte, zu einem Punkt zusammenschrumpfte und dann vollständig verschwand. Nach einer kurzen Weile erschien dann der Kugelfisch wieder im Flächenteich. Beide diskutierten fast die ganze Nacht miteinander, wobei der Kugelfisch der Flunder die Bedeutung der dritten Raumrichtung zu erläutern versuchte – zunächst ohne Erfolg. Doch dann erinnerte sich die Flunder an ihren Traum vom Linienteich, und plötzlich verstand sie die Kugel, ja es fiel ihr wie Schuppen von den Augen: Es musste eine dritte Dimension geben, den Raumteich. Nur konnte sie ihn bisher weder sehen, geschweige denn sich in die neue unbekannte Raumrichtung hineinbewegen.

Die Begegnung mit dem Kugelfisch war für die zweidimensionalen Flundern vom Flatteich ein wirklich einschneidendes Erlebnis. In leichter Abwandlung des Romans von Abbott begann sie nun, Experimente zu ersinnen, welche ihr einen Blick in den Raumteich ermöglichen sollten. Auch erkannte die Flunder, dass der Kugelfisch eine noch schönere und höhere Symmetrie als ein Kreis besitzt. Und schließlich konnte sie sogar das Rätsel der Lichtes lösen, welches den Flatteich so gleichmäßig beleuchtet: Diese Strahlung kommt aus der dritten Dimension, also aus dem Raumteich! Überwältigt von der Flut aller neuen Erkenntnisse und der Vielzahl von neuen Ideen, begann sie, ihre Einsichten in einem Buch für ihre Mitbewohner im Flatteich aufzuschreiben. Am Ende des Buches stellte sie sogar die Frage, ob es auch im Raumteich eine weitere, unerkannte vierte Dimension gibt. Dies ist es auch, was Edwin Abbott mit seinem Buch über das Flatland erreichen wollte. Er wollte zeigen, dass es immer ein Darüberhinaus gibt und dass wir uns nicht davor fürchten müssen, «die warmen Hallen unseres Realitätstunnels zu verlassen». Flatland ist also auch eine Lektion im Überwinden der Angst vor Veränderung.

Leben in unterschiedlichen Dimensionen Würden wir die Geschichte vom Flatland beziehungsweise vom Flatteich jetzt weiterspinnen, würden wir bald herausfinden, dass menschliches und tierisches Leben in einer zweidimensionalen Welt überhaupt nicht möglich ist. Biologisch gesehen gibt es für den Organismus eines Lebewesens in zwei Dimensionen unüberbrückbare Probleme. Stoffwechsel und Verdauung sind in einem zweidimensionalen Körper unmöglich, denn Mund, Speiseröhre, Magen und der Darm würden jeden flächenartigen Körper in zwei nicht zusammenhängende Bereiche zerteilen. Auch der Blutkreislauf ist in zwei Dimensionen nur schwer denkbar. Deswegen müssten die Flundern

18 Zweidimensionaler Fisch (in Anlehnung an den Hawking'schen Hund). Der Verdauungstrakt durchtrennt den Fisch in zwei nicht zusammenhängende Hälften.

von Flatteich auch irgendwann feststellen, dass sie selbst auch dreidimensionale Objekte sind. Sie stellen allerdings keine Kugeln dar, sondern platt gedrückte, dünne Pfannkuchen. Ihre vertikale Ausdehnung ist so winzig, dass ihre Dreidimensionalität ihnen für lange Zeit verborgen blieb.

Auch von der Physik her betrachtet, ist menschliches Leben in der uns bekannten Form in zwei Dimensionen nicht möglich. In einem flächenartigen Universum ist die Gravitationsanziehung zu schwach, um zur Bildung von Galaxien und Sonnensystemen mit Planeten und anderen komplexen Strukturen zu führen. Außerdem gibt es in zwei Dimensionen topologische Probleme, wie beispielsweise die schon erwähnte Schwierigkeit, dort ein Stoffwechselsystem in Lebewesen zu realisieren. In einem Universum andererseits, das mehr als drei große Raumrichtungen besitzt, können sich keine stabilen Atome bilden, da die elektromagnetische Anziehungskraft nicht mehr mit dem inversen Quadrat des Abstandes zwischen den geladenen Teilchen anwächst, sondern mit einer höheren Potenz. Schon Paul Ehrenfest hatte im Jahre 1917 festgestellt, dass es im vierdimensionalen Raum keine stabilen Bahnen von Planeten gibt. Wir sehen also, dass die Anzahl der räumlichen Dimensionen in unserem Universum als anthropische Größe angesehen werden kann.

Der Begriff des Raumes in der Mathematik In der Mathematik wird als Raum eine mit einer Struktur versehene Menge bezeichnet. Von besonderem Interesse sind die geometrischen Räume, deren Elemente als geometrische Punkte aufgefasst werden können.

Ferner können wir in einem geometrischen Raum den Abstand zwischen verschiedenen Punkten definieren und durch das Anlegen eines geeigneten Maßstabes ermitteln. Der Raum in der menschlichen Erfahrungswelt, nämlich der Raum, in dem wir uns bewegen, ist durch drei Dimensionen bestimmt: Das sind die drei Richtungen, in die wir uns an jedem Punkt des Raumes frei bewegen können – Länge, Breite und Höhe. Der Mathematiker fasst den Begriff der Raumdimension noch etwas allgemeiner. Er bezeichnet mit Dimension die Anzahl der Freiheitsgrade einer bestimmten Bewegung im vorgegebenen Raum.

Der Euklidische Raum Der Raum, der uns am besten aus unserer täglichen Erfahrungswelt vertraut ist, ist der Euklidische Raum. Der griechische Mathematiker Euklid von Alexandria (ca. 360–280 v. Chr.) trug in seinem Werk «Die Elemente» das Wissen über Mathematik der damaligen Zeit zusammen. Dabei benutzte er, wie schon Aristoteles vor ihm, Axiome und Sätze und bediente sich als einer der Ersten einer strengen, mathematischen Beweisführung.

Wir wollen hier einige Eigenschaften und einige wichtige Sätze des Euklidischen Raumes darstellen. Man kann den Euklidischen Raum durch ein kartesisches Koordinatensystem aufspannen, also jeden Punkt des Raumes durch die Angabe seiner Koordinaten in x-, y- und z-Richtung genau bestimmen. Dabei nimmt man normalerweise an, dass die drei Koordinatenachsen senkrecht aufeinanderstehen. Ein Euklidischer Raum besitzt aber noch weitere Strukturen, denn es gelten insbesondere folgende Sätze:

- Die Winkelsumme der drei Winkel eines Dreiecks beträgt 180 Grad.
- Es gilt der Satz des Pythagoras für die Seitenlängen eines rechtwinkligen Dreiecks: $a^2 + b^2 = c^2$.
- Zwei parallele Gerade schneiden sich erst im Unendlichen.

Diese drei Sätze treffen auch auf unsere tägliche Erfahrungswelt zu. Deswegen ist auch Newton bei der Formulierung der klassischen Mechanik ganz selbstverständlich davon ausgegangen, dass der Raum dreidimensional und euklidisch ist.

Allgemeinere Räume Es gibt in der Mathematik zahlreiche allgemeinere und viel abstraktere Räume als den Euklidischen Raum. Auch in der Physik sind solche Räume von Bedeutung. Bei ihrer Betrachtung entfernen wir uns allerdings von unserer geometrischen Intuition ein gutes Stück weit weg. Beim topologischen Raum kommt es nicht mehr auf den Abstand zwischen den einzelnen Punkten an, sondern nur auf allgemeine Eigenschaften, die sich unter kleinen Verformungen des Raumes nicht ändern. Dies können die Anzahl der Löcher in einem Raum sein oder auch andere mathematische Eigenschaften. Durch die Quantenmechanik ist der Hilbert-Raum berühmt geworden, dessen Elemente die Wellenfunktionen der quantenmechanischen Teilchen sind. Über die Gruppenräume haben wir schon im Kapitel über die Elementarteilchenphysik gesprochen, und wir erinnern uns, dass es sich dabei um Räume handelt, die bestimmte Eigenschaften von Elementarteilchen charakterisieren, wie beispielsweise die drei Farben eines Quarks. Die Elemente in den Gruppenräumen sind durch die verschiedenen Rotationen in diesem Raum gegeben. So ist der Raum der Drehungen in einem dreidimensionalen Raum auch genau dreidimensional; die Drehfreiheitsgrade entsprechen gerade den drei Euler'schen Winkeln. Der Raum der Drehung in der zweidimensionalen Ebene beziehungsweise in der Ebene der komplexen Zahlen ist allerdings nur eindimensional und wird durch einen einzigen Drehwinkel charakterisiert.

Rekapitulieren wir kurz, was den Euklidischen Raum auszeichnet: Erstens, er ist flach – das erklärt den Satz über die Winkelsumme eines Dreiecks und auch den Satz des Pythagoras –, zweitens, er ist unendlich und wird auch oft als nichtkompakt bezeichnet – das findet Eingang im Satz der parallelen Geraden –, und drittens haben wir angenommen, dass er dreidimensional ist. Es sind genau diese drei Eigenschaften, die wir nun suspendieren werden. Die Räume, mit denen wir uns im Folgenden beschäftigen, sind weder flach, sondern gekrümmt, sie sind weder unendlich, sondern endlich – auch kompakt genannt –, und sie sind nicht mehr dreidimensional, sondern besitzen mehr als drei Dimensionen.

Die Dimension des Raumes – punktförmige Räume Unterhalten wir uns zuerst etwas intensiver über den Begriff der Dimension des Raumes, verweilen aber vorerst weiter in den Euklidischen Räumen. Der einfachste Euklidische Raum ist ein Punkt. Dieser ist nulldimensional. Mathematisch gesehen hat der nulldimensionale Raum keine interessanten Eigenschaften. Die einzige interessante Struktur ist eine diskrete Ansammlung von Punkten. In diesem Fall besteht der nulldimensionale Raum aus einer bestimmten Anzahl von nicht zusammenhängenden Punkten, ist also, wie man sagt, nicht einfach zusammenhängend. Die Dimension eines solchen Raumes ist immer noch null. Kann man mit solch einem nulldimensionalen Raum physikalisch etwas Sinnvolles anfangen? In der Festkörperphysik haben sich in den letzten Jahren Quantenpunkte als interessante Objekte herausgestellt. Ein Quantenpunkt ist eine nanoskopische Materialstruktur. Dabei sind die Ladungsträger, zum Beispiel die Elektronen, in ihrer Beweglichkeit sehr stark eingeschränkt, sodass die Anordnung der Elektronen durch einen nulldimensionalen Raum aus verschiedenen Punkten gegeben ist. Das Energiespektrum der Elektronen kann dabei auch nur diskrete Werte annehmen. Mathematisch gesehen gibt es keine Verbindung zwischen den Quantenpunkten. Der Raum um sie herum existiert nicht. Ein physikalischer Quantenpunkt hat es da zuweilen etwas leichter. Gelingt es nämlich, die Quantenpunkte sehr nahe zueinander anzuordnen, kann sich die quantenmechanische Wellenfunktion eines Elektrons über mehrere Quantenpunkte hinweg erstrecken. Das Elektron kann so mit einer bestimmten Wahrscheinlichkeit einen quantenmechanischen Tunnelprozess durchführen, es kann von einem Punkt zu einem anderen springen. Nur der Bereich zwischen den Quantenpunkten bleibt dem Elektron weiterhin verboten.

Linienräume Nun klettern wir eine Dimension höher und kommen zum eindimensionalen Raum. Dieser ist eine unendlich lange Linie. Wir sollten uns an dieser Stelle so weit wie möglich von unserer Vorstellung freimachen, dass die Linie immer in einen höherdimensionalen Raum eingebettet sein muss. Mathematisch gesehen ist dies auch überhaupt nicht notwendig – der eindimensionale Raum existiert ganz auf sich allein gestellt. Analog zum nulldimensionalen Raum kann man den Linienraum verallgemeinern, indem man eine diskrete Ansammlung von Linien betrachtet. Dieser Raum ist immer noch eindimensional, denn der «Bereich» zwischen den Linien existiert nicht. Eindimensionale Räume sind von Interesse bei physikalischen Systemen, bei denen sich die Vorgänge nur auf einer Linie abspielen. Dazu gehören Materialien, in denen sich die Ladungsträger oder andere Teilchen lediglich in einer Dimension frei bewegen können. Dies sind zum Beispiel quantenmechanische Spinketten. Hierbei handelt es sich um eindimensionale Anordnungen elektronischer magnetischer Spinmomente, welche in einer Dimension miteinander wechselwirken können. Diese Systeme zeigen auch Phasenübergänge als Funktion eines von außen angelegten Magnetfeldes.

Flächenräume Kommen wir nun zu zwei Raumdimensionen. Der zweidimensionale Euklidische Raum ist eine unendlich große Ebene. Natürlich können wir wieder eine diskrete Ansammlung von zweidimensionalen Ebenen betrachten, indem wir sie gewissermaßen übereinanderstapeln. Man erhält dann so etwas wie ein mehrstöckiges Haus, in dem man sich auf allen Stockwerken frei bewegen kann. Aber wiederum ist Vorsicht geboten! Der Raum zwischen den Stockwerken existiert mathematisch gesehen nicht, da die Ebenen nicht in einen dreidimensionalen Raum eingebettet sind. Dieser Gebäuderaum ist immer noch zweidimensional, und es gibt kein Treppenhaus, das die verschiedenen Stockwerke miteinander verbindet. Es können also auch keine Waren oder Nachrichten zwischen den einzelnen Stockwerken ausgetauscht werden. Die Bewohner in den einzelnen Stockwerken wissen überhaupt nichts voneinander. In der modernen Festkörperphysik ist das Graphen ein schönes und hochaktuelles Beispiel für zweidimensionale Systeme. Graphene sind einfach eine fast zweidimensionale Modifikation des Kohlenstoffs, in der alle Kohlenstoffatome auf einer gemeinsamen Ebene liegen. Durch Stapeln von verschiedenen Graphenschichten erhält man Graphit.

Übereinandergestapelte dreidimensionale Räume Diese Geschichte setzt sich nahtlos nach drei Dimensionen fort. Der dreidimensionale Euklidische Raum wird durch drei Koordinatenachsen charakterisiert und setzt sich in allen drei Richtungen unendlich weit fort. Selbstverständlich können wir in der Mathematik auch eine diskrete Ansammlung von mehreren dreidimensionalen Räumen betrachten, die übereinandergestapelt sind, ohne dass es einen Raum zwischen ihnen gibt. Dabei wird unser Anschauungsvermögen nun doch schon erheblich strapaziert, denn unser Gehirn kann sich einen dreidimensionalen Raum, der aus mehreren übereinanderliegenden dreidimensionalen Teilräumen besteht, nur schwerlich vorstellen. In dieser Beziehung haben es die Mathematiker einfacher! Lässt sich nun mit diesem seltsamen dreidimensionalen Gebilde überhaupt etwas physikalisch Sinnvolles anfangen? Die übereinandergestapelten dreidimensionalen Räume verhalten sich wie Parallelwelten, also wie ein mehrstöckiges Universum, das aus verschiedenen dreidimensionalen Stockwerken besteht. Würden sich Lebewesen in den verschiedenen Stockwerken bewegen, dann wäre eine Kommunikation zwischen den verschiedenen Stockwerken, also ein Austausch von Nachrichten oder Waren zwischen ihnen, nicht möglich. Die Lebewesen in den verschiedenen Parallelwelten würden nichts von ihrer gegenseitigen Existenz wissen.

19 Schnitt durch ein Haus mit mehreren Stockwerken. Jedes Stockwerk stellt einen dreidimensionalen Raum dar. Die unterste Etage entspricht unserem Universum, und die höheren Stockwerke sind Parallelwelten, die für uns nicht erreichbar sind und mit denen wir auch keine Nachrichten austauschen können.

Ein Haus mit einer vierten Dimension Es gibt aber einen Ausweg aus dieser Situation der unbemerkten Koexistenz der Bewohner in den einzelnen Parallelwelten: Denn würde man feststellen, dass es neben den drei schon bekannten Dimensionen eine vierte Dimension gibt, dann könnte man die verschiedenen dreidimensionalen Ebenen in den vierdimensionalen Raum einbetten, genauso wie die verschiedenen Etagen eines Hauses in Wirklichkeit in vertikaler Richtung in den dreidimensionalen Raum eingebettet sind. Der Raum zwischen den einzelnen Etagen ist nun vorhanden, und der vertikale Abstand zwischen den verschiedenen Ebenen bestimmt die Höhe des Hauses. Genauso würde es sich auch verhalten, wenn wir uns die dreidimensionalen Teilräume in einen vierdimensionalen Gesamtraum eingebettet vorstellen. Die vierte Dimension ist nun eine mathematische Realität und dient dazu, einen ganz bestimmten Abstand zwischen den dreidimensionalen Räumen in der neuen Raumrichtung zu definieren. Die Bewohner in diesem vierdimensionalen Haus könnten daraufhin sogar versuchen, ein Treppenhaus zu installieren, um auf diese Weise miteinander in Kontakt zu treten. Oder falls sie ihre eigene Etage nicht verlassen können, sollten sie doch neue Teilchen oder Wellen aussenden können, die von einer zur nächsten oder auch zur übernächsten Etage gelangen können. Ein solches Haus kann man in der Stringtheorie bauen. Die Bausteine, die für die Architektur dieses mehrdimensionalen Hauses in der Stringtheorie notwendig sind, werden wir bald intensiver kennenlernen.

Hinzufügung neuer Dimensionen Bevor wir uns weiter mit höherdimensionalen Räumen beschäftigen, wollen wir erklären, in welchem Verhältnis Räume unterschiedlicher Dimensionen zueinander stehen. Dazu kehren wir zur zweidimensionalen Ebene zurück. Diese kann man sich folgendermaßen konstruieren. Man betrachtet zuerst eine eindimensionale Linie. Dann wird an jedem Punkt der Linie senkrecht dazu ein weiterer eindimensionaler Raum eingeführt. Diese Konstruktion liefert die zweidimensionale Ebene. Die zweidimensionale Ebene besitzt also unendlich viele eindimensionale Unterräume, nämlich unendlich viele parallele Linien, die unendlich nahe zusammenliegen. Wir können uns einen beliebigen Punkt in der zweidimensionalen Ebene herausgreifen und diesen in einer ganz bestimmten Richtung auf eine Linie projizieren; zum Beispiel können wir als Projektionsrichtung die y-Achse wählen und als Projektionslinie die x-Achse. Dann werden durch diese so definierte Projektion alle Punkte der zweidimensionalen Ebene auf die x-Achse projiziert. Natürlich werden auf diese Weise unendlich viele Punkte der Ebene auf ein und denselben Punkt auf der x-Achse abgebildet.

Nun gehen wir von zwei zu drei Dimensionen. Dazu betrachten wir zunächst die zweidimensionale Ebene und legen dazu «senkrecht» durch jeden Punkt der Ebene einen zusätzlichen eindimensionalen Raum, nämlich die Linie. Der sich daraus ergebende Raum ist uns bestens bekannt, es ist der dreidimensionale Euklidische Raum. Natürlich könnten wir auch mit der eindimensionalen Linie beginnen und an jedem Punkt der Linie eine zweidimensionale Ebene aufhängen. Die Punkte des dreidimensionalen Raumes lassen sich wie im vorherigen Fall durch eine Projektion, sagen wir in z-Richtung, auf die zweidimensionale Ebene in x-y-Richtung projizieren. Die Schatten von dreidimensionalen räumlichen Gebilden erscheinen dann als Flächen auf dem zweidimensionalen Lampenschirm. Man nennt so eine Projektion eine holographische Abbildung.

Auf diese Weise können wir die Konstruktion von höherdimensionalen Räumen verstehen. Betrachten wir den dreidimensionalen Raum und stellen uns vor, dass an jedem seiner Punkte «senkrecht» dazu ein eindimensionaler Raum aufgespannt ist. Auf diese Weise erhalten wir den Euklidischen vierdimensionalen Raum. Alle seine Punkte lassen sich holographisch in einer bestimmten Richtung auf den dreidimensionalen Unterraum zurückprojizieren, wobei die drei Dimensionen jetzt die Rolle des Lampenschirmes übernommen haben. Analog können wir auch höherdimensionale Räume, wie zum Beispiel den neun- oder auch zehndimensionalen Raum, verstehen.

Die Zeit als neue Dimension – der Minkowski-Raum In der Physik hat ein ganz spezieller vierdimensionaler Raum eine große Berühmtheit erlangt, der Minkowski-Raum, benannt nach dem Mathematiker Hermann Minkowski, der an der Universität Göttingen zu Beginn des 20. Jahrhunderts eine Mathematikprofessur innehatte. Dies waren gerade die Jahre, in denen Albert Einstein seine Relativitätstheorie entwickelte. Wie Einstein erkannte, lassen sich die Gesetze der Physik besonders gut verstehen, wenn Zeit und Raum praktisch gleich behandelt werden. Raum und Zeit sollten also in einem vierdimensionalen Raum-Zeit-Kontinuum auf eine Stufe gehoben werden. Um 1907 erkannte Minkowski, dass die Arbeiten von Einstein zur Speziellen Relativitätstheorie auf einen neuen mathematischen Raum führen, nämlich den vierdimensionalen Minkowski-Raum. Später verwendete Einstein die Ideen von Minkowski auch zur Formulierung der Allgemeinen Relativitätstheorie. Der vierdimensionale Minkowski-Raum ist ein Raum, der dem vierdimensionalen Euklidischen Raum sehr ähnlich ist, bis auf die Zeit, die hier eine Sonderrolle einnimmt.

Ein neuer Satz des Pythagoras Das grundlegend Neue am Minkowski-Raum ist, wie die Zeit in die Definition des Abstandes zwischen zwei Punkten im vierdimensionalen Raum eingeht. Wir betrachten zunächst den Abstand zweier Punkte in der zweidimensionalen Ebene. Über den Satz des Pythagoras hatten wir uns schon unterhalten. Er besagt, dass das Quadrat des Abstands s eines beliebigen Punktes mit den Koordinaten x und y vom Ursprung des Koordinatensystems durch folgende Gleichung gegeben ist:

$$s^2 = x^2 + y^2$$

Das Quadrat des Abstandes ist im Euklidischen Raum also immer eine positive Zahl, nicht jedoch im Minkowski-Raum. Wir müssen im Minkowski-Raum den Satz des Pythagoras neu formulieren. Das liegt an den besonderen Eigenheiten der Zeit. Um das zu verstehen, betrachten wir ein Ereignis, das sich in der Minkowski-Raum-Zeit abspielt. Ein Ereignis kann zum Beispiel ein Lichtblitz einer Taschenlampe sein. Wir können der Einfachheit halber annehmen, dass sich der Lichtstrahl, also die Photonen, nur in zwei entgegengesetzten Richtungen entlang der x-Achse bewegt; ferner soll der kurzzeitige Lichtblitz zum Zeitpunkt $t = 0$ und am Ort $x = 0$, also am Koordinatenursprung, erfolgen. Da sich der Lichtstrahl mit Lichtgeschwindigkeit c fortbewegt, hat er nach einer Zeit t_1 eine Wegstrecke von $x_1 = c\ t_1$ zurückgelegt. Wir können dieses Ereignis, nämlich die Ortskurve des Lichtstrahles, durch zwei gerade Linien im Raum-Zeit-Diagramm charakterisieren, und zwar je nachdem, ob sich der Lichtstrahl in positiver oder in negativer x-Richtung bewegt. In der Minkowski-Raum-Zeit ist die Länge dieser Ortskurve, das heißt das Quadrat des Abstandes zwischen dem Koordinatenursprung und dem Punkt (t_1, x_1) im Ort-Zeit-Diagramm, durch folgenden Ausdruck gegeben:

$$(s_1)^2 = c^2\ (t_1)^2 - (x_1)^2$$

Wir sehen, dass dieser «Abstand» für das Ereignis des Lichtblitzes gleich null ist. Dies gilt für alle Ereignisse, die sich mit Lichtgeschwindigkeit bewegen: Der Abstand zwischen zwei Ereignispunkten im Minkowski-Raum verschwindet immer. Betrachten wir nun ein zweites Ereignis, nämlich ein massives Teilchen, welches sich vom Koordinatenursprung zum Punkt (t_2,x_2) mit einer Geschwindigkeit v bewegt, die kleiner als die Lichtgeschwindigkeit ist. Berechnen wir wieder den Abstand des Punktes (t_2,x_2) vom Ursprung im Minkowski-Raum,

$$(s_2)^2 = c^2\ (t_2)^2 - (x_2)^2,$$

so ist $(s_2)^2$ diesmal größer als null, da das massive Teilchen nur die Wegstrecke $x_2 = v\ t_2$ zurücklegt. Dies gilt für alle Teilchen, die sich mit einer kleineren Geschwindigkeit als c durch die Raum-Zeit bewegen: Der Abstand zwischen den Punkten auf ihrer Bahnkurve ist immer größer als null, also positiv. Man nennt die Punkte im Minkowski-Raum, die durch ein positives Abstandsquadrat voneinander getrennt sind, auch zeitartige Punkte. Zwischen zeit-

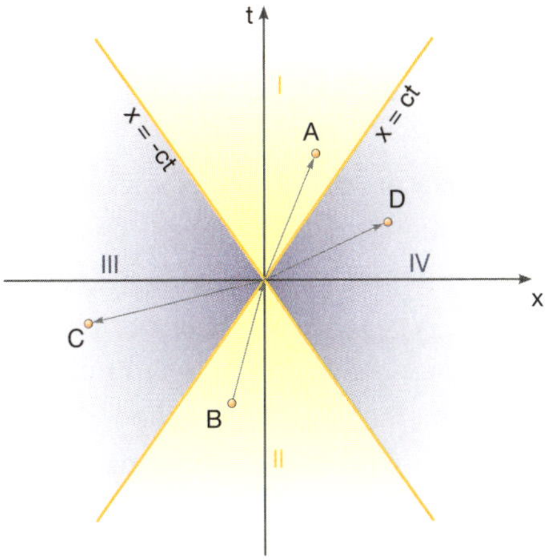

20 Raum-Zeit-Diagramm von Minkowski. Es beschreibt die Propagation von Teilchen im Rahmen der Speziellen Relativitätstheorie. Auf der x-Achse ist der Ort des Teilchens aufgetragen und auf der y-Achse die dazugehörige Zeit. Punkte im Minkowski-Diagramm werden auch als sogenannte Ereignisse in der Raum-Zeit bezeichnet. Gemäß der Relativitätstheorie können sich Teilchen maximal mit Lichtgeschwindigkeit bewegen. Deswegen kann man die Minkowski-Raum-Zeit in vier Bereiche (I–IV) einteilen, die durch die beiden möglichen Trajektorien von Teilchen (z. B. Licht bzw. Photonen), die sich mit Lichtgeschwindigkeit c bewegen, voneinander getrennt sind. Betrachtet man nun die Trajektorie eines massiven Teilchens, welches sich mit einer Geschwindigkeit, die kleiner als c ist, bewegt, so kann der zukünftige Ereignispunkt A dieses Teilchens nur im Bereich seines Vorwärtslichtkegels, nämlich im Bereich I, liegen. Genauso können Signale mit Geschwindigkeiten kleiner als c nur von Ereignispunkten B, das heißt aus dem Rückwärtslichtkegel, empfangen werden. Der Seitwärtslichtkegel (die Bereiche III und IV) ist hingegen vom Ursprung aus gesehen nicht zugänglich, und aus diesem können auch keine Signale empfangen werden. Ereignisse vom Ursprung nach D oder auch Signale von C zum Ursprung sind in der Relativitätstheorie nicht erlaubt, denn dafür müssten sich Teilchen mit Überlichtgeschwindigkeit (sogenannte Tachyonen) bewegen können. Ebenso sind Teilchen, die zurück in die Vergangenheit reisen, nicht möglich, diese würden das Prinzip der sogenannten relativistischen Kausalität verletzen.

artigen Punkten können solche Ereignisse stattfinden, die sich mit einer endlichen Geschwindigkeit fortpflanzen, die kleiner als die Lichtgeschwindigkeit ist. Da sich gemäß Einsteins Relativitätstheorie massive Teilchen nur mit endlicher Geschwindigkeit $v < c$ bewegen können beziehungsweise Signale nur im Extremfall mit Lichtgeschwindigkeit transportiert werden können, lässt sich vom Ursprung des Minkowski-Raumes nur der Bereich in Vorwärtsrichtung erreichen, der zwischen den beiden Ereignislinien eines Lichtstrahles liegt. Dieser Bereich wird als Vorwärtslichtkegel bezeichnet. Schauen wir – wieder ausgehend vom Koordinatenursprung – in die Vergangenheit, dann können wir nur Signale aus dem Rückwärtslichtkegel empfangen, der von den Ereignislinien eines Lichtstrahles aus der Vergangenheit begrenzt ist.

Man kann also auch keine Signale aus der Vergangenheit außerhalb der Bereiche des Lichtkegels empfangen. Man bezeichnet die Ereignislinien des Lichtstrahles auch als Ereignishorizont.

Relativistische Kausalität Die Existenz des Ereignishorizonts ist ein Ausdruck der relativistischen Kausalität, die besagt, dass kausal zusammenhängende Ereignisse immer innerhalb eines gemeinsamen Lichtkegels liegen müssen. Wir können uns also nicht nur am Ursprung des Koordinatensystems, sondern an jedem Punkt des Minkowski-Raumes einen derartigen Lichtkegel vorstellen. Punkte innerhalb des Lichtkegels haben ein positives Abstandsquadrat von dem gedachten Referenzpunkt. Nur wenn wir annehmen würden, dass sich Teilchen mit Überlichtgeschwindigkeit bewegen können, dann wäre es möglich, auch in Bereiche des Minkowski-Raumes vorzudringen, die außerhalb des Vorwärtslichtkegels eines Punktes liegen. Man nennt den seitlichen Bereich außerhalb des Lichtkegels auch den raumartigen Bereich. Hier ist das Abstandsquadrat vom Referenzpunkt immer negativ. Wir sehen also, dass die etwas ungewohnte Definition des Abstandes zweier Punkte im Minkowski-Raum sehr nützlich ist, um die kausal zusammenhängenden Bereiche in der Raum-Zeit zu charakterisieren. Es gibt noch einen zweiten wichtigen Grund für die Einführung dieser Abstandsdefinition im Minkowski-Raum: Man kann nämlich zeigen, dass sich bei der Änderung des relativistischen Bezugssystems, also beim Übergang eines ruhenden in ein gleichförmig bewegtes Bezugssystem, das Abstandsquadrat im Minkowski-Raum nicht ändert. Man kann also die relativen Änderungen der Bezugssysteme auch als solche Drehungen, genannt Lorentz-Transformationen, im Minkowski-Raum interpretieren, bei denen der Minkowski-Abstand zwischen zwei Punkten unverändert bleibt. Diese Drehungen vermischen die räumlichen mit den zeitlichen Koordinaten und wirken somit als Drehungen in der Raum-Zeit. Deswegen ist es sehr sinnvoll, die Zeit als vierte Dimension zu bezeichnen.

Gekrümmte Räume Bis jetzt haben wir uns nur über flache Räume unterhalten. Ein wesentliches Kennzeichen der flachen Räume ist, dass die Winkelsumme eines Dreiecks 180 Grad beträgt; ferner schneiden sich die Geraden nur im Unendlichen. Gleichzeitig hatten wir vorausgesetzt, dass der Raum unendlich ist, man also bei der geradlinigen Bewegung nicht wieder an demselben Punkt des Raumes ankommen kann. Die Mathematiker sprechen hier auch von nichtkompakten Räumen. Nun wollen wir uns Räumen zuwenden, die gekrümmt sind. Diese Räume können wiederum nichtkompakt sein oder auch endlich, also kompakt. Kompakte Räume – in der Mathematik oft Mannigfaltigkeiten genannt – werden für uns von großer Bedeutung sein, wenn wir die zusätzlichen Dimensionen in der Stringtheorie betrachten werden. Ein gutes Beispiel für einen gekrümmten und in diesem Fall auch kompakten Raum ist die zweidimensionale Kugeloberfläche, wie zum Beispiel die Erdoberfläche. Befinden wir uns an einem beliebigen Punkt auf der Kugeloberfläche, so erscheint uns die enge Nachbarschaft dieses Punktes als flach. Die lokale Nachbarschaft eines Punktes gleicht also einem zweidimensionalen Euklidischen Raum. Erweitern wir hingegen den Bereich um einen gegebenen Punkt, dann werden wir feststellen, dass die Kugeloberfläche nicht mehr flach ist.

Die Winkelsumme des Dreiecks auf der Kugel ist größer als 180 Grad

Wir können beim Nachmessen der drei Winkel eines Dreiecks, dessen Seiten gerade Linien sind, feststellen, dass die Winkelsumme mehr als 180 Grad beträgt. Dies hat seine Ursache in der Krümmung der Kugeloberfläche, wobei die Kugel eine konstante positive Krümmung besitzt. Wäre die Winkelsumme eines Dreiecks kleiner als 180 Grad, dann hätten wir es mit einem Raum negativer Krümmung zu tun, einem hyperbolischen Raum. Natürlich gibt es auch Mannigfaltigkeiten, die sowohl Bereiche negativer als auch positiver Krümmung enthalten.

Auf einer zweidimensionalen Kugel können wir auch die Geometrie parallel verlaufender Linien betrachten. Befinden wir uns zum Beispiel auf zwei benachbarten Punkten des Äquators, dann können wir senkrecht zum Äquator durch jeden der beiden Punkte Linien ziehen. In der Nachbarschaft des Äquators ist der Ab-

21 Im flachen Euklidischen Raum beträgt die Winkelsumme eines Dreiecks immer 180 Grad. Auf der positiv gekrümmten Kugeloberfläche ist die Summe der drei Dreieckswinkel hingegen größer als 180 Grad, während sie auf der negativ gekrümmten Satteloberfläche weniger als 180 Grad beträgt.

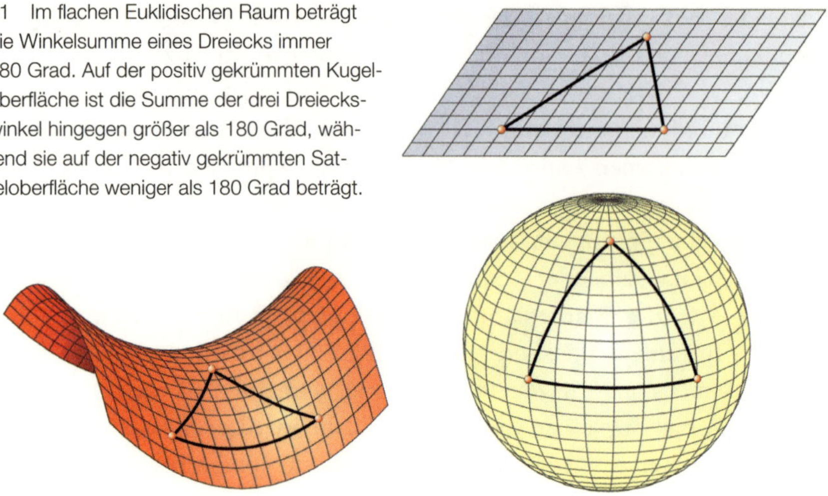

stand zwischen den beiden Linien fast gleich, das heißt, die beiden Linien verlaufen parallel. Verfolgen wir aber die beiden Linien auf der Kugeloberfläche, dann stellen wir fest: Sie nähern sich an, bis sie sich schließlich im Nordpol und im Südpol schneiden. Dies liegt an der positiven Krümmung der Kugeloberfläche; bei negativer Krümmung würden sich parallele Linien hingegen voneinander entfernen.

Die Geometrie von Riemann Gekrümmte Räume werden nicht mehr durch die Euklidische Geometrie beschrieben, sondern durch eine allgemeinere Geometrie, die der Mathematiker und Göttinger Professor Bernhard Riemann in der Mitte des 19. Jahrhunderts systematisch untersuchte. Wie wir später noch genauer erfahren werden, war die Riemann'sche Geometrie der gekrümmten Räume eine wichtige Voraussetzung für Einsteins Formulierung der Allgemeinen Relativitätstheorie. In der Riemann'schen Geometrie können wir die Punkte des gekrümmten Raumes genauso wie in der Euklidischen Geometrie auf einer Landkarte angeben, indem wir ein Koordinatensystem einführen. Dazu betrachten wir wieder die zweidimensionale Kugeloberfläche. Wir projizieren nun jeden Punkt auf der Kugel mittels der stereographischen

Projektion auf eine zweidimensionale Ebene. Dazu denken wir uns jeweils eine Linie, die vom Nordpol der Kugel durch den betrachteten Punkt verläuft und dann schließlich die Ebene schneidet, die tangential zum Südpol der Kugel verläuft. Somit wird jeder Punkt der Kugeloberfläche auf genau einem Punkt der Ebene abgebildet.[26] Nun können wir die Positionen der Punkte auf der Kugel einfach durch ein Koordinatensystem mit einer x- und einer y-Achse auf der Ebene festlegen. Der Ursprung des Koordinatensystems entspricht dabei dem Südpol auf der Kugel.

Nun wollen wir die Abstände zwischen zwei Punkten auf der Kugel durch eine mathematische Formel angeben, indem wir wieder den Satz des Pythagoras zu Hilfe nehmen. Also wählen wir uns einen Punkt aus, dessen Koordinaten auf der Ebene durch die dazugehörigen x- und y-Werte gegeben sind. Das Quadrat des Abstandes s dieses Punktes vom Ursprung des Koordinatensystems, also vom Südpol auf der Kugel, ist nach Pythagoras durch folgende Formel gegeben: $s^2 = x^2 + y^2$. Nun begeben wir uns auf die Kugel, messen den durch diese Gleichung gewonnenen Abstand nach und stellen fest: s entspricht nicht dem gemessenen Abstand von zwei Punkten auf der gekrümmten Kugeloberfläche. Der gemessene Abstand auf der Kugel ist immer kleiner als das Resultat, das wir aus dem Satz des Pythagoras erhalten. Der Satz des Pythagoras gilt also nur für Euklidische, aber nicht für gekrümmte Räume.

Die Riemann'sche Metrik – der Satz des Pythagoras wird nochmals verändert Um den Abstand zwischen zwei Punkten auf der Kugel richtig zu beschreiben, müssen wir also den Satz des Pythagoras abändern. Hierzu wählen wir folgenden Ansatz: Für einen gekrümmten Raum soll folgende allgemeinere Abstandsdefinition – bei wiederum vom Südpol aus durchgeführter Messung – verwendet werden:[27]

$$s^2 = g_{xx}\, x^2 + g_{xy}\, xy + g_{yy}\, y^2$$

In diesem verallgemeinerten Satz des Pythagoras sind g_{xx}, g_{xy} und g_{yy} bestimmte Funktionen, die von der x- und y-Position auf der

Kugel abhängen. Wir können sie zum Beispiel durch Nachmessen bestimmen. Die Größen g_{xx}, g_{xy} und g_{yy} werden auch als die Riemann'sche Metrik des gekrümmten Raumes bezeichnet, da sie den Abstand zwischen zwei Punkten festlegen. Gauß erkannte als Erster, dass man mit Hilfe einer Metrik den Abstand zwischen den Punkten eines gekrümmten Raumes berechnen kann. Riemann bewies dann später, dass man aus der Metrik auch die Krümmung des Raumes herleiten kann.

Topologie aus Schlaufen und Hanteln Riemann'sche Mannigfaltigkeiten werden nicht nur durch ihre Krümmung charakterisiert, sondern auch durch ihre Topologie. Unter der Topologie eines Raumes versteht man Eigenschaften, die durch kleinere Verformungen wie Dehnungen oder Verstauchungen des Raumes nicht verändert werden können. Wir können zum Beispiel eine Kugeloberfläche betrachten, auf der wir an bestimmten Stellen Hanteln (Schlaufen oder auch Griffe) befestigt haben. Die Positionen dieser Hanteln lassen sich zwar durch Verschieben auf der Kugel verändern, aber man kann die Hanteln nicht wieder loswerden, indem man den Raum verbiegt. Dafür müsste man schon die Hanteln aufschneiden und so einen nicht erlaubten Eingriff in die Mannigfaltigkeit vornehmen. Die Zahl der Hanteln lässt sich also durch kleine Verformungen nicht ändern, das heißt, sie ist eine topologische Invariante, die den Raum charakterisiert. Eine nichttriviale Topologie manifestiert sich auch oft dadurch, dass man auf dem Raum geschlossene Pfade vorfindet, die sich nicht zu einem Punkt zusammenziehen lassen. Die Hantel ist also der Grund für ein Loch im Raum, welcher wiederum eine topologische Größe darstellt. Man kann diesen Pfad auch als einen Unterraum ansehen, dessen Größe sich nicht auf null zusammenziehen lässt.

Bei der Betrachtung von gekrümmten Räumen müssen wir uns von der Vorstellung frei machen, dass der betrachtete Raum in einen höherdimensionalen Raum eingebettet ist. Die zweidimensionale Kugeloberfläche existiert für sich als Raum, ohne dass man sie in einen dreidimensionalen Raum einbetten muss.

Kompakte Räume Es ist wichtig zu verstehen, dass Raumkrümmung und Kompaktheit sich nicht gegenseitig bedingen. Ein gekrümmter Raum kann nichtkompakt sein, wie auch ein kompakter Raum flach sein kann. Der eindimensionale Kreis ist ein kompakter Raum, der flach ist, also keinerlei Krümmung besitzt. Man kann den Kreis auch als gerade Strecke (Intervall) auffassen, wobei man die beiden Enden der Strecke miteinander identifiziert. Allerdings besitzt der Kreis eine nichttriviale Topologie, denn ein geschlossener Weg, der genau einmal um den Kreis herumführt, lässt sich nicht auf einen Punkt des Kreises zusammenziehen. Als Nächstes betrachten wir zweidimensionale, kompakte Räume. Sie werden als Riemann'sche Flächen bezeichnet. Wie wir später sehen werden, sind diese für die Stringtheorie von großer Wichtigkeit. Die zweidimensionale Kugel haben wir schon kennengelernt. Sie ist eine Riemann'sche Fläche mit konstanter positiver Krümmung und mit trivialer Topologie; jede geschlossene Kurve lässt sich auf einen Punkt der Kugel zusammenziehen. Wenden wir uns nun dem zweidimensionalen Torus zu. Dieser hat die Gestalt eines Schwimmreifens. Wir können den Torus mathematisch konstruieren, indem wir an jedem Punkt eines Kreises einen weiteren Kreis senkrecht dazu betrachten. Der Torus besteht also sowohl in x- als auch in y-Richtung aus einem Kreis. Deswegen ist der Torus ein zweidimensionaler, flacher Raum.[28] Wie auch der Kreis besitzt der Torus eine nichttriviale Topologie, denn wir können zwei Arten von nicht zusammenziehbaren, geschlossenen Kurven auf ihm betrachten: geschlossene Kurven in x-Richtung und geschlossenen Kurven in y-Richtung. Der Torus ist zudem durch das Vorhandensein einer Hantel topologisch gekennzeichnet. Verallgemeinerungen des Torus sind zweidimensionale Riemann'sche Flächen, die eine ganze Reihe von Hanteln besitzen. Diese Flächen sehen wie Brezeln mit vielen Löchern aus und besitzen eine negative Krümmung. Die Anzahl der Hanteln, abgekürzt durch g, bezeichnet man als das Geschlecht des Raumes. Alternativ kann man die topologische Euler-Charakteristik χ einführen, die sich durch das Geschlecht g einfach ausdrücken lässt: $\chi = 2 - 2\,g$. Der Torus besitzt demnach $\chi = 0$ und die Kugel $\chi = 2$. Alle anderen

Riemann-Flächen, die Brezeln mit mehreren Hanteln, haben eine negative Euler'sche Charakteristik.

Neben den Riemann'schen Flächen gibt es noch kompliziertere zweidimensionale Mannigfaltigkeiten, wie zum Beispiel die Klein'sche Flasche, benannt nach dem deutschen Mathematiker Felix Klein. Hier hat man es mit einem Gebilde zu tun, das in sich verschlungen ist und in dem das Innen und das Außen nicht unterschieden werden können.[29] Schließlich können wir noch zweidimensionale Räume betrachten, die einen Rand besitzen. Diese sind für die Beschreibung des offenen Strings von großer Bedeutung. Das einfachste Beispiel ist eine Scheibe, deren Rand einen Kreis darstellt. Man kann nun wiederum beginnen, Löcher in die Scheibe hineinzuschneiden. Für den Fall eines einzigen Lochs erhält man einen Ring mit zwei Rändern, genannt Annulus: einen inneren und einen äußeren Rand. Noch komplizierter ist der Möbiusstreifen. Man erhält ihn, indem man ein Blatt Papier nimmt, es einmal verdreht und dann die beiden Enden aneinanderklebt. Auf diese Weise erhält man eine Fläche, in der die Ober- und Unterseite nicht voneinander unterschieden werden können. Beim Betrachten berandeter Flächen ist deswegen der Möbiusstreifen das Gegenstück zur Klein'schen Flasche.

In zwei Dimensionen ist die Klassifizierung von gekrümmten Mannigfaltigkeiten ein gelöstes mathematisches Problem. Viel schwieriger wird es schon in drei Dimensionen. Deswegen wollen wir uns an dieser Stelle nicht mit den Details von höherdimensionalen gekrümmten Räumen aufhalten. Wir werden diese Räume dann wieder benötigen, wenn wir die Kompaktifizierung der Stringtheorie von neun auf drei räumliche Dimensionen besprechen werden. Dann haben wir es mit sechsdimensionalen kompakten Mannigfaltigkeiten zu tun. Eine interessante Klasse von sechsdimensionalen kompakten Räumen sind die Calabi-Yau-Mannigfaltigkeiten. Mehr dazu jedoch erst im siebten Kapitel.

Gekrümmte Raum-Zeit Was passiert, wenn man die Zeit als weitere Richtung in gekrümmten Räumen hinzunimmt? Die Räume, die wir auf diese Weise erhalten, sind die gekrümmten Verallgemeinerungen des flachen Minkowski-Raumes. Man nennt sie gekrümmte Minkowski-Räume. Sie stellen die Grundlage der Allgemeinen Relativitätstheorie dar und beschreiben geometrisch die Bewegung eines Teilchens im Gravitationsfeld. Dabei gehen die Zeitkoordinate und die räumlichen Koordinaten mit umgekehrten Vorzeichen in die Abstandsdefinition des Minkowski-Raumes ein. Ferner mussten wir die sogenannte Metrik einführen, um Abstände auf einem gekrümmten Raum richtig zu bestimmen. Diese zwei Verallgemeinerungen des Euklidischen Abstands können wir in einer Gleichung zusammenführen, und wir erhalten dann folgende Abstandsdefinition auf einem gekrümmten, zweidimensionalen Minkowski-Raum mit den Koordinaten t und x:

$$s^2 = c^2\, g_{tt}\, t^2 - g_{tx}\, t\, x - g_{xx}\, x^2$$

Die Größen g_{tt}, g_{tx} und g_{xx} der Metrik hängen nun im Allgemeinen von der Zeit t und von der räumlichen Koordinate x ab. Sie werden als die Metrik der gekrümmten Minkowski-Raum-Zeit bezeichnet. Diese Formel lässt sich auch auf einen gekrümmten Minkowski-Raum mit drei Raumrichtungen und einer Zeitrichtung ausweiten. Dafür müssen wir lediglich noch zusätzliche Metrikkomponenten einführen.

In der Allgemeinen Relativitätstheorie wird die Bewegung eines Teilchens im Gravitationsfeld geometrisch dadurch beschrieben, dass sich das Teilchen in einem gekrümmten Minkowski-Raum bewegt. Die Krümmung des Minkowski-Raumes wird dabei durch massebehaftete Körper – oft auch abgekürzt massive Körper genannt – erzeugt, die eine Gravitationskraft um sich herum ausbilden. Gerät ein zweiter Körper unter den Einfluss dieser Gravitationskraft, dann wird seine Bahnkurve durch die kürzesten Wege, die sogenannten Geodäten, in der gekrümmten Raum-Zeit beschrieben. Man erhält die Raumkrümmung, die durch eine bestimmte Materieverteilung verursacht wird, als Lösung der Einstein'schen Feldgleichungen. Wie wir noch genauer besprechen werden, hat die Krümmung der Raum-Zeit zahlreiche interessante und zum Teil verblüffende physikalische Effekte zur Folge, so zum Beispiel die Ablenkung von Licht im Gravitationsfeld eines Sternes und die Verlangsamung der Zeit im Gravitationsfeld eines Körpers wie der Erde.

Für den Fall, dass die Metrikgrößen g_{tt}, g_{tx} und g_{xx} nur von der Zeit t abhängen, erhalten wir eine gekrümmte Raum-Zeit, auf der sich der Abstand zwischen zwei Punkten zeitlich ändert. Solche gekrümmten Raum-Zeiten beschreiben die zeitliche Evolution des Universums nach dem Urknall. Als Lösungen der Einstein-Gleichungen werden sie deswegen auch als kosmologische Räume bezeichnet. Die zeitliche Abhängigkeit der Metrik eines Universums, welches sich nach dem Urknall stetig ausdehnt, ist so beschaffen, dass kurz nach dem Urknall der Abstand zweier Punkte verglichen zum heutigen Zeitpunkt sehr klein ist. Während der Expansion des Universums wächst der Abstand zwischen zwei Punkten, vergleichbar dem immer größer werdenden Abstand zwischen den Punkten auf einem Luftballon, der aufgeblasen wird. In unserer obigen mathematischen Gleichung bedeutet dies, dass insbesondere die Metrikkomponente g_{xx} als Funktion der Zeit immer größer wird.

Wurmlöcher und geschlossene Zeitkurven In der Mathematik kann man gekrümmte Raum-Zeiten konstruieren, die eigenartige physikalische Eigenschaften besitzen und vom physikalischen Standpunkt aus gesehen sogar ernste Pathologien aufweisen. Oft ist eine nichttriviale Topologie in der Raum-Zeit für solche Pathologien verantwortlich. Wurmlöcher zum Beispiel sind Abkürzungen in der Raum-Zeit, die voneinander entfernte Gebiete durch einen Tunnel in der Raum-Zeit verbinden. Der Name Wurmloch entleiht sich dem Bild eines Wurmes, der sich einen Tunnel von einem Punkt der Apfeloberfläche zu einem anderen Punkt auf dem Apfel hindurchfrisst. Wurmlöcher sind lediglich theoretische Lösungen der Einstein-Gleichungen, denn es gibt bislang keine experimentellen Beweise für die Existenz von Wurmlöchern. Von ihnen und von Schwarzen Löchern werden wir im nächsten Kapitel mehr erfahren. Ferner kann man sich in der Mathematik gekrümmte Räume vorstellen, die geschlossene Kurven in der Zeit enthalten.

Durchläuft man solche Hanteln beziehungsweise Schlaufen in der Raum-Zeit, dann gelangt man wieder an seinen Ausgangspunkt. Die Möglichkeit von geschlossenen Zeitkurven wurde zum ersten Mal im Jahre 1949 in Betracht gezogen von Kurt Gödel, der sie als pathologische Lösungen der Einstein'schen Gleichungen entdeckte. Physikalisch ergeben hingegen geschlossene Zeitkurven keinen Sinn, denn sie verletzen das Kausalitätsprinzip. Dieses besagt, dass bei jedem physikalischen Prozess, das heißt bei jeder Bewegung in der Raum-Zeit, die Zeit in Vorwärtsrichtung voranschreiten muss und dass man deswegen nicht zum ursprünglichen Zeitpunkt zurückkehren kann. So gehören auch die geschlossenen Zeitkurven oder Reisen in die Vergangenheit – wie sie beispielsweise Harry Potter möglich sind – in die Welt des Science-Fiction, nicht in die Welt der realen Physik, obgleich sie als mathematische Lösungen der Einstein-Gleichungen existieren.

Höherdimensionale Raum-Zeiten von Kaluza und Klein Nun wollen wir uns der physikalischen Bedeutung von höherdimensionalen, gekrümmten Räumen zuwenden, die eine Zeitrichtung, aber mehr als drei Raumrichtungen besitzen. Die theoretische Betrachtung von höherdimensionalen Räumen begann schon recht bald nach der geometrischen Formulierung der Allgemeinen Relativitätstheorie durch Albert Einstein. Insbesondere wurde man auf der Suche nach einer vereinheitlichten Feldtheorie aller Wechselwirkungen, welche die Gravitationskraft mit den mikroskopischen Kräften unter ein gemeinsames Dach stellt, auf höherdimensionale Räume geführt. Im Jahre 1921 hatte der Mathematiker Theodor Kaluza aus Königsberg eine mathematische Version der Relativitätstheorie formuliert, in der zu den vier herkömmlichen Raum-Zeit-Dimensionen von Einstein noch eine zusätzliche fünfte Raumdimension hinzugefügt wurde. Wenn man nun die zu dieser neuen Theorie gehörigen Feldgleichungen in ihre vierdimensionalen Bestandteile zerlegt, so liefert das fünfdimensionale Gravitationsfeld eine vierdimensionale Einstein-Gravitationstheorie und das elektromagnetische Feld in vier Raum-Zeit-Dimensionen. Die Vereinigung von klassischer Gravitation und klassischem Elektromagnetismus war geboren! Einstein interessierte sich sehr für die Theorie von Kaluza. Natürlich war es ein gravierendes Problem für Kaluzas fünfdimensionale Welt, dass man in der Wirklichkeit keinerlei Anzeichen für eine vierte Raumdimension vorfindet. Deswegen schlug ein paar Jahre später, 1926, der theoretische Physiker – und spätere Inhaber eines Lehrstuhls an der Stockholmer Universität – Oskar Klein vor, dass die vierte Raum-Dimension nicht unendlich oder sehr groß, sondern kompakt ist und die Form eines Kreises hat, der beliebig klein und somit für das menschliche Auge unsichtbar ist. Diese Theorie wird deswegen heute auch als Kaluza-Klein-Theorie bezeichnet und bildet eine wichtige theoretische Grundlage für die Stringtheorie. Das kreisförmige Aufrollen der zusätzlichen vierten Raumdimension wird als Kompaktifizierung der Theorie bezeichnet.

Wie kann man zusätzliche Dimensionen messen? Nehmen wir also an, das Universum besteht aus drei sehr großen, möglicherweise unendlichen Raumrichtungen und zusätzlich aus einer vierten, kompakten und sehr kleinen Raumrichtung. Die uns bekannte und vertraute Physik spielt sich innerhalb der drei großen Raumrichtungen ab. Wie können wir nun experimentell feststellen, ob es auch noch eine zusätzliche sehr kleine Raumdimension gibt? Um diese Frage zu beantworten, müssen wir uns zunächst noch einmal vergegenwärtigen, wie sich ein quantenmechanisches Teilchen im Raum bewegt. Geschwindigkeit, das heißt der Impuls, des Teilchens und sein Ort sind durch die Unschärfebeziehung gemäß Heisenberg eng miteinander verkettet. Je höher die Geschwindigkeit beziehungsweise der Impuls eines Teilchens – mithin seine Impulsunschärfe vergleichsweise groß ist –, umso geringer kann die Unschärfe des Teilchens bezüglich seines Aufenthaltsortes sein. Die Unschärferelation von Heisenberg besagt also, dass ein Teilchen mit hohem Impuls sehr kleine Abstände im Ortsraum auflösen kann. Langsame Teilchen hingegen können nur größere Strukturen im Ort auflösen. Um ein hochauflösendes Mikroskop aus Teilchen zu konstruieren, muss man folglich die Teilchen auf möglichst hohe Energien beschleunigen.

Die Heisenberg'sche Unschärferelation ist also der Grund dafür, dass zur Erforschung der Wechselwirkungen in der subatomaren Welt bei immer kürzeren Abständen die Teilchenbeschleuniger immer größere Energien benötigen.

Die Gesetzmäßigkeiten und die Schlussfolgerungen aus der Heisenberg'schen Unschärferelation gelten auch für die zusätzliche vierte Dimension. Um diese kleine Raumrichtung sichtbar zu machen, sind Teilchen mit sehr großem Impuls erforderlich. Man kann es auch so ausdrücken: Um sich in einem sehr kleinen kompakten Raum fortbewegen zu können, muss man eine sehr hohe Energie aufwenden, die umgekehrt proportional zur Ausdehnung der kompakten Raumrichtung ist. Wollen wir also Teilchen in die vierte Dimension schicken, müssen diese extrem energiereich sein. Nehmen wir an, dass die vierte Dimension durch einen Kreis mit dem Radius R beschrieben wird, dann ist die Energie, die man zur Sichtbarmachung dieser kreisartigen Dimension benötigt, proportional zu $1/R$. Wir werden später diskutieren, wie klein die oberen, experimentellen Schranken an den Radius von zusätzlichen Dimensionen sein müssen, da man diese bis heute noch nicht in Experimenten entdeckt hat.

Eine unendliche Anzahl von angeregten Elementarteilchen Die Quantenmechanik hält noch eine weitere Besonderheit bereit, was den «Rundumlauf» in einer kompakten, kreisförmigen Raumrichtung angeht. Im unendlich großen Raum können die Geschwindigkeit eines Teilchens und somit auch sein Impuls ganz beliebige, kontinuierliche Werte annehmen, die nur durch Lichtgeschwindigkeit nach oben begrenzt sind. Der Impuls eines Teilchens im unendlichen Raum kann also auch beliebig kleine, von null verschiedene Werte annehmen. Dies ist in einem kreisförmigen Raum nicht mehr möglich. Der Impuls eines Teilchens in einer endlichen Raumrichtung kann nur bestimmte, diskrete Werte annehmen. Der Grund dafür ist die quantenmechanische Natur der Teilchen. Läuft man einmal auf dem Kreis herum, so muss man fordern, dass sich die Wellenfunktion eines Teilchens nicht ändert, wenn man wieder am Ausgangspunkt angelangt ist. Diese Bedingung hat zur

Folge, dass die erlaubten Teilchenimpulse in der kreisförmigen Raumrichtung diskret, also quantisiert sein müssen – analog zum quantisierten Energiespektrum des Wasserstoffatoms. In beiden Fällen ergibt sich die Quantisierungsvorschrift daraus, dass sich das Teilchen nur in einem begrenzten Raumbereich aufhalten kann und nicht in einem unendlich großen Raumgebiet. Die genaue Analyse dieser quantenmechanischen Impulsquantisierung ergibt, dass die erlaubten Impulse im kreisförmigen Raum folgender Formel gehorchen müssen: $p = n/R$, wobei n eine beliebige positive oder negative ganze Zahl ist und R den Radius der zusätzlichen Raumrichtung angibt.

Nehmen wir also an, dass ein bestimmtes Elementarteilchen, zum Beispiel ein Elektron oder ein Quark oder auch ein Photon oder ein Gluon, sich nicht nur in drei Raum-Dimensionen bewegt, sondern so viel Energie besitzt, dass es auch in die vierte Dimension eintauchen kann. In diesem Fall muss der Impuls des Teilchens in der vierten Raumrichtung ein ganzzahliges Vielfaches des inversen Kreisradius 1/R sein. Da das Teilchen normalerweise einen Impuls in der dreidimensionalen Welt besitzt, existiert es sicherlich weiterhin in unserer Welt als beobachtbares Teilchen. Nach Einsteins Formel $E = m\,c^2$ liefert seine Energie, die es in der vierten Raum-Richtung besitzt, einen zusätzlichen Beitrag zu seiner Masse in drei Dimensionen. Ein Elektron, welches sich in der vierten Dimension bewegt, verhält sich wie ein enger Verwandter eines Elektrons, das sich nur in drei Dimensionen bewegt: Es erbt von ihm alle seine Eigenschaften, wie die elektrische Ladung oder den Spin, nur seine Masse ist größer. Man kann es somit als ein zusätzliches Elektron ansehen, mit einer Masse, die ein ganzzahliges Vielfaches des inversen Kreisradius 1/R beträgt. Es gibt also eine unendliche Anzahl von diesen zusätzlichen Elektronen mit linear ansteigenden, aber diskreten Massenwerten. Den ersten neuen Zustand des Elektrons findet man bei einer Masse von 1/R, den zweiten neuen Zustand bei einer Masse von 2/R usw. Eine kreisartige Dimension mit Radius 10^{-18} Meter entspricht einer typischen Anregungsenergie von ungefähr 1 TeV. Dies gilt nicht nur für das Elektron und seine Anregungen in die vierte Dimension, sondern für jedes Elementarteilchen, das in die vierte Dimension eintauchen und deswegen einen nichtverschwindenden Impuls in der vierten Dimension besitzen kann. Man hat es also auch mit unendlich vielen zusätzlichen Quarks, Leptonen, Photonen, Gluonen und mit unendlich vielen zusätzlichen W- und Z-Bosonen zu tun, die alle diesem Massenschema folgen, sofern sie einen Impuls in der zusätzlichen Raum-Dimension tragen können. Man bezeichnet diese zusätzlichen Zustände als Kaluza-Klein-Teilchen. Bei genügend hoher Energie könnte man sie an Teilchenbeschleunigern produzieren und nachweisen. Würde man also ein typisches Kaluza-Klein-Teilchenspektrum mit aufsteigenden Massen, aber sonst gleichen Eigenschaften wie die der Teilchen des Standardmodells messen, dann wäre dies ein sehr gutes Anzeichen dafür, dass es zusätzliche Dimensionen in der Natur gibt. Man könnte also aus der Messung von Teilchenspektren direkt auf neue Dimensionen schließen. Da man aber bis jetzt noch keine Kaluza-Klein-Teilchen an Beschleunigern entdeckt hat – auch noch nicht am LHC in Genf –, müssen ihre Massen größer als ungefähr 1 TeV/c^2 sein. Daraus ergibt sich, dass der Radius der zusätzlichen Dimension kleiner als ungefähr 10^{-18} cm sein muss.

Diese Vorstellung lässt sich für den Fall der Existenz nicht nur einer zusätzlichen, sondern mehrerer Dimensionen verallgemeinern. In diesem Fall können die Kaluza-Klein-Anregungen verschiedene diskrete Impulse in den verschiedenen kompakten Raum-Richtungen besitzen. Diese inneren Impulse machen sich dann wieder als zusätzliche Beiträge zu den Massen der Teilchen bemerkbar, wenn man sie als «normale» Teilchen in drei Raum-Dimensionen auffasst. Es ergibt sich also ein kompliziertes Teilchenspektrum, das man berechnen sowie durch die Anzahl und die Größe der zusätzlichen Raum-Richtungen rekonstruieren kann. Es lassen sich also Raum und Geometrie in einem gewissen Sinne mit dem Spektrum von massereichen Kaluza-Klein-Teilchen identifizieren. Die Massen dieser Teilchen sind dabei durch die geometrischen Größen der zusätzlichen Raum-Richtungen bestimmt.

Es kann aber auch der Fall eintreten, dass es zwar zusätzliche

Dimensionen gibt, die Teilchen des Standardmodells aber aus bestimmten Gründen keinen Eintritt gewähren. Die zusätzlichen Dimensionen sind also in diesem Fall für die Teilchen des Standardmodells unsichtbar. Dann gibt es keine Kaluza-Klein-Anregungen der Standardmodell-Teilchen, und eine experimentelle Entdeckung der zusätzlichen Dimensionen gestaltet sich weitaus schwieriger. Deswegen können diese weitaus größer als 10^{-18} cm sein und damit auch größer, als es die Experimente in den Beschleunigern vermuten lassen. Allerdings gibt es eine Kraft, die universell ist und die sich immer in alle zusätzlichen Dimensionen ausbreitet: die Gravitationskraft.

Gibt es mehr als eine Zeit? Schließlich können wir uns auch die Frage stellen, warum es nur eine Zeitrichtung gibt. Warum ist die Zeit also nur eindimensional? Die Welt mit mehreren Zeitrichtungen würde vollkommen anders aussehen. Gäbe es zwei Zeitrichtungen, die an einem Punkt in der Raum-Zeit auseinanderlaufen würden, dann könnten sich zwei Personen, die sich in unterschiedliche Zeitrichtungen voneinander entfernen würden, niemals wiedertreffen. Ferner wäre die Energieerhaltung in einer Welt mit mehreren Zeitrichtungen unter Umständen verletzt, sodass zum Beispiel das Proton in ein Neutron zerfallen könnte oder sogar ein Elektron in ein Neutron plus einem Antiproton und einem Neutrino – der umgekehrte radioaktive Zerfall des Neutrons. In jedem Fall wäre eine Welt mit mehr als einer Zeitrichtung für menschliches Leben gänzlich ungeeignet.

5. Der klassische Fischteich

Die Allgemeine Relativitätstheorie von Einstein

Im letzten Jahrhundert haben wir gelernt, dass Raum, Zeit und Materie eng miteinander verwoben sind. Einerseits stellen Raum und Zeit die Bühne dar, auf der sich die Elementarteilchen bewegen und miteinander wechselwirken. Andererseits sind Raum und Zeit keine absoluten und statischen Größen, sondern sie nehmen am Spiel der Elementarteilchen teil. Einstein hat in der Allgemeinen Relativitätstheorie die Gleichungen aufgestellt, mit denen Raum, Zeit und Materie miteinander in Wechselwirkung treten. Die Raum-Zeit wird durch das Vorhandensein von Materie verbogen. Die Materie folgt in ihrer Bewegung den Geodäten, nämlich den kürzesten Linien in der gekrümmten Raum-Zeit, so auch ein Lichtstrahl, welcher im gekrümmten Raum immer noch den kürzesten Weg zwischen zwei Punkten nimmt. Die Bahn des Lichtes wird im Gravitationsfeld also gekrümmt, und wir sprechen von der gekrümmten Raum-Zeit. Wenn wir eine zweidimensionale Kugeloberfläche betrachten, werden die Geodäten durch Kreisbögen beschrieben, die sogenannten Großkreise. Das ist auch der Grund dafür, dass Flugzeuge auf ihrem Weg von Europa nach Amerika nicht einfach entlang eines bestimmten Breitengrads von Osten nach Westen fliegen, sondern auf einer nördlichen Route, auf der man oft Eisberge betrachten kann. Albert Einstein hatte als Erster erkannt, dass die gravitationelle Anziehung zwischen den Elementarteilchen als die Bewegung in der gekrümmten Raum-Zeit beschrieben werden kann. Die Einstein'schen Gleichungen, die die Krümmung der Raum-Zeit mit der Verteilung der Materie verknüpfen, sind mathematisch einerseits recht kompliziert und führen andererseits zu weitreichenden physikalischen Einsichten und zu neuen physikalischen Phänomenen.

Gravitationswellen Die Gravitationskraft pflanzt sich genauso wie die elektromagnetische Kraft als Gravitationswelle mit endlicher Geschwindigkeit fort. Gravitationswellen können als kleine Verstauchungen und Streckungen der Raum-Zeit angesehen werden, die mit Lichtgeschwindigkeit den Raum durchqueren. Dabei führen sie immer ein bestimmtes Maß an Energie mit sich. Veränderungen der Verteilung von Masse oder auch von Energie im Universum führen zur Abstrahlung von Gravitationswellen. So führt auch der Umlauf der Erde um die Sonne zu einer sehr schwachen Abstrahlung von Energie durch Gravitationswellen. Dieser Effekt, der gerade ungefähr 300 Watt beträgt, ist aber viel zu klein, um jemals nachgewiesen zu werden. Jedoch agieren Supernovae-Explosionen, bei denen riesige Materiemengen binnen sehr kurzer Zeit auf kleinsten Raum zusammenstürzen, gleichsam wie gigantische Sendeanlagen von Gravitationswellen. Diese führen zu Verwerfungen in der Raum-Zeit in einer Form, die man auf der Erde durch Laser-Interferometer als Empfangsanlagen für Gravitationswellen versucht nachzuweisen. Dieser direkte Nachweis von Gravitationswellen ist bis zum heutigen Tag noch nicht geglückt. Aber man hofft, dass neue Gravitationswellendetektoren im Weltall, das LISA-Projekt (Laser Interferometer Space Antenna), in den nächsten Jahren den experimentellen Nachweis von Gravitationswellen führen werden. LISA besteht aus drei identischen Satelliten, die in der Form eines gleichseitigen Dreiecks mit 5 Millionen Kilometer Seitenlänge die Sonne zusammen mit der Erde umkreisen. Wegen des großen Abstandes der drei Empfänger kann man mit LISA Gravitationswellen im Frequenzbereich von 0,1 Hz bis 1 Hz empfangen. Diese könnten ihren Ursprung auch im Urknall des Universums haben. Das soll uns später noch genauer beschäftigen.

Ein indirekter Nachweis von Gravitationswellen gelang allerdings schon im Jahre 1974 durch die beiden Physiker Russel Hulse und Joseph Taylor von der Princeton University. Sie konnten durch die Beobachtung des Doppelpulsars PSR 1913+16 im Sternbild Adler zeigen, dass der Energieverlust dieses Systems in Form des Aussendens von Gravitationswellen genau den Vorhersagen der

Allgemeinen Relativitätstheorie entspricht. Zusammen mit einem unsichtbaren Neutronenstern bildet dieser Pulsar ein Doppelsternsystem mit einer gegenseitigen Umlaufdauer um den gemeinsamen Schwerpunkt von ca. 7,75 Stunden. Hulse und Taylor konnten nachweisen, dass diese Umlaufperiode um ca. $2{,}4 \times 10^{-12}$ pro Sekunde abnimmt, also in fünf Jahren Beobachtungszeit um ca. zwei Sekunden. Diese Verlangsamung kann man nur mit der Abstrahlung von Gravitationswellen erklären. Für diese Entdeckung, die einen schlagkräftigen Beweis der Gültigkeit der Allgemeinen Relativitätstheorie darstellt, wurden beide Physiker im Jahre 1993 mit dem Nobelpreis geehrt. Zudem konnten sie noch feststellen, dass sich das Signal des Pulsars, dessen Rotationsperiode 59,03 Millisekunden beträgt, auch um 10^{-6} pro Sekunde verlangsamt. Dies wird durch einen anderen wichtigen Effekt der Allgemeinen Relativitätstheorie verursacht, nämlich durch die Zeitdilatation im Gravitationsfeld. Denn das Doppelsternsystem sammelt im Lauf der Zeit nach und nach immer mehr Materie aus dem Weltall auf.

Die Periheldrehung des Merkurs Viel früher noch als durch die Untersuchung von Doppelsternsystemen erfuhr die Allgemeine Relativitätstheorie ihre erste große Bestätigung durch die richtige Vorhersage der Periheldrehung des Merkurs. Während gemäß den Kepler'schen Gesetzen in der Newton'schen Gravitationstheorie die Bahn des Merkurs um die Sonne durch eine starre Ellipse beschrieben wird, gleicht die wirkliche Bahn des Merkurs mehr einer Rosette. Das bedeutet, dass der sonnennächste Punkt der Ellipse sich jährlich um einen bestimmten Winkel verschiebt. Das Perihel verändert sich beim Merkur pro Jahrhundert um etwa 43 Bogensekunden. Dieser Effekt, der zu einem Teil von den Störungen durch andere Planeten herrührt, war schon lange bekannt und wurde im Jahre 1859 zum ersten Mal von Urbain Le Verrier entdeckt. Die Periheldrehung stellte in der Tat eine ernste Bedrohung für Newtons Theorie dar. In der Allgemeinen Relativitätstheorie nun erhält man gerade die richtigen Korrekturterme zu den Planetenbahnen, die Einstein selbst als Erster berechnete. Als er die Berechnungen aus seinen Feldgleichungen fertigstellte, ergaben sich als Resultat genau die 43 Bogensekunden als Abweichung von der Newton'schen Theorie. Damit hatte die Allgemeine Relativitätstheorie ihre erste, von Einstein selbst gestellte Bewährungsprobe glänzend bestanden.

Ablenkung von Licht durch Gravitation Ein weiterer, auch von Einstein begleiteter Test der Allgemeinen Relativitätstheorie hatte die Ablenkung von Licht im Gravitationsfeld der Sonne zum Gegenstand. Wie jeder andere Körper, der Energie oder Masse mit sich trägt, sind auch die Lichtstrahlen, also die Photonen, dem Einfluss der Gravitationskraft unterworfen. Sie folgen dabei den Geodäten im gekrümmten Raum. In der Nähe eines Sternes verlaufen die Geodäten des Raumes nicht geradlinig, sondern sind um einen bestimmten Winkel gekrümmt. Bei der Sonne sind dies ungefähr 1,75 Bogensekunden. Während der Sonnenfinsternis im Mai 1919, die mit viel öffentlichem Interesse verfolgt wurde, konnte man die Lichtablenkung im Gravitationsfeld der Sonne mittels eines Fernrohrs nachweisen. Nicht angewiesen auf eine Sonnenfinsternis, wurde in den sechziger Jahren dieses Experiment anhand von Radioteleskopen wiederholt und die Sonnenablenkung der Signale von weit entfernten riesigen Galaxien, den Quasaren, sehr genau nachgewiesen. Schließlich machte man im Jahre 1979 mit dem Effekt der Gravitationslinsen eine weitere wichtige Entdeckung. Hier untersuchte man das von dem weit entfernten Quasar Q0957+561 ausgesendete Licht, welches durch eine dazwischen liegende Galaxie so abgelenkt wird, dass es auf zwei Wegen zur Erde gelangt. Das Licht wird also gleichsam wie bei einer optischen Sammellinse durch das Gravitationsfeld der dazwischen liegenden Galaxie gebündelt. Auf der Erde erscheint dann der Quasar, der das Licht aussendet, als zwei verschiedene Lichtpunkte, da man beide Lichtstrahlen als gerade Linien und nicht als gekrümmte Kurven im Raum extrapoliert. Die beiden Lichtpunkte des Quasars Q0957+561 wurden bei ihrer Entdeckung im Jahre 1979 deshalb auch als Twin-Quasar bezeichnet. Im Extremfall gibt es durch Gravitationslinsen sogar vierfache

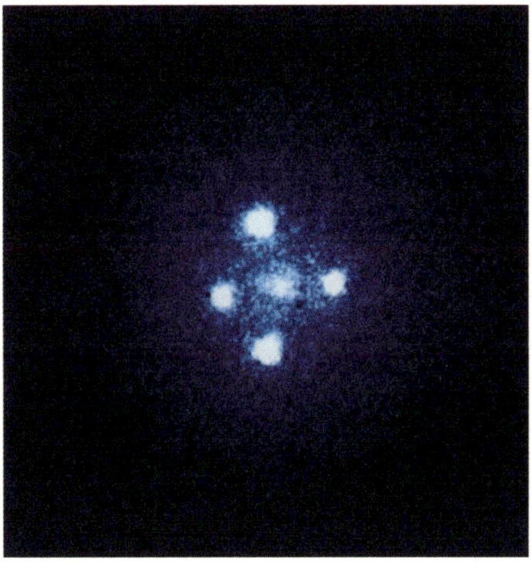

22 Licht wird im Gravitationsfeld eines massereichen Objektes abgelenkt. Nimmt das Licht eines sehr weit entfernten Objektes verschiedene Wege um eine dazwischen liegende Galaxie herum, so erhält man auf der Erde eine mehrfache Abbildung ein und desselben Objektes. Das hier abgebildete Einsteinkreuz ist die vierfache Abbildung des Quasars QSO 2237+0305 im Sternbild des Pegasus, der ca. 400 Millionen Lichtjahre hinter einer Galaxie liegt, die als Gravitationslinse wirkt (die Huchras-Linse). Der vierfach abgebildete Quasar ist etwa 8 Milliarden Lichtjahre von der Erde entfernt.

Abbildungen ein und desselben Objektes, wie das 1985 entdeckte Einstein-Kreuz im Sternbild des Pegasus oder der erste entdeckte Einstein-Ring aus dem Jahre 1987.

Das allgemeine Äquivalenzprinzip Es gibt unter den Physikern keine Zweifel mehr, dass die Allgemeine Relativitätstheorie die gravitationelle Anziehung von Körpern und Teilchen richtig beschreibt. Deswegen wollen wir uns nach diesen Experimenten nun einigen theoretischen Grundlagen der Allgemeinen Relativitätstheorie zuwenden, um diese noch besser verstehen zu können. Bewegt sich ein Körper im Gravitationsfeld eines anderen massiven Körpers, so erfährt er durch die auf ihn wirkende Gravitationskraft eine Beschleunigung. Lässt man zum Beispiel einen Ball von einem Turm auf die Erde fallen, so wird der Ball im Gravitationsfeld der Erde beschleunigt. Dies hatte schon Newton festgestellt, als er über den fallenden Apfel nachdachte. Wie wir wissen, postulierte Newton, dass die träge Masse eines Körpers, also die Masse, die sich einer Beschleunigung widersetzt, gleich seiner schweren Masse ist, welche die Stärke der Gravitationsanziehung bestimmt. Dieses Äquivalenzprinzip zwischen Beschleunigung und Gravitation ist auch in der Allgemeinen Relativitätstheorie gültig und war für Einstein der Ausgangspunkt seiner Überlegungen, die in der Formulierung der Einstein'schen Feldgleichungen ihren krönenden Abschluss fanden. Da Teilchen im Gravitationsfeld beschleunigt werden, führte Einstein nicht mehr nur Bezugssysteme ein, die sich wie in der Speziellen Relativitätstheorie mit konstanter Geschwindigkeit zueinanderbewegen, sondern er ließ auch beschleunigte Bezugssysteme zu. Das Prinzip der Äquivalenz zwischen Gravitation und Trägheit führt dazu, dass in einem beschleunigten Bezugssystem die Gravitationskraft nicht mehr als Kraft spürbar ist. Befinden wir uns in einem Fahrstuhl, der im freien Fall im Gravitationsfeld der Erde auf diese zurast und eine beschleunigte Bewegung ausführt, so befindet sich der Beobachter im Fahrstuhl in einem schwerelosen Zustand. Er verspürt keine Kraft, die ihn auf den Boden des Fahrstuhls drückt. Man kann also den Effekt der Gravitationskraft anscheinend dadurch gleichsam wieder eliminieren, dass man an jedem Punkt der Raum-Zeit ein geeignetes Bezugssystem definiert. Auf diese Weise erwächst die Gravitationskraft als Folge der Struktur von Raum und Zeit. Das Äquivalenzprinzip führt also zu einer Geometrisierung der Gravitation. Die Gewinnung dieser Erkenntnis durch Albert Einstein ist eine der größten Leistungen in der Wissenschaft.

Licht in einem Fahrstuhl Wie wir schon wissen, spürt auch das Licht, nämlich die mit einer bestimmten Energie ausgestatteten Photonen, den Einfluss der Gravitation. Licht wird von massiven Körpern angezogen. Um den Effekt der Gravitationskraft auf Licht besser zu verstehen, benutzen wir nochmals den Fahrstuhl im Rahmen eines Gedankenexperiments. Der Aufzug möge sich in einem bestimmten Stockwerk eines Hauses befinden. Nun bohren wir zwei Löcher in diesen Aufzug, und zwar in genau gleicher Höhe auf zwei entgegengesetzten Seiten des Aufzugs. Nun kann das Gedankenexperiment beginnen: Wir schicken einen Lichtstrahl, zum Beispiel aus einem starken Laser, in horizontaler Richtung durch eines der beiden Löcher in den Aufzug; dann wollen wir beobachten, wo der Lichtstrahl auf der gegenüberliegenden Wand auftrifft. Insbesondere sind wir daran interessiert, ob der Laserstrahl wieder aus dem anderen Loch heraustritt oder ob er unterhalb beziehungsweise oberhalb des Loches auf die Wand trifft. Da wir lediglich ein Gedankenexperiment durchführen, ist es uns auch möglich, die Gravitationskraft der Erde an- und auszuschalten. Wir können das Experiment auch im Weltall ohne den Einfluss der Gravitation durchführen. Der erste Teil des Experiments besteht einfach daraus, dass wir den Lichtstrahl bei abgeschalteter Gravitationskraft durch das Loch in den ruhenden Fahrstuhl schicken. Der Lichtstrahl wird selbstverständlich durch das gegenüberliegende Loch wieder aus dem Fahrstuhl herauskommen. Danach, im zweiten Teil des Experiments, bewegen wir den Aufzug beschleunigt nach oben, sobald das Licht in den Aufzug eintritt. Da das Licht eine endliche Geschwindigkeit zum Durchlaufen des Fahrstuhls benötigt, verfehlt das Licht nun das andere Loch, es trifft etwas unterhalb der Öffnung auf der anderen Wand ein. Bei genauerer Beobachtung wird man feststellen, dass das Laserlicht eine nach unten gekrümmte Parabelbahn in dem Fahrstuhl beschreibt. Das Licht fällt also gleichsam im Fahrstuhl nach unten.

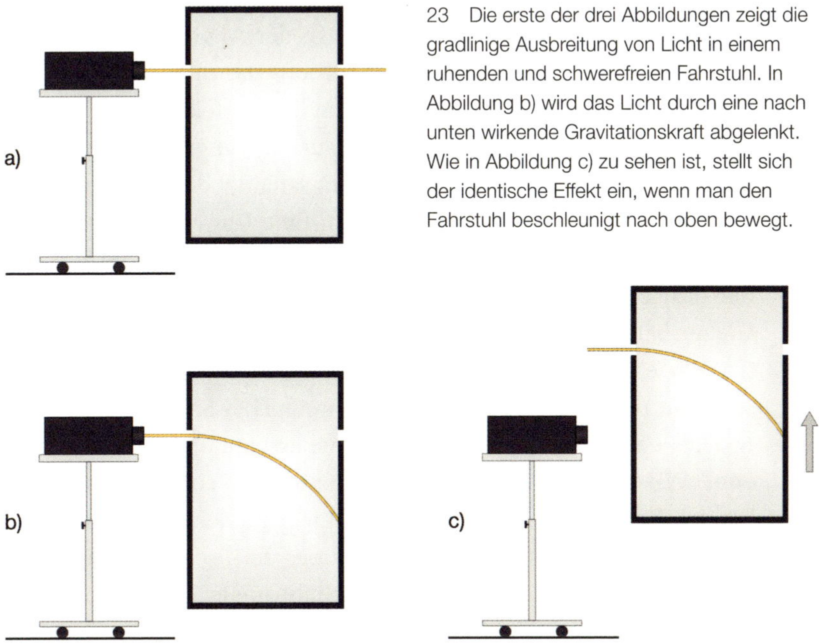

23 Die erste der drei Abbildungen zeigt die gradlinige Ausbreitung von Licht in einem ruhenden und schwerefreien Fahrstuhl. In Abbildung b) wird das Licht durch eine nach unten wirkende Gravitationskraft abgelenkt. Wie in Abbildung c) zu sehen ist, stellt sich der identische Effekt ein, wenn man den Fahrstuhl beschleunigt nach oben bewegt.

Als Nächstes schalten wir das Gravitationsfeld der Erde wieder ein und halten den Fahrstuhl in dem Stockwerk fest, wo er sich gerade befindet. Was wir nun beobachten, ist identisch mit dem vorherigen Teil des Experimentes: Der Lichtstrahl verfehlt das zweite Loch, es trifft wiederum unterhalb von ihm auf der Wand ein. Unter dem Einfluss der Gravitationskraft wird also der Lichtstrahl im ruhenden Fahrstuhl nach unten abgelenkt. Er bewegt sich wiederum auf einer gekrümmten Parabelbahn. Die Gravitation hat also den Raum gekrümmt. Nun wiederholen wir das Experiment zum vierten Mal, wobei wir den Fahrstuhl nach Eintreten des Lichtstrahles loslassen, sodass er sich zusammen mit dem Licht im freien Fall befindet. Er beschreibt jetzt ein beschleunigtes Bezugssystem. Die Lichtablenkung wird nun durch die Beschleunigung des Fahrstuhls kompensiert, sodass das Licht in diesem Fall wieder genau aus dem zweiten Loch austritt. Dies entspricht genau dem ersten Teil des Experimentes mit einem ruhenden, im gravitationsfreien Weltall befindlichen Fahrstuhl.

Die Zeit läuft im Gravitationsfeld langsamer Nun kommen wir zu einem weiteren wichtigen Phänomen in der Allgemeinen Relativitätstheorie, der gravitativen Zeitdilatation. Darunter verstehen wir den Effekt, dass die Zeit in einem Gravitationsfeld, also in der gekrümmten Raum-Zeit, langsamer abläuft als im gravitationsfreien, flachen Raum. Man kann die Verlangsamung der Zeit schon im Gravitationsfeld der Erde beobachten. Eine Uhr auf der Erde tickt etwas langsamer als eine Uhr in einem Satelliten, da die Uhr auf der Erde einem stärkeren Gravitationsfeld ausgesetzt ist als auf der Umlaufbahn des Satelliten. Diese Zeitdifferenz muss man in Betracht ziehen, wenn man im GPS-Navigationssystem die Zeitmessung auf der Erde mit der Zeitmessung im GPS-Satelliten synchronisiert – ansonsten wäre die Positionsbestimmung nicht mehr genau. Wir können uns die Zeitdilatation in einem Experiment klarmachen, indem wir wieder eine Lichtquelle zu Hilfe nehmen, die sich auf der Spitze eines Turmes über der Erdoberfläche befindet. Dabei verwenden wir eine Laserlichtquelle. Die Frequenz ihrer elektromagnetischen Strahlung gibt genau die Anzahl der

Schwingungen pro Sekunde an und eignet sich sehr gut zur Messung von Zeitintervallen.

Wir platzieren nun die Laserlichtquelle in einer bestimmten Höhe, sagen wir 300 Meter über der Erdoberfläche. Ziel des Experimentes ist es zu demonstrieren, dass ein und dieselbe Lichtquelle auf dem Erdboden und in 300 Meter Höhe mit unterschiedlicher Frequenz schwingt. Die Frequenz auf dem Turm in 300 Metern ist um ungefähr 3 Billionstel eines Prozentes größer als auf dem Erdboden. Das bedeutet, dass der zeitliche Abstand zwischen zwei Wellenbergen des Lichtes am Boden etwas größer als auf der Turmspitze ist. Die Zeit auf der Erdoberfläche läuft also etwas langsamer als auf dem Turm. Der Grund dafür ist das etwas größere Gravitationsfeld auf der Erdoberfläche als in 300 Meter Höhe.

Man kann sich diesen Effekt auf zwei verschiedene Arten verdeutlichen. Das Licht, das von der Turmspitze auf die Erde trifft, spürt das Gravitationsfeld der Erde gewissermaßen als einen Zugewinn seiner Energie. Durch den Fall auf die Erde erhalten die Photonen etwas mehr an Energie. Da die Energie der Photonen proportional zur Frequenz des Lichtes ist, schwingen die Lichtteilchen, die von der Quelle in 300 Meter Höhe auf die Erde auftreten, mit einer etwas höheren Frequenz als die Lichtteilchen der gleichen Laserquelle auf der Erde. Das Licht aus 300 Meter Höhe ist also blau verschoben im Vergleich zum Licht auf der Erde. Dies bedeutet nichts anderes, als dass der Fluss der Zeit auf der Erdoberfläche etwas langsamer verläuft als auf der Turmspitze. Umgekehrt können wir einen Lichtstrahl von der Erdoberfläche nach oben auf den Turm schicken. Durch die Abbremsung im Gravitationsfeld der Erde verliert der Lichtstrahl nun etwas an Energie, was sich als Rotverschiebung seiner Frequenz offenbart. Die Interpretation dieser gravitativen Rotverschiebung ist wieder die gleiche wie vorher. Dort, wo das Gravitationsfeld stärker ist, verläuft die Zeit langsamer. Auf dem Mond fließt die Zeit also auch schneller als bei uns auf der Erde.

Der gravitative Dopplereffekt Statt den Energieverlust der Photonen im Gravitationsfeld zu betrachten, kann man die gravitative

Zeitdilatation auch auf andere Art und Weise plausibel machen. Dazu stellen wir uns einen Fahrstuhl vor, der oben und unten ein Loch besitzt. Der Fahrstuhl zusammen mit uns als Beobachter befindet sich kurz unterhalb der Lichtquelle oben im Turm. Nun schalten wir die Laserlichtquelle ein, und das Licht tritt durch das obere Loch in den Fahrstuhl ein. Gleichzeitig lassen wir den Fahrstuhl fallen, sodass er sich von nun an zusammen mit uns im freien Fall befindet. Der Fahrstuhl ist also zu einem Inertialsystem geworden, und wir haben auf diese Weise den Effekt der Gravitation wie auch schon in früheren Gedankenexperimenten in eine beschleunigte Bewegung überführt. Der Lichtstrahl tritt bald darauf wieder aus dem unteren Loch aus dem Fahrstuhl aus und trifft nach kurzer Zeit auf dem Boden auf. Wenn der Lichtstrahl den Boden erreicht, besitzt der Fahrstuhl als unser Inertialsystem selbst eine kleine Geschwindigkeit. Da sich das Inertialsystem des Lichtes, nämlich der Fahrstuhl, auf den Detektor zubewegt, ist die Lichtfrequenz, die wir als Beobachter im Fahrstuhl wahrnehmen, größer als die Frequenz des Laserlichts einer auf der Erdoberfläche ruhenden Quelle. Diese Frequenzverschiebung kommt gerade durch den Dopplereffekt zustande, den wir auch beobachten können, wenn sich uns eine Schallwelle nähert oder von uns entfernt. Die Hupe eines Autos hat einen höheren Ton, wenn sich das Auto auf uns zubewegt, im Vergleich zum stehenden Fahrzeug, und dann einen tieferen Ton, wenn sich das Auto von uns wegbewegt.

Der Maßstab von Raum und Zeit Die Zeitdilatation kann man mathematisch beschreiben, wenn man sich die Metrik der gekrümmten Raum-Zeit anschaut. Dazu erinnern wir uns an die Definition des Abstandes zwischen zwei Punkten in der gekrümmten Minkowski-Raum-Zeit:

$$s^2 = c^2\, g_{tt}\, t^2 - g_{tx}\, t\, x - g_{xx}\, x^2$$

Die Funktionen g_{tt}, g_{tx} und g_{xx} hatten wir als die Metrik der Raum-Zeit bezeichnet. Sie legen den Maßstab fest, den wir zur Messung von Zeit- und Längendifferenzen zwischen den sogenannten Ereignispunkten anlegen müssen. Durch die Metrikkomponente g_{tt} wird festgelegt, wie schnell oder wie langsam die Zeit abläuft, während die Metrikkomponente g_{xx} den räumlichen Abstand zwischen zwei Punkten festlegt. Betrachten wir also die zeitliche Änderung in der gekrümmten Raum-Zeit, die durch ein Gravitationsfeld entsteht: Die Koordinate t entspricht genau den Zeitintervallen, wie wir sie durch eine Uhr messen würden, die sich weit entfernt von der Erde im gravitationsfreien Raum befindet. Diese Uhr befindet sich also in ihrem eigenen Inertialsystem. Die Zeit t wird durch die Funktion g_{tt} korrigiert, und man erhält als die von einer Uhr im Gravitationsfeld gemessene Zeit folgenden Ausdruck, den man als die Eigenzeit τ bezeichnet: $\tau = \sqrt{g_{tt}}\, t$. Die Eigenzeit τ und die Zeit t im Inertialsystem unterscheiden sich also um einen Faktor, der durch die Quadratwurzel von g_{tt} gegeben ist. Im gravitationsfreien Raum ist g_{tt} gleich eins; τ und t sind also dort identisch. In einem Gravitationsfeld jedoch ist g_{tt} immer kleiner als eins, weshalb eine Uhr im Gravitationsfeld langsamer als eine Uhr im flachen Raum läuft.[30]

Einsteins Gleichungen der Allgemeinen Relativitätstheorie Albert Einstein erkannte als Erster, dass ein massebehafteter Körper oder auch ein energiereiches Teilchen eine Krümmung der Raum-Zeit nach sich zieht. Einstein hat diesen Sachverhalt in der Form von mathematischen Gleichungen gefasst, die es im Prinzip erlauben, für eine vorgegebene Massenverteilung, zum Beispiel in einer Galaxie, die dazugehörige Raumkrümmung zu berechnen. Wenn wir die Größe der Raumkrümmung mit dem Buchstaben R bezeichnen – die Raumkrümmung R lässt sich aus den Metrikkomponenten eindeutig berechnen – und wenn wir die Energie (oder die Masse) der Materie mit E bezeichnen, dann haben die Einstein'schen Gleichungen eine sehr einfache Form:[31]

$$R = \kappa\, E$$

Raumkrümmung und Energie sind also proportional zueinander, die Konstante κ, die beide miteinander in Beziehung setzt, wird als

Einstein'sche Gravitationskonstante bezeichnet. Sie setzt sich einfach aus der Newton'schen Gravitationskonstante G und der Lichtgeschwindigkeit c zusammen.[32] Aufgrund der geringen Größe der Newton'schen Gravitationskonstante – die Gravitationskraft ist im Vergleich zu den anderen mikroskopischen Kräften sehr schwach – ist die Raumkrümmung, die von einem Elementarteilchen ausgeht, sehr klein. Auch die Raumkrümmung und die Zeitdilatation durch die Erde ist immer noch ein sehr kleiner geometrischer Effekt. Man braucht also sehr massereiche Objekte wie große Galaxien und Schwarze Löcher, zu denen wir gleich kommen werden, um eine spürbare Raumkrümmung zu messen. Würden wir andererseits in einer Welt leben, in der die Gravitationskonstante G gleich null ist, könnten Körper mit Masse keine Raumkrümmung verursachen. Genauso wäre in einer Welt, in der die Lichtgeschwindigkeit einen sehr viel größeren Wert als ihren gemessenen hätte, die Raumkrümmung sehr viel kleiner, da das Licht in diesem Fall sehr viel weniger im Gravitationsfeld eines anderen Körpers abgelenkt würde.

Singularitäten im Kosmos: Schwarze Löcher

Stillstand der Zeit am Schwarzen Loch Im gekrümmten Raum, das heißt im Gravitationsfeld eines massereichen Körpers, sei es eine Galaxie, ein Stern oder ein Planet, verläuft die Zeit langsamer als im gravitationsfreien, flachen Raum. In der Umgebung von Schwarzen Löchern fließt die Zeit besonders langsam – sie kommt bei einem bestimmten Abstand vom Zentrum eines Schwarzen Loches vollkommen zum Stillstand. Ein Schwarzes Loch ist ein astronomisches Objekt, dessen Gravitation so stark ist, dass bei einem ganz bestimmten Abstand von seinem Mittelpunkt, dem Ereignishorizont, seine Fluchtgeschwindigkeit die Lichtgeschwindigkeit überschreitet. Die Fluchtgeschwindigkeit ist die Geschwindigkeit, die man aufbringen muss, um aus dem Gravitationsfeld eines bestimmten Körpers entkommen zu können. Die Fluchtgeschwindigkeit der Erde beträgt 40 000 Kilometer pro

Stunde, also ungefähr 11,2 Kilometer pro Sekunde, bei der Sonne beträgt sie 617 Kilometer pro Sekunde. Je kleiner und massereicher ein Körper ist, desto höher ist seine Fluchtgeschwindigkeit. Der Engländer John Mitchell und der französische Mathematiker Pierre-Simon Laplace dachten schon Ende des 18. Jahrhunderts darüber nach, ob Licht auch der Schwerkraft unterliegen könne und wie groß und wie schwer ein «Dunkler Stern» sein müsse, dessen Fluchtgeschwindigkeit gerade der Lichtgeschwindigkeit entspricht.

Die Überlegungen von Mitchell und von Laplace wurden erst lange nach ihrem Tod wieder aufgegriffen. Der Begriff «Schwarzes Loch» wurde 1967 von Archibald Wheeler geprägt, da kein Körper, auch nicht das Licht, den Ereignishorizont wieder verlassen kann. Mathematisch wurden die Schwarzen Löcher schon viel früher, im Jahre 1916, als Lösung der Einstein-Gleichungen vom deutschen Astronomen und Physiker Karl Schwarzschild gefunden. Er gilt als einer der Wegbereiter der modernen Astrophysik. Als Direktor des Astrophysikalischen Observatoriums in Potsdam meldete sich Schwarzschild bei Ausbruch des Ersten Weltkrieges im Jahre 1914 freiwillig zur Armee. Zwei Jahre später, im März 1916, kam er als Invalide von der Front zurück und starb nur zwei Monate später im Alter von 42 Jahren.

Die Raum-Zeit-Singularität im Zentrum des Schwarzen Loches Viele Jahre lang dachte man, dass Schwarze Löcher zwar korrekte mathematische Lösungen der Einstein'schen Feldgleichungen darstellen, aber man war sich nicht sicher, ob Schwarze Löcher auch wirklich im Weltall vorhanden sind. Diese Skepsis ist einerseits dem Umstand geschuldet, dass Schwarze Löcher wegen ihrer «Unsichtbarkeit» nur sehr schwer experimentell nachzuweisen sind. Aber auch für die theoretische Physik sind Schwarze Löcher recht problematische Objekte. Und zwar nicht deswegen, weil sie schwarz sind und das verschluckte Licht nicht wieder herauslassen, sondern weil sich in ihrem Inneren eine Raum-Zeit-Singularität befindet. Im Mittelpunkt des Schwarzen Loches wird nämlich die Krümmung der Raum-Zeit unendlich groß. Dort herrscht also eine unendlich große Gravitationskraft. Eine hypothetische Reise in das Innere eines Schwarzen Loches ist nicht deswegen gefährlich für die Besatzung eines Raumschiffes, weil sie nach Überschreiten des Ereignishorizonts nicht mehr zur Erde zurückkehren kann, sondern weil sie unweigerlich zur Singularität hingezogen wird. An ihr angekommen, wird jeder Körper durch die dortige Gravitationskraft in seine Urbestandteile zerlegt. Unendliche Größen ergeben in der Physik aber keinen Sinn, weswegen viele theoretische Physiker nicht an die reale Existenz von Schwarzen Löchern glaubten. Auch Einstein lehnte die Schwarzschild-Singularität als widersinnig und unphysikalisch ab. Die Einstellung der Theoretiker änderte sich allerdings im Jahre 1970 durch eine berühmte Arbeit von Stephen Hawking und Roger Penrose: Sie bewiesen, dass es in der klassischen Allgemeinen Relativitätstheorie keine nichttrivialen Lösungen der Einstein'schen Gleichungen ohne Singularitäten gibt. Singularitäten sind also in der klassischen Allgemeinen Relativitätstheorie unvermeidbar. Der berühmte Satz von Hawking und Penrose gilt auch, wenn man rückwärts in der Zeit schaut. Auch dann stößt man zwangsläufig auf eine Singularität, an der Raumkrümmung unendlich groß wird: Dieses ist die kosmologische Singularität, nämlich der Urknall, der Beginn der Zeit. Den Urknall werden wir gleich noch genauer besprechen. An dieser Stelle möchten wir aber schon vorwegnehmen: Schwarze Löcher und der Urknall sind zwar singuläre Raum-Zeit-Lösungen der Allgemeinen Relativitätstheorie; in einer Quantengravitationstheorie erwartet man jedoch, dass die Quantenstruktur von Raum und Zeit die klassischen Singularitäten wieder abschütteln kann. Auch dazu werden wir später noch kommen.

Die Entdeckung eines Schwarzen Loches im Sternbild des Schützen

Die letzen Zweifel an der Existenz von Schwarzen Löchern in der Astrophysik wurden durch die Entdeckung des Schwarzen Loches im Mittelpunkt unserer Galaxie im Sternbild Sagittarius A* (Sternbild Schütze am südlichen Himmel) endgültig aufgeräumt. 1992 begann eine Gruppe von Astrophysikern unter der Leitung von Reinhard Genzel vom Max-Planck-Institut für extraterrestrische

Physik in Garching bei München, die Umlaufbahnen von verschiedenen Sternen im Sternbild Sagittarius A* zu untersuchen. Hierbei verwendete man Aufnahmen von Teleskopen – insbesondere am Very Large Telescope in Cerro Paranal in Chile –, die im infraroten Lichtbereich arbeiten. Genaue Untersuchungen zeigten, dass sich alle beobachteten Objekte mit großer Geschwindigkeit um ein unsichtbares Massezentrum bewegen, in dem sich ungefähr 95 Prozent der gesamten Masse dieses Gebietes befanden. Die beobachteten Bahnen entsprachen dabei genau den Kepler-Bahnen von Körpern um ein Massenzentrum; sie hatten also die gleichen Formen wie die Planetenbahnen um die Sonne, nur dass sich das ganze Schauspiel weit entfernt von uns im Zentrum der Milchstraße abspielte. Im Jahre 2002 waren sich Reinhard Genzel und seine Kollegen sicher und konnten ihre Ergebnisse publizieren: Diese Umlaufbahnen kann man nur durch ein gigantisches Schwarzes Loch erklären. Es wird als Sgr A* bezeichnet und besitzt eine Masse von ca. 3,6 Millionen Sonnenmassen, und es rotiert sehr schnell um seine eigene Achse.

Neben Sgr A* kennt man eine Reihe weiterer kleinerer Schwarzer Löcher in unserer Galaxie, die eine Masse von einigen Sonnenmassen aufweisen sollten. Außer durch die Kepler-Bahnen von benachbarten Objekten kann man Schwarze Löcher auch im Bereich der Röntgenstrahlung nachweisen, denn die Materie, die in ein Schwarzes Loch fällt, wird dabei so stark beschleunigt, dass sie hochenergetische Röntgenstrahlung aussendet. Denn Schwarze Löcher sind oft direkt Beteiligte in Doppelsternsystemen und ziehen von ihrem Partner in einer Akkretionsscheibe Materie ab. Auch Sgr A* strahlt im Röntgenbereich, und für kurze Zeitspannen wird sein Appetit immer besonders groß. Täglich, für etwa eine halbe bis zwei Stunden, steigt die Röntgenstrahlung in ihrer Intensität sogar bis zum Hundertfachen an. Man kann also sagen, dass Sgr A* einmal am Tag eine üppige Mahlzeit von der Größe eines Kometen zu sich nimmt. Warum sich diese Mahlzeiten in periodischen, täglichen Abständen abspielen, ist bis heute noch nicht gut verstanden. Auch Günther Hasinger vom Max-Planck-Institut für extraterrestrische Physik hat die Röntgenstrahlen von vielen

a)

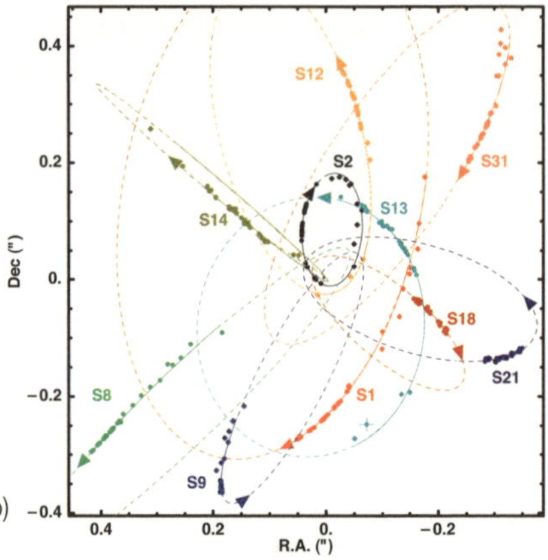

b)

24 Die erste Abbildung a) zeigt die von der Gruppe um Reinhard Genzel gewonnene Infrarotaufnahme des Galaktischen Zentrums. Die schematische Auswertung dieser Aufnahme (Bild b) zeigt die Bahnen der innersten Sterne während ihres Umlaufs um das Schwarze Loch Sgr A*. Schließlich ist im Bild c) nochmals eine künstlerische Darstellung eines Schwarzen Loches zu sehen (alle drei Bilder stammen aus Günther Hasingers Buch «Das Schicksal des Universums»).

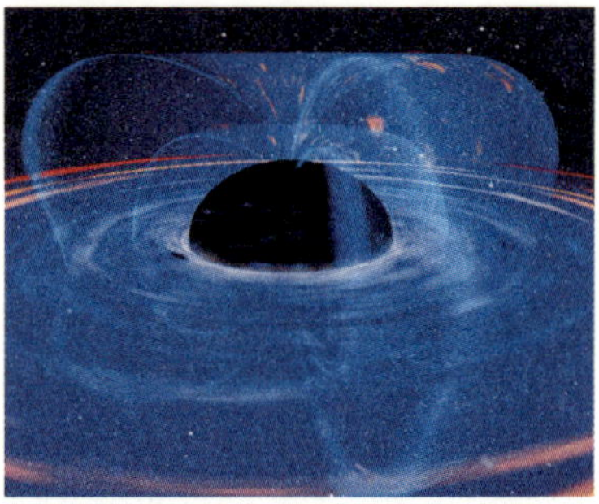

c)

Schwarzen Löchern mittels der ROSAT-Satellitenmission beobachtet. In seinem Buch «Das Schicksal des Universums» wird das große Fressen der Himmelsmonster sehr eindrucksvoll und plastisch beschrieben.

Der Schwarzschild-Radius eines Schwarzen Loches Man unterscheidet zwischen verschiedenen Arten von Schwarzen Löchern. Die stellaren Schwarzen Löcher entstehen durch den Kollaps von massereichen Sternen nach einer Supernova-Explosion. Um ein Schwarzes Loch entstehen zu lassen, muss die Masse des Sternes mindestens drei Sonnenmassen betragen. Andernfalls entsteht entweder ein Neutronenstern oder, bei Massen unterhalb der Chandrasekhar-Grenze von 1,4 Sonnenmassen, ein Weißer Zwerg. Ist also die Masse des Sternes groß genug, stürzt dieser, nachdem er ausgebrannt ist und einen Teil seiner Hülle weggeschleudert hat, so weit in sich zusammen, dass seine gesamte Masse innerhalb des Ereignishorizontes zusammengepresst ist. In der Astrophysik wird der Ereignishorizont auch oft als der Schwarzschild-Radius bezeichnet. Der Schwarzschild-Radius rs ist proportional zur Masse M des betrachteten Körpers.[33] Um ein Gefühl für die relevanten Größenordungen zu geben, seien hier einige Zahlen für den Schwarzschild-Radius genannt. Die Sonne mit einer Masse von 2×10^{30} kg hat einen Schwarzschild-Radius von ungefähr drei Kilometern. Die Erde mit ihrer Masse von 6×10^{24} kg hat einen Schwarzschild-Radius von etwas weniger als einem Zentimeter. Die Erde ist also nur deshalb kein Schwarzes Loch, weil ihre Masse sich nicht innerhalb ihres Schwarzschild-Radius befindet. Mit anderen Worten, würde man die gesamte Masse der Erde auf einen Bereich von ca. einem Kubikzentimeter komprimieren, dann hätte man auf diese Weise ein Schwarzes Loch erzeugt. Wir können auch ein Proton mit einer Masse von $1{,}67 \times 10^{-27}$ kg betrachten; sein Schwarzschild-Radius ist mit lediglich $1{,}6 \times 10^{-53}$ Meter also viel kleiner als seine Comptonwellenlänge – und auch viel kleiner als die Planck'sche Länge. Deswegen ist auch das Proton kein Schwarzes Loch.

Riesige Schwarze Löcher Neben den stellaren Schwarzen Löchern gibt es im Kosmos auch mittelschwere und supermassive Schwarze Löcher. Man stellt sich vor, dass diese entweder durch Verschmelzung von kleineren Schwarzen Löchern oder auch von Sternverschmelzungen entstanden sind. Zu den sehr massereichen Schwarzen Löchern gehört auch das Schwarze Loch im Zentrum der Milchstraße. Sein Schwarzschild-Radius beträgt ungefähr 11 Millionen Kilometer, es ist also nur 16-mal größer als die Sonne. Ferner hat man auch in vielen entfernten Galaxien Schwarze Löcher festgestellt, die zum Teil noch viel mehr Masse besitzen als Sgr A*. Man bezeichnet sie oft auch als Riesen-Schwarze-Löcher, ihre Masse beträgt teilweise bis zu einige Milliarden Sonnenmassen. In der Galaxie NGC 6240 befinden sich sogar zwei Schwarze Löcher, die sich in einem für kosmische Verhältnisse kleinen Abstand von nur 3000 Lichtjahren umkreisen und in einigen hundert Millionen Jahren – ein kurzer Zeitraum in der Geschichte des Universums – verschmelzen werden. Schwarze Löcher können auch schon sehr alt sein. Neuere Messungen deuten darauf hin, dass Schwarze Löcher schon in 1 bis 2 Milliarden Jahren nach dem Urknall entstanden sein könnten und dass sie somit älter als die sie umgebenden Galaxien sind. Schwarze Löcher wirken also wie gigantische Staubsauger oder wie Materie fressende Monster im Universum, die durch ihre Masse die Bildung von Galaxien entscheidend beeinflussen können.

Schwarze Löcher kurz nach dem Urknall Stephen Hawking äußerte im Jahre 1970 die Vermutung, dass sich bereits kurz nach dem Urknall Schwarze Löcher gebildet haben könnten. Diese werden als primordiale Schwarze Löcher bezeichnet. Sie könnten sehr «leicht» sein, ihre Massen würden vermutlich im Bereich von einigen Millionen bis Milliarden Tonnen liegen. Es wird darüber spekuliert, ob ein Teil der Dunklen Materie im Universum aus diesen primordialen Schwarzen Löchern bestehen könnte. Über die Dunkle Materie werden wir am Ende dieses Kapitels noch mehr zu berichten haben. Schließlich werden wir später noch diskutieren, dass es in der Stringtheorie mikroskopische Schwarze Löcher geben könnte, die viele Eigenschaften von Elementarteilchen besitzen, aber nach sehr kurzer Zeit wieder zerfallen. Es könnte gelingen, diese mikroskopischen Schwarzen Löcher am LHC-Beschleuniger am CERN zu produzieren und auf diese Weise einen weiteren Nachweis für die Existenz von Schwarzen Löchern zu liefern.

Was passiert am Horizont eines Schwarzen Loches? Für den theoretisch interessierten Leser wollen wir uns noch etwas mit den mehr mathematischen Eigenschaften von Schwarzen Löchern beschäftigen. Dafür stellen wir uns vor, dass wir mit einem Raumschiff eine Reise in die Nähe oder gar in ein Schwarzes Loch unternehmen wollen – dies wird in Wirklichkeit für ein Raumschiff mit Menschen kaum möglich sein, denn das Zentrum der Galaxie liegt viel zu weit von der Erde entfernt. Dabei wollen wir den Vergleich anstellen zwischen einerseits der Wahrnehmung dieser Reise durch die Besatzung des Raumschiffes und andererseits der Beobachtung einer Person, die den Weg des Raumschiffes von einem Punkt weit entfernt vom Schwarzen Loch verfolgt. Begeben wir uns also zuerst zusammen mit der Raumschiffbesatzung auf die Reise zum Schwarzen Loch. Nach einer gewissen Zeit sind wir in der Nähe des Ereignishorizonts angekommen und bemerken, dass die Gravitationskraft immer mehr anwächst. Ansonsten stellen wir nicht sehr viel Außergewöhnliches fest und fassen den mutigen Entschluss, uns dem Ereignishorizont weiter zu nähern und diesen auch schließlich zu überqueren. Nach einer endlichen Zeitspanne erreichen wir wirklich den Horizont des Schwarzen Loches. An dieser Stelle wollen wir nun unseren Blickwinkel ändern und uns dem Beobachter zuwenden, der die Reise des Raumschiffes von außen betrachtet. Er wird bemerken, dass die Lichtsignale, die das Raumschiff aussendet, immer mehr ins Rötliche verschoben werden. Schließlich wird er feststellen, dass das Raumschiff unsichtbar geworden und aus seiner Bildfläche verschwunden ist. Ferner stellt der äußere Beobachter zu seiner Verwunderung fest, dass das Raumschiff in einer endlichen Zeitspanne den Ereignishorizont überhaupt nicht erreicht. Auf seiner Uhr vergeht eine nicht endende Zeitspanne, bis das Raumschiff den Ereignishorizont erreicht.

Alternativ könnten wir uns auch überlegen, wie sich ein Lichtstrahl dem Horizont des Schwarzen Loches nähert. In seinem eigenen Inertialsystem erreicht der Lichtstrahl den Ereignishorizont in einer endlichen Zeit t. Für einen außenstehenden Beobachter stellt sich dieses Ereignis wieder ganz anders dar. Er misst eine unendlich lange Zeit τ, bis der Lichtstrahl diese Strecke zurückgelegt hat, wobei das Licht immer rötlicher wird. Genauso verhält es sich auch für das Raumschiff, welches sein eigenes Inertialsystem darstellt. Es erreicht in endlicher Zeit den Ereignishorizont. Die Besatzung merkt davon überhaupt nichts. Dieser vermeintliche Widerspruch zwischen dem Zeitunterschied im Inertialsystem und der Zeit τ, die der äußere Beobachter misst, lässt sich aufklären, wenn wir die Abhängigkeit der Metrikkomponente g_{tt} von der Entfernung zum Ereignishorizont untersuchen: Je näher man dem Ereignishorizont kommt, umso kleiner wird g_{tt}. Die Zeitdilatation wird also immer größer. Am Horizont ist g_{tt} schließlich gleich null. Dort bleibt also die Zeit gänzlich stehen, sie ist hier gewissermaßen eingefroren. Würden wir ein zweites Raumschiff dem ersten zu seiner Rettung hinterherschicken, die Besatzung des zweiten Raumschiffs wäre aber so vernünftig, sich nur eine Stunde in der Nähe des Horizonts aufzuhalten und dann doch kurz vor dem Durchqueren des Horizonts wieder abzudrehen und zur Erde zurückzufliegen, dann würde diese Besatzung nach ihrer Ankunft auf der Erde feststellen, dass dort mittlerweile Millionen von Jahren vergangen sind.

Verfolgen wir nun weiter das Schicksal des ersten Raumschiffes, welches gewagt hatte, den Horizont zu überqueren. Denn gerade beim Überqueren des Horizonts passiert etwas Eigenartiges: Die Metrikkomponente g_{tt} ändert ihr Vorzeichen, wird also negativ. Ebenso ändert auch die Metrikkomponente g_{xx} ihr Vorzeichen.[34] Mathematisch bedeutet dies, dass die Zeitkoordinate und die Raumkoordinate, die den Abstand zum Mittelpunkt des Schwarzen Loches angeben, ihre Rollen vertauschen. So wie es normalerweise für die Zeit zutrifft, kann man von diesem Moment im Raum nur noch in einer Richtung voranschreiten, und zwar nur noch hin zum Mittelpunkt des Schwarzen Loches, dorthin, wo sich die Singularität befindet. Im Inneren des Schwarzen Loches bezieht sich der Begriff «Zukunft» auf die räumliche Koordinate, nämlich immer in Richtung Singularität. Die «Vergangenheit», in die man nicht wieder zurückkehren kann, ist die entgegengesetzte Raumrichtung zurück zum Horizont des Schwarzen Loches. Deswegen ist das Innere des Schwarzen Loches von der Außenwelt vollkommen abgeschirmt oder, wie man auch sagt, kausal getrennt. Der Vorzeichenwechsel der Metrik hat also für die Besatzung des Raumschiffes sehr ernste, ja sogar tödliche Konsequenzen – sie fliegt unweigerlich zur Singularität, genauso wie man in der Zeit immer nur in die Zukunft, aber nie in die Vergangenheit voranschreiten kann. An der Singularität angekommen, wird das Raumschiff nicht mehr existieren können.

Raumbrücken und Wurmlöcher Die Reise ins Schwarze Loch hat schon viel Stoff für zahlreiche Science-Fiction-Erzählungen geliefert. Sogenannte Einstein-Rosen-Brücken und auch Wurmlöcher liefern dafür reichliche Nahrung. Denn neben den Schwarzen Löchern gibt es noch eine weitere, sehr ähnliche Lösung der Einstein'schen Gleichungen, nämlich die Weißen Löcher.[35] Diese haben auch eine Singularität in ihrem Inneren, aber mit dem bedeutenden Unterschied, dass man im Weißen Loch immer von der Singularität im Zentrum des Weißen Lochs hinweggetrieben wird. Weiße Löcher verhalten sich in dieser Hinsicht auch sehr ähnlich wie kosmologische Singularitäten am Urknall. In einem Weißen Loch kann man, von der Singularität startend, den Horizont wieder überqueren, und man landet dann schließlich wieder in der gewohnten Raum-Zeit. Weiße Löcher spucken also in gewisser Hinsicht Materie aus ihrer Singularität aus, anstatt sie wie ein Schwarzes Loch zu verschlucken. Einstein-Rosen-Brücken oder auch Wurmlöcher sind Raum-Zeit-Geometrien, welche die Singularität eines Schwarzen Loches mit der entsprechenden Singularität eines Weißen Loches verbinden. Sie sehen also wie Raum-Zeit-Brücken aus, die verschiedene Bereiche der Raum-Zeit verknüpfen. Fällt man in ein Schwarzes Loch, dann besteht beim Vorhandensein eines Wurmloches sogar die Chance, nicht vollständig zu verschwinden, sondern durch das Wurmloch das Innere des Weißen Lochs zu erreichen und dort wieder vom Weißen Loch ausgespuckt zu werden. Auf diese Art und Weise könnte man durch das Schwarze und Weiße Loch hindurch große Distanzen in der Raum-Zeit in kurzer Zeit überbrücken. Das Problematische an den Wurmlöchern ist jedoch, dass sie oft die relativistische Kausalität verletzen. Kommt man nämlich zu einem früheren Zeitpunkt aus dem Weißen Loch wieder heraus, als man vom Schwarzen Loch verschluckt wurde, so ist diese Raum-Zeit-Geometrie physikalisch nicht erlaubt. Es liegt hier also eine verbotene, geschlossene Zeitschleife vor, eine verbotene Einbahnstraße in der Raum-Zeit, denn das Befahren des Wurmloches führt rückwärts in die Vergangenheit. Nur Wurmlöcher, die die Kausalität nicht verletzen, also nur in Vorwärtszeitrichtung führen und auch

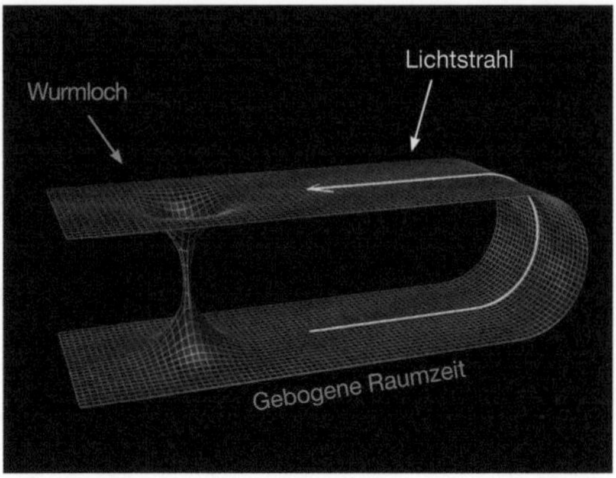

25 Ein Wurmloch ist eine Raumbrücke, die verschiedene Bereiche der gekrümmten Raum-Zeit miteinander verbindet. Wurmlöcher stellen in vielen Fällen verbotene Raum-Zeiten dar: Während das Licht einen langen Weg entlang der Raum-Zeit-Geodäten nimmt, stellt das abgebildete Wurmloch eine Abkürzung dar, anhand derer man sich mit Überlichtgeschwindigkeit durch die Raum-Zeit bewegen könnte.

keine Reisen mit Überlichtgeschwindigkeit erlauben, sind physikalisch akzeptabel. Wir sehen also, dass es auch mathematische Lösungen der klassischen Einstein'schen Gleichungen gibt, die man in der Physik nicht akzeptieren kann. Aus diesem Grund hat sich Stephen Hawking im Jahre 2004 mit Bedauern von den Wurmlöchern verabschiedet und sich bei den in die Irre geleiteten Science-Fiction-Autoren entschuldigt. Wir werden den Wurmlöchern bei der Betrachtung der Stringlandschaft und bei der Diskussion des Multiversums in einer etwas anderen Form wiederbegegnen, in der die Kausalität nicht mehr verletzt ist. Daneben werden wir Übergänge zwischen verschiedenen Raum-Zeit-Geometrien kennenlernen, die durch Quantentunneleffekte im Rahmen der Quantengravitation möglich sind. Diese Quanteneffekte können auch für die Geburt von neuen Universen verantwortlich sein, wie wir am Ende dieses Kapitels schildern werden.

Nackte Singularitäten und der kosmische Zensor Weiße Löcher und ähnliche Lösungen der Einstein'schen Gleichungen zeichnen sich dadurch aus, dass sie eine sogenannte nackte Singularität besitzen. Damit meint man eine Raum-Zeit-Singularität, die nicht durch einen Ereignishorizont vom Rest des Universums abgeschirmt ist. Nackte Singularitäten haben also einen direkten Einfluss auf das Geschehen im restlichen Teil der Welt. Obgleich nackte Singularitäten mathematische Lösungen der Einstein'schen Gleichungen darstellen, sind sie doch bei den meisten Physikern höchst unwillkommen. Sie stellen gewissermaßen einen physikalisch verbotenen Teil der Allgemeinen Relativitätstheorie dar. Um die nackten Singularitäten wieder loszuwerden, haben sich die Physiker das Prinzip des kosmischen Zensors einfallen lassen. Der kosmische Zensor verbietet Lösungen der Einstein'schen Gleichungen mit nackten Singularitäten. Es ist klar, dass das Postulat eines kosmischen Zensors nicht sehr befriedigend klingt. Deswegen hofft man, dass die Quantengravitation auf natürlichere Art und Weise nackte Singularitäten und überhaupt Singularitäten in der Raum-Zeit ausschließt.

Der Urknall und die Expansion des Universums

Der Urknall als Singularität beim Beginn der Zeit Bis jetzt haben wir uns nur über Singularitäten unterhalten, die an bestimmten Raumgebieten des Universums, vorzugsweise in den Zentren von Galaxien, ihr Unwesen treiben. Aber auch was die zeitliche Entwicklung des Universums betrifft, sagt die Allgemeine Relativitätstheorie eine Singularität voraus, nämlich den Urknall, den Geburtszeitpunkt unseres Universums. Ähnlich wie in der Teilchenphysik, welche durch das Standardmodell beschrieben wird, hat sich auch in der Kosmologie ein Standardmodell etabliert, das alle astrophysikalischen Beobachtungen trefflich unterstützt. Man nennt es oft das kosmologische Concordance-Modell. Im Rahmen dieses Modells begann das Universum, das sich seit seiner Geburt kontinuierlich ausdehnt, vor ungefähr 13,7 Milliarden Jahren zu existieren. Der von uns verwendete Begriff «Urknall» wurde als «Big Bang» 1949 vom Astrophysiker Fred Hoyle geprägt. Hoyle glaubte allerdings an ein ewig expandierendes Universum ohne feste Geburtsstunde und hatte den Namen eigentlich nur spöttisch gemeint. Mit ihm lehnten viele Kollegen in den fünfziger und zu Beginn der sechziger Jahre die Urknallhypothese ab.

Penzias und Wilson entdecken das Echo des Urknalls Im Jahre 1964 aber wendete sich fast schlagartig das Blatt. Zwei junge Wissenschaftler, Arno Penzias und Robert Wilson, arbeiteten in einem Laboratorium der Bell-Telefongesellschaft in Crawford Hill an einer sehr empfindlichen Radioantenne – auch um diese für die Radioastronomie einzusetzen. Um schwache Radiosignale von entfernten Himmelsobjekten empfangen zu können, mussten Penzias und Wilson sämtliche Rauschquellen ihres Detektors so gut wie möglich unterdrücken. Doch gleichgültig, was sie auch immer unternahmen, es gelang ihnen nicht, das Rauschen in ihrem Empfänger vollkommen loszuwerden. Das störende Rauschsignal kam gleichmäßig aus allen Himmelsrichtungen und auch zu jeder Tages- und Nachtzeit. Sie konnten zudem die Temperatur dieser Strahlung messen, indem sie die Antenne abwechselnd auf einen Referenzstrahler richteten, der sich in einem gekühlten Gefäß befand. Daraus ermittelten sie, dass die rätselhafte Strahlung aus dem Universum eine Temperatur von ungefähr 3,5 Grad Kelvin haben sollte. Penzias und Wilson wussten allerdings bei ihren Messungen anfangs nicht, dass sie eine der wichtigsten Entdeckungen in der Astrophysik überhaupt gemacht hatten: die Entdeckung der kosmischen Hintergrundstrahlung.

Die Existenz der kosmischen Hintergrundstrahlung wurde schon zuvor vom russischen Physiker George Gamow in einem Teil seiner Arbeit über die kosmische Kernentstehung vermutet und theoretisch untersucht. Nach zwei zuvor gescheiterten Fluchtversuchen aus der Sowjetunion kehrte Gamow schließlich 1934 von einer Tagung in Brüssel nicht mehr in seine Heimat zurück, sondern setzte sich zusammen mit seiner Frau in die USA ab. Weil er aber wegen seiner Herkunft nicht am Manhattan-Projekt mitarbeiten durfte, wandte er sich der Astrophysik zu. George Gamow kam 1948 zusammen mit seinen Studenten Ralph Alpher und Robert Hermann auf die Idee, dass die chemischen Elemente in einer heißen Entwicklungsphase des frühen Universums erzeugt wurden. Dabei, so folgerten sie, entstand eine Lichtstrahlung, die das Spektrum eines Schwarzen Körpers hat und immer noch im Universum existieren sollte. Sie nannten diese Strahlung das «Echo des Urknalls». Zudem konnten sie die Temperatur dieser Strahlung abschätzen und erhielten einen Wert zwischen 3 und 10 Grad Kelvin. Dieser liegt erstaunlich nahe am heutzutage etablierten Wert von 2,7 Grad Kelvin der kosmischen Hintergrundstrahlung.

Auch der Radarspezialist Robert Nenry Dicke aus Princeton kannte die theoretischen Vorhersagen von Gamow und von Hoyle. Deswegen hatte er sich unabhängig von Penzias und Wilson auf die Suche nach der Hintergrundstrahlung gemacht. Seine Gruppe kam allerdings zu spät. Im Jahre 1964 teilten ihm Penzias und Wilson in einem Telefongespräch mit, dass sie beide zufälligerweise eine kalte Strahlung entdeckt hatten, die aus dem Universum zu kommen schien. Dicke wusste sofort, worum es sich handelte, und kurze Zeit später erschienen zwei Publikationen: Der Artikel von Penzias und Wilson beschrieb, wie sie die Hintergrundstrahlung gefunden hatten, während die Arbeit von Dicke erklärte, was diese Strahlung bedeutete. Penzias und Wilson erhielten im Jahre 1978 den Nobelpreis für Physik. Die anderen Physiker gingen leer aus. In seinem Buch «Licht vom Rande der Welt» kommentiert dies Rudolf Kippenhahn sehr humorvoll: «Die einen sagten sie voraus, die anderen suchten sie, und die Dritten wussten nichts von beiden und fanden sie.» Wir werden ein paar Seiten später mehr über die kosmische Hintergrundstrahlung und insbesondere ihre Temperaturschwankungen erfahren.

Die Expansion des Universums und das Gesetz von Hubble Heutzutage gibt es keine Zweifel mehr, dass die Beschreibung eines zuerst sehr heißen, sich stetig ausdehnenden und dabei sich abkühlenden Universums richtig ist. Die Ausdehnung des Universums wurde zuerst von Edwin Hubble im Jahre 1929 beobachtet. Schon davor war er durch bahnbrechende Beobachtungen berühmt geworden. Hubble konnte nämlich beweisen, dass die im Teleskop sichtbaren fernen Spiralnebel in Wirklichkeit aus vielen Sternen bestehen, also Galaxien wie unsere Milchstraße bilden – eine gleichsam kopernikanische Entdeckung in der Astrophysik des 20. Jahrhunderts. Hubble fand heraus, dass unsere Milchstraße nur eine nicht sehr auffällige Galaxie unter Milliarden anderer

Galaxien ist. In den zwanziger Jahren beobachtete er mit einem neuen Teleskop im Mount-Wilson-Observatorium in den Bergen oberhalb von Pasadena zahlreiche Galaxien und stellte dabei fest, dass sich fast alle Galaxien von uns wegbewegen. Die beobachtete Fluchtgeschwindigkeit war dabei umso größer, je weiter die Galaxien von uns entfernt waren. Diesen Zusammenhang konnte Hubble in einem nach ihm benannten einfachen Gesetz formulieren: Geschwindigkeit v und Entfernung d der beobachteten Galaxien sind einfach proportional zueinander, also $v = H_0 d$. Die Konstante H_0, die in diese Formel eingeht, ist die berühmte Hubble-Konstante. Während Hubble noch einen etwas zu großen Wert für H_0 annahm, ist inzwischen die Hubble-Konstante durch eine Reihe von Messungen sehr genau ermittelt: Ihr heute gültiger Wert beträgt $H_0 = 75$ Kilometer pro Sekunde pro Megaparsec.[36] Das bedeutet also, dass sich eine Galaxie, die ein Megaparsec von uns entfernt ist, mit einer Geschwindigkeit von 75 Kilometern pro Sekunde von uns entfernt. Diese von Hubble festgestellte Gesetzmäßigkeit gilt gleichmäßig in alle Raumrichtungen. Hubble schloss daraus, dass die Galaxien nicht in ein statisches Universum eingebettet sind und sich dort von uns wegbewegen, so wie das zum Beispiel Fahrzeuge machen, die sich von uns in alle vier Himmelsrichtungen entfernen, sondern dass die Fluchtbewegung der Galaxien vielmehr eine Eigenschaft des Raumes selbst ist: Es ist der Raum, der sich in alle Richtungen gleichmäßig ausdehnt, sodass sich alle Punkte des Raumes voneinander entfernen. Das Zentrum der Lichtstraße bewegt sich in einem Jahr schon um 18 Millionen Kilometer von uns weg. Diese Strecke entspricht etwas mehr als einem Zehntel der Entfernung zwischen Erde und Sonne. Um die Ausdehnung des Raumes zu beschreiben, benutzt man oft das Bild eines Luftballons, der aufgeblasen wird, wobei sich auf dessen Oberfläche alle Punkte voneinander entfernen.

Hubble erkannte also, dass das Universum expandiert. Deswegen muss das Universum in der Vergangenheit viel kleiner gewesen sein. Man kann die Größe des Universums in der Vergangenheit ohne große Schwierigkeiten zurückrechnen. Dabei stellt man unweigerlich fest, dass die Expansion des Universums bis zum heutigen Tag nur einen endlich langen Zeitraum gedauert haben kann. Vor endlich vielen Jahren war das Universum in einer winzigen Region von sehr hoher Dichte und Temperatur zusammengepresst, ja es muss einen Zeitpunkt geben, an dem die Ausdrehung des Universums unendlich klein war und die Dichte sowie die Temperatur des Universums unendlich hoch. Dieser Zeitpunkt ist die Singularität der Raum-Zeit, nämlich der Urknall, der zeitliche Beginn des Universums. Aus der Hubble-Konstante lässt sich das Alter des Universums recht gut abschätzen. Wenn man der Einfachheit halber annimmt, dass die Ausdehnungsgeschwindigkeit des Raumes immer konstant geblieben ist, dann erhält man für das Alter des Universums einen Wert von ungefähr 14 Milliarden Jahren. Im Vergleich dazu: Die Sonne ist ca. 4,5 Milliarden Jahre alt und der älteste bekannte Stern in unserer Milchstraße ungefähr 13 Milliarden Jahre. Natürlich muss man noch berücksichtigen, dass die Ausdehnungsgeschwindigkeit des Universums zeitlich variiert haben könnte. Heute sind wir uns sicher, dass sich das Universum kurz nach dem Urknall exponentiell und damit sehr viel schneller ausgedehnt hat als heute. Diese sogenannte inflationäre Phase der exponentiell beschleunigten Ausdehnung des Universums hielt allerdings nur für einen sehr kurzen Zeitraum an.

In der klassischen Allgemeinen Relativitätstheorie ist es nicht sinnvoll, von einer Zeit vor dem Urknall zu reden. Zeit und auch Raum, das heißt auch das Universum selbst, existieren vor dem Urknall nicht! Zum Zeitpunkt des Urknalls ist die Krümmung der Raum-Zeit unendlich groß. Man nimmt jedoch an, dass zum Zeitpunkt des Urknalls die Gesetze der Allgemeinen Relativitätstheorie zusammenbrechen und durch die Quantengravitation erweitert werden müssen. In der Quantengravitation lässt sich der Zeitraum, in dem die gewaltige Explosion des Urknalls stattfand, nur bis auf 10^{-43} Sekunden eingrenzen. Was vor dieser Zeit passierte, ist in der Physik immer noch ein Rätsel.

Die kosmologischen Gleichungen von Friedmann Die Raum-Zeit-Krümmung wird durch die Masse und die Energie der Materie bestimmt, nämlich durch den rechten Term der Einstein'schen Gleichungen. Wir wollen nun versuchen, aus diesen Gleichungen die zeitliche Ausdehnung des Universums etwas genauer zu verstehen. Wir suchen also nach den Lösungen der Einstein-Gleichungen, die dadurch charakterisiert sind, dass die Metrikkomponenten bestimmte Funktionen in der Zeitkoordinate t sind. Insbesondere beschreiben die räumlichen Metrikkomponenten – zum Beispiel g_{xx} als Funktion der Zeit –, wie schnell sich der dreidimensionale Raum ausdehnt. Diese sogenannten kosmologischen Lösungen der Einstein-Gleichungen wurden in den zwanziger Jahren von den Wissenschaftlern Alexander Friedmann aus Sankt Petersburg sowie Ende der dreißiger Jahre von Howard Robertson aus Washington und Arthur Walker aus Oxford gefunden. Sie bilden die Grundlage des kosmologischen Übereinstimmungsmodells – des Concordance-Modells – und werden einfach FRW-Gleichungen genannt. Darüber hinaus hat unabhängig von Friedmann, Robertson und Walker auch Georges Lemaître in Belgien an den kosmologischen Gleichungen gearbeitet. Schließlich konnte auch Willem de Sitter aus den Niederlanden ein exponentiell expandierendes Universum herleiten, welches keine normale Materie, sondern nur eine kosmologische Konstante enthält.

In seinen Berechnungen ging Friedmann von einem Modell-Universum aus, das in jeder Richtung und von jedem Punkt aus betrachtet gleich aussieht. Man spricht in diesem Fall von einem isotropen Universum. Insbesondere nahm Friedmann an, dass die Materie gleichmäßig im Universum verteilt ist. Diese Annahme ist natürlich nicht ganz richtig, denn wenn wir aus dem Fenster blicken, sieht die Materieverteilung auf der Erde alles andere als isotrop aus. Auch die Planeten, die Sterne und die Galaxien sind nicht überall gleich verteilt. Aber für das Universum als Ganzes ist dies vernachlässigbar und die Verteilung der Galaxienhaufen annähernd isotrop, und für große Distanzen wird diese Approximation immer genauer. Stephen Hawking benutzt dazu folgenden Vergleich: Steht man in einem Wald, so ist die Verteilung der Bäume nicht absolut gleichmäßig. Schaut man sich den Wald allerdings in großer Höhe aus einem Flugzeug an, dann sieht man nur eine gleichmäßige grüne Fläche. Zudem wird die Annahme der Isotropie auch durch die fast perfekte Gleichförmigkeit der kosmischen Hintergrundstrahlung gestützt, die, aus allen Raumrichtungen kommend, annähernd die gleiche Temperatur aufweist.

Auf der Grundlage dieser Annahme fand Friedmann schon im Jahre 1922 eine mathematische Lösung der Einstein'schen Gleichungen, die ein expandierendes Universum beschreibt. Hierbei hat während des Urknalls oder kurz danach die Materie eine so große kinetische Energie, dass das Universum rasch zu expandieren beginnt. Der Expansion des Universums wirkt andererseits die gravitationelle Anziehung zwischen den Teilchen entgegen. Die Gravitationskraft versucht also, den Raum wieder zusammenzuziehen und so die Expansion des Universums abzubremsen. Dies führte Friedmann in der nach ihm benannten Lösung zu der Feststellung, dass sich das Universum nur bis zu einem bestimmten Zeitpunkt ausdehnt. Danach gewinnt die Gravitationskraft wieder die Oberhand, sodass die Ausdehnung des Universums zum Stillstand kommt, das Universum wieder kontrahiert und schließlich auf einen Punkt zusammenschrumpfen wird. Man nennt diese Lösung von Friedmann ein geschlossenes Universum, welches immer in einem «big crunch» endet. Neben dem geschlossenen Universum gibt es aber noch zwei weitere kosmologische Lösungen der Einstein'schen Gleichungen.

Die kosmologische Konstante von Albert Einstein Friedmann entdeckte seine Lösungen des expandierenden Universums schon einige Jahre vor Edwin Hubbles Beobachtungen der Fluchtgeschwindigkeiten von Galaxien. Albert Einstein, der die Ergebnisse von Friedmann zuerst ablehnte, versuchte schon im Jahre 1916, seine Gleichungen auf das ganze Universum anzuwenden. Dabei ging Einstein aber von einem statischen Universum aus, das sich also nicht ausdehnt, sondern für immer die gleiche Ausdehnung und Größe aufweist. Er stieß jedoch bei seinen Gleichungen auf Schwierigkeiten: Obgleich er ein statisches Universum als mathematische Lösung erhalten wollte, konnte er die Energie der Teilchen zusammen mit ihrer gravitationellen Anziehung nicht so stabilisieren, dass sich das Universum immer vollkommen in Ruhe befindet. Deswegen führte Albert Einstein schließlich einen neuen Parameter in seine Gleichung ein, eine Konstante Λ, die später als die kosmologische Konstante berühmt wurde. Man kann Λ als zusätzliche Energiekomponente des Universums betrachten, die den gesamten Raum – fast wie der Äther der griechischen Philosophen – überall und zu allen Zeiten gleichmäßig anfüllt. Die kosmologische Konstante hat dabei nicht die Eigenschaft von Teilchen. Man kann sie nicht fassen, denn normale Teilchen wechselwirken mit Λ nicht, indem sie zum Beispiel Photonen oder Gluonen austauschen. Der einzige Effekt, den Λ allerdings ausübt, besteht darin, dass sie die Gravitationskraft und damit die Expansion des Universums beeinflusst. Und zwar kann die kosmologische Konstante die Gravitation entweder verstärken – dann nimmt Λ einen negativen Wert an –, oder die kosmologische Konstante Λ ist positiv und wirkt der Gravitationskraft entgegen. In diesem Fall hat Λ gleichermaßen den Effekt einer Antigravitationskraft und trägt auch zur beschleunigten Ausdehnung des Universums bei. Um also das Universum zu stabilisieren, musste Einstein die Konstante Λ in seine Gleichungen als zusätzlichen Term etwas willkürlich einführen.

Als jedoch 1929 Edwin Hubble die Expansion des Universums experimentell nachgewiesen hatte, änderte Einstein seine Meinung; er erkannte die Ergebnisse von Friedmann als nicht nur mathematisch korrekt, sondern auch für die Beschreibung des Universums als relevant an. Was die Einführung der kosmologischen Konstante betrifft, bezichtigte sich Einstein mit deren Einführung Λ eines «Fehlers», ja er bezeichnete Λ gar als die «größte Eselei», die er jemals begangen habe. Doch ironischerweise hat es sich in den letzten zehn Jahren durch sehr genaue Messungen der Expansionsrate des Universums herausgestellt, dass wir nun doch eine kosmologische Konstante in den Einstein'schen Gleichungen benötigen oder zumindest eine nicht teilchenartige Energieform, die zur Expansion des Universums beiträgt. Man bezeichnet diese Energiekomponente im Universum auch als Dunkle Energie.

Über die Geometrie und die Energiedichte des Universums Neben Alexander Friedmanns geschlossenem Universum gibt es zwei weitere Lösungen, die zwei anderen möglichen Geometrien des dreidimensionalen Raumes entsprechen. Betrachten wir zuerst den Fall, dass die Energiedichte ε einen vergleichsweise kleinen Wert annimmt, nämlich kleiner als einen kritischen Wert ε_c, dann ändert sich das Expansionsverhalten des Universums, es dehnt sich für immer weiter aus. Man spricht jetzt von einem offenen Universum, die Ausdehnung des Universums setzt sich für alle Zeiten fort. Die Krümmung des dreidimensionalen Raums ist negativ, er hat die Form einer Sattelfläche, auf der die Winkelsumme des Dreiecks weniger als 180 Grad beträgt. Hingegen ist beim geschlossenen Friedmann'schen Universum der dreidimensionale Raum durch die Materie positiv gekrümmt. Er sieht also wie eine dreidimensionale Kugeloberfläche aus, auf der die Winkelsumme größer als 180 Grad ist.

Schließlich kann man den Fall betrachten, der genau auf der Grenzlinie zwischen einem geschlossenen und einem offenen Universum liegt. Die Energiedichte nimmt hier genau den kritischen Wert ε_c an. In dieser Lösung dehnt sich das Universum zwar immer weiter aus, wobei die Änderung der Ausdehnungsgeschwindigkeit aber irgendwann gegen null geht. Nun haben wir es mit einem flachen Universum zu tun, was bedeutet, dass die Geometrie des dreidimensionalen Raumes flach ist und die Winkelsumme eines Dreiecks also 180 Grad beträgt. Man sollte sich an dieser Stelle nicht verwirren lassen: Die vierdimensionale Raum-Zeit ist immer noch gekrümmt. Die heutige kritische Energiedichte des Universums lässt sich aus der Hubble-Konstante berechnen[37] und nimmt dabei folgenden Wert an: $\varepsilon_c \approx 1{,}1 \times 10^{-26}\,\mathrm{kg/m^3}$ (dies entspricht $1{,}1 \times 10^{-9}\,\mathrm{J/m^3}$). Dieser momentane Wert ist so klein wegen der bis heute enormen Ausdehnung des Universums. Um die drei verschiedenen Fälle zu unterscheiden, bietet es sich an, eine neue Größe Ω zu definieren, die das Verhältnis der tatsächlichen Energiedichte zur kritischen Energiedichte angibt: $\Omega = \varepsilon/\varepsilon_c$. Ist $\Omega > 1$, dann liegt ein geschlossenes Universum vor, für $\Omega < 1$ haben wir es mit einem offenen Universum zu tun, und bei $\Omega = 1$ ist das Universum flach. Man kann dieses Verhalten auch gut mit der Fluchtgeschwindigkeit eines Körpers im Gravitationsfeld eines Sternes vergleichen. Ist die Fluchtgeschwindigkeit kleiner als eine bestimmte kritische Geschwindigkeit, dann kann der Körper dem Stern nicht entkommen und kehrt wieder zurück. Dies entspricht genau dem Verhalten des geschlossenen Universums. Ist andererseits die Fluchtgeschwindigkeit größer als ihr kritischer Wert, dann wird der Körper in alle Ewigkeit weiterfliegen. Entspricht die Fluchtgeschwindigkeit genau ihrem kritischen Wert, dann würde der Körper zwar auch nicht mehr umkehren, aber seine Beschleunigung würde irgendwann gegen null streben.

Wie können wir entscheiden, welcher dieser drei Fälle in unserem Universum realisiert ist? Einen ersten Anhaltspunkt liefert uns das Alter des Universums. Wäre die Energiedichte Ω_m aller Materieteilchen im Universum sehr viel größer als der kritische Wert, zum Beispiel $\Omega_m = 5$, dann wäre die Expansion des Universums so stark abgebremst, dass das Universum nicht älter als etwa 7 Milliarden Jahre sein könnte, also wesentlich jünger als das Alter von vielen bekannten alten Sternen. Dies ergibt natürlich keinen Sinn, und wir können aus dem Alter des Universums bei näherer Betrachtung schließen, dass die heutige Energiedichte des Universums recht nahe an ihrem kritischen Wert liegen muss. Um jedoch zu einem genaueren Ergebnis zu kommen, gibt es zwei Möglichkeiten: Entweder misst man die räumliche Geometrie des Universums genau aus und kann so entscheiden, ob das Universum eine offene, geschlossene oder flache Raumgeometrie besitzt, oder man ermittelt durch «Abzählen» der Materie im Universum direkt die mittlere Energiedichte und vergleicht diese mit der theoretisch errechneten kritischen Energiedichte.

Die experimentelle Messung der Raumgeometrie Wir besprechen zunächst die astrophysikalischen Experimente zur Ermittlung der Geometrie des Universums. Diese spektakulären Messungen sind innerhalb der letzten zehn Jahre durch Raumsonden und Ballonexperimente durchgeführt worden. Mit Hilfe der BOOMERanG-Ballon-Mission (Balloon Observations Of Millimetric Extragalactic

Radiation and Geophysics) in der Antarktis hat man zwischen 1998 und 2000 eine genaue Karte der kosmischen Hintergrundstrahlung auf dem Südhimmel und der Geometrie des Raumes in diesem Gebiet erstellt. Im Jahre 2000 konnte dann das Forscherteam unter der Leitung von Paolo de Bernardis und seinem im Jahre 2010 verstorbenen Kollegen Andrew Lange ihre Ergebnisse veröffentlichen: Das Universum ist tatsächlich, räumlich gesehen, flach. BOOMERanG lieferte einen Wert $\Omega = 1{,}02 \pm 0{,}06$. Dieses Ergebnis wurde dann später durch die WMAP-Mission noch weiter verbessert, sodass man heute von folgendem Wert ausgeht: $\Omega = 1{,}02 \pm 0{,}02$. Die Messungen ergaben also, dass die vorhandene Energiedichte in unserem Universum sehr nahe an ihrem kritischen Wert $\Omega = 1$ liegen muss.

Dieses Ergebnis ist an sich schon sehr bemerkenswert und erstaunlich, denn es wirft natürlich sofort die Frage auf: Warum ist die Geometrie unseres Universums mit so großer Genauigkeit flach? Ist dies ein kosmologischer Zufall, oder kann man dies im Rahmen der Allgemeinen Relativitätstheorie erklären? Die theoretischen Physiker haben zur Beantwortung dieser Frage vor mehr als 20 Jahren ein wunderbares Szenario entworfen, nämlich das inflationäre Universum, dessen wir uns später noch genauer annehmen werden.

Die experimentelle Messung der Energiedichte des Universums Die Bestimmung der Raumgeometrie durch die Messung der kosmischen Hintergrundstrahlung muss mit den dazu komplementären Messungen zur Materie- und Energiedichte im Universum verglichen werden. Wegen der Ausdehnung des Universums ist die heutige Materiedichte natürlich sehr klein. Man kann die Materiedichte des Universums recht gut abschätzen und weiß, dass das Universum heute eine mittlere Dichte von nur ungefähr drei Wasserstoffatomen pro zehn Kubikmeter besitzt. Dies ist eine weitaus geringere Dichte, als man in jedem Labor durch Vakuumpumpen erreichen kann. Dieses Ergebnis hat jedoch zu einem physikalischen Rätsel geführt, über dessen Lösung immer noch sehr intensiv nachgedacht wird. Denn schon vor den erwähnten Satellitenexperimenten zur kosmischen Hintergrundstrahlung waren sich die Astrophysiker ziemlich sicher, dass es der ermittelten Masse im Universum, also der beobachteten sichtbaren Materie in Form von Quarks und Elektronen, nahezu unmöglich ist, den kritischen Wert von $\Omega = 1$ zu erreichen. Im Gegenteil, man wusste aus vielen Beobachtungen, dass die Gesamtmasse aller sichtbaren Materie – wir nennen sie die sichtbare Energiekomponente Ωs des Universums –, die aus interstellarem Gas von freiem Wasserstoff und Helium sowie anderen Elementen, aus Sternen und aus Schwarzen Löchern besteht, unterhalb des Wertes der kritischen Energiedichte liegt. Deswegen ging man lange Zeit eher von einem offenen als von einem flachen Universum aus. Heute wissen wir, dass Ω_s in der Tat nur fünf Prozent der kritischen Energiedichte ausmacht, also $\Omega_s \approx 0{,}05$. Woraus besteht nun der weitaus größte Rest der Energie im Universum?

Dunkle Materie und WIMPS Die Hypothese der Dunklen Materie wurde schon im Jahre 1933 vom Schweizer Astrophysiker Fritz Zwicky aufgestellt, der am Caltech die Bewegung zahlreicher Galaxien in Galaxienhaufen beobachtete. Um seine Messdaten aus der klassischen Mechanik von Newton erklären zu können, reichte die Masse der sichtbaren Materie zwischen den Galaxien bei Weitem nicht aus. Denn nach dem dritten Kepler'schen Gesetz müssten die Rotationsgeschwindigkeiten der Galaxien in den äußeren Bereichen der Galaxienhaufen abnehmen. Zwicky stellte jedoch fest, dass die Geschwindigkeiten konstant bleiben oder sogar noch anwachsen. Daraus folgerte er, dass der größte Teil der Masse zwischen den Galaxien durch vollkommen neue Materie gegeben sein müsste. Neuere Messungen der Rotationsgeschwindigkeiten an den Spiralarmen von Galaxien bestätigen Zwickys Vermutung, die sichtbare Materie der Galaxien selbst muss von einem kugelförmigen Halo aus Dunkler Materie umgeben sein, der gewissermaßen als Klebstoff einen wichtigen Beitrag beim Zusammenhalt der Sterne in den Galaxien leistet.

In den letzten Jahren waren es wiederum die Messungen der kosmischen Hintergrundstrahlung, die uns bei der Frage nach der

Dunklen Materie ein gutes Stück weitergebracht haben. Ohne hier auf die experimentellen Details eingehen zu können, hat nämlich die genaue Aufschlüsselung der Daten gezeigt, dass es eine zweite Art von Materie in unserem Universum geben muss, die nur gravitativ in Erscheinung tritt und nun als Dunkle Materie bezeichnet wird. Ihre Energiedichte nennen wir Ω_d, und die Messungen der letzten Jahre ergaben, dass die Dunklen Teilchen ungefähr 19 Prozent der Energiedichte im Universum ausmachen: $\Omega_d \approx 0{,}19$. Im Gegensatz zur normalen, sichtbaren Materie, den Quarks und den Leptonen, wissen wir aber noch nicht, aus welcher Art von Elementarteilchen die Dunkle Materie besteht. Dunkle Teilchen können auf keinen Fall mit den normalen Teilchen, also durch den Austausch von Photonen, Gluonen oder schwachen Eichbosonen, wechselwirken. Andernfalls hätte man sie schon in Beschleunigerexperimenten nachgewiesen, das heißt, sie wären sichtbar. Die Dunkle Materie kann nur gravitativ mit der normalen Materie in Verbindung treten und auf diese Weise zum Expansionsverhalten und zur Geometrie des Universums beitragen. Diese gravitative Wechselwirkung zwischen Dunkler und sichtbarer Materie hatte sich, wie schon erwähnt, an einer anderen Stelle im Universum bemerkbar gemacht, nämlich bei der Beobachtung der Rotationsgeschwindigkeiten von Spiralarmen von Galaxien. Dies ist ein glücklicher Umstand, denn es ist von immenser Bedeutung bei der Erforschung noch unbekannter Phänomene oder Teilchen, voneinander unabhängige Hinweise auf die neue Physik zu finden. Wir sind uns sicher, dass es die Dunkle Materie geben muss.

Ihre Existenz ist zwar sehr plausibel und wird allgemein akzeptiert, die Natur der Dunklen Materie ist aber noch unbekannt und Gegenstand vieler physikalischer Spekulationen. Auf jeden Fall benötigen wir dazu, wie schon gesagt, eine neue Form von Materie, die im Standardmodell der Elementarteilchen nicht vorhanden ist. Die aussichtsreichsten Kandidaten sind sogenannte WIMPs (Weakly Interacting Massive Particles), die nur der Schwerkraft oder möglicherweise noch anderen sehr schwachen, neuen Wechselwirkungen unterworfen sind. Es gibt eine Reihe von Detektoren, die in den nächsten Jahren den Nachweis der WIMPs erbringen sollen, wie zum Beispiel CRESST (Cryogenic Rare Event Search with Superconducting Thermometers), das vom Max-Planck-Institut für Physik in München und von der Technischen Universität München zusammen mit anderen Institutionen im Gran-Sasso-Massiv in Italien betrieben wird. Über die Supersymmetrie haben wir schon im dritten Kapitel gesprochen. Die supersymmetrischen Partnerteilchen der Standardmodell-Materie kommen auch als Dark-Matter-Kandidaten sehr gut in Frage. Die mögliche Entdeckung der Supersymmetrie im LHC in Genf könnte somit auch der erste direkte Nachweis der Dunklen Materie in unserem Universum sein. Andere Vorschläge für Dunkle Materie sind sogenannte MACHOs (Massive Compact Halo Objects), nämlich nicht sichtbare massive Objekte in den Halos von Galaxien, die sogar aus Schwarzen Löchern bestehen könnten. Nach diesen Objekten hat man mittels Mikrogravitationslinsenexperimenten gesucht, aber man ist nicht fündig geworden, sodass die MACHOs als alleinige Kandidaten für die Dunkle Materie praktisch wieder ausgeschlossen werden konnten. Als weitere alternative Kandidaten für die Dunkle Materie wurden energiereiche Neutrinos betrachtet oder andere leichtere relativistische Teilchen wie sogenannte Axionen. Man bezeichnet diese auch als heiße Dunkle Materie. Aber auch die Neutrinos und die Axionen können nicht die gesamte Dunkle Materie ausmachen. Man weiß nämlich, dass die Dunkle Materie auch zur Entwicklung von großräumigen Strukturen im Universum beigetragen haben muss; dies ist durch die heiße Dunkle Materie nicht möglich. Über die Rolle der Axionen bei der Strukturbildung besteht bis heute noch Unklarheit. Sie sind zwar heiß, können sich aber zusammenklumpen und in diesem Zustand dann durchaus langsam bewegen. Auf jeden Fall haben sich die Spekulationen und die Vorschläge um die Dunkle Materie als ausgezeichnetes Bindeglied zwischen der Elementarteilchenphysik und der Astrophysik erwiesen. Hier reichten sich beide Wissenschaftszweige in den letzten Jahren die Hände, und man spricht deswegen auch von der Astroteilchenphysik.

Die geheimnisvolle Dunkle Energie Summieren wir die Beitrage der sichtbaren Materie und der Dunklen Materie, $\Omega_m + \Omega_d \approx 0{,}24$, dann fehlen uns immer noch ungefähr 76 Prozent zum kritischen Wert. Um den fehlenden Teil der Energiedichte erklären zu können, muss es im Universum noch einen weiteren großen Beitrag an Energiedichte geben, die man nicht mit der Masse von Elementarteilchen in Verbindung bringen kann. Es muss hier eine nichtteilchenartige Energieform vorliegen, die man deswegen als Dunkle Energie Ω_Λ bezeichnet. Aus der Messung der kosmologischen Hintergrundstrahlung kann man ihr folgenden Wert zuordnen: $\Omega_\Lambda \approx 0{,}76$. Wir sehen, unter der Annahme der Dunklen Energie würde die Energiebilanz des Universums wieder genau stimmen:

$$\Omega_m + \Omega_d + \Omega_\Lambda = 1$$

Der Beitrag der verschiedenen Formen von Energie zur gesamten Energie des Universums ist in Abbildung 26 gezeigt, welche man oft scherzhaft als den kosmischen Kuchen bezeichnet.

Gibt es neben den Messungen zur kosmischen Hintergrundstrahlung weitere Hinweise auf die Dunkle Energie? Die Antwort ist Ja. Die Dunkle Energie Ω_Λ bewirkt, dass sich das Universum heute etwas schneller als nur unter dem Einfluss sichtbarer und Dunkler Materie ausdehnt. Man kann diese geringfügig beschleunigte Expansion des Universums messen, indem man sich die Entfernungen und die Geschwindigkeiten weit entfernter Supernovae anschaut. Dazu wählt man solche – Typ Ia oder auch Standardkerzen am Himmel genannten – Supernovae aus, deren Eigenschaften sehr gut bekannt sind. Die genauen Supernovae-Messungen aus den letzten zehn Jahren haben gezeigt, dass sich diese Objekte etwas schneller von uns wegbewegen als ursprünglich angenommen, und zwar vollkommen im Einklang mit der Hypothese und dem angenommenen Wert der Dunklen Energie.

Die kosmische Hintergrundstrahlung und die Supernovae-Daten liefern also zwei voneinander unabhängige und überzeugende Hinweise auf die Existenz der Dunklen Energie. Theoretisch tappt man allerdings noch weitgehend im Dunkeln bei der Frage, wor-

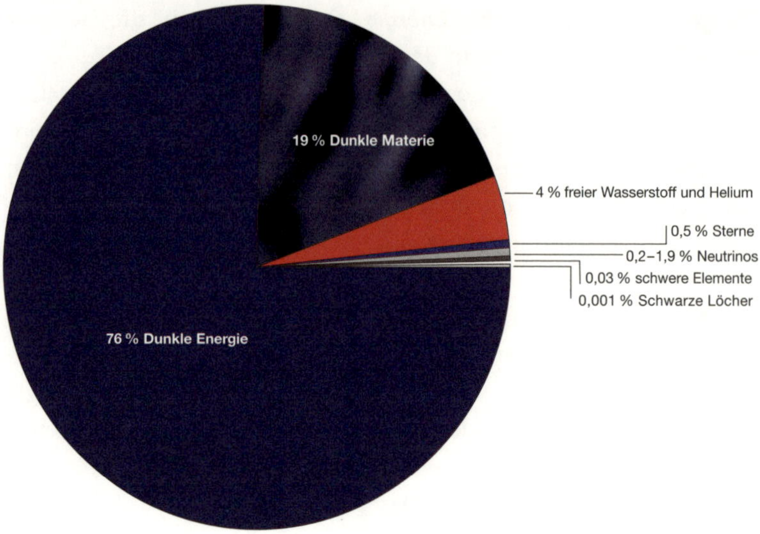

26 Der kosmische Kuchen, der die prozentuelle Verteilung der verschiedenen Materie- und Energieformen im Universum darstellt.

aus die Dunkle Energie wirklich besteht. Auch schon deswegen trägt sie vollkommen zu Recht ihren Namen, man könnte sie auch «geheimnisvolle» oder «mysteriöse Energie» nennen. Die einfachste und auch durch einige Beobachtungen gestützte Erklärung ist eine positive kosmologische Konstante Λ, wie sie schon im Jahre 1916 von Einstein eingeführt wurde und dann wieder als «Eselei» von ihm verworfen wurde. Wenn der Verdacht einer Existenz von Λ stimmen würde, dann wäre die Dunkle Energie nichts anderes als die allgegenwärtige Energie des Vakuums, also praktisch die Energie des Nichts. Mit Einsteins kosmologischer Konstante würden wir uns am Anfang einer beschleunigten, exponentiellen Ausdehnungsphase des Universums befinden, in einem sogenannten De-Sitter-Universum, das in alle Ewigkeit expandieren wird. Eine Abbremsung oder ein Big Crunch des Universums wäre damit ausgeschlossen. Die Materie würde immer weiter ausdünnen, das Universum würde immer mehr erkalten, und das Licht im Universum würde immer dunkler werden. Wir wissen aber nicht, ob diese Erklärung der Dunklen Energie durch die kosmologische Konstante wirklich richtig ist. Denn ein großes Problem hierbei ist es, eine plausible Erklärung dafür zu finden, warum die Dunkle Energie größenordnungsmäßig den gleichen Wert wie die Energiedichte der Materie annimmt. Denn da die kritische Energiedichte im Weltall heutzutage außerordentlich verdünnt ist, muss auch der Wert der kosmologischen Konstante sehr klein sein:

$$\varepsilon_\Lambda \approx 0{,}80 \times 10^{-26}\,\mathrm{kg/m^3}$$

Dies ist in der Tat eine äußerst geringe Energiedichte! Vergleicht man diese Zahl mit einem Wert, den man natürlicherweise im Standardmodell der Elementarteilchen durch Quanteneffekte, und zwar durch Vakuumfluktuationen, erwarten würde, bekommt man einen Wert für Λ, der sich um viele Größenordnungen von dieser Beobachtung unterscheidet. Noch schlimmer sieht es bei Berücksichtigung der Vakuumfluktuation in der Gravitationstheorie aus. John Archibald Wheeler errechnete, dass unter der Annahme der Gültigkeit der Quantenmechanik bis zur Planck'schen Länge von 10^{-35} Metern das Vakuum eine Massendichte von ungefähr $\varepsilon_\Lambda \approx 10^{97}\,\mathrm{kg/m^3}$ haben müsste. Demzufolge würde man erwarten, dass sich der gemessene Wert von Λ und der theoretisch vorhergesagte Wert um einen Faktor 10^{123}, also um 123 Größenordnungen, unterscheiden. Dies wäre eine der katastrophalsten Vorhersagen der Quantenmechanik. Wir müssen zugeben, bis heute noch nicht gut zu verstehen, warum die Natur dieser Vorhersage der Quantenmechanik nicht gefolgt ist. Die Erklärung, warum die kosmologische Konstante zwar nicht verschwindet, aber dennoch so winzig klein ist, stellt heutzutage als das sogenannte große Hierarchieproblem eine der größten Herausforderungen in der theoretischen Physik dar. Alternativen zur kosmologischen Konstante sind verschiedene skalare Felder, die ähnlich zum Higgs-Feld das Vakuum mit Energie auffüllen. Derartige Felder werden auch manchmal als Quintessenz-Felder bezeichnet, die sich mit der Zeit auch wieder ändern könnten. Damit wäre auch das Schicksal des Universums wieder unbestimmt.

Auch die Stringtheorie versucht eine schlüssige Antwort auf

diese brennende Frage nach der Dunklen Energie zu liefern. Wie wir sehen werden, kann man die kosmologische Konstante in der Stringtheorie durch jene Energie erklären, die in den zusätzlichen Dimensionen gespeichert ist. Die Kleinheit der kosmologischen Konstante ist damit aber noch nicht erklärt. Dieses Problem versucht man in der Stringtheorie im Rahmen der riesigen Stringlandschaft, nämlich mittels des Multiversums, anzugehen, denn man erwartet, dass verschiedene Bereiche des String-Multiversums auch durch breit gestreute Werte für Λ charakterisiert sind. Auf diese Art und Weise könnte man zumindest statistisch die Kleinheit von Λ erklären. Nimmt man dann auch noch das anthropische Prinzip zu Hilfe, wie es Steven Weinberg im Jahre 1985 getan hat, dann wird man zum heutigen Wert der kosmologischen Konstante geführt.

Noch mehr über die kosmische Mikrowellen-Hintergrundstrahlung

Wir haben bis hierher schon einiges über die Größe, das Alter und die Expansion des Universums erfahren. Bei dieser Diskussion hat die kosmische Hintergrundstrahlung eine wichtige Rolle gespielt. Deswegen wollen wir auch noch etwas mehr über ihre Entstehung erfahren. Die kosmische Mikrowellen-Hintergrundstrahlung (CMB) besteht aus Photonen, deren Energiespektrum der Strahlung eines Schwarzen Körpers sehr nahekommt. Die maximale Intensität wird bei einer Wellenlänge von ca. 2 Millimeter erreicht. Das entspricht einer Temperatur von 2,726 Kelvin, dem heute gemessenen Temperaturmaximum der Schwarzkörperstrahlung. Die CMB-Strahlung war zu früheren Zeitpunkten in der Geschichte des Universums viel heißer und energiereicher als jetzt. Die Abkühlung der Strahlung ist eine Folge der Expansion des Universums, denn die Anzahl der Photonen bleibt bei der Expansion des Raumes konstant. Wegen der Energieerhaltung nimmt die Energiedichte der CMB-Strahlung bei Vergrößerung des Raumvolumens kontinuierlich ab.

Die CMB-Strahlung entstand zu einem Zeitpunkt, an dem das Universum ungefähr 370 000 Jahre alt war. Zu dieser Zeit war das Universum etwa 1100-mal kleiner als jetzt, und seine Temperatur betrug ungefähr 3000 Kelvin. Das ist etwas weniger als die Temperatur auf der Sonnenoberfläche. In dieser Epoche bestand das Universum im Wesentlichen aus einem heißen Plasma aus Wasserstoff- und Heliumkernen und frei herumfliegenden Elektronen. Wegen der hohen Temperatur des Universums gab es noch keine feste Atomhülle – die Kerne waren vollständig ionisiert. Darüber hinaus gab es noch eine große Anzahl von Photonen, wobei diese zu den Elektronen in einem Verhältnis von ungefähr eins zu einer Milliarde standen. Die freie Weglänge der Photonen – für die das Universum noch durchsichtig blieb – war sehr kurz, denn sie stießen sich ständig an den frei herumfliegenden Elektronen. Das relativ junge Universum bestand zu dieser Zeit also aus einer zähen Suppe von positiven Kernen, negativen Elektronen und einigen Photonen. Dieser Zustand änderte sich, als die Temperatur des Universums weiter abnahm. Da sich ihre kinetische Energie verringerte, konnten die Elektronen nun von den positiven Ionen eingefangen werden und bildeten von nun an zusammen mit den Protonen feste Wasserstoff- und Heliumatome. Dadurch klärte sich der Himmel für die Photonen fast schlagartig auf, die Elektronen stellten keine Hindernisse mehr für sie dar, und das Universum wurde für die Photonen durchlässig und transparent. Von diesem Zeitpunkt an konnten die Photonen als freie Teilchen in der Form der CMB-Strahlung existieren.

Dieser Phasenübergang, der bei ca. 3000 Kelvin und bei einem Alter von 370 000 Jahren stattfand, ist also die Befreiungsstunde der kosmischen Hintergrundstrahlung. Das Licht der CMB-Strahlung ist aber heute im Vergleich zum damaligen Zeitpunkt als Effekt der anhaltenden Ausdehnung des Raumes sehr stark nach Rot verschoben.

Man kann die Rotverschiebung des Lichtes auch sehr gut für die Angabe des Alters des Universums verwenden, sie stellt für die Astrophysiker gleichsam die Uhr des Kosmos dar. Je weiter eine Galaxie von uns entfernt ist, desto röter erscheint uns das Licht dieser Galaxie. Das liegt daran, dass sich die Galaxien, dem Hubble-Gesetz folgend, von uns wegbewegen und dass ihr Licht zu einem Zeitpunkt entstanden ist, als das Universum noch jünger war. Man kann also das Alter des Universums, das heißt den Zeitpunkt, zu dem Licht einer bestimmten Frequenz entstanden ist, auch durch die Frequenzverschiebung des Lichtes definieren. Dafür führt man einen neuen «Zeitparameter» z ein, der gerade diese durch die Ausdehnung des Raumes verursachte Frequenzverschiebung beschreibt:

$$z = (\Lambda_{\text{beobachtet}} - \Lambda_{\text{damals}})/\Lambda_{\text{damals}}$$

Heute ist z also genau 1. Der Zeitpunkt, zu dem die kosmische Hintergrundstrahlung entstand, entspricht $z \approx 1000$. Die ältesten am Himmel beobachteten Objekte, die Quasare, befinden sich in einer Entfernung zu uns, die einem Wert von $z \approx 5 - 8$ entspricht. Den z-Rekord hält ein Objekt, das erst im Oktober 2010 mit Hilfe des Very Large Telescope nachgewiesen werden konnte, nämlich eine Galaxie mit dem Wert $z = 8{,}6$. Das Licht dieser Galaxie benötigte etwas mehr als 13 Milliarden Jahre bis zu uns; es entstand, als das Universum gerade 600 Millionen Jahre alt war. Zu dieser Zeit war das Universum fast zehnmal kleiner als heute.

Kleine Abweichungen von der Gleichmäßigkeit der CMB-Strahlung

Die präzise, experimentelle Bestätigung, dass der CMB tatsächlich die Form der Strahlung eines Schwarzen Körpers besitzt, gelang zum ersten Mal dem COBE-Satelliten (Cosmic Background Explorer). Dieser startete am 18. November 1989, und bereits wenige Monate später konnte die Temperatur der CMB-Strahlung mit großer Genauigkeit auf 2,726 Kelvin festgelegt werden. Die nächste Frage, die sich nach der Ermittlung der COBE-Daten stellte, war, ob der CMB wirklich vollkommen gleichmäßig aus allen Raumrichtungen zu uns gelangt oder ob es kleine Temperaturunterschiede geben könnte, je nachdem, aus welcher Richtung der CMB bei uns eintrifft. Dafür musste das Winkelauflösungsvermögen im Vergleich zu COBE nochmals um den Faktor 20 gesteigert werden. Zu diesem Zweck wurde von der NASA ein Satellit mit dem Namen MAP (Microwave Anisotropy Probe) gebaut und im Jahre 2001 gestartet. Nach dem Tod von David Wilkinson im September 2002 wurde ihm zum Gedenken dieser Satellit in WMAP umbe-

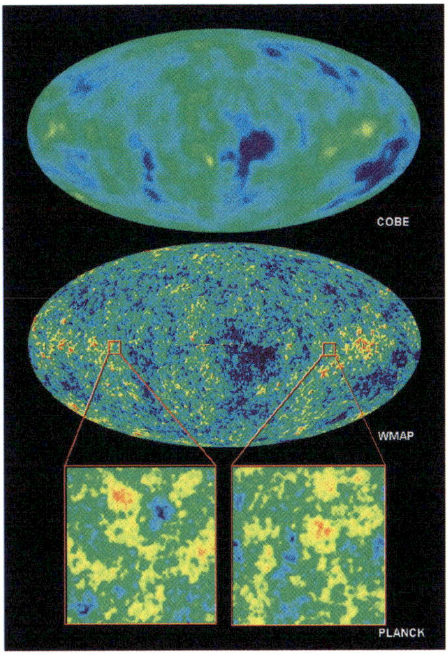

27 Die von COBE gemessene kosmische Hintergrundstrahlung im Vergleich zur Messung von WMAP mit deutlich besserer Auflösung. Unten sind zwei simulierte Himmelsausschnitte gezeigt mit einer um dreifach genaueren Auflösung, wie es vom PLANCK-Satelliten erwartet wird. In diesen Aufnahmen kann man auch erkennen, dass die Temperaturunterschiede im CMB ein skaleninvariantes Verhalten aufweisen, dass sich nämlich das Muster der Temperaturunterschiede bei großen und kleinen Abständen im Universum wiederholt.

nannt. Die Ergebnisse von WMAP, die ab Februar 2003 veröffentlicht wurden, stellen den momentanen Höhepunkt der Astrophysik und der Kosmologie auf diesem Gebiet dar: Der CMB weist nun wirklich kleine räumliche Fluktuationen in der Temperaturverteilung auf. Die von WMAP gemessenen Abweichungen von $T = 2{,}7\,K$ sind von der Größenordnung 10^{-4}–10^{-5}. Daraus ergibt sich, dass das Universum bei der Entstehung der kosmischen Hintergrundstrahlung 370 000 Jahre nach dem Urknall winzige Temperaturunterschiede aufgewiesen haben muss. Wir werden sehen, dass man diese faszinierende Beobachtung durch Quantenfluktuation in der Dichteverteilung kurz nach dem Urknall im Rahmen des inflationären Universums erklären kann. Für die Messungen der CMB und die Entdeckung der Anisotropie in der CMB erhielten John Mather und George Smoot im Jahre 2006 den Nobelpreis für Physik. Das Echo des Urknalls, oder wie es Smoot einmal emphatisch als «das Antlitz Gottes» bezeichnete, wurde also von COBE und WMAP eingefangen.

Im Jahre 2009 wurde mit dem Einsatz des Planck-Weltraumteleskops der Europäischen Weltraum-Organisation ESA ein weiteres Experiment gestartet. Wir hoffen, dass die Planck-Mission einen weiteren Quantensprung in der Erforschung des CMB darstellen wird.

Die Geschichte des Universums in einem Jahr Bevor wir uns dem inflationären Universum zuwenden, wollen wir uns zur Beschreibung der Entwicklungsgeschichte des Universums nach dem Urknall eines anschaulichen Tricks des inzwischen verstorbenen Münchener Physikers Peter Kafka bedienen, der auch sehr schön in Günther Hasingers Buch «Das Schicksal des Universums» geschildert wird. Dort wird der Kalender des Universums, also die etwa 14 Millionen Jahre umfassende Zeitspanne vom Urknall bis heute, auf ein einziges Jahr zusammengeschrumpft. Umgerechnet entspricht dann eine Sekunde in diesem Kalender 433 Jahren Echtzeit im Universum.

In unserem Kalender beginnen wir beim Urknall, der den Zeitnullpunkt zu Beginn des Jahres um null Uhr festlegt. Vierzehn Minuten später erfolgt die Befreiung der Photonen von der Materie, das Universum wird für Licht durchlässig, und die kosmische Hintergrundstrahlung beginnt sich abzukühlen. Ungefähr fünf Tage später entstehen die ersten Sterne und Schwarzen Löcher als auch die für menschliches Leben notwendigen Elemente wie Sauerstoff und Stickstoff. Zwanzig Tage später bilden sich die ersten Galaxien. Nach einem Zeitsprung von etwa acht Monaten entstehen die Sonne, die Erde und die übrigen Planeten. Am 19. September gibt es die ersten Hinweise für Leben auf der Erde. Zwischen dem 20. und 24. Dezember beginnen Wälder, Fische und Reptilien mit ihrer Entwicklung, und am ersten Weihnachtstag entstehen die Säugetiere. Die ersten Vorfahren der Menschen treten an Silvester um 20 Uhr und der Homo sapiens um sechs Minuten vor Mitternacht in Erscheinung. 4,6 Sekunden vor Beginn des neuen Jahres wird Jesus Christus geboren, und die ältesten noch lebenden Menschen erblicken ungefähr eine Viertelsekunde vor Neujahrsbeginn das Licht der Welt. Doch schon am 12. Januar des neuen Jahres wird die Erde zu heiß für menschliches Leben sein, und im Juli wird sich die Sonne zu einem Roten Riesen aufgebläht haben.

Wie wird sich das weitere Schicksal unseres Universums gestalten, nachdem menschliches Leben in unserem Planetensystem ausgelöscht wurde? Wenn wir annehmen, dass die durch die kosmologische Konstante beschleunigte Ausdehnung des Universums immer weitergehen wird, dann werden nach 100 Billionen Jahren auch die letzten Sterne verglüht sein. Allein die Schwarzen Löcher werden noch sehr lange weiterexistieren. Aber auch deren Leben ist endlich, denn aufgrund der Hawking-Strahlung, die wir später noch genauer kennenlernen werden, sind alle Schwarzen Löcher nach der unvorstellbar langen Zeit von 10^{100} Jahren verdampft. Dann wird das Weltall vollkommen dunkel sein. Sein Volumen wird dabei auf das ungefähr 10^{194}-Fache im Vergleich zu heute angewachsen sein, und die Wellenlänge der kosmischen Hintergrundstrahlung wird auf 10^{41} Lichtjahre angestiegen sein.

Die inflationäre Ausdehnung des Universums

Nachdem wir für einen Moment in die sehr ferne Zukunft unseres Universums geschaut haben, wollen wir uns nun wieder seinen Anfängen zuwenden. Denn die Zeitspanne ganz kurz nach dem Urknall, ja man kann fast sagen, die früheste, embryonale Stufe des Universums, ist eine der aufregendsten Phasen in seiner Entwicklungsgeschichte: Es ist die kurze, aber sehr heftige Epoche der inflationären Ausdehnung des Universums.

Der Horizont und die Größe des Universums Um die Inflation zu verstehen, wollen wir uns zuerst folgender Frage zuwenden: Wissen wir eigentlich genau, wie groß unser Universum ist, wenn wir mit unseren Teleskopen in das Universum blicken? Zum Vergleich stellen wir uns für einen Moment vor, wie wir am Strand eines Meeres stehen und über den Ozean bis zum Horizont schauen. Obwohl unser Auge nicht über den Horizont hinaussehen kann, wissen wir natürlich, dass das Meer hinter dem Horizont noch weitergeht und der größte Teil der Erde dahinter verborgen liegt. Verhält es sich mit dem uns sichtbaren Teil des Universums auch so? Können wir möglicherweise auch nur einen sehr kleinen Teil des Universums sehen, nämlich nur den Teil, der innerhalb seines Horizontes liegt?

Der räumliche Horizont unseres Weltalls ist durch den Bereich definiert, den von uns aus gesehen ein Lichtstrahl seit dem Urknall erreichen kann. Da der Urknall vor ungefähr 14 Milliarden Jahren stattfand, lässt sich die Entfernung zum Horizont des Weltalls leicht ausrechnen: Wir multiplizieren die Lichtgeschwindigkeit von 3×10^8 Metern pro Sekunde mit der Zeitspanne, die seit dem Urknall vergangen ist. Damit erhalten wir eine Entfernung von 14 Milliarden Lichtjahren, was ca. 10^{23} Kilometern entspricht. Dieses Ergebnis muss noch mit dem Ausdehnungsfaktor multipliziert werden, um den sich das Universum in der Zeit, in der das Licht unterwegs war, weiter ausgedehnt hat. Dann lässt sich feststellen, dass der Horizont unseres Universums ungefähr dreimal so groß ist, wie es seinem reinen Alter entspräche. Der Horizont unseres Universums ist also ungefähr 40 Milliarden Lichtjahre von uns entfernt.

Der Bereich innerhalb des Horizonts umfasst alle Punkte im Raum, von denen wir seit dem Urknall Lichtsignale empfangen konnten. Es sind also die Punkte im Raum, die in unserem Rückwärtslichtkegel vom Urknall aus beginnend liegen. Weiter entfernt können wir aus Gründen der relativistischen Kausalität, also wegen der Endlichkeit der Lichtgeschwindigkeit, nicht in das Universum hineinsehen. Vom Beginn der Urknalltheorie an bis in die achtziger Jahre hat man wie selbstverständlich angenommen, dass sich das Universum nicht schneller als mit Lichtgeschwindigkeit ausdehnen kann. Das würde natürlich bedeuten, dass die Größe des Universums praktisch durch seinen Horizont gegeben ist. Heute aber sind wir uns fast sicher, dass es hinter dem Horizont des Universums auch weitergeht, dass das Universum also sehr viel größer als sein sichtbarer Horizont ist. Dies kann aber nur dann sein, wenn sich das Universum für eine Zeitlang mit Überlichtgeschwindigkeit ausgedehnt hat. Man bezeichnet dies als eine inflationäre Ausdehnungsphase des Universums, oft auch einfach als inflationäres Universum oder kurz als Inflation. Eine Ausdehnung des Raumes mit Überlichtgeschwindigkeit steht übrigens nicht im Widerspruch zur Speziellen Relativitätstheorie. Diese verbietet nur, dass sich Teilchen im Raum mit Überlichtgeschwindigkeit bewegen oder dass Signale mit Überlichtgeschwindigkeit übertragen werden.

Warum ist das Universum flach? Bevor wir besprechen, wie man in der Elementarteilchenphysik ein inflationäres Universum realisieren kann, wollen wir uns zwei fundamentalen Problemen in der Kosmologie zuwenden, die die Astrophysiker über viele Jahre bewegt haben. Das inflationäre Universum hat auf einen Schlag zur Lösung beider Probleme geführt. Deswegen wird die Inflation in der Astrophysik und in der Kosmologie als fester Bestandteil des Concordance-Modells akzeptiert. Das erste Problem haben wir schon bei der Besprechung der räumlichen Geometrie und der kritischen Energiedichte des Universums kennengelernt. Es handelt sich dabei um die Frage, warum das Universum mit großer Genauigkeit flach ist, warum der Wert von Ω so nahe bei dem kritischen Wert $\Omega = 1$ liegt, also um das sogenannte Flachheitsproblem in der Kosmologie. Dieses Problem ist nicht nur mit der Frage verbunden, warum Ω heute so nahe bei eins liegt. Das Hauptproblem liegt darin begründet, dass Ω beim Urknall mit noch sehr viel größerer Genauigkeit den Wert eins besitzen musste als heute. Denn schon die allerkleinsten Schwankungen in Ω kurz nach dem Urknall hätten sich während der Expansion des Universums um ein Vielfaches verstärkt, sodass Ω heute sehr viel größer oder auch sehr viel kleiner als eins wäre. Bei sehr kleinen Abweichungen von $\Omega = 1$ beim Urknall hätte sich das Universum entweder sehr rasch wieder zusammengezogen, oder es hätte sich viel zu schnell ausgedehnt, ganz im Widerspruch zu unseren Beobachtungen und auch im Widerspruch zu unserer eigenen Existenz. Rechnet man aus, wie groß die Abweichungen von $\Omega = 1$ am Urknall höchstens sein durften, sieht man, dass Ω nur um den Bruchteil von 10^{-15} vom kritischen Wert abgewichen sein durfte. Eine solch genaue Feinabstimmung von Ω erscheint im höchsten Maße unwahrscheinlich oder unnatürlich, ist aber unvermeidlich, wenn man von einer konventionellen Ausdehnung des Universums mit einer kleineren Geschwindigkeit als der Lichtgeschwindigkeit ausgeht.

Inflation als Lösung des Flachheitsproblems Eine inflationäre Ausdehnungsphase kurz nach dem Urknall schafft hier in natürlicher Weise Abhilfe. In seinem inflationären Stadium dehnt sich das Universum während einer sehr kurzen Zeitspanne, nämlich zwischen 10^{-34} und 10^{-32} Sekunden nach dem Urknall, exponentiell schnell mit Überlichtgeschwindigkeit aus. Und zwar wächst in dieser kurzen Zeitspanne das Universum um ungefähr 30 Größenordnungen, also um einen Faktor 10^{30}, an. Es kommt demnach fast alle 10^{-34} Sekunden zu einer Verdopplung des Volumens des Universums. Dies entspricht dem Anwachsen eines Zentimeters auf das Zehnmillionenfache der Größe der Milchstraße innerhalb eines Billionstels eines Billionstels eines Billionstels einer Sekunde. Danach dehnt sich das Universum wieder viel langsamer aus, so wie es aus den Einstein'schen Gleichungen für ein Universum mit Materie oder mit Photonen folgt. Die kurze, aber rapide Ausdehnungsphase des Universums hat dramatische Konsequenzen. Jegliche Abweichungen von einem flachen Universum vor Beginn der Inflation sind nach Beendigung der inflationären Phase vollkommen verschwunden. Deswegen kann zu Beginn der Inflation das Universum starke Abweichungen von der Flachheit gehabt haben, nach der Inflation sind alle diese Krümmungsabweichungen auseinandergezogen, das heißt, sie sind gleichermaßen wie weggewaschen. Günther Hasinger vergleicht in seinem Buch diesen Effekt mit der anfangs schrumpeligen Oberfläche eines schlaffen Luftballons. Nach dem schnellen Aufblasen des Luftballons werden sämtliche Runzeln auf seiner Oberfläche vollkommen geglättet. Man kann die kosmologische Inflation auch gut mit der großen Inflation während der Jahre 1922/23 in Deutschland vergleichen. Vor der Inflation machte es durchaus einen Unterschied, ob man einen Geldbetrag über 100 oder über 1 000 000 Mark gespart hatte. Als jedoch eine Phase der inflationären Geldentwertung eintrat, waren die Differenzen von einigen Tausend Mark, gemessen am tatsächlichen Wert des Geldes am Ende der Inflation, unerheblich.

Die inflationäre Ausdehnungsepoche des Universums sagt also einen theoretischen Wert von $\Omega = 1$ am Ende der Inflation voraus. Dies war vielen Kosmologen schon seit den achtziger Jahren bewusst. Jedoch standen die experimentellen Beobachtungen lange Zeit im Widerspruch zu dieser theoretischen Vorhersage, da den Astrophysikern in ihren Messungen immer ein zu großer Teil an Materie fehlte, um ein flaches Universum erklären zu können. Deswegen ging die Astrophysik eher von einem offenen Universum aus. Mit den Messungen zur kosmischen Hintergrundstrahlung und der Entdeckung der Dunklen Energie hat sich das Blatt vor ungefähr zehn Jahren jedoch grundlegend gewendet: Die Theorie der Inflation ist nun in guter Übereinstimmung mit allen astrophysikalischen Beobachtungen.

Warum sieht das Universum so gleichmäßig aus? Das zweite Rätsel, das durch die Theorie Inflation gelöst wird, ist das sogenannte Isotropieproblem des Universums. Misst man nämlich die kosmische Hintergrundstrahlung aus vielen verschiedenen Raumrichtungen, so stellt man fest, dass sie mit sehr hoher Genauigkeit überall die gleiche Temperatur aufweist. Gleichgültig, von woher wir die CMB-Strahlung empfangen, sie weist immer annähernd die gleiche Temperatur von 2,726 Kelvin auf, ist also räumlich gesehen fast perfekt isotrop. Die maximale Abweichung von dieser Temperatur beträgt mit 10^{-4} maximal ein Hundertstelprozent. Verfolgt man aber die zeitliche Ausdehnung des Universums ohne Inflation zurück, so stößt man auf folgendes Problem: Der heute sichtbare Teil des Universums entstand aus ungefähr 10^{84} beim Urknall nicht kausal zusammenhängenden Bereichen. Denn zur Zeit des Urknalls war der Horizont des damaligen Universums um ungefähr 28 Größenordnungen kleiner als seine tatsächliche Ausdehnung. Zwischen diesen 10^{84} Teilbereichen war beim Urknall überhaupt kein Austausch von Information, Strahlung und Materie möglich. Man würde deshalb erwarten, dass die prozentualen Temperatur- und Energieunterschiede in den verschiedenen, kausal nicht zusammenhängenden Bereichen des damaligen Universums sehr viel größer als nur 10^{-4} sein sollten. Die heute gemessene Isotropie der CMB-Strahlung erscheint deswegen als eine extrem unnatürliche oder, wie man auch sagt, extrem fein eingestellte Größe. Man bezeichnet daher das Isotropieproblem auch als das Horizontproblem des Universums.

Das Horizontproblem lässt sich im inflationären Universum sehr elegant umgehen: Dehnt sich das Universum während einer gewissen Zeitspanne exponentiell schnell aus, dann entsteht der für uns sichtbare Teil des Universums innerhalb des heutigen Horizonts gerade aus dem winzig kleinen Teil des Universums, der schon beim Urknall vollständig im kausalen Kontakt miteinander stand. In der Inflationstheorie ist daher der für uns sichtbare Teil des Universums beim Urknall keineswegs aus dem gesamten frühen Universum entstanden, sondern nur aus einem winzigen Teilbereich. Der Bereich des Universums, den wir mit unseren Teleskopen heute beobachten können, stellt im inflationären Universum nur eine kleine Blase eines sehr viel größeren Gebildes dar. In der inflationären Phase besteht das gesamte Universum aus ungefähr 1084 sich aufblähenden und getrennt voneinander entwickelnden Blasen, ohne dass jemals Teilchen oder Informationen zwischen diesen ausgetauscht werden können. Man muss also im inflationären Universum sehr sorgfältig zwischen dem sichtbaren Teil des Universums und dem gesamten Kosmos unterscheiden. Letzterer ist, wie schon gesagt, sehr viel größer als der Bereich innerhalb unseres Horizonts. Deswegen kann man auch die Frage stellen, wie die Naturgesetze jenseits des Horizonts aussehen. Haben sich die anderen Teile des Universums ähnlich entwickelt wie unser sichtbarer Teil, oder sieht die Physik dort anders aus. Ist es auch möglich, dass viele der anderen Blasen schon wieder in sich zusammengefallen sind und deswegen ihr «Leben» nur von kurzer Dauer war?

Die Inflation als erster Schritt ins Multiversum Wegen der Existenz dieser vielen zusätzlichen Blasen hat die Theorie des inflationären Universums eine wichtige Rolle bei der Entwicklung der Idee vom Multiversum eingenommen. Neue inflationäre Blasen können jederzeit aus dem Nichts entstehen, und neue Universen können aus einer kleinen inflationären Blase geboren werden, um sich dann rasend schnell auszudehnen, genauso wie es mit unserem Teil des Universums nach dem Urknall geschah. Die Inflation ist also der natürliche Ausgangspunkt für die Erzeugung neuer Universen.

Die Inflation und Dichteschwankungen im Universum Im Folgenden sollen einige Stationen der äußerst interessanten wissenschaftlichen Entwicklungsgeschichte des inflationären Universums aufgezeigt werden. Schon in den späten siebziger Jahren arbeiteten Andrei Linde und Alexei Starobinsky in Moskau an einer unterkühlten frühen Phase des Universums. Linde nannte es eine seltsame Phase, denn die beiden Forscher vermuteten, dass die Gravitationskraft während der Unterkühlungsphase abstoßend und nicht anziehend wirkte. Das Modell Starobinskys beruhte im Wesentlichen auf einer modifizierten Form der Einstein'schen Gravitationstheorie, beinhaltete aber noch keine Elementarteilchen. Dennoch konnte man aus dem Modell von Starobinsky eine der wichtigsten Vorhersagen der kosmologischen Inflationstheorie zu Beginn der achtziger Jahre herleiten. Dies sind die kleinen Fluktuationen in der räumlichen Temperaturverteilung der kosmischen Hintergrundstrahlung. Wie wir schon öfter betont haben, ist das Spektrum der kosmischen Hintergrundstrahlung aus allen Raumrichtungen des Universums annähernd gleich. Die genauen Messungen von WMAP haben ergeben, dass die Isotropie in der Temperaturverteilung allerdings um einen sehr kleinen Effekt gebrochen ist. Richtet man die Teleskope in verschiedene Bereiche des Himmels, sieht man, dass sich kleine Temperaturunterschiede von der Größenordnung von 10^{-5} bis 10^{-4} einstellen. Darüber hinaus ergaben die Messungen, dass die kleinen Temperaturunterschiede eine fast perfekte skaleninvariante Struktur besitzen: Misst man das Spektrum der Temperaturunterschiede bei großen sowie kleinen Abständen, erhält man immer das gleiche Muster (siehe auch Abbildung 27). Das ist vergleichbar mit der Skaleninvarianz im fraktalen Blumenkohl, den wir im Rahmen der Quantenstatistik schon kennengelernt haben. In den Messungen der

CMB-Strahlung sieht man also einen fast analogen Effekt. Dies deutet darauf hin, dass der Ursprung der Temperaturunterschiede in der CMB-Strahlung von quantenmechanischen Fluktuationen in der Raum-Zeit während des Urknalls herrührt. Dieses skaleninvariante Energiespektrum der CMB-Strahlung wurde schon 1970 von den beiden Physikern Edward Harrison und Yakov Zeldovich berechnet.[38]

Man könnte nun meinen, dass die Beobachtung der kleinen Dichtefluktuationen im Widerspruch zur kosmischen Inflation steht, da doch die Inflation alle Temperaturunterschiede gleichsam glättet und zum Verschwinden bringt. Das ist jedoch nicht der Fall: Die Theorie der Inflation sagt die Temperaturschwankungen sogar voraus. Dies wurde schon im Jahre 1981 von den beiden russischen Physikern Viatcheslav Mukhanov und G. V. Chibisov in der Sowjetunion berechnet, indem sie Starobinskys ursprüngliches inflationäres Modell analysierten. In ihren Berechnungen betrachteten Mukhanov und Chibisov die spontanen räumlichen Fluktuationen in der Dichteverteilung im Universum. Diese rühren von den Quantenfluktuationen der Raum-Zeit kurz nach dem Urknall her. Sie haben zur Folge, dass auch beim Urknall in der Raum-Zeit nicht vollkommene Isotropie und Homogenität herrschen. Man kann ausrechnen, wie viel von beiden nach der Inflation übrig bleibt. Das Resultat ist ein großer Triumph für die Hypothese der kosmischen Inflation. Die Dichteschwankungen am Urknall liefern genau den richtigen Wert für die Anisotropie der CMB-Strahlung zum heutigen Zeitpunkt. Mukhanov und Chibisov konnten sogar noch einen weiteren Effekt in ihren Rechnungen feststellen: Die Skaleninvarianz des CMB-Spektrums ist bei kleineren Abständen um einen sehr kleinen Betrag verletzt. Auch diese Abweichung vom skaleninvarianten Harrison-Zeldovich-Spektrum wurde inzwischen durch WMAP experimentell nachgewiesen. Deswegen haben diese Messungen von WMAP die meisten Zweifler davon überzeugt, dass es im frühen Universum eine inflationäre Epoche gegeben haben muss. Slava Mukhanov ist mittlerweile mein Kollege an der Universität München und hält den Lehrstuhl für Kosmologie inne.

Inflation und die Elementarteilchenphysik des frühen Universums

Wie hat es das Universum kurz nach dem Urknall geschafft, sich innerhalb des Bruchteils einer Sekunde exponentiell um 30 Größenordnungen auszudehnen? Die frühe inflationäre Ausdehnungsphase des Universums weist sehr viele Gemeinsamkeiten mit der heutigen beschleunigten Ausdehnung auf, die durch die kosmologische Konstante in den Einstein'schen Gleichungen verursacht wird. Denn auch im inflationären Universum nimmt man an, dass die inflationäre Expansion des Universums durch eine Art kosmologischer Konstante, also durch eine nichtteilchenartige Vakuumenergiedichte, bestimmt wurde. Durch die kosmologische Konstante wird in den Einstein'schen Gleichungen ein Term mit negativem – auch mit negativer Energiedichte bezeichnetem – gravitativem Druck eingeführt, der zu einer abstoßenden Gravitationskraft führt. Eine kosmologische Konstante wirkt also wie eine Antigravitation und führt dazu, dass sich das Universum exponentiell mit Überlichtgeschwindigkeit ausdehnen kann. Da jedoch die Inflation im frühen Universum nach ungefähr 10^{-32} Sekunden ein abruptes Ende gefunden haben muss – sonst würde unser Universum in seiner jetzigen Form nicht existieren –, kann diese frühe Vakuumenergiedichte keine echte kosmologische Konstante sein, sondern muss nach Ablauf der inflationären Phase wieder verschwunden sein.

Es gibt nun verschiedene Möglichkeiten, um eine zeitlich veränderliche kosmologische Konstante zu realisieren, die alle im Wesentlichen auf eine gemeinsame Grundidee hinauslaufen. Nach ungefähr 10^{-34} Sekunden, zu Beginn der inflationären Phase, beträgt die Temperatur des Universums ungefähr 10^{28} Kelvin. In diesem Moment setzt eine Phase der Unterkühlung ein, wobei sich das Universum immer weiter abkühlt, ein bestimmter Ordnungsparameter für eine Zeitlang jedoch eingefroren wird und zu einer erhöhten Energie des Vakuums führt. Dieser energetisch erhöhte Vakuumzustand des Universums hält über die gesamte Dauer der Inflation an. An deren Ende wird die frei werdende Energie des Vakuums in Bewegungsenergie von Elementarteilchen umgewandelt. Darum steigt nach Ablauf der inflationären Phase die Temperatur des Universums zunächst wieder um den Betrag an, der der frei gewordenen Vakuumenergie entspricht, um dann infolge der normalen Ausdehnung des Universums wieder zu fallen.

Man kann diesen Prozess der Unterkühlung und der darauf folgenden Rückerhitzung sehr gut mit dem Gefrieren von Wasser in einem See vergleichen. Wenn die Temperatur sinkt, bilden sich im Wasser Bereiche, deren Temperatur unter dem Gefrierpunkt liegt. Erst nach einer kurzen Phase der Unterkühlung setzt ein abrupter Phasenübergang von Wasser zu Eis ein, bei dem Energie frei wird und sich die Temperatur kurzzeitig etwas erhöht. Als Folge der Unterkühlung bilden sich im Wasser an verschiedenen Stellen kristallartige Eisstrukturen und Eisblasen. So ähnlich ist es auch dem Universum während seiner inflationären Phase, die gleichzeitig auch eine Phase der Unterkühlung darstellt, widerfahren.

Phasenübergänge im frühen Universum Während Ende der siebziger und zu Beginn der achtziger Jahre hauptsächlich Gravitationsphysiker an der beschleunigten Ausdehnung des Universums arbeiteten, begann der Siegeszug des inflationären Universums in der Elementarteilchenphysik im Jahre 1981, als der amerikanische Physiker Alan Guth vom MIT (Massachusetts Institute of Technology) vorschlug, ein skalares Feld könnte zur Energiedichte des Universums beitragen und auf diese Weise eine exponentielle Ausdehnung des Universums bewirken. Dieses skalare Feld verhält sich ganz ähnlich wie das Higgs-Feld des Standardmodells, sein Vakuumerwartungswert nimmt die Rolle des Ordnungsparameters ein, der die Vakuumenergie des Universums bestimmt. Der Wert des skalaren Feldes gibt also an, in welcher Phase sich das Universum befindet. Die potentielle Energie des skalaren Feldes liefert die Vakuumenergie. Dies ist vergleichbar dem Schmelzen beziehungsweise Gefrieren von Wasser oder der Magnetisierung von Eisen. In letzterem Fall stellt die temperaturabhängige Magnetisierung den Ordnungsparameter dar. Die Magnetisierungsenergie entspricht der Vakuumenergie. Bei hohen Temperaturen verschwindet die Magnetisierung, das Eisen ist dann nicht magnetisch. Der unmagnetische Zustand bei hohen Temperaturen weist eine hohe Symmetrie auf, er ist rotationsinvariant unter räumlichen Drehungen, entspricht aber einer relativ hohen Magnetisierungsenergie. Bei tieferen Temperaturen richten sich alle Elementarmagnete im Eisen in einer Richtung aus; die Magnetisierung ist nun von null verschieden und die Energie des Systems niedriger als im unmagnetisierten Zustand. Der Übergang von der nichtmagnetischen Phase bei hohen Temperaturen zur magnetischen Phase bei tiefen Temperaturen stellt einen Phasenübergang dar, genauso wie beim Übergang von Wasser zu Eis. Schließlich kann es passieren, dass trotz Abkühlung die nichtmagnetische Phase für eine bestimmte Zeit erhalten bleibt. Das System weist dann eine Unterkühlung auf, bis schließlich der Phasenübergang an einigen Stellen des Materials einsetzt – die entstehenden magnetischen Blasen breiten sich weiter aus, um schließlich das ganze Material in die neue magnetische Phase übergehen zu lassen.

Genauso stellte sich Alan Guth den Phasenübergang im frühen Universum vor. Sein Ordnungsparameter war ein skalares Higgs-Feld, welches den GUT-Übergang von der symmetrischen SU(5)-Phase zur unsymmetrischen Phase des Standardmodells mit $SU(3) \times SU(2) \times U(1)$-Eichsymmetrie darstellt. Bei hohen Temperaturen sind also alle drei mikroskopischen Kräfte des Standardmodells zur SU(5)-Theorie vereinigt. Hier gibt es keinen Unterschied zwischen den Quarks und den Leptonen. Übergänge zwischen diesen Teilchen werden durch masselose X- und Y-Bosonen vermittelt. Sinkt die Temperatur des Universums unter die typische GUT-Temperatur von ungefähr 10^{28} Kelvin ab, sollte das System in die unsymmetrische Phase mit gebrochener $SU(3) \times SU(2) \times U(1)$-Eichsymmetrie und mit massiven X- und Y-Bosonen übergehen. Dies stellt einen dem oben beschriebenen Übergang von der nichtmagnetischen zur magnetischen Phase im Eisen analogen Phasenübergang dar. Beim Übergang von der SU(5)-Phase zur $SU(3) \times SU(2) \times U(1)$-Phase bleibt das Higgs-Feld aber noch für eine Zeitlang in der symmetrischen GUT-Phase stecken; diese hat eine höhere Energie als die unsymmetrische Phase, das Universum ist also unterkühlt. Die inflationäre Ausdehnung kann beginnen.

Alan Guths Leistung bestand darin, das Higgs-Feld der GUT-

Theorie in der Elementarteilchenphysik mit der inflationären Ausdehnung des Universums in Verbindung gebracht zu haben. Er hat auf diese Weise als einer der ersten theoretischen Physiker eine Brücke zwischen der Elementarteilchenphysik und der Kosmologie gebaut. Zudem erkannte Guth, dass die – von ihm so getaufte – Inflation sowohl das Flachheitsproblem als auch das Horizontproblem in der Kosmologie löst. Guth konnte auch zeigen, dass die GUT-Inflation noch ein weiteres Problem löst, die Überpopulation von magnetischen Monopolen im Universum. Während des GUT-Phasenübergangs entstehen ohne Inflation zu viele magnetische Monopole in der Form von topologischen Defekten, die man in der Natur aber nicht beobachtet hat. Dehnt sich hingegen das Universum exponentiell aus, dann wird die Verteilung der magnetischen Monopole so stark verdünnt, dass sie im Universum praktisch nicht mehr nachgewiesen werden können.

Leider hat das inflationäre Universum von Alan Guth – es wird auch oft als alte Inflation bezeichnet – einen schwerwiegenden Haken. Es funktioniert nicht vollständig, denn im Modell der alten Inflation bleibt das Higgs-Feld für immer im falschen, symmetrischen Vakuum stecken. Wie sich zeigen lässt, ist dieser Phasenübergang – ein Phasenübergang erster Ordnung – im Vergleich zur rasanten Ausdehnung des Universums zu langsam, als dass das Higgs-Feld das gebrochene Vakuum in der notwendigen kurzen Zeit erreichen kann. Deswegen kommt die Inflation im Modell von Guth nicht zur Ruhe, das Wiederaufheizen kann nicht einsetzen – die Inflation hält für immer an.

Die Neue Inflation Der Moskauer Physiker Andrei Linde hatte sofort die Wichtigkeit von Guths Idee erkannt. Er ging das Problem mit so heftiger Intensität an, dass er, wie er mir sagte, ein Geschwür bekam. Die Lösung kam ihm urplötzlich eines Nachts im Sommer 1981 während eines Telefongesprächs mit einem Freund. Um seine Frau Renata und seinen Sohn nicht aufzuwecken, telefonierte er im Badezimmer. Aber er war so aufgeregt, dass seine Frau doch aufwachte. Glücklicherweise zeigte sie Verständnis für die Störung der nächtlichen Ruhe, denn sie selber ist auch eine sehr

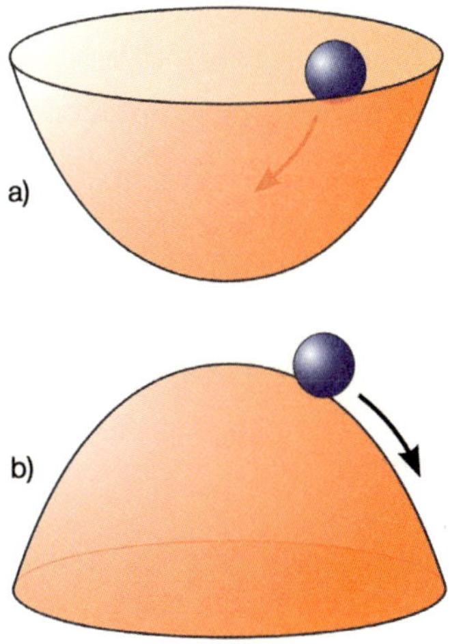

28 Zwei verschiedene Energiepotentiale für das Inflatonfeld der kosmischen Inflation. In der Neuen Inflation (Bild a) befindet sich das Inflatonfeld auf dem Gipfel eines Energiepotentials und rollt dann langsam den Potentialberg hinunter. In der chaotischen Inflation (Bild b) wird das Inflatonfeld durch Quanteffekte auf die Wand einer Potentialmulde angehoben, um von dort dann wieder herunterzurollen. In beiden Fällen erfolgt eine inflationäre, beschleunigte Ausdehnung des Universums, so lange, wie das Inflatonfeld langsam das Potential herunterrollt.

erfolgreiche und enthusiastische theoretische Physikerin. Danach verschwand auch sehr bald Lindes Geschwür.

Nach seiner Entdeckung benötigte Linde drei Monate, um in der UdSSR im Oktober 1981 die Erlaubnis für seine Publikation zu erhalten. Zu dieser Zeit fand in Moskau eine internationale Konferenz statt, an der auch Stephen Hawking teilnahm. Hawking war von Lindes Idee sehr angetan und widmete sich ausführlich seinen Erklärungen des inflationären Universums. Drei Monate später fand auch Paul Steinhardt von der University of Pennsylvania in Philadelphia zusammen mit seinem Doktoranden Andreas Albrecht das gleiche Modell. Es wird heute als die Neue Inflation bezeichnet. Dieses Modell ist sehr viel einfacher als das Modell von Guth. Man betrachtet wiederum ein skalares Higgs-Feld, welches aber nicht mehr einen Phasenübergang von einer symmetrischen GUT-Phase zur unsymmetrischen Standardmodellphase beschreibt. Das skalare Feld der Neuen Inflation, genannt Inflatonfeld, befindet sich anfangs auf dem Gipfel eines Energiepotentials und rollt dann sehr langsam den Potentialberg hinunter.

Während dieser Phase des langsamen Hinunterrollens ist das Universum unterkühlt, und die Inflation setzt ein. Die potentielle Energie des Inflatonfeldes hat genau den gleichen Effekt wie eine positive kosmologische Konstante. Sie bewirkt, dass die Gravitationskraft einen abstoßenden Charakter hat, und führt so zu einer beschleunigten Ausdehnung des Raumes. Schließlich, nachdem das Potential steiler geworden ist, rollt das skalare Feld immer schneller, die Inflation kommt zum Ende, und das Wiederaufheizen kann einsetzen. Entscheidend in der neuen Inflationstheorie ist es, dass das Potential flach genug ist, um eine ausreichend lange und deshalb oft als «slow-roll»-Inflation bezeichnete inflationäre Phase des Universums zu ermöglichen. Der Elementarteilchenphysik ist es allerdings noch nicht gelungen, für die «slow-roll»-Inflation erklärende Modelle zu finden, die ein ausreichend flaches Potential für das Inflatonfeld besitzen.

Die chaotische Inflation von Andrei Linde Auch die neue Inflationstheorie ist also nicht frei von Problemen. Um das skalare Inflatonfeld kurz nach dem Urknall genau auf dem Berg des Potentials zu positionieren, sind sehr genaue Anfangsbedingungen notwendig. Man kann dies mit der Schwierigkeit vergleichen, einen Bleistift unter dem Einfluss von Wind und Wetter auf seine Spitze zu stellen. Wegen dieser sehr speziellen und unnatürlichen Randbedingungen des Szenarios sann Linde weiter über Alternativen zur Neuen Inflation nach. Im Jahre 1983 kam er schließlich auf die Idee der chaotischen Inflation. Diese neue Variante unterscheidet sich von der bis dahin angenommenen Neuen Inflation dadurch, dass man nun ein umgedrehtes Potential für das Inflatonfeld betrachtet, welches kein Maximum mehr, sondern nur ein Minimum besitzt. Im einfachsten Fall ist das Inflatonpotential lediglich eine Parabel, die sich nach oben öffnet.

Klassisch gesehen, verharrt das Inflatonfeld am liebsten am Boden des Potentials, dort, wo seine potentielle Energie verschwindet. Bei hohen Temperaturen jedoch wird das Inflatonfeld durch zufällige, chaotische Quantenfluktuationen auf einen Punkt mit sehr hoher Energie in seinem Potential angehoben. Von dort setzt sich das Inflatonfeld bei der Temperaturabkühlung des Universums in Bewegung und beginnt, langsam das Potential hinunterzurollen. Ist das Potential flach genug, dass das Rollen der Temperaturabkühlung nicht folgen kann, dann ist die potentielle Energie des Inflatonfeldes immer noch hoch im Vergleich zur Temperatur des Universums, und die inflationäre Phase der Unterkühlung setzt ein. Schließlich wird das Inflatonfeld am Boden des Potentials ankommen und dort zu oszillieren beginnen. Die Energie dieser Oszillationen kann dann auf andere Elementarteilchen übertragen werden, und das Universum heizt sich wieder auf. Wie im Einzelnen die Ankopplung an die anderen Elementarteilchen geschieht, hängt von dem jeweils betrachteten der hierfür zahlreich bestehenden Modelle ab. Da wir für die Herleitung des chaotischen Inflatonpotentials aus der Elementarteilchentheorie also noch kein verbindliches Modell kennen, bleibt auch unklar, welches der chaotischen Modelle im frühen Universum realisiert ist. Auch in der Stringtheorie gibt es viele konkrete Beschreibungen zur Inflation. Darüber und wie man Stringtheorie in diesem Zusammenhang mit den astrophysikalischen Beobachtungen konfrontieren kann, werden wir im neunten Kapitel berichten.

Das Universum besteht aus vielen verschiedenen inflationären Blasen Im ersten Jahr der Perestroika entstand die Theorie der chaotischen Inflation. Ihr standen einige Physiker, die davon gehört hatten, zunächst sehr skeptisch gegenüber. Den meisten Physikern jedoch war diese Theorie gänzlich unbekannt, da trotz Perestroika die sowjetische Regierung die Publikation von Andrei Lindes Arbeit im Ausland verboten hatte. Dies änderte sich im Jahre 1986, als Linde sehr kurzfristig von der Sowjetischen Akademie der Wissenschaften dazu aufgefordert wurde, auf einer Konferenz in Triest eine neue Erfindung zu präsentieren. Er entschied sich natürlich für die chaotische Inflation, und von da an erhielt diese Idee in der Fachwelt immer größeren Zuspruch.

Der entscheidende Punkt der chaotischen Inflationstheorie ist, wie bereits erwähnt, die Verantwortlichkeit der Quantenfluktuationen im Inflatonfeld für die inflationäre Ausdehnung des Universums beim Urknall oder kurz danach. Dies hat einschneidende Konsequenzen für unser Verständnis des Universums. Denn das Universum besteht kurz nach dem Urknall aus verschiedenen Domänen, man kann sie auch als Blasen bezeichnen, von denen sich jede inflationär ausdehnen kann. In jeder dieser Blasen ist das Inflatonfeld chaotisch verteilt. Ist der Wert des Inflatonfeldes in einer Blase klein, so wird sich diese Blase während der Inflation nur wenig ausdehnen oder sogar wieder in sich kollabieren. Ist das Inflatonfeld hingegen groß, dann erfolgt eine sehr große Ausdehnung, so wie es der Blase unseres sichtbaren Universums ergangen ist.

Das gesamte Universum besteht in der chaotischen Inflationstheorie aus verschiedenen großen Blasen, die nicht in kausalem Kontakt miteinander stehen können. In einer dieser Blasen leben wir. Es kann auch Blasen geben, die viel größer als der sichtbare Teil des Universums sind und sich nach dem Urknall noch viel heftiger als dieses ausgedehnt haben. Durch Quanteneffekte, die wir im nächsten Kapitel besprechen werden, können sich diese inflationären Blasen jederzeit und an jedem Ort neu bilden. Die chaotische Inflation erlaubt also, dass neue Teile des Universums spontan entstehen können. Dieses Szenario bewegt sich schon sehr nahe an der Idee des Multiversums. Linde nennt es das ewige und sich selbst reproduzierende Universum. In einem sich selbst reproduzierenden Universum unterscheiden sich die kosmologischen Konstanten in den verschiedenen Blasen, denn die Quantengeburt einer neuen Blase geht mit einer Änderung der kosmologischen Konstanten einher. Deswegen bietet sich zur Erklärung des Wertes der kosmologischen Konstante im sich selbst reproduzierenden Universum das anthropische Prinzip an. Die Grundgesetze der Elementarteilchenphysik und die Art der Elementarteilchen bleiben jedoch in der ursprünglichen Form von Lindes sich selbst reproduzierendem Universum immer gleich. Die Idee des Multiversums ist aber noch radikaler – hier kann sich die gesamte Physik beim Übergang von einer Blase zu einer anderen ändern. Um diese Änderung der physikalischen Gesetze zu beschreiben und zu ermöglichen, benötigt man die Stringtheorie.

6. Vom klassischen Fischteich zum Quantenschaum

In seiner Erzählung «Flatland» hat Edwin Abbott noch nichts von der Quantenmechanik gewusst. Bei unserer Weiterführung der Parabel spielen die Quantenfische aber eine besondere Rolle. Sie können Handlungen durchführen, die den Bewohnern von Flatland unmöglich sind. Denn Quantenfische können mit Hilfe von quantenmechanischen Tunneleffekten unter Umständen in neue Bereiche des Universums vorstoßen. Die Quantenmechanik ermöglicht, dass neue Universen urplötzlich entstehen können und sich dann wie unser Universum nach dem Urknall ausdehnen können.

Was die Welt der Elementarteilchen und auch die Welt der Festkörper, der Mikroelektronik und auch der Chemie angeht, haben wir uns schon seit langem nicht nur an die Quantenmechanik gewöhnt, sondern sie auch zum bestimmenden physikalischen Konzept erklärt. Deswegen wollen wir nun auch davon ausgehen, dass wir ebenfalls in einer Quantenwelt wohnen, was die Gravitationskraft und das Universum als Ganzes betrifft. Wir erheben also die Quantenmechanik zum allgemeingültigen Konzept in der Natur. Wir müssen uns natürlich fragen, für welche physikalischen Situationen in der Gravitationstheorie die Quantenmechanik relevant werden sollte. Quantenmechanik bedeutet Unschärfe, nämlich den Sachverhalt, dass sich bestimmte physikalische Größen, wie die gleichzeitige Bestimmung von Ort und Geschwindigkeit eines Elementarteilchens, nicht mehr exakt bestimmen lassen. Dennoch kann man viele physikalische Phänomene auch rein klassisch beschreiben, wie das Verhalten von makroskopischen Körpern, zum Beispiel von Billardkugeln. Genauso verhält es sich auch in der Gravitationstheorie. Viele Phänomene, wie die Flugbahn eines Fußballs im Erdgravitationsfeld oder auch die Bewegung der Planeten, lassen sich im Rahmen der Newton'schen oder im Rahmen der klassischen Einstein'schen Gravitationstheorie berechnen. Das Konzept von Raum und Zeit ist in der Allgemeinen Relativitätstheorie klar definiert. In ihr lässt sich aus den Anfangsbedingungen die Form der Raum-Zeit berechnen, und auch die Bahnen von Körpern in der Raum-Zeit sind im Prinzip ohne Genauigkeitsgrenzen bestimmbar. Insbesondere spielt in der Allgemeinen Relativitätstheorie das mathematische Konzept der Mannigfaltigkeit eine wichtige Rolle. Das bedeutet, dass man Raum-Zeit-Punkte beliebig genau festlegen kann. Eine Mannigfaltigkeit erlaubt ferner, beliebig kleine Abstände in der Raum-Zeit zu betrachten und festzulegen. Der Raum und auch die Zeit sind in der klassischen Allgemeinen Relativitätstheorie kontinuierliche Größen. Man kann sich im Raum in beliebig kleinen Schritten bewegen, und die Zeit fließt auch in beliebig kleinen Intervallen dahin. Vergangenheit und Zukunft sind durch die Gegenwart getrennt, und der Zeitpunkt der Gegenwart lässt sich beliebig genau eingrenzen. Dies alles wird sich in einer Quantengravitationstheorie grundlegend ändern.

Quantengravitation und Schwarze Löcher bei hohen Energien Bei welchen physikalischen Situationen würden wir nun erwarten, dass die Quantengravitation anstelle der klassischen Allgemeinen Relativitätstheorie auf die Bühne der Physik tritt? Betrachten wir dazu die Streuung von zwei Teilchen, zum Beispiel von zwei Elektronen, bei sehr hohen Energien. Ziel des Experimentes soll es sein, die Position eines der beiden Teilchen mittels des Streuexperimentes genau zu bestimmen. Die Frage, die wir uns in diesem Zusammenhang stellen wollen, ist, ob es hierfür eine natürliche Grenze gibt oder ob sich der Ort eines Teilchens beliebig genau auflösen lässt. Nach den Regeln der Quantenmechanik sollte dies kein Problem sein, denn die Heisenberg'sche Unschärferelation erlaubt eine immer genauere Ortsauflösung, wenn man die Geschwindigkeit des Testteilchens nur groß genug wählt. Deswegen sollte es, wenn es nach Heisenberg geht, prinzipiell möglich sein, Superbeschleuniger zu bauen, die Teilchen auf sehr hohe Energien beschleunigen und somit immer noch kleinere Distanzen auflösen können. Aber unter Berücksichtigung der Gravitationskraft wird dies nicht mehr möglich sein. Denn wenn die zwischen den beiden Teilchen ausgetauschte Energie einen bestimmten, zwar sehr hohen, aber dennoch endlichen Wert erreicht, bewirkt die Gravitationskraft einen neuen wichtigen Effekt: Kommen sich die beiden Teilchen sehr nahe, so überwiegt ab einem bestimmten Punkt die gravitationelle Anziehung alle anderen Kräfte, die wir in der Natur kennen. Die Gravitationsenergie zwischen ihnen wird unterhalb eines bestimmten Abstands sogar so groß werden, dass die beiden Teilchen ein Schwarzes Loch formen. Der Abstand, bei dem die Entstehung eines Schwarzen Loches eintritt, entspricht dabei dem höchstmöglichen Energieaustausch, den man zwischen den beiden Teilchen in Streuexperimenten erzielen kann. Dieses Verhalten ist auch für hochenergetische Lichtwellen, also für die Photonen, und sogar auch für Gravitationswellen gültig. Gleichzeitig ist der Abstand, bei dem die Entstehung eines Schwarzen Loches stattfindet, der kleinstmögliche Abstand, den wir in einem Teilchenbeschleuniger auflösen können. Versuchen wir, die Energie noch weiter zu erhöhen, dann wird das erzeugte Schwarze Loch größer, da es mehr Energie besitzt, und sein Ereignishorizont wächst an. Dadurch wird die Ortsauflösung, die wir maximal erzielen können, sogar wieder schlechter. Wir können also keine kürzeren Abstände als den kritischen, minimalen Abstand erfassen, der durch die Erzeugung von Schwarzen Löchern bei hohen Energien gegeben ist. Der Effekt der Gravitationskraft wirkt also bei hohen Energien entgegengesetzt zur Heisenberg'schen Unschärferelation: Kann man bei niedrigen Energien die Ortsauflösung verbessern, indem man Teilchen auf hohe Geschwindigkeiten bringt, so setzt wegen der Gravitationskraft ab einer bestimmten Energie hinsichtlich der Ortsauflösung der umgekehrte Effekt ein. Dieses Verhalten steht an sich nicht im Widerspruch zur Quantenmechanik. Es zeigt uns aber, dass wir bei sehr kleinen Abständen unsere Vorstellung von Raum und Zeit neu formulieren müssen. Da die gleichzeitige Anwendung von Quantenmechanik und Gravitation auf den kleinsten messbaren Abstand führen, müssen Raum und Zeit bei kleinen Abständen und großen Energien quantisiert werden. Wir benötigen also eine Theorie der Quantengravitation bei sehr kurzen Abständen!

Max Plancks natürliche Einheiten Wie hoch ist nun diese ominöse größtmögliche Energie, über die wir nicht hinausgehen können, und wie klein ist dieser minimale Abstand, der die Grenze der räumlichen Auflösbarkeit in allen Streuexperimenten darstellt? Diese Energie und dieser Abstand wurden schon von Max Planck im Rahmen seines berühmten physikalischen Einheitensystems hergeleitet. Dazu betrachten wir die Situation, bei der die Gravitationsanziehung zwischen zwei Elektronen genauso groß wird wie die elektromagnetische, abstoßende Kraft zwischen ihnen. Da die elektromagnetische Kraft durch die Sommerfeld'sche Feinstrukturkonstante α bestimmt ist, die Gravitationskraft hingegen durch die Newton'sche Gravitationskonstante G, kann damit Planck'sche Energie E_{Planck} berechnet werden.[39] Die dazugehörige Masse wird als Planck'sche Masse oder auch oft als Planck-Skala bezeichnet und ergibt sich einfach aus der bekannten Beziehung $E = m\,c^2$:

$$M_{\mathrm{Planck}} \approx 1{,}29 \times 10^{19}\,\mathrm{GeV} / c^2 = 2{,}176 \times 10^{-8}\,\mathrm{kg}$$

Obgleich die Planck'sche Masse in Kilogramm ausgedrückt immer noch relativ klein aussieht, ist sie doch für die Elementarteilchenphysik ein riesiger Wert. Sie ist 10^{16}-mal so groß wie die Masse des schwersten bekannten Elementarteilchens, des top-Quarks. Die Planck'sche Masse erreicht sogar schon fast makroskopische Dimensionen, ein Floh wiegt zum Beispiel ungefähr 4000 Planck-Massen. Um ein Elementarteilchen auf diese riesige Energie zu beschleunigen, benötigt man einen Ringbeschleuniger mit dem Durchmesser unseres Sonnensystems. Diese Abschätzung zeigt uns sehr deutlich, dass man in einem Laborexperiment auf der Erde niemals diese hohe Energie erreichen kann.

Da Energie und Länge im Wesentlichen zueinander invers proportionale Größen darstellen, gibt es im Einheitensystem von Max Planck ferner die Planck'sche Länge. Dies ist die minimale Länge im Raum, die man unter Einbeziehung der Gravitation gerade noch auflösen kann:

$$L_{\text{Planck}} \approx 1{,}6 \times 10^{-35}\,\text{m}$$

Im Vergleich zu allen uns bekannten charakteristischen Längenskalen ist dies ein extrem kurzer Abstand. Die uns bekannte Welt des Standardmodells der Elementarteilchen spielt sich bei 10^{16}-mal größeren Abständen ab. Zur Planck'schen Länge gehört schließlich die Planck'sche Zeit, die folgenden Wert annimmt:

$$t_{\text{Planck}} \approx 5{,}4 \times 10^{-44}\,\text{s}$$

Das besondere an M_{Planck}, L_{Planck} und t_{Planck} ist, dass sie gerade die drei relevanten Größen darstellen, welche die Ausdehnung und die Energiedichte des Universums zum Zeitpunkt des Urknalls beschreiben. Wenn wir vom Urknall sprechen, dann können wir den Beginn des Universums zeitlich nicht genauer als t_{Planck} eingrenzen. Was zu noch früheren Zeiten als t_{Planck} geschah, kann nicht mehr mit der Allgemeinen Relativitätstheorie beschrieben werden. Dazu benötigt man die Quantengravitation. Schließlich können wir auch noch die Temperatur angeben, die beim Urknall geherrscht haben muss. Dies ist die Planck'sche Temperatur:

$$T_{\text{Planck}} \approx 1{,}4 \times 10^{32}\,\text{K}$$

Alle diese Planck'schen Größen sind nur geeignete Potenzen der Lichtgeschwindigkeit c, der Planck'schen Konstante $\hbar$ und der Newton-Konstante G. Die Planck'schen Größen markieren die Grenze der Anwendbarkeit der klassischen Gravitationstheorie und den Übergang zur Quantengravitation. Jenseits dieser Größen muss die Gravitation modifiziert werden, und die Struktur von Raum und Zeit sollte sich ändern. Im Rahmen der Quantengravitation erwartet man, dass Raum und Zeit eine diskrete, schaumartige Struktur annehmen werden. Die Quantengravitation wird in den Bereichen von Raum und Zeit relevant werden, in denen die Krümmung der Raum-Zeit laut den Gleichungen der Allgemeinen Relativitätstheorie sehr große oder sogar unendliche Werte annimmt. Das sind die Bereiche, an denen eine sehr hohe oder unendliche Gravitationskraft wirkt, also im inneren Raumbereich von Schwarzen Löchern oder auch während der Zeit des Urknalls. Da Raum und Zeit in der Quantengravitation diskret sind, erwartet man, dass die Singularitäten der Allgemeinen Relativitätstheorie in der Quantengravitation nicht mehr vorhanden sein werden. Man muss also in der Quantengravitation vermutlich keinen kosmischen Zensor mehr zu Hilfe nehmen, um die Singularitäten hinter dem Ereignishorizont verschwinden zu lassen.

Die Quanten-Raum-Zeit In der Quantengravitation sind Raum und Zeit dauernden Quantenfluktuationen ausgesetzt. Diese sind die Vakuumfluktuationen von Raum und Zeit. Der Schaum, der Raum und Zeit bildet, ist also nicht vollkommen statisch, sondern ein Gebilde, das gleichsam wie eine siedende Flüssigkeit stetig vor sich hinbrodelt. Winzige Raum-Zeit-Blasen mit Ausdehnung L_{Planck} entstehen ständig aus dem Nichts, und sie können auch sehr schnell, nämlich innerhalb einer Planck'schen Zeiteinheit t_{Planck}, wieder verschwinden. Die Vakuumfluktuationen erlauben es auch, dass sich durch Quantentunneleffekte neue Raum-Zeit-Blasen bilden können, die sich dann wie im inflationären Universum möglicherweise rasch ausdehnen. Diese spontan einsetzende Inflation stellt die Neugeburt eines Universums dar.

Die Theorie der Quantengravitation ist bei Weitem noch nicht ausgereift. Sie existiert in unterschiedlichen Ansätzen, die einige Aspekte der Quantengravitation gut beschreiben, andere Fragen jedoch weiterhin unbeantwortet lassen. Im Folgenden möchte ich die verschiedenen Versuche zur Formulierung einer Quantengravitationstheorie kurz vorstellen.

Schleifen-Quantengravitation Die kanonische Quantengravitation wurde in den neunziger Jahren entwickelt. Ausgangspunkt ist Einsteins Allgemeine Relativitätstheorie. Die Quantisierung der Theorie wird hier als kanonisch bezeichnet, da man annimmt, dass die Metrik von Raum und Zeit wohldefinierte Quanteneigenschaften besitzt und wie die Ortskoordinate in der normalen Quantenmechanik der Heisenberg'schen Unschärferelation gehorchen muss. Das Schöne an dieser Idee ist, dass sie zu einer diskreten, schaumartigen Raum-Zeit führt, ohne dass man die Einstein'sche Theorie fundamental abändern muss. Die kanonische Quantengravitation wird oft auch als Schleifen-Quantengravitation bezeichnet. Die Schleifen dieser Theorie entsprechen den elektrischen und magnetischen Kraftlinien des Elektromagnetismus – hier nun angewendet auf die Gravitationstheorie. Die Schleifengravitationstheorie sagt die Existenz von Raum-Zeit-Atomen voraus, die ein dichtes, sich immerfort wandelndes Gewebe darstellen. Die Erzeugung von Raum-Zeit läuft in dieser Theorie auf die Bildung von neuen Raum-Zeit-Atomen hinaus, und das Quantenvakuum besteht aus der Paarerzeugung und der Paarvernichtung von virtuellen Raum-Zeit-Atomen. Man hat es hier also mit einem teilchenartigen Bild von Raum und Zeit zu tun. Eine Reihe von theoretischen Physikern, insbesondere Abhay Ashtekar von der Pennsylvania State University und Thomas Thiemann von der Universität Erlangen, sind überzeugt davon, dass mit der Schleifentheorie und den Raum-Zeit-Atomen die Quantisierung der Einstein'schen Gravitationstheorie geglückt ist, da man in dieser Theorie Aussagen über die Entstehung von Geometrie, Raum und Zeit machen kann. Raum und Zeit sind in dieser Theorie keine vorgegebenen Größen, die der Theorie übergestülpt werden, sondern ergeben sich aus ihrem quantenmechanischen Verhalten.

Man kann also im Rahmen dieser Theorie versuchen, anhand der Raum-Zeit-Atome die zeitliche Anfangssingularität am Urknall besser zu verstehen. Diese Singularität sollte in der Quantengravitation nicht mehr vorhanden sein, denn die Gleichungen des Universums weisen in der Quantentheorie keine Unendlichkeiten auf. Der Physiker Martin Bojowald hat im Jahre 2008 ein sehr vereinfachtes Modell angeboten, in dem der Urknall durch einen sogenannten «bounce» ersetzt ist. In diesem Modell zieht sich das Universum unter dem Einfluss der Gravitation erst zusammen, bis die Dichte des Universums so hoch wird, dass die Quanteneigenschaft der Gravitation zu einer abstoßenden Kraftkomponente führt.

Dies ist der Augenblick des «bounce», den man als Urknall bezeichnet. Der Urknall ist demnach die Folge einer noch früheren Implosion, und die darauf folgende Ausdehnung wird durch Quanteneffekte verursacht. Es gibt in Bojowalds Modell der Schleifengravitation also eine Zeit vor dem Urknall!

Numerische Berechnungen der Quanten-Raum-Zeit Ein mit der Quantengravitation verwandter Ansatz wird – auch hier in Anwendung der Gleichungen der klassischen Relativitätstheorie – von den beiden Physikern Renate Loll aus Utrecht und Björn Ambjörn aus Kopenhagen verfolgt. Diese Theorie besteht aus einem einfachen Rezept: «Man nehme ein paar einfache Zutaten, füge sie nach wohlbekannten Quantenregeln zusammen – nichts Exotisches –, rühre gut um, lasse den Teig ruhen, und fertig ist die Quantenraumzeit.» Ganz so einfach ist die Quantengravitation von Loll und Ambjörn sicher nicht, aber der Vorteil ihrer Theorie besteht darin, dass man ihre Gleichungen sehr gut auf einen Computer setzen und numerisch behandeln kann. Die Raum-Zeit besteht wieder aus Molekülen, die sich zu kristallinen oder amorphen Festkörpern zusammenfügen. Man bezeichnet dieses Rezept auch oft als die Triangulierung der Raum-Zeit. In diesem Modell lässt sich zeigen, dass die Quantenfluktuationen in der diskreten Raum-Zeit so stark sind, dass die klassische Geometrie zusammenbricht. Der blubbernde Raum-Zeit-Schaum besitzt sogar fraktale, das heißt nicht ganzzahlige Dimensionen, wie man sie auch bei bestimmten chaotischen Systemen in der Festkörperphysik antrifft.

Der große Nachteil der Schleifengravitation und der numerischen Raum-Zeit-Triangulierung ist, dass man es bis heute noch nicht verstanden hat, wie sich eine glatte, kontinuierliche Raum-Zeit-Geometrie wieder zurückbekommen lässt. Der sogenannte klassische Grenzfall scheint nicht in dieser Art der Quantengravitation enthalten zu sein. Das bedeutet auch, dass man eine fast flache Raum-Zeit mit kleinen Störungen, nämlich den Gravitationswellen, nur sehr schlecht in der kanonischen Quantengravitation beschreiben kann. In gewisser Hinsicht ist die kanonische Quantengravitation über ihr gestecktes Ziel hinausgeschossen: Die Bausteine der Raum-Zeit liegen als Quantenrohstoffe vor, aber wir wissen nicht, wie man aus ihnen das klassische Haus der Allgemeinen Relativitätstheorie wieder zusammensetzen kann. Deswegen wissen wir auch nur sehr wenig über die physikalische Natur der Raum-Zeit-Atome.

Der zweite Nachteil der Schleifengravitation ist die noch nicht geglückte Einbeziehung des Standardmodells der Elementarteilchen. Diese Theorie ist «nur» eine Quantentheorie von Raum und Zeit, also der Gravitationskraft. Die anderen Quantenkräfte in der Natur sowie die Wechselwirkungen mit den Quarks und Leptonen spielen in der Schleifengravitation keine Rolle. Man kann man hier deshalb auch nicht von einer Vereinigung aller Teilchen und Kräfte sprechen.

Die Gravitonen als Kraftteilchen in der Quantengravitation Viel näher an den Ideen der Teilchenphysik und den Konzepten der Quantenfeldtheorien ist eine alternative, als störungstheoretische Quantengravitation bezeichnete Formulierung der Gravitation. In dieser von Elementarteilchenphysikern entwickelten Theorie verfolgt man die Grundidee, dass die Gravitationskraft durch den Austausch von masselosen Kraftteilchen mit unendlicher Reichweite vermittelt wird. Diese Kraftteilchen, die Gravitonen, breiten sich in einer vorgegebenen Raum-Zeit, zum Beispiel in der ungekrümmten Raum-Zeit, mit Lichtgeschwindigkeit aus. Die Gravitonen sind nichts anderes als quantisierte Gravitationswellen. Sie sind das Analogon zu den Photonen, welche als Teilchen die quantisierten Lichtwellen darstellen. Ebenso können wir die Gravitonen mit den Gluonen, den masselosen Kraftteilchen der starken Wechselwirkung, vergleichen. Da alle Gravitonen lediglich eine kleine Störung auf eine vorgegebene Raum-Zeit hervorrufen, spricht man von störungstheoretischer Quantisierungsform. Der Austausch von Gravitonen zwischen massiven Teilchen bewirkt eine gravitative Anziehung, genauso wie der Austausch von Photonen zwischen elektrisch geladenen Teilchen die elektromagnetische Anziehung oder Abstoßung bewirkt. Beim Elektromagnetismus sind die elektrischen Ladungen der Teilchen die Quellen der elektromagnetischen Kraft. Im Falle der Gravitation sind die Massen der Teilchen für die Gravitationskraft verantwortlich.

An dieser Stelle ist jedoch etwas Vorsicht geboten, denn die Gravitonen werden auch zwischen Photonen oder zwischen Gluonen ausgetauscht. Auch Teilchen mit verschwindender Ruhemasse sind dem Einfluss der Gravitationskraft unterworfen, ganz so, wie es auch in der Allgemeinen Relativitätstheorie wegen der Krümmung des Raumes der Fall ist. Deswegen sollte man besser die Teilchenenergien als die Quellen für die Gravitationskraft ansehen und nicht die Ruhemassen der Teilchen. Wichtig ist auch, dass der Austausch von masselosen Gravitonen immer eine anziehende Kraft zwischen den Teilchen bewirkt, während die elektromagnetische Kraft bei gleichartigen Ladungen abstoßend wirkt. Darüber hinaus gibt es auch einen weiteren wichtigen Unterschied zwischen den mikroskopischen Kräften des Standardmodells und der Gravitationskraft: Während Photonen, Gluonen und auch die W- und Z-Bosonen Teilchen mit Spin 1 sind, tragen die Gravitonen zwei Einheiten des Drehimpulses – sie sind Spin-2-Bosonen. Der Grund dafür liegt in den mathematischen Eigenschaften der Allgemeinen Relativitätstheorie verborgen. Denn die Gravitonen beschreiben die Quantenfluktuation der Metrik um eine vorgegebene Raum-Zeit. Da die Metrik mehr Komponenten besitzt als das elektromagnetische Feld, kann man zeigen, dass die Gravitonen Elementarteilchen mit Spin 2 sind.

Tödliche Unendlichkeiten in der Quantengravitation Gravitonen verhalten sich wie punktförmige Elementarteilchen und wollen deswegen auch mathematisch wie solche behandelt werden. Deswegen müssen wir uns an dieser Stelle an die Feynman-Diagramme erinnern, welche die Streuprozesse zwischen den verschiedenen Elementarteilchen in der Störungstheorie beschreiben. Die Feynman-Diagramme beschreiben die Bahnen von Teilchen, die bei einem Streuprozess miteinander in Wechselwirkung treten, wobei die Kräfte durch den Austausch von virtuellen Teilchen entstehen. Die Bahnen der beteiligten Teilchen sind zwar wegen ihrer Quantennatur etwas verschmiert, dennoch findet die Wechselwirkung zwischen den punktförmigen Teilchen an genau einem Punkt in der Raum-Zeit statt. Man kann also die Wechselwirkungen der Teilchen in der Raum-Zeit lokalisieren. Deswegen spricht man auch von lokalen Quantenfeldtheorien.

Diese Beschreibung funktioniert im Standardmodell der Elementarteilchen sehr gut und befindet sich in exzellenter Übereinstimmung mit den experimentellen Beobachtungen. Insbesondere hatten wir gesehen, dass die quantenfeldtheoretische Behandlung der Kräfte mittels Feynman-Diagrammen zwar zu Unendlichkeiten führt, insbesondere dann, wenn die Feynman-Diagramme geschlossene Schleifen von Teilchenbahnen enthalten, man diese Unendlichkeiten durch das Renormierungsverfahren aber wieder loswerden kann. Nochmals zur Erinnerung: Die mathematischen Unendlichkeiten entstehen dadurch, dass sich die punktförmigen Teilchen in den geschlossenen Schleifen unendlich nahe kommen können und deswegen die Teilchen imstande sind, in den geschlossenen Schleifen unendlich hohe Energien zu tragen. Andererseits konnten wir uns dieser Unendlichkeiten wieder entledigen, indem wir die physikalischen Größen wie die elektrische Ladung entsprechend umdefiniert haben.

Betrachten wir nun Feynman-Diagramme, die nun auch masselose Gravitonen und andere punktförmige Teilchen enthalten, dann werden wir wiederum auf unendliche Ausdrücke gestoßen. Der Grund ist wieder der gleiche wie der oben genannte: Die Teilchen können sich beliebig nahe kommen und die Teilchenenergien in den Feynman-Diagrammen mit geschlossenen Schleifen unendlich hohe Werte annehmen. Im Rahmen der Gravitationstheorie sollte uns dies aber sehr stutzig machen. Unendlich hohe Teilchenenergien bedeuten nach der Allgemeinen Relativitätstheorie unendlich große Raumkrümmung. Dies sollte aber nicht der Fall sein, wenn wir eine Quantengravitationstheorie betrachten. Und der Umstand, dass sich die Teilchen beliebig nahe kommen können, widerspricht offensichtlich der Vorstellung eines kürzesten Abstandes in der Quantengravitation, steht also im klaren Widerspruch zur Idee einer diskreten, quantisierten Raum-Zeit. Und tatsächlich: Versucht man, die Rezepte der Renormierungstheorie auch der Quantengravitation überzustülpen, erleidet man Schiffbruch. Die auftretenden Unendlichkeiten lassen sich nicht durch die Umdefinition der Newton'schen Gravitationskonstante unter den Teppich kehren. Die störungstheoretische Quantengravitation widersetzt sich allen Versuchen der Renormierung. Sie wird deshalb als nichtrenormierbare Theorie bezeichnet und ergibt physikalisch keinen Sinn. Anders als im Standardmodell kann man in der Quantenversion der Allgemeinen Relativitätstheorie die Seuche der Unendlichkeiten nicht durch ein Renormierungsverfahren heilen.

Supergravitation als Rettungsversuch Ein Versuch, die störungstheoretische Quantengravitationstheorie doch noch zu retten, besteht in der supersymmetrischen Erweiterung dieser Theorie. Man bezeichnet die Theorie dann als Supergravitation. «Super» deshalb, weil die Theorie nun eine zusätzliche Symmetrie aufweist. Alle Teilchen, die wir kennen, haben ihr eigenes supersymmetrisches Partnerteilchen, so das Elektron mit dem Selektron oder auch das Photon mit dem Photino. Und auch in der Supergravitation gibt es einen Partner des Gravitons, das sogenannte Gravitino. Dieses trägt Spin 3/2 und verhält sich wie ein fermionisches Teilchen. Viele Physiker glaubten für einige Jahre, dass man sich in der Supergravitationstheorie aller Unendlichkeiten, die sich für die Quantengravitation als tödlich erwiesen hatten, wieder entledigen könnte. Aber diese Hoffnungen wurden enttäuscht. Fast alle Supergravitationstheorien enthalten für die Gravitation unakzeptable Unendlichkeiten. Es gibt nur eine einzige Supergravitationstheorie, bei der die Situation noch nicht geklärt ist. Dies ist die sogenannte N=8-Supergravitationstheorie, bei der es nicht nur eine, sondern acht Supersymmetrieladungen gibt. Hier sind bis jetzt in allen Feynman-Diagrammen mit maximal vier geschlossenen Schleifen keinerlei Unendlichkeiten aufgetreten. Dieses interessante Ergebnis hat den Physikern, die weiterhin an den Erfolg der Supergravitation als mathematisch konsistente Theorie der Quantengravitation glauben, neue Nahrung gegeben. Die weiteren Berechnungen von Feynman-Diagrammen mit mehr als vier Schleifen sind jedoch so schwierig und aufwendig, dass sie noch von niemandem durchgeführt werden konnten. Die Fachwelt ist bei dieser Frage ziemlich gespalten: Einige Elementarteilchenphysiker glauben, dass die N=8-Supergravitation frei von jeglichen Unendlichkeiten ist. Die Mehrzahl ist jedoch skeptisch und hält sogar gute Argumente dafür parat, dass bei höherer Schleifenanzahl doch Divergenzen auftreten werden. Wir stehen hier also vor einem ungeklärten Problem in der Physik. Gleichgültig, welchen Verlauf das Problem der Endlichkeit in dieser Theorie nehmen wird, man weiß schon seit einiger Zeit, dass die N=8-Supergravitationstheorie nur sehr schwerlich das Standardmodell der Elementarteilchen reproduzieren wird.

Superstringtheorie als Schlüssel zum Erfolg Für sehr viele Physiker, wie auch für mich, liegt der Schlüssel zum Erfolg der Quantengravitationstheorie in der Stringtheorie verborgen. In der Stringtheorie verfolgt man weiterhin die Idee der störungstheoretischen Quantisierung der Gravitationstheorie. In der Stringtheorie sind die Bestandteile der Materie keine punktförmigen Teilchen, sondern schwingende, eindimensionale Saiten. In vielerlei Hinsicht ist die Stringtheorie eine Weiterentwicklung der Supergravitationstheorien. Auch in der Stringtheorie geht man erst einmal von einer vorgegebenen Raum-Zeit aus, in der sich die Strings bewegen. Neu an der Stringtheorie ist, dass die fatalen Unendlichkeiten der Punktteilchentheorien nicht mehr vorhanden sind. Der physikalische Grund für dieses bessere mathematische Verhalten ist, dass sich die Strings bei ihren gegenseitigen Wechselwirkungen nicht mehr beliebig nahe kommen können. Die minimale Annäherung von zwei oder mehreren Strings ist gerade durch die Ausdehnung des Strings selbst begrenzt. Deswegen führen die Verallgemeinerungen der Feynman-Diagramme in der Stringtheorie nicht zu gefährlichen Unendlichkeiten. Die Stringtheorie ist ein guter Kandidat für eine Quantengravitationstheorie. Wie wir im nächsten Kapitel sehen werden, führt die Stringtheorie aber nicht nur zur Quantengravitationstheorie, sondern ebenso zwangsläufig zu den anderen Quantenkräften in der Natur. Die Stringtheorie ist deshalb die bisher einzige Theorie, die alle bekannten Kräfte unter ein gemeinsames Quantendach stellt. Sie ist in diesem Sinne wirklich eine vereinheitlichende Theorie aller Wechselwirkungen.

Auch in der Stringtheorie wird durch die Ausdehnung des Strings ein kürzestmöglicher Abstand auf natürliche Art und Weise eingeführt. Andererseits ist das Auftreten einer diskreten Quanten-Raum-Zeit in der Stringtheorie noch nicht so klar verstanden, denn man beginnt in der Stringtheorie damit, die Quantenfluktuationen um eine vorgegebene glatte Raum-Zeit zu betrachten. Wie wir sehen werden, haben Strings besondere Fähigkeiten entwickelt, mit Unendlichkeiten in der Raum-Zeit fertig zu werden. Man kann sagen, dass Strings als eindimensionale Objekte die an bestimmten Punkten in der Raum-Zeit lokalisierten Unendlichkeiten gar nicht wahrzunehmen imstande sind. Strings können diese Unendlichkeiten nicht sehr gut auflösen, genauso wie ein weitsichtiger Mensch die ganz nahe vor ihm liegenden Strukturen nicht zu erkennen vermag. Deswegen kann ein String auch besonders leicht über Spitzen und Kanten in der Raum-Zeit hinüberlaufen und auf diese Weise in neue, durch Singularitäten voneinander getrennte Bereiche des Universums vorstoßen. Das Quantentunneln im Multiversum fällt einem String leichter als einem punktförmigen Elementarteilchen, welches Singularitäten in der Raum-Zeit lieber umgehen möchte. Auch hat man in der Stringtheorie ein besseres Verständnis über die Quantennatur von Schwarzen Löchern erzielen können. Wie das im Einzelnen geschieht, wollen wir in den nächsten Kapiteln behandeln.

Den Vergleich und die Konkurrenz zwischen der Stringtheorie und der Schleifen-Gravitationstheorie betreffend, halte ich den polemischen Charakter der Diskussionen einiger Kollegen für verfehlt und vollkommen überflüssig. Beide Theorien haben ihre geschilderten Vorzüge und auch Unzulänglichkeiten, und sie verhalten sich in vielerlei Hinsicht komplementär zueinander. Daher werden vermutlich in die endgültige Formulierung der Quantengravitationstheorie sowohl einige Komponenten der Schleifengravitation – wie die diskrete Raum-Zeit – als auch die Ideen der Stringtheorie eingehen.

Über die Quantennatur von Schwarzen Löchern Nachdem wir nun einige Erfolg versprechende Versuche zur Formulierung einer Quantengravitationstheorie kennengelernt haben, wollen wir uns darüber unterhalten, worin der Nutzen dieser Theorien besteht. Ganz allgemein lässt sich sagen, dass man im Rahmen der Quantengravitation das Problem der Raum-Zeit-Singularitäten besser verstehen möchte. Dazu gehören natürlich die Vorgänge während des Urknalls und auch das Verständnis von Schwarzen Löchern. Diese gehören, wie wir wissen, zu den aufregendsten Objekten in der Physik. Sie stellen nicht nur theoretische Lösungen der Einstein'schen Gleichungen dar, sondern sie existieren im Kosmos als astrophysikalische Objekte, die in den Zentren von Galaxien durch ihre große Masse eine ungeheure Gravitationsanziehung auf ihre Umgebung ausüben. In der klassischen allgemeinen Relativitätstheorie zeichnen sich die Schwarzen Löcher zum einen dadurch aus, dass sie einen räumlichen Ereignishorizont besitzen. Durch diesen Ereignishorizont kann man nicht hindurchblicken, denn alle Materie und auch alle Lichtstrahlen, die den Horizont auf dem Weg ins Innere des Schwarzen Loches überqueren, können das Schwarze Loch in der umgekehrten Richtung – wie wir schon erfahren haben – nicht mehr verlassen. Aus diesem Grund kann die Masse eines Schwarzen Loches in der klassischen Theorie nicht abnehmen, sondern immer nur weiter anwachsen. Die zweite frappierende Eigenschaft von Schwarzen Löchern ist die Raum-Zeit-Singularität in ihrem Zentrum, nämlich an dem Punkt, an dem die Krümmung des Raumes unendlich groß wird. Ferner hatten wir auch schon erwähnt, dass die Singularität im Inneren eines Schwarzen Loches unter Umständen als Wurmloch eine Brücke zu einem Weißen Loch darstellen könnte, über die man zu einem anderen Punkt der Raum-Zeit gelangen könnte. Die Wurmloch-Geometrie ist allerdings sehr gefährlich, denn sie verletzt, wie wir schon wissen, in vielen Fällen das Prinzip der Kausalität.

Hawkings Strahlung lässt Schwarze Löcher wieder zerfallen Man erwartet, dass in der Quantenphysik einige Eigenschaften von Schwarzen Löchern modifiziert werden. Wir erinnern uns, dass im Gegensatz zur klassischen Physik in der Quantenfeldtheorie das Vakuum nicht vollkommen leer, sondern durch die Vakuumfluktuationen aufgefüllt ist. Vakuumfluktuationen bestehen aus virtuellen Paaren von Teilchen und Antiteilchen. Sie entstehen spontan und verschwinden nach kurzer Zeit an jedem Punkt des Raumes, also auch in der Nähe des Horizonts eines Schwarzen Loches. Genau diesen Effekt machte sich im Jahre 1974 Stephen Hawking in seiner berühmten Arbeit zur Hawking-Strahlung zunutze. Entsteht für kurze Zeit ein Teilchen-Antiteilchen-Paar in unmittelbarer Nähe des Ereignishorizonts eines Schwarzen Loches, dann kann es passieren, dass eines der beiden Teilchen sich etwas zu weit über den Horizont hinauswagt und vom Schwarzen Loch verschluckt wird. Das andere Teilchen wird auf diese Weise von seinem Partner getrennt und kann nun als reelles Teilchen in den freien Raum außerhalb des Schwarzen Loches in der Form der Hawking-Strahlung entkommen. Man könnte nun annehmen, dass das Schwarze Loch durch das Hineinsaugen des einen Teilchens noch fetter wird und an Masse zunimmt, sodass sogar die Energieerhaltung als Ganzes verletzt wird. Dies ist jedoch nicht der Fall. Das hineinstürzende Teilchen verliert potentielle Energie, die in die kinetische Energie des abgestrahlten Teilchens umgewandelt werden kann. Dadurch nimmt die Masse des Schwarzen Loches aufgrund der Hawking-Strahlung nicht zu, sondern das Schwarze Loch verliert Masse. Man kann auch sagen, dass sich das virtuelle Teilchenpaar bei seiner Entstehung Energie aus dem Vakuum geliehen hat, die das Schwarze Loch dann wieder zurückzahlen muss. Die Hawking-Strahlung ist also ein Prozess, der in der klassischen Relativitätstheorie nicht möglich ist: Teilchen können das Schwarze Loch wieder verlassen. Das Schwarze Loch wird dabei leichter und zerstrahlt schließlich.

Schwarze Löcher besitzen eine Temperatur Beim Betrachten des Energiespektrums der von ihm theoretisch entdeckten Strahlung stellte Hawking fest, dass die Strahlung die Energieverteilung eines thermischen schwarzen Körpers besitzt. Deswegen konnte er dem Schwarzen Loch eine charakteristische Temperatur zuordnen. Diese Temperatur ist umso höher, je leichter das Schwarze Loch ist. Ein sehr massereiches Schwarzes Loch strahlt also geringer als ein leichtes Schwarzes Loch. Dies liegt daran, dass leichte Schwarze Löcher einen geringen Schwarzschild-Radius besitzen. Der Horizont liegt also näher an der Singularität, und die Raum-Zeit ist dort stärker als am Horizont eines sehr massiven Schwarzen Loches gekrümmt, was die Erzeugung der Hawking-Strahlung begünstigt.

Den Zusammenhang zwischen der Masse des Schwarzen Loches und seiner Temperatur konnte Hawking in einer recht einfachen Formel ausdrücken. Die Hawking-Temperatur ist durch folgende Gleichung bestimmt: $T_H \cong \hbar c^3/M$. Man erkennt, dass die Temperatur mit steigender Masse M des Schwarzen Loches abnimmt. Die charakteristische Wellenlänge der Hawking-Strahlung entspricht dabei genau dem Schwarzschild-Radius des Schwarzen Loches. Ferner sieht man, dass die Hawking-Strahlung quantenmechanischer Natur ist, da das Planck'sche Wirkungsquantum $\hbar$ in dieser Formel erscheint. Zum Beispiel hat ein Schwarzes Loch mit Masse 10^{12} Kilogramm eine Temperatur von 10^{12} Kelvin, während ein Schwarzes Loch von einer Sonnenmasse nur noch eine Temperatur von 10^{-18} Kelvin besitzt. Man kann aus diesen Zahlen auch ablesen, dass makroskopische Schwarze Löcher extrem langsam verdampfen, da die Zerfallszeit eines Schwarzen Loches durch die Hawking-Strahlung mit der dritten Potenz seiner Masse ansteigt. Deswegen hat ein Schwarzes Loch mit der Masse der Sonne eine Lebensdauer von 10^{64} Jahren. Es besteht also bei den uns bekannten Schwarzen Löchern keine Chance, die Hawking-Strahlung experimentell nachzuweisen. Anders verhält es sich bei den mikroskopischen Schwarzen Löchern mit der Masse eines schweren Elementarteilchens. Diese zerstrahlen in wenigen Bruchteilen einer Sekunde. Aufgrund der Hawking-Strahlung sind mikroskopische Schwarze Löcher also extrem kurzlebige Objekte. Dieses Verhalten ist wichtig, wenn man ihre mögliche Erzeugung in Beschleunigerexperimenten betrachtet.

Kann Information im Schwarzen Loch verloren gehen? Bei seinen Überlegungen zur Strahlung der Schwarzen Löcher stieß Hawking auf ein schwerwiegendes Problem, das bis zum heutigen Tag die theoretische Physik intensiv beschäftigt. Wir betrachten ein Schwarzes Loch, welches durch den Kollaps von Materie entstanden ist. Die in sich zusammenstürzende Materie ist durch konkrete Eigenschaften charakterisiert, wie zum Beispiel die Anzahl der Teilchen, ihre Ladungen usw. Die in das Schwarze Loch hineinfallenden Teilchen führen also eine Vielzahl von sogenannten Informationen mit sich, die zusammen mit den Teilchen vom Schwarzen Loch verschluckt werden. Die Information, die mit der in sich kollabierenden Materie im Schwarzen Loch verschwindet, betrifft die Zusammensetzug der Materie vor dem Kollaps. Da Schwarze Löcher wieder zerfallen können, sollten wir uns an dieser Stelle die Frage stellen, ob man aus der Hawking-Strahlung wieder die gesamte Information rekonstruieren kann, die früher einmal von der einfallenden Materie mit sich geführt wurde. Man kann dieses Problem etwas vereinfachend mit folgender Situation vergleichen: Wir betrachten ein aus vielen Einzelteilen bestehendes Spielzeuggebäude, welches durch eine Erschütterung plötzlich in sich zusammenstürzt. Können wir nun aus den herumliegenden Trümmern die ursprüngliche Form des Bauwerkes wieder rekonstruieren oder nicht? Wenn man sich die Form der Hawking-Strahlung anschaut, so erhält man, die Schwarzen Löcher betreffend, eine eindeutige Antwort: Die in ihnen verborgene Information lässt sich nicht wieder aus der Hawking-Strahlung rekonstruieren, sondern ist für immer verloren gegangen. Laut Stephen Hawking agieren Schwarze Löcher also wie riesige Maschinen, die Informationen fortwährend zerstören.

Schwarze Löcher besitzen auch Entropie Das Maß der zuerst gespeicherten und dann zerstörten Information kann man auch durch eine sogenannte Entropie beschreiben. Dies ist die Bekenstein-Hawking-Entropie, die genau der Fläche des Ereignishorizontes eines Schwarzen Loches entspricht. Diese Entropie ist umso größer, je mehr Masse das Schwarze Loch trägt. Ansonsten hängt die Entropie des Schwarzen Loches nicht mehr von den übrigen Eigenschaften der ursprünglichen Materie ab. Diese weiteren Eigenschaften erscheinen wie weggewaschen, genauso wie ein Aktenvernichter vertrauliche Informationen in viele kleine Papierschnitzel zerlegt. Diese lassen sich allerdings mit viel Geduld und Zeitaufwand wieder zusammensetzen und man erhält die zunächst verloren geglaubte Information wieder zurück. Schwarze Löcher verhalten sich da viel aggressiver, bei ihnen scheint die Information für immer verloren zu sein. Deswegen bezeichnet man Schwarze Löcher auch als «glatzköpfig». Im «no-hair-theorem» der Schwarzen Löcher tragen diese kein «Haar», welches Rückschlüsse auf die in ihnen verborgene Information zulassen würde. Einzig und allein ist die Masse als erkennbares Haar möglich, weiterhin die elektrische Ladung bei geladenen Schwarzen Löchern und schließlich der Drehimpuls bei ihrer Rotation.

Baseball und eine berühmte Wette Der Verlust der Information in Schwarzen Löchern und das «no-hair-theorem» haben eine beträchtliche Konfusion in der theoretischen Physik ausgelöst und zu einer Vielzahl von Debatten geführt. Denn bei näherer Betrachtung sieht man, dass der Informationsverlust und die Hawking-Strahlung eine der wichtigsten Grundregeln der Quantenmechanik verletzen, nämlich die Erhaltung der Wahrscheinlichkeit oder, fachterminologisch ausdrückt, die Erhaltung der Unitarität. Ordnet man der hereinfallenden Materie eine Wellenfunktion zu, so sieht man, dass die Summe der Wahrscheinlichkeitsamplituden in der Hawking-Strahlung nicht mehr den gleichen Wert wie vor der Bildung des Schwarzen Loches hat. Dies ist ein unhaltbarer Zustand für theoretische Physiker, die an die Allgemeingültigkeit der Quantenmechanik glauben. Zu ihnen gehört auch John Preskill vom Caltech in Pasadena. Für ihn, wie für viele andere, muss es einen Ausweg aus dem Paradox des Informationsverlustes in Schwarzen Löchern geben. Einige Physiker entwickelten auf der Suche nach diesem Ausweg ein abstrus anmutendes Szenario, die sogenannte Abfluss-These, wonach die Information durch die Singularität im Zentrum und durch ein Wurmloch in ein anderes Universum entweichen kann. Für unser Universum geht diese Information demnach durch den Abfluss verloren, und die Quantenmechanik scheint in unserem Universum verletzt. Aber die Information bleibt irgendwo in einem anderen Universum doch erhalten. Für die strengen Anhänger der Quantenmechanik klingt diese Erklärung nur wenig plausibel. So behauptete John Preskill im Jahre 1997 in einer berühmten öffentlichen Wette gegen Stephen Hawking und auch gegen Kip Thorne, dass die Information schließlich doch wieder aus einem Schwarzen Loch durch den Ereignishorizont nach außen, in den freien Raum, geholt werden kann. Der Gewinner dieser Wette sollte von den Verlierern eine Enzyklopädie erhalten. Im Jahre 2004 gab Stephen Hawking auf einer Konferenz in Dublin zum ersten Mal zu, dass Preskill mit seinen Vermutungen doch recht haben könnte. Er löste die Wette ein, indem er John Preskill – unter Kollegen als großer Anhänger des Baseball bekannt – eine Kopie von «The Ultimate Baseball Encyclopedia» schenkte.

Strings und das Informationspuzzle Wodurch wurde der Meinungsumschwung von Stephen Hawking in dieser Frage eingeleitet? Obgleich das Informationsparadoxon immer noch nicht in allen Details verstanden ist, weiß man jetzt, dass der Schlüssel zur Lösung dieses Rätsels in der Quantengravitation liegt. Insbesondere in der Stringtheorie gibt es einige sehr ermutigende Resultate, die zeigen, dass die Hawking-Strahlung doch nicht vollkommen thermischer Natur ist und man aus ihr doch wieder die gesamte Information des Schwarzen Loches rekonstruieren kann. Eng verbunden mit dem Informationspuzzle ist die Frage nach den Quantenbausteinen von Schwarzen Löchern. Auch dieses Problem wurde in den letzten Jahren erfolgreich in der Stringtheorie behandelt. Denn in der Stringtheorie ist es zum ersten Mal gelungen, die thermodynamische Entropie eines Schwarzen Loches auf mikroskopische Weise zu berechnen, nämlich durch das Abzählen seiner Quantenzustände: Die Quantenrechung in der Stringtheorie reproduziert genau die Formel von Bekenstein und Hawking über den Zusammenhang von Entropie und Fläche der Ereignishorizonts.

Dank dieses Resultats sind viele Physiker davon überzeugt, dass die Stringtheorie bei der Erkundung der quantenmechanischen Bausteine von Raum und Zeit auf der richtigen Fährte ist.

Raum und Zeit werden eins: die Euklidische Quantengravitation von Hartle und Hawking Nun wollen wir uns dem nächsten Problem in der Quantengravitation zuwenden, nämlich der Entstehung des Universums. Schon gegen Ende der siebziger Jahre widmeten sich Stephen Hawking und James Hartle der Quantengravitation. Sie versuchten, die Entstehung der Raum-Zeit im Rahmen der Euklidischen Quantengravitation zu erklären. Stephen Hawking hat diese Idee in seinen beiden Bestsellern «Eine kurze Geschichte der Zeit» und «Das Universum in der Nussschale» sowie in seinem kürzlich erschienenen Buch «Der große Entwurf» populär gemacht. Um keine Missverständnisse aufkommen zu lassen: Die Euklidische Quantengravitation stellt keine Alternative oder sogar Konkurrenz zur Stringtheorie oder auch Schleifengravitation dar, sondern sie ist von allgemeinerer Natur, und ihre Prinzipien sind übergeordnet. Während sich die Quantentheorie von Hartle und Hawking mit dem Universum als Ganzes beschäftigt, hat insbesondere die Stringtheorie mehr mit den mikroskopischen Eigenschaften der Gravitation zu tun. Man kann die Euklidische Quantengravitation deshalb gut auf die Stringtheorie anwenden.

Die Euklidische Quantengravitation ist im Wesentlichen von zwei Ideen grundiert. Zum einen wird postuliert, dass sich die Zeit auch wie eine weitere Raumrichtung verhält – deswegen wird die Theorie als euklidisch bezeichnet. Die Sonderrolle der Zeit wird also von Hartle und Hawking aufgegeben, wenn man die Quanteneigenschaften von Raum und Zeit betrachtet. Dieser Übergang von einer «Minkowski-Zeit» zu einer «Euklidischen-Zeit» – auch als imaginäre Zeit bezeichnet – kann als mathematischer Trick angesehen werden. Aber Hartle und Hawking messen diesem Schritt auch eine physikalische Bedeutung zu. Hawkings Erläuterung hierzu liest sich in seinem neuesten Buch folgendermaßen: «Die Erkenntnis, dass sich die Zeit wie eine weitere Raumdimension verhalten kann, bedeutet, dass wir uns der Frage, ob die Zeit einen Anfang hat, auf ähnliche Weise entledigen können wie derjenigen, ob die Welt einen Rand hat. ... Wenn wir die Allgemeine Relativitätstheorie mit der Quantentheorie kombinieren, wird die Frage, was vor dem Anfang des Universums geschah, zu einer sinnlosen Frage.» In Hawkings Quantenwelt ist das Universum durch keinen Rand begrenzt, sowohl den Raum als auch die Zeit betreffend. Hartle und Hawking haben dies die «Keine-Rand-Bedingung» genannt. Diese Demokratie zwischen Raum und Zeit hat, wie wir noch sehen werden, viele wichtige Konsequenzen. Aber das Postulat der Gleichheit von Raum und Zeit ist auch gefährlich. Denn die Quantenuniversen von Hawking können geschlossene Zeitkurven und auch Wurmlöcher als gleichberechtigte Lösungen enthalten. Solche Lösungen verletzten, wie wir schon festgestellt haben, das in der Physik gültige Postulat der Kausalität. Ob man nun in der Quantengravitation Wurmlöcher und ähnliche problematische Raum-Zeiten physikalisch akzeptieren muss, ist unter den Experten umstritten. Hartle und Hawking haben insbesondere die Vorstellung, dass sich die mikroskopischen Quanteneffekte wie mikroskopische Wurmlöcher wieder herausmitteln, weswegen sie in der Makrowelt und in der klassischen Physik bedeutungslos sind. Jedoch werden die Wurmlöcher in der Form von Raumbrücken zwischen verschiedenen kompakten Räumen bei unseren Überlegungen über die Stringlandschaft wieder eine wichtige Rolle spielen.

Wellenfunktionen von Universen Die zweite wichtige Idee der Euklidischen Quantengravitation besteht in der nicht nur akzeptierten, sondern geradezu postulierten Möglichkeit der Existenz verschiedenartiger Universen. Den verschiedenen Universen wird jeweils eine quantenmechanische Wahrscheinlichkeit zugeordnet, die durch eine Wellenfunktion Ψ beschrieben wird. Diese ist analog der Wellenfunktion eines einzelnen Teilchens, welche die Wahrscheinlichkeit beschreibt, ein Teilchen in einem bestimmten Quantenzustand mit einer bestimmten Energie vorzufinden. Der große Unterschied zur herkömmlichen Quantenmechanik ist nun darin zu sehen, dass die Wellenfunktion Ψ von Hartle und

Hawking ein gesamtes Universum, mithin seinen Quantenzustand, beschreibt. Sie gibt an, wie wahrscheinlich es ist, ein Universum mit ganz bestimmten Eigenschaften vorzufinden. So kann die Wellenfunktion Ψ des Universums die Information beinhalten, wie wahrscheinlich ein offenes, ein geschlossenes oder ein flaches Universum ist. Ferner kann Ψ des Universums die Wahrscheinlichkeit für einen bestimmten Wert der kosmologischen Konstante angeben. Man kann dieses Konzept der Wahrscheinlichkeitsbestimmung auf viele weitere Eigenschaften des Universums anwenden, wie zum Beispiel auf die Massendichte der Dunklen Materie oder sogar die Anzahl seiner Dimensionen. Das Universum hat also nicht nur eine, sondern sehr viele mögliche Geschichten, die sich durch ihre Wahrscheinlichkeiten voneinander unterscheiden. Berechnen kann man die Wellenfunktion des Universums durch eine quantenmechanische Wellengleichung, die der Schrödinger-Wellengleichung entfernt ähnlich sieht. Diese Wellengleichung der Quantengravitation wurde zum ersten Mal von den beiden Gravitationsphysikern Archibald Wheeler und Bryce DeWitt aus Texas aufgestellt.[40]

Wie wahrscheinlich ist unser Universum? Man könnte annehmen, dass unser Universum eine Wellenfunktion mit der größtmöglichen Wahrscheinlichkeitsamplitude besitzt. Wenn das wirklich der Fall wäre, hätten wir eine ausgezeichnete Erklärung für viele beobachtete Eigenschaften des Universums gefunden. Man nennt ein solches Szenario auch eine beobachterunabhängige Geschichte des Universums, da die berechneten Wahrscheinlichkeiten allgemeingültig und nicht vom Beobachter abhängig sein sollten. Die Wirklichkeit sieht aber vermutlich anders aus und setzt sich dieser Sichtweise geradezu entgegen Es gibt keinerlei mathematische Anzeichen dafür, dass unser flaches Universum mit einem Alter von ungefähr 14 Milliarden Jahren das wahrscheinlichste aller möglichen Universen ist, und Stephen Hawking merkt hierzu an: «Nicht die Geschichte des Universums macht uns, sondern wir machen Geschichte durch unsere Beobachtungen.» Dieser Satz bedeutet, dass wir unser Universum nur in unseren Beobachtungen vorfinden, da es uns die Möglichkeit unserer Existenz erlaubt. Die Wahrscheinlichkeit, genau dieses Universum vorzufinden, ist dabei also ziemlich unerheblich. Kaum von Nutzen ist auch die Frage, wie wahrscheinlich es ist, dass wir auf unserem Planeten leben – diese Wahrscheinlichkeit ist im Lichte der Vielzahl von Planeten im Weltall winzig klein. Die Antwort auf diese Frage ergibt sich einfach aus dem Umstand, dass die Erde eine für menschliches Leben sehr freundliche Umgebung darstellt. Auch kleine Wahrscheinlichkeiten sind demnach wichtig, wenn sie für unsere Existenz von Bedeutung sind. Man kann das Problem über die Bedeutung der verschiedenen Wahrscheinlichkeiten auch durch folgenden Vergleich beschreiben: Die Wahrscheinlichkeit dafür, in China geboren zu werden, ist sicherlich sehr groß im Vergleich zur Geburt in Deutschland. Dennoch ist die Wahrscheinlichkeit, in München einen Chinesen anzutreffen, vergleichsweise klein. Genauso wissen wir, dass es Universen mit mehr als drei Dimensionen gibt, die möglicherweise eine größere Wahrscheinlichkeitsamplitude haben als unser Universum.

Quantengravitation und der Einstieg ins Multiversum In der Quantengravitation vergleicht man nicht nur die Wahrscheinlichkeitsamplituden verschiedener Universen, man betrachtet vielmehr ein Multiversum, nämlich ein kompliziertes Raum-Zeit-Geflecht, welches aus vielen verschiedenen Blasen, also den verschiedenen Universen im herkömmlichen Sinne, besteht. Wir können uns die verschiedenen Blasen als die verschiedenen Quantenzustände des Multiversums vorstellen. Jeder dieser Zustände wird durch eine bestimmte Energie, seine kosmologische Konstante und durch eine bestimmte Wellenfunktion charakterisiert. Das Multiversum ist jedoch kein statisches Gebilde, denn seine Blasen können als Geburt des Universums spontan entstehen und als sein Ende auch wieder verschwinden. Auf diese Weise erhalten wir ein vollkommen neues quantenmechanisches Bild vom Urknall. Die spontane Neubildung eines Universums kann als quantenmechanischer Tunneleffekt beschrieben werden: als quantenmechanischer Übergang zwischen zwei verschiedenen Zuständen im Multiversum. Diese

Übergänge, die auch den Namen Coleman-De-Luccia-Instantonen tragen, sind auch dann möglich, wenn die verschiedenen Quantenzustände durch eine Energiebarriere voneinander getrennt sind. In diesem Fall kann in der klassischen Theorie kein Übergang stattfinden, der Übergang stellt vielmehr einen quantenmechanischen Tunneleffekt dar, bei dem die Wellenfunktion durch den Potentialberg hindurchtunnelt. Dieses Quantentunneln zwischen verschiedenen Universen vollzieht sich genauso wie die Übergänge zwischen verschiedenen Quantenzuständen in einem Festkörper. Klassisch sind sie verboten, aber quantenmechanisch kann es mit einer bestimmten Wahrscheinlichkeit passieren, dass ein Elektron von einem Energieband in einem Halbleiter auf ein höheres Energieband springt. Die Wahrscheinlichkeiten für einen quantenmechanischen Übergang sind natürlich geringer als für einen klassisch erlaubten Übergang, aber sie sind dennoch nicht gleich null. Deswegen kann die Bildung eines neuen Universums im Prinzip jederzeit und an jedem Ort einsetzen, wenngleich die Wahrscheinlichkeit dafür gering ist. Es kann sogar passieren, dass ein neu entstandenes Universum in der Form einer zuerst winzigen, aber sich stetig ausbreitenden Blase immer größere Teile unseres Universums vereinnahmt, bis unser Universum schließlich verschwunden ist. Dies vollzieht sich wie ein dynamisches System mit zwei verschiedenen Phasen, von denen die neue Phase spontan an einem Punkt in der alten Phase entsteht und sich dann innerhalb der alten Phase als anwachsende Blase immer weiter ausdehnt, bis diese vollkommen aufgefressen ist. Dieser Prozess klingt etwas beängstigend, aber es besteht dennoch kein Grund zur Besorgnis, dass unser Universum plötzlich verschwinden könnte, denn diese Prozesse spielen sich in mikroskopischen Bereichen der Größe einiger Planck-Längen ab, wobei die entstehenden Raum-Zeit-Blasen mit sehr großer Wahrscheinlichkeit wieder in sich zerfallen können. Die Wahrscheinlichkeit, dass sich eine solche Blase auf makroskopische Distanzen ausdehnt, ist äußerst gering.

Creatio ex nihilo: Neugeburt von Universen und Quantentunneln Die einzige Möglichkeit für die Quantengeburt eines makroskopischen

Universums durch den Tunneleffekt ist durch die inflationäre Ausdehnung einer neu entstandenen Blase gegeben. Dies ist genau der Ort, an dem sich Quantengravitation und die Kosmologie treffen, denn kombiniert man die Konzepte der Quantengravitation mit den Ideen des inflationären Universums, dann wird man fast zwangsläufig zum Multiversum geführt. Deswegen wurden die Theorie und die Vorstellung des Multiversums von Gravitationsphysikern – allen voran Stephen Hawking – zusammen mit Kosmologen entwickelt. Auf der Seite der Kosmologen haben insbesondere Andrei Linde und auch der russische Physiker Alexander Vilenkin wichtige Beiträge geleistet. Vilenkin studierte an der Universität Charkow Physik, konnte aber, weil er sich weigerte, mit dem KGB zusammenzuarbeiten, sein Studium nicht fortsetzen. Er schlug sich eine Zeitlang als Hilfsarbeiter durch, unter anderem auch als Nachtwächter in einem Zoo. Seit 1987 ist er Professor für Physik an der Tufts University in der Nähe von Boston. Vilenkin zeigte in seinen Arbeiten, dass die Inflation einen ziemlich wahrscheinlichen Quantenzustand des Universums darstellt. Man kann sich an dieser Stelle fragen, wie denn die «creatio es nihilo», die Erschaffung eines heißen inflationären Universums aus dem Nichts, überhaupt möglich ist. Wie kann insbesondere die extrem hohe Temperatur unseres Universums am Urknall erklärt werden, wenn es durch eine Quantengeburt aus dem Nichts entstanden sein soll? Des Rätsels Lösung liegt in einer besonderen Eigenschaft der Inflation verborgen. In der Theorie der Inflation hat die gravitationelle Energie der Raum-Zeit, also die Gravitationsenergie, einen negativen Wert, der von der positiven kinetischen Energie der heißen Materie kompensiert wird. Die Gesamtenergie der entstandenen, neuen Blase verletzt also – bis auf einen sehr kleinen Betrag, der durch die Unschärferelation bestimmt ist –, nicht die Energieerhaltung, sondern die Blase trägt gar keine Energie. Das Paradoxe an einer solchen Neugeburt eines Babyuniversums ist, dass sich diese Blase dennoch schnell ausdehnen kann und dabei auch noch eine sehr hohe Temperatur besitzt. Die Temperatur nimmt bei der Ausdehnung jeder entstandenen Blase dann immer weiter ab, während die gravitationelle Energie im gleichen Maße zunimmt.

Man kann daher sagen, dass die Gesamtenergie des Multiversums immer gleich null ist, gleichgültig, wie viele neue Universen im Laufe der Zeit entstehen.

Das ewige Universum Linde und Vilenkin entwickelten gemeinsam die Idee vom Ewigen Universum als eine nie endende Kettenreaktion von Geburten neuer und dann parallel bestehender Universen. Die Sonderrolle unseres Universums ergibt sich lediglich aus dem anthropischen Prinzip. Die Ideen von Hartle, Hawking, Linde und Vilenkin beziehen sich jedoch im Wesentlichen auf die kosmologischen Eigenschaften des Universums, wie die kosmologische Konstante, die Größe des Universums oder die Homogenität des Raumes. Die Stringtheorie nun weitet die Wellenfunktion des Universums auf die Elementarteilchenphysik und auf die Naturgesetze selbst aus. In der Stringtheorie ist es möglich, ein Multiversum zu betrachten, dessen Blasen sich hinsichtlich ihrer Teilcheneigenschaften und ihrer Naturkräfte unterscheiden. Man geht also in der Stringtheorie noch einen großen Schritt weiter. Auch in der Stringtheorie werden durch die Effekte der Quantengravitation neue Universen geboren und Übergänge zwischen verschiedenen Universen ermöglicht. Der Großteil dieser Universen hat aber mit unserem Universum gar nichts mehr zu tun, denn in den meisten anderen Universen existieren andere Elementarteilchen, und es herrschen dort andere Naturkräfte. Nur die Gravitationskraft scheint vollkommen universeller Natur zu sein.

Es ist ermutigend, dass die Idee des Multiversums zusammen mit der Möglichkeit der Geburt neuer Universen das Schicksal des Kosmos in einem neuen, hypothetischen Licht erstrahlen lässt. Das Multiversum besteht in einer 10^{100} Jahre fernen Zukunft höchstwahrscheinlich nicht nur aus einem einzigen, riesigen, kalten, dunklen und vollkommen leblosen Universum: Die kosmische Evolution erlaubt nämlich eine fortwährende Verjüngung der Raum-Zeit, was sogar die Möglichkeit einschließt, dass sich in ferner Zukunft wieder neue Formen von Leben und Intelligenz entwickeln können.

7. Die Suche nach der Weltformel

Mit den Superstrings haben wir seit einigen Jahren eine konkrete physikalische Theorie, die Paralleluniversen zulässt, ja diese sogar geradezu fordert und Übergänge zwischen verschiedenen Bereichen des Multiversums beschreiben kann. Die Stringtheorie wurde gegen Ende der sechziger Jahre maßgeblich vom italienischen Physiker Gabriele Veneziano erfunden, um den riesigen hadronischen Teilchenzoo, der im Verlauf der Jahre an den Teilchenbeschleunigern entdeckt wurde, zu erklären. Aber einige Jahre später fand der französische Physiker Joel Scherk von der Ecole Normale in Paris zusammen mit seinem amerikanischen Kollegen John Schwarz vom California Institute of Technology in Pasadena heraus, dass sich die Stringtheorie viel besser zur Formulierung einer Quantengravitationstheorie eignet. Jetzt, mehr als vierzig Jahre nach der ersten Formulierung der Stringtheorie, beginnen wir zu verstehen, dass diese als wahrscheinlich einzige Theorie die Quantengravitation, also die Vereinigung aller Wechselwirkungen, sowie die Idee des Multiversums beinhaltet.

Warum brauchen wir Strings? Stellen wir uns nochmals die Frage, welchen Zweck eine Quantengravitationstheorie erfüllen muss. Wie schon der Wortbestandteil «Quanten» zeigt, suchen wir nach einer Theorie, in der die Gravitationskraft nicht nur ein klassisches Gravitationsfeld ist, sondern Quanteneigenschaft besitzt. Wie wir schon im letzten Kapitel beschrieben haben, bedeutet das insbesondere, dass wir der Gravitationskraft ein Quantenteilchen zuordnen müssen, dessen Austausch zwischen gravitierenden Körpern die eigentliche Ursache für die Gravitationsanziehung zwischen diesen Körpern darstellt. Aus den Eigenheiten des Gravitationsfeldes ergibt sich, dass dieses Quantenteilchen, das Graviton, einen Eigendrehimpuls von genau zwei Einheiten, gemessen als Vielfaches des Planck'schen Wirkungsquantums, besitzen muss. Jede Theorie, die den Anspruch einer Quantengravitationstheorie erhebt, muss auf natürliche Weise erklären, warum es dieses Graviton gibt und wie es beschaffen ist. Die Stringtheorie ist bislang die einzige Theorie, die unmittelbar auf das Graviton führt. Damit jedoch gibt sich die Stringtheorie noch nicht zufrieden, denn sie führt auch auf geradlinigem Weg zur Vereinigung zwischen der Gravitationskraft und den anderen Wechselwirkungen in der Natur, den sogenannten mikroskopischen Eichkräften, wie beispielsweise den elektromagnetischen Wechselwirkungen. Hier folgt die Stringtheorie im Wesentlichen der Idee von Kaluza und Klein, nämlich der Einbettung der Theorie in eine höherdimensionale Raum-Zeit. Quantengravitation und Vereinigung aller Naturkräfte bilden eine mathematisch und physikalisch tief gehende Einheit in der Stringtheorie.

Strings als schwingende und rotierende Saiten Die Idee der Stringtheorie ist einfach und anschaulich: Elementarteilchen werden als eindimensional ausgedehnte Objekte, genannt Strings (Saiten), beschrieben. Diese können in zwei Spielarten vorkommen: zum einen als offene Strings mit zwei Enden, zum anderen als geschlossene Strings, also als Schleifen ohne Anfangs- und Endpunkt. Ganz wesentlich ist, dass sich Strings wie Gummibänder verhalten, also eine innere Fadenspannung besitzen, die bewirkt, dass sich Strings am liebsten zu einem Punkt zusammenziehen möchten. Um dem Zusammenschnurren des Strings entgegenzuwirken, muss man diesen in energetisch höher liegende Schwingungen versetzen, das heißt, man muss ihn energetisch anregen. Je mehr Energie ein String erhält, umso schneller beginnt der String wie eine Gitarrensaite zu schwingen, und umso größer wird seine Ausdehnung. Aber als eindimensionales Objekt kann man einen String nicht nur zum Schwingen anregen, sondern ihn auch um seine eigene Achse rotieren lassen. Natürlich sind auch kombinierte Rotationen und Eigenschwingungen möglich. Das Spektrum eines offenen oder eines geschlossenen Strings besteht also aus Vibrationen

29 Diese beiden Abbildungen zeigen einen schwingenden offenen und einen schwingenden geschlossenen String.

und Rotationen. Um diese inneren Bewegungszustände des Strings anzuregen, benötigt man eine ganz bestimmte Energie. Gemäß den Regeln der Quantenmechanik sind diese Anregungsenergien nicht vollkommen beliebig, sondern gequantelt, wobei die Quantisierungseinheit durch die dem String eigene Fadenspannung bestimmt ist. Je größer die Fadenspannung ist, umso größer ist auch die typische, für die Vibrationen oder Rotationen des Strings benötigte Anregungsenergie. Die erlaubten Stringanregungsenergien sind alle ein ganzzahliges Vielfaches einer ganz charakteristischen Stringenergie, genannt E_{string}. Wir werden später noch genauer darauf zu sprechen kommen, welchen Wert diese Stringenergie annehmen muss, um den String mit der Quantengravitationstheorie in Verbindung zu bringen.

Schwingende Strings als Elementarteilchen Mit Hilfe der Planck'schen Quantenmechanik haben wir verstanden, dass die Anregungsenergie eines Strings feste, quantisierte Werte annehmen muss. Da Anregungsenergie und Ausdehnung des Strings unmittelbar zusammenhängen, gilt diese Quantisierungsvorschrift auch für die Größe des angeregten Strings. Die erlaubten Stringgrößen sind demnach auch wieder ein ganzzahliges Vielfaches einer vorgegebenen Grundgröße, die wir im Folgenden die Stringlänge L_{string} nennen werden. Wie wir sehen werden, ergibt sich wie für E_{string} auch für L_{string} ein sehr interessanter Zusammenhang mit den Grundgrößen der Gravitationstheorie.

Was hat aber nun ein rotierender und vibrierender String mit den Elementarteilchen, also mit den Quarks und Leptonen, den Gluonen, den Photonen und den schwachen Eichbosonen, und mit der Quantengravitationstheorie zu tun? Um das zu verstehen, kommt uns Albert Einstein mit seinem Befund $E = m c^2$ zu Hilfe, dass nämlich Energie und Masse äquivalente Größen sind. Wir können also die verschiedenen Anregungszustände eines Strings als verschiedene Elementarteilchen betrachten. Die innere Anregungsenergie des Strings entspricht dabei genau der Masse des dazugehörigen Elementarteilchens, gemäß der Gleichung $E = m c^2$. Nach den Regeln der Quantenmechanik sind die erlaubten Massen wiederum quantisiert, wobei die Grundmasse, genannt M_{string}, sich sofort aus der niedrigsten Schwingungsenergie E_{string} durch die Einstein'sche Äquivalenzgleichung ergibt. Die Identifizierung der verschiedenen Schwingungsmoden eines einzigen Strings mit verschiedenen Elementarteilchen, die sich durch ihre Ruhemasse unterscheiden, ist einer der wesentlichen Vorzüge der Stringtheorie gegenüber dem herkömmlichen Verständnis der Elementarteilchenphysik – beinhaltet es doch die konkrete Umsetzung der Idee der Vereinigung aller Elementarteilchen durch ein einziges Urteilchen, nämlich des eindimensionalen Strings. Der String verhält sich wie ein Chamäleon; je nachdem, in welchem Schwingungszustand er sich befindet, entspricht er einem Elementarteilchen mit kleiner oder großer Ruhemasse. Leichte Elementarteilchen sind nur wenig stark angeregte Strings und somit, aus großer Entfernung betrachtet, auch sehr wenig ausgedehnt, also fast punktförmig. Hingegen besitzen schwere Elementarteilchen, die gemessen an der Einheitsstringlänge L_{string} gigantischen Strings entsprechen, eine sehr große Ausdehnung.

Tullio Regge und der Spin der Teilchen Die Äquivalenz von Anregungszuständen eines Strings und der Masse verschiedener Elementarteilchen betrifft noch weitere Sachverhalte. Betrachten wir als Nächstes die Rotationsbewegungen, die ein eindimensionaler

30 Das Spektrum der schwingenden Strings folgt den sogenannten Regge-Trajektorien. Diese besagen, dass zwischen dem quantisierten Quadrat der Masse (Anregungsenergie des Strings) und den erlaubten Drehimpulswerten auf den jeweiligen Regge-Trajektorien ein linearer Zusammenhang besteht. Beim offenen String hat der erste masselose angeregte Zustand Spin 1 und beschreibt ein Photon. Der erste masselose angeregte Zustand des geschlossenen Strings besitzt hingegen Spin 2 und verhält sich genauso wie das Gravitonteilchen.

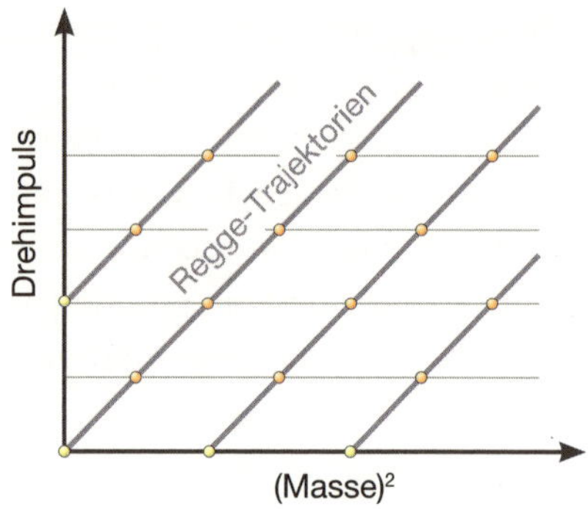

String um seine Achse ausführen kann. Wie lassen sich Stringrotationen in Eigenschaften von Elementarteilchen übersetzen? Erinnern wir uns an einen Kreisel, der sich um seine eigene Achse dreht. Umso größer seine Drehgeschwindigkeit ist, desto höher ist auch sein Drehimpuls. Dies trifft in der gleichen Weise auch für rotierende Strings zu. Ihre Rotationsgeschwindigkeit entspricht einem inneren Drehimpuls des Strings. Deren Drehimpuls ist in der Sprache der Elementarteilchenphysik nichts anderes als der Eigendrehimpuls der Teilchen, also genau ihr Spin. Strings mit hohem Drehimpuls entsprechen also Teilchen mit hohem Spin.

Fassen wir an dieser Stelle kurz zusammen, was wir über den Zusammenhang von Strings und Elementarteilchen gelernt haben. Angeregte und rotierende Strings entsprechen verschiedenen Elementarteilchen, die sich hinsichtlich ihrer Masse und ihres Spins unterscheiden können. Die unendlich vielen Anregungsniveaus des Strings entsprechen den unendlich vielen Stufen des Berges, den wir anfangs in der Einführung erwähnt hatten. Natürlich sind Elementarteilchen noch durch weitere Eigenschaften als durch Masse und Spin charakterisiert, und wie man diese mit den verschiedenen Stringanregungen eines einzigen Strings in Verbindung bringt, werden wir etwas später erfahren. Die mathematische Analyse des Anregungsspektrums eines Strings hat auf jeden Fall einen interessanten Zusammenhang zwischen Masse und Spin eröffnet, der schon seit Beginn der Stringtheorie vor mehr als vierzig Jahren durch den italienischen Physiker Tullio Regge aus Turin bekannt ist: Das Quadrat der Masse und der Spin sind im Wesentlichen proportional zueinander, wobei der Umrechnungsfaktor wiederum durch die charakteristische Stringmasse M_{string} gegeben ist. Trägt man das Quadrat der Masse und die dazugehörigen Drehimpulse in einem zweidimensionalen Diagramm auf, so liegen die erlaubten Zustände auf einer geraden Linie, der sogenannten Regge-Trajektorie. Es gibt aber nicht nur eine einzige Regge-Trajektorie, sondern unendlich viele. Die höheren Regge-Trajektorien entsprechen den Rotationsanregungen der höheren Vibrationsmoden eines einzigen Strings.

Spin-1-Photonen und Spin-2-Gravitonen Wir wollen die Regge-Trajektorien etwas näher betrachten. Je nachdem, ob wir einen offenen oder einen geschlossenen String anschauen, erhalten wir ein etwas unterschiedliches Stringanregungsspektrum. Insbesondere fällt auf, dass wir beim geschlossenen String sowohl ein masseloses Teilchen ohne Eigendrehimpuls, also mit Spin 0, vorfinden sowie ein masseloses Teilchen mit Spin 2. Das Vorhandensein dieses Teilchens mit Spin 2 im geschlossenen String verleiht der Stringtheorie ihre herausragende Bedeutung. Denn diese Stringanregung hat die Eigenschaften des gesuchten Gravitonteilchens in der Quantengravitation. Ja, es ist mit diesem Teilchen identisch! Die Gravitationskraft, die durch das Gravitonteilchen erzeugt wird, ist in der Stringtheorie automatisch eingebaut. Geschlossene Strings führen zwangsläufig zur Gravitationskraft – Gravitation ist eine intrinsische Eigenschaft von Strings. Und wie wir bald genauer sehen werden, lassen sich die anscheinend unüberwindbaren Schwierigkeiten bei der Quantisierung der Gravitationskraft in der Stringtheorie dadurch bewältigen, dass die Wechselwirkungen zwischen den Strings wegen ihrer endlichen Ausdehnung mathematisch konsistent, also ohne katastrophale Unendlichkeiten, beschrieben werden können. Das natürliche Auftreten der Gravitation in der Theorie des geschlossenen Strings ist einer der Gründe dafür, dass eine so große Anzahl von Wissenschaftlern von der Stringtheorie überzeugt sind.

Offene Strings und ihre Teilchenanregungen unterscheiden sich von den geschlossenen Strings. Der masselose Anregungszustand des offenen Strings besitzt nämlich Spin 1. Welche Punktteilchen könnten dieser masselose Stringanregung entsprechen? Die masselose Spin-1-Anregung des offenen Strings ist nichts anderes als das Photon, welches als Austauschteilchen die elektromagnetische Kraft zwischen geladenen Teilchen hervorruft. Der offene String liefert uns also die elektromagnetischen Wechselwirkungen, während der geschlossene String ganz universell für die Gravitationskraft verantwortlich ist. Weiterhin können sich zwei offene Strings immer zu einem geschlossenen String vereinen, indem sie ihre beiden Enden miteinander verbinden. Daraus folgt, dass aus der Existenz von offenen Strings ohne weitere Annahmen auch die Existenz von geschlossenen Strings folgt. Man kann sagen, dass ein geschlossener String aus zwei offenen Strings zusammengebaut ist. In der Stringtheorie befinden sich also die elektromagnetische Kraft und die Gravitationsanziehung zwischen den Teilchen auf ein und derselben Stufe. Es ist aber bis heute immer noch nicht ganz klar, ob die Gravitation oder die elektromagnetische Kraft von grundlegenderer und universeller Bedeutung ist. Einerseits könnte man meinen, der Elektromagnetismus sei die Mutter aller Kräfte, wenn man den offenen String als Urbaustein aller Materie ansieht und der geschlossene String nur ein Bindungszustand des offenen Strings darstellt. Andererseits erscheint die Gravitationskraft vollkommen universell, da geschlossene Strings auch ohne offene Strings für sich allein existieren können und in jeder Stringtheorie vorhanden sind. Die Antwort auf diese Frage soll uns im Moment nicht weiter beschäftigen; wir werden sie aber bei der Frage, welche denn wirklich die Urbausteine aller Kräfte und aller Materie sind, im Rahmen der M-Theorie nochmals aufgreifen.

Natürlich haben wir an dieser Stelle auch noch nicht verstanden, wie die Strings miteinander in Wechselwirkung treten und in welcher Form die anderen Elementarteilchen, insbesondere die Quarks und Leptonen mit Spin 1/2, als weitere Stringanregungen in der Stringtheorie enthalten sind. Dies ist weitaus komplizierter und auch längst nicht mehr so universell wie das Vorhandensein der Gravitation und des Elektromagnetismus.

Strings und die Welt der Hadronen Wie so oft in der Physik verlief die Entwicklung der Stringtheorie hinsichtlich ihrer herausragenden Bedeutung für die Gravitation nicht so geradlinig, wie es hier erscheinen mag. Zu Beginn der Stringtheorie im Jahre 1968 suchte man nach einer Theorie, die den riesigen Teilchenzoo der stark wechselwirkenden Teilchen, die Hadronen, erklären kann. Zu diesen gehören bekanntlich das Proton und das Neutron, beide mit Spin 1/2, weiterhin Teilchen mit Spin 0 wie die Pionen sowie ferner Hadronen mit Spin 1, die ρ-Vektorbosonen. Viele der hadronischen Teilchen mit ihrer Masse und mit ihrem Spin passten recht gut in das Schema der Regge-Trajektorien. Auch die verschiedenen Wechselwirkungen zwischen den Hadronen deuten darauf hin, dass diese ausgedehnte, stringartige Objekte sind. Der erste mathematische Durchbruch zur Formulierung der Hadrontheorie als Stringtheorie gelang im Jahre 1968 dem jungen italienischen Physiker Gabriele Veneziano aus Florenz, der damals als Postdoc am MIT in Cambridge arbeitete. Veneziano hatte in einer sehr erstaunlichen Formel beschrieben, was passiert, wenn zwei Hadronen miteinander kollidieren. Die Formel besagt, dass bei dieser hochenergetischen Kollision eine ganze Reihe neuer Hadronen erzeugt werden, die sich alle wie ein Gummiband mit einer bestimmten Spannung, also gerade wie ein String, verhalten. Venezianos Formel konnte mit Hilfe der Euler-Gamma-Funktion die unendlich vielen Stringvibrationen und Stringrotationen in einem einzigen mathematischen Ausdruck zusammenfassen. Jeder Pol der Veneziano-Funktion – die Stellen, an denen diese Funktion einen unendlichen Wert annimmt – liefert die Masse einer bestimmten Stringanregung und sollte somit auch einem der bekannten hadronischen Teilchen entsprechen. Die Anregungsenergie E_{string}, die man benötigt, um einen String in seine Eigenschwingungen zu versetzen, entspricht genau der typischen Masse der hadronischen Teilchen, M_{string} ist also von der Größenordnung 1 GeV/c^2.

Venezianos «Weltformel» Die Formel von Veneziano war eine physikalische Sensation und hinterließ in der Fachwelt einen großen Eindruck. Man sah sich am Ziel beim Verständnis der Hadronen und der starken Wechselwirkung angelangt: Endlich war eine Formel gefunden, die alle Teilchen und auch ihre Streuungen in einem mathematischen Ausdruck vereinigt! Man nannte diese Formel beziehungsweise die ganze dazugehörige Theorie damals auch «Bootstrap»-Theorie, da sie sich wie Baron Münchhausen selbst am eigenen Schopf aus dem Sumpf ziehen konnte. Denn die Veneziano-Formel sagt nicht nur alle hadronischen Teilchen voraus, sondern auch deren sogenannte S-Matrix, welche die Wechselwirkungen der Teilchen untereinander beschreibt, und sie lieferte schließlich eine Theorie, in denen schwerere Hadronen wiederum aus leichteren Hadronen zusammengesetzt sind. Man bewegt sich also gewissermaßen in einem System aus unendlich vielen Teilchen, die alle als Bindungszustände auseinander hervorgehen und letztendlich nur die Anregungsmoden eines einzigen Strings darstellen.

Probleme mit Hadronen als Strings Die Idee von Veneziano war fast zu schön, um wahr zu sein! Schon recht bald ergab die Analyse der Veneziano-Funktion, dass sie Teilchen vorhersagte, die keinen physikalischen Sinn ergaben und auch nicht in der Welt der Hadronen vorkamen. Die theoretischen Physiker zerbrachen sich ihren Kopf über folgende zwei Probleme: Erstens sagt nämlich die Veneziano-Funktion die Existenz eines Stringzustandes mit Spin 0, aber auch mit negativem Massenquadrat voraus. Dies ist ein Teilchen, das es laut Einstein in der Relativitätstheorie gar nicht geben darf. Es verhält sich wie ein sogenanntes Tachyon, das sich mit Überlichtgeschwindigkeit durch die Raum-Zeit bewegt. Bedeutet dieses Tachyon schon den vorzeitigen Todesstoß für die Stringtheorie? Wir werden bald sehen, wie sich die Stringtheorie hier selbst auf wunderbare Weise weiterhilft, um das gefährliche Tachyon wieder loszuwerden. Der zweite Stolperstein bestand darin, dass die Theorie, wie man sie auch drehte und wendete, immer ein masseloses Teilchen mit Spin 2 lieferte. Auch diese Vorhersage stand im eklatanten Widerspruch zu allen Beschleunigerexperimenten der damaligen Zeit – ein masseloses Spin-2-Teilchen war in der Welt der Hadronen nicht zu finden.

Diese beiden Probleme blockierten für einige Jahre den Fortschritt in der Stringtheorie. Hinzu kam, dass sich zu Beginn der siebziger Jahre ein alternatives und sogar besserer Modell für die starke Wechselwirkung und für die Beschreibung der Hadronen herauskristallisierte, nämlich die Quantenchromodynamik (QCD), die wir schon im fünften Kapitel genauer kennengelernt haben. Schließlich erkannten die meisten Teilchenphysiker, dass die QCD die richtige Antwort auf die Beschreibung der Hadronen war; von da ab war der Siegeszug des Quarkmodells und der sogenannten Yang-Mills-Eichtheorie nicht mehr aufzuhalten. Es gab also kaum noch gute Gründe, um an der Stringtheorie weiterzuarbeiten, und es schien gegen Ende der siebziger Jahre ganz so, also könne man die Stringtheorie wieder in den Abfalleimer für nutzlose theoretische Gedankenspiele werfen. Dennoch ließ eine kleine Handvoll Physiker nicht locker, da sie immer noch von den wunderbaren mathematischen Eigenschaften dieser Theorie überzeugt waren.

Stringtheorie als Gravitationstheorie Der Ausweg aus dem Dickicht der Hadronen wurde im Jahre 1974 von Joel Scherk und John Schwarz gefunden. Der amerikanische Physiker John Schwarz kam 1972 an das California Institute of Technology (Caltech) in Pasadena und wurde bei seinen wissenschaftlichen Arbeiten von dem Nobelpreisträger Murray Gell-Mann unterstützt. Gell-Mann war auf den jungen John Schwarz im Verlauf eines Gastaufenthalts am CERN in Genf aufmerksam geworden. Im Herbst und Winter 1974 begannen Scherk und Schwarz wiederholt, intensiv über die Stringtheorie und ihre physikalische Bedeutung nachzudenken. Beide fühlten, dass die Stringtheorie einfach zu schön ist, um nur eine mathematische Kuriosität zu sein. Sie verabschiedeten sich kurzerhand von der Hadronentheorie und schlugen die Stringtheorie von nun an als konsistente Beschreibung der Quantengravitation vor. Ausgangspunkt ihrer Überlegung war die Beobachtung, dass die masselose Spin-2-Anregung des geschlossenen Strings alle Eigenschaften des Kraftteilchens der Gravitationsanziehung besitzt. In ihren weiteren Berechnungen konnten Scherk und Schwarz zeigen, dass die Einstein-Gleichungen der

Allgemeinen Relativitätstheorie aus den Grundgleichungen des geschlossenen Strings folgen. Dafür mussten sie nur einen einzigen Trick anwenden. Erinnern wir uns an unsere Diskussion über die Gravitationstheorie und ihre typischen Energiegrößen: Die Einstein-Gleichungen werden durch die Planck'sche Masse M_{Planck} bestimmt, deren Wert ungefähr 10^{19} GeV/c^2 beträgt. Andererseits trägt auch der String einen Energieparameter, nämlich seine ihm eigene, charakteristische Anregungsenergie M_{string}. Also identifizierten Scherk und Schwarz diese beiden fundamentalen Größen miteinander, und nach relativ kurzer Rechnung stand das Resultat fest: Die korrekte Interpretation der geschlossenen Stringtheorie ist durch nichts anderes als die Einstein'sche Gravitationstheorie gegeben. Dieses Ergebnis von Scherk und Schwarz war umso bemerkenswerter, als die Gravitationskraft in der Elementarteilchenphysik traditionell ignoriert wurde, da die Gravitation ja sehr viel schwächer als die anderen Kräfte wirkt. Scherk und Schwarz waren auf ihre Entdeckung vorbereitet. Viele Wissenschaftler, die sich mit Astrophysik, Gravitationsphysik und der Allgemeinen Relativitätstheorie beschäftigten, gehörten damals einer ganz anderen Fachwelt an. Dies hat sich heute vollkommen geändert. Teilchenphysiker sahen vorher auch keine Notwendigkeit, sich für Schwarze Löcher, den Urknall oder so etwas wie Quantengravitation zu interessieren. Seit einigen Jahren arbeiten jedoch Gravitations- und Teilchenphysiker sehr eng zusammen, und die Grenzen zwischen diesen beiden Disziplinen haben sich aufgelöst: Die sogenannte Astroteilchenphysik gehört heutzutage zu einem der spannendsten Gebiete in der Physik.

Der Schritt von der Stringtheorie als Modell für die starke Wechselwirkung zur vereinheitlichten Theorie der Quantengravitation stellte einen bedeutenden Paradigmenwechsel in der theoretischen Physik dar. Wie schon häufiger in der Geschichte der Physik vollzog sich dieser Paradigmenwechsel, indem man einem bestimmten charakteristischen Parameter, hier der Stringmasse M_{string}, eine vollkommen neue Bedeutung gab. In der Stringtheorie ist dieser Wechsel besonders dramatisch, da doch die Planck'sche Masse um 10^{19} Größenordnungen größer ist als die Massenskala der starken Wechselwirkung. Folglich müssen von nun die Massen aller schweren Stringanregungen im Bereich der Planck'schen Masse liegen – ein für Elementarteilchen extrem hoher Wert; alle bekannten Teilchen liegen weit unterhalb von M_{Planck}. Dies bedeutet auch, dass wir offenbar keine Chance haben, diese schweren Stringanregungen jemals in einem Beschleuniger auf der Erde zu erzeugen. Wir werden später im neunten Kapitel besprechen, dass die Gleichsetzung von M_{string} mit M_{Planck} doch nicht immer so streng gelten muss. In diesem Falle bestünde allerdings eine reelle Chance, die schweren Stringanregungen, also die gesamte Stringtheorie, in Beschleunigerexperimenten nachzuweisen. Der Large Hadron Collider (LHC) am CERN in Genf wäre dafür bestens geeignet. In gewisser Hinsicht geht man wieder davon aus, dass sogar die Hadronen Eigenschaften eines Strings besitzen und durch eine weitere Stringtheorie beschrieben werden können. Unser gesamtes Augenmerk in diesem Buch soll aber weiterhin auf Stringtheorie als konsistente Beschreibung von Quantengravitation und der Vereinigung aller Wechselwirkung gerichtet bleiben, so wie es von Scherk und Schwarz in ihrer berühmten Arbeit aus dem Jahre 1974 erkannt wurde.

John Schwarz, im Jahr 1980 der «letzte Stringmohikaner» Auch nach der Veröffentlichung von Scherk und Schwarz blieben viele Kollegen immer noch sehr skeptisch. Wie kann man sich des unmöglichen Tachyonteilchens wieder entledigen? Auf welche Weise erhält man aus der Stringtheorie die bekannten Materieteilchen wie die Quarks und die Elektronen? Da diese Teilchen Fermionen mit Spin 1/2 sind, stellt sich die Frage, wie die Stringtheorie Fermionen mit halbzahligen Spins liefern kann. Benötigt man dazu einen neuen String, der bisher übersehen wurde? Diese und auch andere Fragen warteten zu Beginn der achtziger Jahre auf eine Antwort. 1979 starb Joel Scherk überraschend, und die meisten Theoretiker standen seinen und den Vorschlägen seines Kollegen Schwarz immer noch sehr reserviert gegenüber, vielen Physikern waren sie sogar vollkommen unbekannt. Deswegen war John Schwarz als einer der letzen Mohikaner der Stringtheorie erst einmal auf sich allein gestellt. Nur wenige Kollegen, darunter Lars Brink, Peter Freund, Michael Green, Bernard Julia, David Olive, Tamiaki Yoneya und Bruno Zumino, zitierten Scherk und Schwarz in ihren eigenen Arbeiten. Schwarz ließ sich dennoch nicht entmutigen und beschloss, weiter am Caltech an der Stringtheorie zu arbeiten. Diese Entscheidung hätte sich für den Fortgang seiner wissenschaftlichen Karriere als sehr fatal herausstellen können. Hilfreich war für John Schwarz die Unterstützung durch Murray Gell-Mann, der auch immer an den Erfolg der Stringtheorie als Quantengravitationstheorie glaubte. Dem größten Teil der theoretischen Physiker galt John Schwarz jedoch als Exot, der unbeirrbar an einer nutzlosen Theorie arbeitete. Im Jahre 1979 erhielt John Schwarz wissenschaftlichen Beistand in der Person des englischen Physikers Michael Green, es war der Beginn einer äußerst erfolgreichen Zusammenarbeit. Anfang der achtziger Jahre kam Michael Green zu Besuch ans Caltech. Von da an haben Green und Schwarz gemeinsam die Stringtheorie entscheidend weiter vorangebracht und gelten deshalb zu Recht als die zwei Pioniere der Stringtheorie.

Green und Schwarz – Supersymmetrie als Schlüssel zum Erfolg des Superstrings Auf ihrer Suche nach der endgültigen Formulierung der Stringtheorie kam beiden die Physik und Mathematik der Supersymmetrie zu Hilfe. Im Jahre 1974 hatten die beiden theoretischen Physiker Julius Wess und Bruno Zumino eine supersymmetrische Quantenfeldtheorie für Elementarteilchen formuliert. Schon davor wurden wichtige Aspekte der Supersymmetrie von Green und Schwarz sowie den beiden französischen Physikern André Neveu – in Zusammenarbeit mit John Schwarz – und Pierre Ramond entdeckt. Ziel war es, auch Hadronen mit Spin 1/2 wie das Proton und das Neutron als vibrierende Strings in die Theorie einzubeziehen. Natürlich wollte man keinen neuen String einführen, der für die Teilchen mit halbzahligem Spin verantwortlich ist. Das würde dem Ziel einer Vereinfachung der Theorie und der Vereinigung aller Teilchen doch sehr widersprechen. Wendet man aber die Regeln der Supersymmetrie auf die Stringtheorie an, so erhält

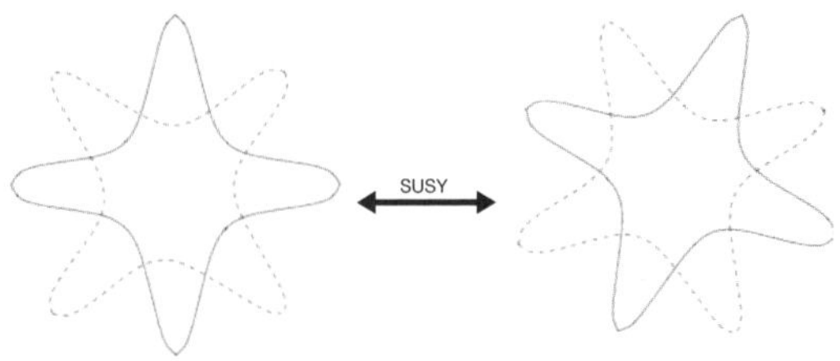

31 Die Supersymmetrie transformiert verschiedene Stringanregungen ineinander, das heißt, zu jeder Stringanregung mit ganzzahligem Spin gibt es auch eine Stringanregung mit halbzahligem Spin, die ansonsten die gleichen Eigenschaften aufweist. Man kann die jeweiligen Superpartner als einen einzigen Zustand in einem abstrakten Raum auffassen, dem sogenannten Superraum.

man zu jeder bosonischen Stringanregung mit ganzzahligem Spin auch sofort eine fermionische Stringanregung mit halbzahligem Eigendrehimpuls. Der supersymmetrische Spiegel bewirkt, dass Fermionen und Bosonen Anregungen eines einzigen Strings, nämlich des Superstrings, sind. Green und Schwarz hatten sich zu Beginn der achtziger Jahre zum Ziel gesetzt, eine mathematisch konsistente Formulierung des Superstrings zu finden. Drei Jahre lang arbeiteten beide zusammen fieberhaft an der Superstringtheorie, ohne dass die Fachwelt besondere Notiz davon nahm.

Die erste Superstringrevolution in Aspen – Superstrings ohne Anomalien in zehn Dimensionen Im August 1984 organisierte John Schwarz einen Workshop im Physikzentrum in Aspen in den Rocky Mountains von Colorado mit dem Titel «Physik in höheren Dimensionen». Der Workshop von John Schwarz zog zahlreiche Teilnehmer aus aller Welt an, obgleich Stringtheorie nicht en vogue war. Zu dieser Zeit bestand jedoch ein wachsendes Interesse an höheren Dimensionen, an der Kaluza-Klein-Theorie und an der Supersymmetrie. John Schwarz und Michael Green profitierten in Aspen von wichtigen Gesprächen mit führenden Experten wie beispielweise Bruno Zumino, Bill Bardeen, Dan Friedan, Stephen Shenker. In Aspen erzielten Green und Schwarz einen entscheidenden Durchbruch: Die mathematisch einwandfreie Formulierung der Superstringtheorie wurde gefunden. Ähnlich wie die Entdeckung der Veneziano-Formel 15 Jahre zuvor donnerten die Ergebnisse von Green und Schwarz wie ein Paukenschlag im Konzert der theoretischen Physik. Man bezeichnet deshalb auch die Tage von Aspen als die erste Superstringrevolution.

Schon kurz vor Aspen konnte der spanische Physiker Luis Alvarez-Gaume zusammen mit Edward Witten aus Princeton zeigen, dass der Superstring von Green und Schwarz eine mathematisch konsistente Gravitationstheorie ohne sogenannte Anomalien liefert, wenn man annimmt, dass sich der String in zehn Raum-Zeit-Dimensionen bewegt. Es gibt zwei zehndimensionale Superstringtheorien, genannt Typ IIA und Typ IIB, die ausschließlich den geschlossenen Superstring als elementares Objekt beinhalten und somit die Gravitationskraft in zehn Dimensionen beschreiben können. Unter einer Anomalie in der Quantenfeldtheorie muss man sich quantenmechanische Effekte vorstellen, die bewirken, dass in bestimmten Streuprozessen klassische Symmetrien nicht mehr erhalten sind. Dadurch kommt es in diesen Prozessen zu einer Verletzung der quantenmechanischen Wahrscheinlichkeitserhaltung, der Unitarität. Aus diesem Grund muss jede Quantenfeldtheorie, welche die Streuung von Elementarteilchen beschreibt, frei von Anomalien sein. Insbesondere tauchen gefährliche Anomalien in quantenmechanischen Theorien auf, die masselose Fermionen mit Spin 1/2 oder auch mit Spin 3/2 beinhalten. Um diese Anomalien zu vermeiden, unterliegt die Anzahl der masselosen Fermionen sehr starken mathematischen Einschränkungen. Zum Beispiel wäre in vier Raum-Zeit-Dimensionen eine Quantenfeldtheorie der elektroschwachen Wechselwirkung, die nur aus Quarks besteht und keine Elektronen sowie Neutrinos enthält, anomaliebehaftet und somit mathematisch nicht brauchbar. Auch die Existenz des top-Quarks konnte man theoretisch schon lange vor seiner Entdeckung vorhersagen, da andernfalls das Standardmodell durch eine Anomalie zerstört gewesen wäre. Die Betrachtung von Anomalien ist also sehr nützlich, um durch rein mathematische Überlegungen wichtige Hinweise darauf zu erhalten, wie viele Fermionen in einer bestimmten Theorie enthalten sein dürfen. In der Stringtheorie betrachten wir insbesondere die Gravitationskraft, die durch den Austausch und durch die Streuung von Spin-2-Gravitonteilchen hervorgerufen wird. Hinzu kommen in der Superstringtheorie noch die supersymmetrischen Partnerteilchen der Gravitonen, die Spin-3/-2-Gravitinos. Sie sind zusammen mit anderen in der Superstringtheorie vorhandenen Spin-1/2-Fermionen für eine Anomalie verantwortlich, welche die quantenmechanische Beschreibung der Gravitationskraft zerstört. Da die Anzahl und die Eigenschaften der masselosen Fermionen in der Superstringtheorie aber entscheidend davon abhängen, in wie vielen räumlichen Dimensionen sich der String bewegt, ist auch das Vorhandensein der Gravitationsanomalie durch die Anzahl der Raum-Zeit-Dimensionen mitbestimmt. So kann zum Beispiel in drei räumlichen Dimensionen die Streuung der Gravitonen der Superstringtheorie nicht anomaliefrei funktionieren, was bedeutet, dass eine Superstringtheorie in vier Raum-Zeit-Dimensionen nicht erlaubt ist. Verblüffenderweise konnten Alvarez-Gaume und Edward Witten beweisen, dass die Superstringtheorie mit neun räumlichen Dimensionen, also in zehn Raum-Zeit-Dimensionen, frei von jeglichen Gravitationsanomalien ist.

Andererseits schien es unmöglich, auch die anderen Eichwechselwirkungen wie Elektromagnetismus oder die starke Farbkraft mit in das mathematische Spiel der Superstrings einzubeziehen. Denn die Spin-1-Kraftteilchen der Eichwechselwirkungen ziehen weitere supersymmetrische, fermionische Partnerteilchen mit sich, die ihrerseits zu weiteren Anomalien führen. In Aspen kämpften sich nun Green und Schwarz durch das komplizierte Dickicht der Anomalien in Superstringtheorien mit Gravitonen sowie Eichteilchen und stellten eine Reihe von Bedingungen auf, welche für eine Anomaliefreiheit der Theorie gültig sein müssen. Diese Gleichungen werden heute auch als die Green-Schwarz-Anomaliegleichungen bezeichnet. Und zu ihrer großen Freude offenbarten sich Green und Schwarz auch die Lösungen dieser Gleichungen:

1. Auch unter Einbeziehung der Spin-1-Kraftteilchen und ihrer supersymmetrischen Partner kann die Theorie wiederum nur in zehn Raum-Zeit-Dimensionen mathematisch korrekt formuliert werden.
2. Darüber hinaus muss es genau 496 masselose Eichbosonen mit Spin 1 geben, damit die Theorie frei von Anomalien ist.

Die Zahl 496 erscheint auf den ersten Blick etwas willkürlich, aber die Mathematik lieferte hier bald eine treffende Erklärung: 496 gibt genau die Anzahl der möglichen Drehwinkel in einem abstrakten 32-dimensionalen Raum an, der nichts mit der Raum-Zeit zu tun hat, sondern die mikroskopischen Eichwechselwirkungen der zehndimensionalen Superstringtheorie beschreibt. Die dazugehörige Eichgruppe, nämlich die Gruppe, welche die Drehungen in diesem abstrakten Raum beschreibt, wird als orthogonale Gruppe SO(32) bezeichnet.

Kann man die Zahl 496 auch physikalisch im Rahmen der Stringtheorie interpretieren? Dazu betrachten wir einen offenen String, dessen zwei Enden jeweils durch 32 verschiedene Ladungen charakterisiert werden. Dies bedeutet, dass die beiden Enden des offenen Strings jeweils 32 verschiedene Kennzeichen tragen, die wir durchnummerieren können. Es gibt also einen offenen String, den man als 1-2-String bezeichnen kann, einen 1-3-String und so weiter und schließlich auch einen 31-32-String. Wenn man fordert, dass der 1-2-String sich nicht vom 2-1-String unterscheiden lässt, da die beiden Enden des offenen Strings ununterscheidbar sind, dann gibt es genau $(32 \times 31)/2 = 496$ verschiedene Kombinationen, also genau 496 verschiedene offene Strings mit unterschiedlichen Ladungskombinationen an den beiden Enden. Der erste Anregungszustand dieser offenen Strings ist masselos und entspricht genau einem Spin-1-Eichteilchen der Eichgruppe SO(32). Auf diese Weise realisiert der offene String genau die mikroskopischen Eichwechselwirkungen einer Eichtheorie mit Eichgruppe SO(32) in zehn Raum-Zeit-Dimensionen.

Green und Schwarz erkannten, dass die Mathematik noch eine zweite Interpretation der Zahl 496 erlaubt. Denn gemäß der vollständigen Klassifizierung aller mathematischen Gruppen durch den norwegischen Mathematiker Sophus Lie im Jahre 1870 gibt es noch eine zweite, sogenannte Lie-Gruppe mit genau 496 Parametern. Allerdings lässt sich diese Gruppe nicht so einfach als Drehgruppe in einem abstrakten höherdimensionalen Raum ansehen. Diese Gruppe tanzt gewissermaßen aus der Reihe der normalen Drehgruppen und wird deshalb auch als exzeptionelle Gruppe bezeichnet. Sie trägt den exotischen Namen exzeptionelle Gruppe $E_8 \times E_8$. Mathematisch gesehen war die Sache also klar: Es gibt zwei mögliche Eichtheorien in zehn Raum-Zeit-Dimensionen: eine erste mit der Drehgruppe SO(32) – beschrieben durch 496 offene Strings – und eine zweite mit der exzeptionellen Eichgruppe $E_8 \times E_8$.

Natürlich drängt sich an dieser Stelle sofort die Frage auf, ob es einen String geben kann, der auch die exzeptionelle Eichtheorie $E_8 \times E_8$ physikalisch realisiert. Auf jeden Fall ist dies nicht einfach dadurch möglich, dass man bestimmte Ladungen an die Enden eines offenen Strings hinzufügt. Auch Green und Schwarz wussten auf diese Frage im Jahre 1984 noch keine Antwort.

Das «Princeton Stringquartett» und der heterotische String Das Problem des heterotischen Strings wurde kurze Zeit später an der Ostküste der USA vom «Princeton Stringquartett» – David Gross, Jeff Harvey, Emil Martinec und Ryan Rohm – gelöst. David Gross, der Mitbegründer der Quantenchromodynamik, hatte sich bislang mehr mit der Welt der vierdimensionalen Elementarteilchen beschäftigt. Dennoch konnte er sich der von der Stringtheorie ausgehenden Faszination nicht entziehen, und er begann zusammen mit seinen jüngeren Kollegen und dem Doktoranden Ryan Rohm über die physikalischen Angebote der Stringtheorie nachzudenken. Die vier Wissenschaftler hatten sich insbesondere zum Ziel gesetzt, eine Stringtheorie zu finden, die auf die exzeptionelle Eichtheorie $E_8 \times E_8$ führt. Als Ergebnis intensiver Arbeit konnte das «Princeton Stringquartett» eine neue, bisher unbekannte Saite des Strings zum Erklingen bringen. Es konnte nämlich zeigen, dass man Eichladungen so auf einem geschlossenen String verteilen kann, dass sich ein supersymmetrischer zehndimensionaler String mit Eichgruppe $E_8 \times E_8$ realisieren lässt. Wir wollen hier nicht weiter auf die doch recht komplizierten Details dieses neuen geschlossenen Strings, des sogenannten heterotischen Strings, eingehen, der neben der Gravitationskraft auch die mikroskopischen Eichkräfte der Gruppe $E_8 \times E_8$ enthält. Die vier Physiker gaben diesem neuen String den aus dem Griechischen entlehnten Namen «heterotisch», der eine Hybridkonstruktion bezeichnet. Denn der heterotische

String ist eine Zwitterkonstruktion zwischen dem fermionischen und dem bosonischen String.[41] Die Gruppe E_8 schaffte es sogar in die Schlagzeilen der Weltpresse; am 20. März 2007 titelte «The New York Times» – übersetzt – mit der Schlagzeile: «Das wissenschaftliche Versprechen der perfekten Symmetrie: Sie ist eine der höchst symmetrischen Strukturen im Universum und liegt unter Umständen der ‹Theory of Everything›, der Theorie der Weltformel, zugrunde, mit der die Physiker das Universum beschreiben wollen.»

Kompaktifizierung des Superstrings und des heterotischen Strings: Calabi-Yau-Räume Sofort nach dem Bekanntwerden dieser Resultate aus Aspen und Princeton begannen führende Wissenschaftler, allen voran der theoretische Physiker Edward Witten aus Princeton, an der Stringtheorie zu arbeiten. Witten war insbesondere an dem wichtigen physikalischen Problem interessiert, wie man die zehndimensionale Superstringtheorie wieder auf drei räumliche Dimensionen zurückführen kann, um auf diese Weise Kontakt zu unserer dreidimensionalen Welt der Elementarteilchen und ihren Wechselwirkungen herzustellen. Ferner wollte Witten herausfinden, was mit den zehndimensionalen mikroskopischen Eichwechselwirkungen, nämlich mit der Gruppe SO(32) oder $E_8 \times E_8$, in vier Raum-Zeit-Dimensionen passiert. Lassen sich eventuell sogar die Wechselwirkungen des Standardmodells der Elementarteilchen aus den zehndimensionalen Eichtheorien herleiten?

Edward Witten vom Princeton Institute for Advanced Study gilt als einer der genialsten und bedeutendsten zeitgenössischen theoretischen Physiker. Er prägte insbesondere die Entwicklung der Stringtheorie nach 1985 entscheidend, indem er sowohl durch die Entdeckung vieler mathematischer Strukturen Bereiche der modernen Mathematik mitentwickelt als auch neuen, wegweisenden physikalischen Einsichten die Bresche geschlagen hat. Witten, der zunächst politischer Journalist werden wollte und nach seinem Studium der Geschichte einige Zeit als Berater des Präsidentschaftskandidaten McGovern arbeitete, entschied sich dann aber doch für eine andere Laufbahn und schloss das Studium der theoretischen Physik und Mathematik 1976 mit dem Doktorgrad in Physik unter dem späteren Nobelpreisträger David Gross ab. Neben seinen bahnbrechenden Einsichten in der Physik beeindruckte Witten seine Kollegen der mathematischen Disziplin mit überraschenden Ideen, indem er beispielsweise als Erster die Beschreibung von in sich verschlungenen Knoten und deren Topologie durch mathematische Gleichungen, das sogenannte Jones-Polynom, vorlegte.

Witten ist der einzige lebende Physiker, dem mit der Verleihung der Fields-Medaille im Jahre 1990 die höchste mathematische Ehrung zuteilwurde, und er ist mit großem Abstand der meistzitierte Autor der Publikationen auf dem Preprintserver arXiv.

Nach diesem biographischen Ausflug wollen wir uns wieder der Welt der Superstrings in zehn Raum-Zeit-Dimensionen und ihren beiden Eichsymmetriegruppen SO(32) und $E_8 \times E_8$ zuwenden. Bei zehn Dimensionen sind offensichtlich sechs zu viel, um die reale vierdimensionale Welt mit einer Zeitrichtung und ihren drei sichtbaren Raumrichtungen zu beschreiben. Auch die Eichsymmetriegruppen SO(32) und $E_8 \times E_8$ sind viel zu groß, um die Wechselwirkungen der Elementarteilchen gemäß dem Standardmodell korrekt zu beschreiben. Also liefert die Superstringtheorie auf den ersten Blick völlig falsche Vorhersagen sowohl die Struktur von Raum und Zeit betreffend als auch die Symmetrien der mikroskopischen Kräfte der Elementarteilchen – die Symmetriegruppe der Eichwechselwirkungen – untereinander. Witten erkannte, dass beide Probleme miteinander verbunden sind und mittels Kompaktifizierung der Superstringtheorie von zehn auf vier Raum-Zeit-Dimensionen mit einem Schlag gelöst werden können. Kompaktifizierung gemäß Kaluza und Klein ist die Beschreibung einer bestimmten Anzahl von Raumrichtungen durch einen winzig kleinen kompakten Raum. Die räumliche Ausdehnung dieses kompakten Raumes ist dabei so klein, dass die «überflüssigen» Dimensionen dem Beobachter in der unkompaktifizierten, vierdimensionalen Welt erst einmal verborgen bleiben. In der Superstringtheorie liegt also nichts näher, als die sechs zusätzlichen Dimensionen, die durch die mathematischen Anomaliegleichungen erzwungen wurden, durch einen kleinen, kompakten sechsdimensionalen Raum zu beschreiben.

Aber wie musste dieser Raum aussehen? Und wie viele mögliche dieser sechsdimensionalen Räume gibt es? Ein String als ein eindimensional ausgedehntes Objekt kann sich nämlich nicht in jedem beliebigen kompakten Raum bewegen. Zum Beispiel erscheint es unmöglich, dass sich ein ausgedehnter String von bestimmter Länge in einem Raum bewegen kann, der sehr viel kleiner als der String selbst ist oder der so kleine Verengungen und Verästelungen aufweist, die sehr viel kleiner als der String sind. Genauso erscheint es kaum möglich, einen Raum mit einem String abzutasten, dessen Krümmung sehr viel kleiner als die Ausdehnung des Strings ist. Das Problem besteht also in der Darstellung dieser intuitiv verständlichen Einschränkungen an den kompakten sechsdimensionalen Raum durch strenge mathematische Gleichungen. Ferner erwartet man, dass auch die Supersymmetrie und die Stringanomalien weitere Bedingungen an die möglichen kompakten Räume liefern werden. Im Jahre 1985 machten sich also Philip Candelas von der Texas University, Gary Horowitz von der University of California in Santa Barbara, Andrew Strominger vom Institute for Advanced Study in Princeton und Edward Witten auf die Suche nach den Grundgleichungen der sechsdimensionalen Räume in der Superstringtheorie. Sie zeigten, dass die Bedingungen der Supersymmetrie erfordern, dass man den sechsdimensionalen Raum an jedem seiner Punkte nicht nur mit sechs reellen Koordinaten beschreiben kann, sondern dass sich diese sechs Koordinaten immer paarweise zu drei komplexen Koordinaten zusammenfassen lassen müssen. Solche Räume nennt man deswegen auch in der Mathematik komplexe Mannigfaltigkeiten. Ferner erzwingt die Eindimensionalität des Strings, dass die Krümmung des sechsdimensionalen Raumes im Wesentlichen verschwinden muss – der Mathematiker drückt dies durch das Verschwinden des Ricci-Krümmungstensors aus. In der Mathematik waren diese komplexen Räume schon bekannte Objekte: Als Erster untersuchte Erich Kähler in den dreißiger Jahren die dann auch nach ihm benannten komplexen Räume. Später, im Jahre 1957, hatte der italienische

Mathematiker Eugenio Calabi vermutet, dass man die Krümmungsbedingung durch eine einfachere topologische Invariante, die sogenannte Chernklasse, ausdrücken kann. Dies wurde schließlich im Jahre 1977 durch den chinesischen Mathematiker Shing-Tung Yau von der Harvard University bewiesen. In Würdigung dieser Ergebnisse bezeichnet man diese Mannigfaltigkeiten heute als Calabi-Yau-Räume.

Candelas, Horowitz, Strominger und Witten folgerten nun in ihrer berühmten Arbeit aus dem Jahre 1985, dass die Bedingung der Supersymmetrie so stark ist, dass nur Calabi-Yau-Räume für die Kompaktifizierung des Superstrings nach vier Dimensionen in Betracht gezogen werden sollten. Dies war ein umso bemerkenswerteres Resultat, als Kompaktifizierung auf einem Calabi-Yau-Raum gleichzeitig auch die Eichsymmetrie der Stringtheorie in vier Raum-Zeit-Dimensionen verkleinerte. Insbesondere ergab es sich mathematisch für den Fall der $E_8 \times E_8$-Gruppe, dass die übrig bleibende Eichsymmetrie in vier Dimensionen durch die exzeptionelle Gruppe $E_6 \times E_8$ gegeben ist. Dies erschien insofern als sehr verheißungsvoll, als die Gruppe E_6 als Kandidat für die große Verein-

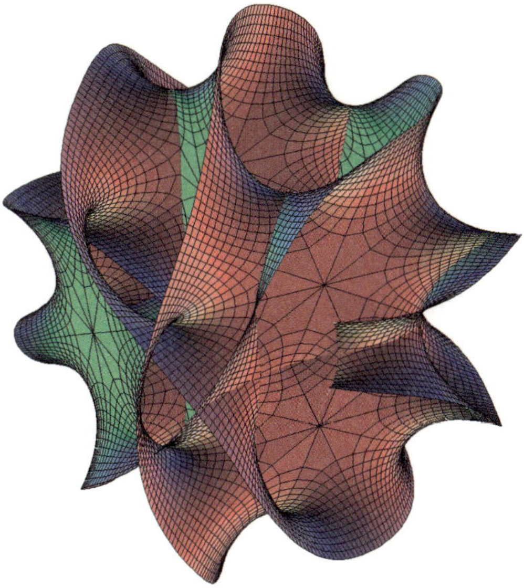

32 Dreidimensionaler Schnitt durch einen sechsdimensionalen Calabi-Yau-Raum.

heitlichung aller mikroskopischen Kräfte schon vor der Stringtheorie ins Spiel gebracht wurde und somit gut in das Konzept der Teilchenphysiker passte. Die zusätzliche E_8-Gruppe konnte man darüber hinaus mit unsichtbaren Teilchen und deren Wechselwirkungen in Verbindung bringen. Sie würde also eine neue Naturkraft in der Natur darstellen, und die dazugehörigen Teilchen hätten möglicherweise etwas mit der Dunklen Materie im Universum zu tun.

Die mathematischen Betrachtungen über Calabi-Yau-Räume waren damit noch nicht zu Ende. Man muss sich vorstellen, dass jeder kompakte Raum, wie zum Beispiel eine Kugel, ein Torus oder eine Brezel, durch bestimmte topologische Größen mathematisch charakterisiert wird. Wie schon im vierten Kapitel besprochen, können diese insbesondere die Anzahl von Schlaufen, Löchern und Hanteln sein. Ein zweidimensionaler Raum wird zum Beispiel durch die Anzahl seiner Hanteln – der Mathematiker bezeichnet das als sein Geschlecht g – charakterisiert; so besitzt eine zweidimensionale Kugeloberfläche $g = 0$, der zweidimensionale Torus $g = 1$ und die zweidimensionale Brezel mit zwei Hanteln also $g = 2$. Für die sechsdimensionalen Calabi-Yau-Räume verhält es sich entsprechend. Hier kann man bestimmte niederdimensionale Unterräume betrachten, wie zum Beispiel eingebettete Zwei- oder Dreikugeln. Die dazugehörige Topologie bestimmt eine neue charakteristische Größe des Calabi-Yau-Raumes, nämlich seine Euler-Zahl χ, die sowohl positive als auch negative ganze Zahlen annehmen kann. Candelas, Horowitz, Strominger und Witten erkannten nun, dass die Anzahl der masselosen Stringteilchen in vier Raum-Zeit-Dimensionen von der Euler-Zahl der zugrunde liegenden sechsdimensionalen Calabi-Yau-Mannigfaltigkeit abhängt. Die Anzahl der Quark- und Leptonteilchen ist durch die Euler-Zahl gegeben. Erinnern wir uns wieder an die Struktur des Standardmodells der Elementarteilchen: Hier gibt es drei Familien mit je zwei Quarks und Leptonen. Demnach sollte die Euler-Zahl des Calabi-Yau-Raumes in der Superstringtheorie genau den Wert $|\chi| = 6$ annehmen! Nach kurzer Zeit schon ließ sich zeigen, dass Calabi-Yau-Räume mit Euler-Zahl $|\chi| = 6$ mathematisch existieren.

Schon die Erfüllung aller Wünsche? – Eine fast eindeutige heterotische Stringtheorie mit drei Familien Man hatte es also durch die Kompaktifizierung der heterotischen Superstringtheorie von zehn auf vier Raum-Zeit-Dimensionen geschafft, eine vierdimensionale Theorie zu erhalten, die sowohl die Quantengravitationskraft enthält als auch die mikroskopischen Eichkräfte durch eine Erfolg versprechende Eichgruppe E_6 beschreibt; diese enthält bei der Wahl eines geeigneten Calabi-Yau-Raumes genau drei Quark- und Leptonfamilien. Gegen Ende des Jahres 1985, also zum Abschluss der ersten Superstringrevolution, wähnte man sich am Ende aller Wünsche: Die Mathematik der Superstrings hatte man so weit im Griff, dass man behaupten konnte, nach der Kompaktifizierung von zehn auf vier Raum-Zeit-Dimensionen eine im Wesentlichen fast eindeutige Theorie aller Wechselwirkungen zu erhalten. Es musste nur noch die richtige Calabi-Yau-Mannigfaltigkeit mit Euler-Zahl $|\chi| = 6$ ermittelt werden, und die endgültige Quantengravitationstheorie, die alle Wechselwirkungenen und Teilchen vereinigt, wäre gefunden. Die Formulierung der Weltformel erschien vielen Physikern nur noch als eine Frage der Zeit, die es braucht, um in wenigen Jahren die letzten Details der Theorie auszuarbeiten, und der immense Zulauf, den die Superstringtheorie verzeichnete, begann im Jahre 1985. Wie wir jetzt wissen, war dies allerdings nur der Beginn einer langen und immer noch andauernden Reise, deren Ende heute immer noch nicht absehbar ist. Etliche Versprechen aus der Zeit der ersten und auch – später noch behandelten – zweiten Superstring-Revolution haben die Erwartungen sicher zu hoch geschraubt und auch zu einiger, zum Teil berechtigter, aber auch zum Teil polemischer Kritik an der Stringtheorie geführt.

Verwandlung am Caltech: von russischen Puppen zu den Strings Im Jahre 1995 kam ich als junger Postdoktorand ans California Institute of Technology, nachdem ich kurz zuvor unter Harald Fritzsch meine Promotion an der Universität in München und am Max-Planck-Institut für Physik in München abgeschlossen hatte. Während meiner Doktorarbeit arbeitete ich auch zusammen mit meinem Freund George Zoupanos an Modellen in der Elementarteilchenphysik, in denen Quarks und Leptonen nicht wirklich elementare, sondern aus neuen, noch kleineren Bauteilen zusammengesetzte Objekte sind. Dies war zum damaligen Zeitpunkt sowie auch im Hinblick auf die Geschichte der Physik ein sehr populärer und sicherlich auch sehr plausibler Ansatz, um das Spektrum der Elementarteilchen zu erklären. Die Vergangenheit hatte uns ja gelehrt, dass jedes Teilchen bei genauer Betrachtung immer weiter aus immer kleineren Subkonstituenten besteht, vergleichbar den in sich geschachtelten russischen Matrjoschka-Puppen. Die Frage ist also: Gibt es in der Physik eine kleinste Puppe als Urbaustein der gesamten Materie, oder setzt sich das Matrjoschka-Schema unendlich fort? In der Stringtheorie geht man sicherlich von der erstgenannten Annahme aus, denn der String wird als elementarer und auch unteilbarer Bestandteil aller Materie und aller Kräfte angesehen. Andererseits ist in einem bestimmten Sinne in der Stringtheorie auch das unendliche Matrjoschka-Schema realisiert, denn die Stringtheorie geht auch von unendlich vielen Elementarteilchen aus, die gerade den unendlich vielen Stringanregungsmoden entsprechen. Allerdings nehmen die Stringanregungen mit steigender Energie an Größe zu.

Am Caltech hielt im Jahre 1985 John Schwarz gerade eine Vorlesung über die neuesten Entwicklungen in der Superstringtheorie. Ich war sofort von deren mathematischer Klarheit und Schönheit gefangen und auch von der Idee, eine vereinheitlichte Theorie aller Wechselwirkungen zu konstruieren. Also entschied ich nach kurzer Zeit, die Betrachtung von zusammengesetzten Quarks und Leptonen aufzugeben und mich mit der Stringtheorie zu beschäftigen.

Gibt es Alternativen zu Calabi-Yau? Im Jahre 1985 interessierte mich vor allem die Frage, ob es neben den Calabi-Yau-Kompaktifizierungen noch weitere Möglichkeiten gibt, den zehndimensionalen Superstring mit unserer vierdimensionalen Welt in Verbindung zu bringen. Gibt es also noch weitere sechsdimensionale kompakte, kleine Räume, auf denen sich der Superstring bewegen kann?

Oder lässt sich sogar das Konzept der Kompaktifizierung so weit verallgemeinern, dass man gar keinen Bezug zu einer zehndimensionalen Raum-Zeit herstellen muss, sondern die Stringtheorie unmittelbar in vier Raum-Zeit-Dimensionen formulieren kann? Diese und ähnliche Fragen beschäftigten natürlich nicht nur mich, sondern auch einige andere Kollegen in verschiedenen Forschungsinstituten, wie zum Beispiel Andrew Strominger in Santa Barbara. Mein erster Ansatz bestand darin, sechsdimensionale geometrische Räume zu betrachten, deren Krümmung nicht mehr verschwindet. Mein italienischer Kollege Leonardo Castellani, der wie ich Postdoktorand am Caltech war, und ich konnten zumindest zeigen, dass einige der Stringgleichungen auch für diese Räume erfüllt werden können. Die Wechselwirkungen der Elementarteilchen in vier Raum-Zeit-Dimensionen waren aber verschieden von denen der Calabi-Yau-Kompaktifizierungen, so waren zum Beispiel auch andere Eichgruppen als die Gruppe E_6 erlaubt. Nach einer Diskussion über unsere Resultate mit John Schwarz reagierte dieser skeptisch und meinte, die Calabi-Yau-Räume seien die einzig erlaubten sechsdimensionalen Stringräume. Die mit dem Konzept von Calabi-Yau aufgeworfenen Fragen konnten also nicht geklärt werden, und ich ließ erst einmal von diesen alternativen Räumen ab. Seit einigen Jahren wissen wir aber sehr viel mehr über diese verallgemeinerten Kompaktifizierungen, und sie stellten sich als korrekte Lösungen heraus.

Konforme Feldtheorien, Riemann'sche Flächen und kritische Dimension des Superstrings Im Sommer 1986 bekamen meine Frau Ursula – sie hatte ihr Kunststudium in München für ein Jahr unterbrochen – und ich am Caltech Besuch von unserem Freund Wolfgang Lerche, mit dem zusammen ich mein gesamtes Physikstudium bestritten und auch während der Promotionszeit zusammengearbeitet hatte. Wolfgang hatte im Jahr 1985 eine Fellow-Stelle am CERN in Genf angenommen. Gemeinsam mit anderen Kollegen am CERN arbeitete er an einer Formulierung der Stringtheorie, in der nicht so sehr der höherdimensionale Raum, in dem sich der String bewegt, im Vordergrund steht, sondern in der man die quantenmechanische Theorie betrachtet, die durch die Trajektorie – also die Bahnkurve – des Strings selbst definiert ist. Man nennt solche Quantenfeldtheorien konforme Feldtheorien.

Um das zu verstehen, betrachten wir die Bahnkurve eines einzelnen, punktförmigen Teilchens, welches sich in einem bestimmten Raum bewegt. Diese Trajektorie ist eine eindimensionale Linie, auf der jeder Punkt den Ort bestimmt, an dem sich das Teilchen zu einem ganz bestimmten Zeitpunkt aufhält. Diese Bahnkurve ist ein eindimensionaler Graph, also eine Abbildung, die jedem vorgegebenen Zeitpunkt einen Ortspunkt in einem – im Allgemeinen – höherdimensionalen Raum zuordnet. Das Teilchen bewegt sich mit einer bestimmten Geschwindigkeit auf dieser Linie. Für ein masseloses Teilchen ist die Teilchengeschwindigkeit durch Lichtgeschwindigkeit gegeben; ein nichtrelativistisches Teilchen bewegt sich mit einer kleineren Geschwindigkeit.

Wir wollen nun das Konzept der Bahnkurve eines Teilchens auf einen String verallgemeinern, der sich mit einer bestimmten Geschwindigkeit durch einen höherdimensionalen Raum bewegt. Da ein String ein eindimensionales Gebilde darstellt, ist die Bahnkurve, die ein String bei seiner Bewegung durch den Raum hinterlässt, eine zweidimensionale Fläche. Die Trajektorie eines offenen Strings mit zwei Enden wird durch eine bettlakenförmige Fläche beschrieben, während die Bahnkurve eines geschlossenen Strings eine röhrenartige Form annimmt, die sich durch den höherdimensionalen Raum schlängelt. Die Punkte auf diesen zweidimensionalen Gebilden lassen sich durch zwei verschiedene Koordinaten angeben, wobei die erste den Zeitpunkt angibt, an dem wir die Position des Strings messen – genauso wie bei den Punktteilchen –, während die zweite, räumliche Koordinate die Position auf dem String festlegt. Man kann auch den Schwerpunkt des Strings festlegen. Dieser bewegt sich dann auf einer eindimensionalen Bahnkurve, und zwar mit Lichtgeschwindigkeit für den Fall, dass der String einer masselosen Anregung (Photon oder Graviton) entspricht, oder er bewegt sich mit einer endlichen, kleineren Geschwindigkeit für den Fall einer massiven Stringkonfiguration. Zieht man die Anfangs- und Endpunkte der zweidimensionalen

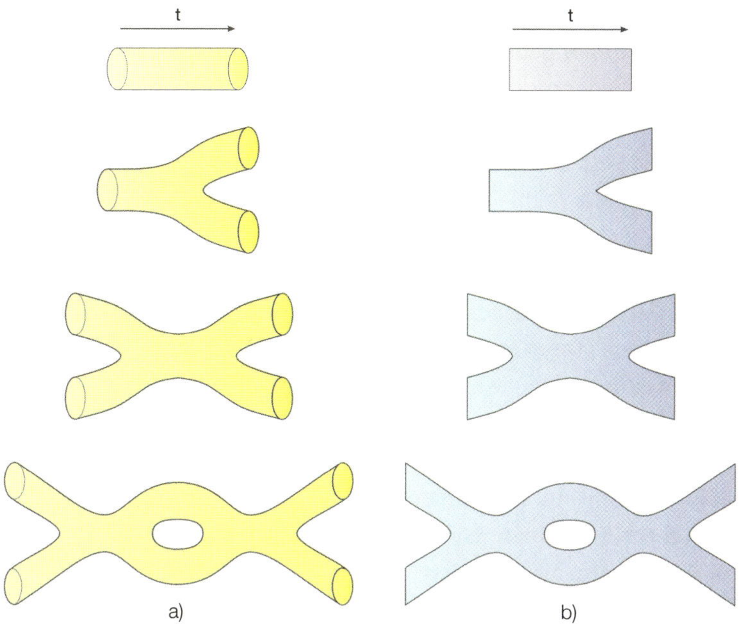

33 Verschiedene zweidimensionale Weltflächen, die als Verallgemeinerung von Feynman-Diagrammen die Propagation von Strings in der Raum-Zeit beschreiben. Bild a) zeigt die Propagation von geschlossenen Strings als Weltflächen ohne Rand (Röhren): erst ohne Wechselwirkung, dann spaltet sich ein geschlossener String in zwei geschlossene Strings auf (nichtlokale Wechselwirkung), drittens die Wechselwirkung von vier geschlossenen Strings mittels Austausch eines geschlossenen Strings und viertens ein Schleifendiagramm, in dem sich ein geschlossener, ausgetauschter String in zwei geschlossenen Strings aufspaltet, die dann wieder rekombinieren. Bild b) zeigt die analogen Diagramme für die berandeten Weltflächen von offenen Strings (Bettlaken).

Bahnkurven auf einen Punkt zusammen, so erhält man im Falle des geschlossenen Strings eine zweidimensionale Kugel – mit den Anfangs- und Endpunkten als zwei markierten Punkten –, während der offene String eine zweidimensionale Scheibe mit zwei Punkten auf dem Rand als Bahnkurve liefert.

Man kann auch Löcher in diese zweidimensionalen Gebilde schneiden. Die Flächen, die man dann erhält, entsprechen einem String, der sich in einem bestimmten Zeit- und Raumbereich in zwei Strings aufspaltet, die sich ihrerseits nach einer bestimmten

Zeit wieder treffen und zu einem String vereinigen. Auf diese Weise kann man geometrisch die Wechselwirkung, also das Trennen und Wiederzusammenkommen von Strings, beschreiben. Für den geschlossenen String erhalten wir eine zweidimensionale Fläche, die wie ein Schwimmreifen, also wie ein Torus, aussieht. Analog erhält man beim offenen String durch die Wechselwirkung der Strings einen Ring, genannt Annulus. Alle diese zweidimensionalen Flächen sind bei den Mathematikern beliebte Objekte. Sie werden Riemann'sche Flächen genannt und lassen sich vollständig klassifizieren. Die Klassifizierung erfolgt dabei im Wesentlichen auf der Grundlage, wie viele Löcher (Hanteln) die jeweilige Fläche besitzt.

Wir haben schon davon gesprochen, dass sich die Riemann'schen Flächen durch ein zweidimensionales, allerdings nicht eindeutig bestimmtes Koordinatensystem beschreiben und überdecken lassen. Man kann insbesondere zeigen, dass die Fortbewegung des Strings nicht davon abhängt, ob man das zweidimensionale Koordinatensystem dehnt oder staucht, dabei aber die Winkel von sich schneidenden Linien beibehält. Solche Änderungen des Koordinatensystems nennt man winkeltreue Abbildungen oder auch etwas allgemeiner: konforme Transformationen. Auf jeden Fall muss man fordern, dass alle Berechnungen über die Fortbewegung des Strings und auch über die Wechselwirkungen der Strings miteinander unabhängig, also invariant unter konformen Abbildungen, sind. Für die klassische Bewegung des Strings ist dies kein Problem, die konforme Symmetrie aber kann durch Quanteneffekte wieder zerstört werden.

Die Quantenbewegung eines Strings in einem höherdimensionalen Raum unterliegt der quantenmechanischen Unschärferelation von Werner Heisenberg. Man kann also die Position und die Geschwindigkeit eines Strings nicht mit beliebiger Genauigkeit messen. Die Bahnkurve eines Strings ist, quantenmechanisch gesehen, etwas verschmiert, also nicht scharf bestimmt. Wie vom russischen theoretischen Physiker Alexander Polyakov vom Landau-Institut in Moskau im Jahre 1981 gezeigt wurde, führen diese Quantenbewegungen zu einer Anomalie, welche die konforme

Symmetrie der Stringtheorie zerstört und somit die Stringtheorie quantenmechanisch inkonsistent macht. Diese konforme Anomalie ist immer ungleich null, es sei denn, die Bahnkurve des Superstrings besteht aus genau neun räumlichen Funktionen, die durch die zwei Koordinaten von der Riemann'schen Fläche abhängen. Dieses Resultat von Polyakov besagt, dass die Quantenbewegung eines Superstrings nur dann frei von zerstörerischen Anomalien ist, wenn sich der Superstring in einem neundimensionalen Raum bewegt. Die Raum-Zeit muss also zehndimensional sein. Man nennt dies auch die kritische Dimension der Stringtheorie. An dieser Stelle sollten wir uns wieder an die Anomalierechnung von Michael Green und John Schwarz erinnern: Sie hatten anhand vollkommen verschiedener Anomalien, nämlich der Gravitations- und der Eichanomalie, auch gefunden, dass die Raum-Zeit zehndimensional sein muss. Dies ist sicherlich kein Zufall, sondern zeigt auf wunderbare Weise, dass in der theoretischen Physik ganz verschiedene Wege zum gleichen Ziel führen können. Alexander Polyakov ist nicht nur durch diese Arbeit berühmt geworden, sondern hat die theoretische Physik mit zahlreichen wichtigen Arbeiten, wie zum Beispiel der mathematischen Beschreibung eines magnetischen Monopols, bereichert. In einer weiteren Arbeit aus dem Jahr 1983 hat Polyakov zusammen mit Alexander Belavin und Alexander Zamolodchikov die mathematischen Grundlagen der konformen Feldtheorie erarbeitet. Hier machte er deutlich, dass die Beschreibung von Superstrings in vielerlei Hinsicht Ähnlichkeiten zu bestimmten Phänomenen in der Festkörperphysik, insbesondere bei Phasenübergängen, aufweist. Alexander Polyakov lebt seit einiger Zeit nicht mehr in Moskau, sondern arbeitet in den USA an der Princeton University. Die Auswanderung zahlreicher exzellenter russischer Physiker in die USA oder nach Westeuropa während und nach der Zeit der Perestroika in der ehemaligen Sowjetunion – Andrei Linde, den wir schon vorher kennengelernt haben, gehört auch dazu – hat zu einem großen Aderlass der berühmten russischen Schule in theoretischer Physik geführt.

Die Tatsache, dass die Trajektorien von Strings zweidimensionale Flächen sind, hat zur Folge, dass die Wechselwirkungen von Strings, also das Aufspalten eines Strings in zwei andere, nicht genau an einem bestimmten Ort stattfinden. Die Wechselwirkungen von Strings sind also nichtlokal im Unterschied zu den Wechselwirkungen von Punktteilchen. Dieser Umstand ist, wie wir schon gehört haben, entscheidend dafür, dass in Schleifendiagrammen mit Strings keine gefährlichen ultravioletten Divergenzen auftreten können. Die Quantengravitation, die man aus der Stringtheorie herleitet, erbt gerade diese Eigenschaft der Strings: Sie ist auch frei von Divergenzen. Der endgültige mathematische Beweis der Endlichkeit für beliebige Feynman-Diagramme mit Strings steht allerdings noch aus. Es handelt sich hier um ein ähnliches Problem wie beim Confinement – niemand zweifelt daran, aber die mathematische Begründung ist eben doch sehr kompliziert.

Eine fast unendliche Anzahl von heterotischen Superstrings in vier Dimensionen Kehren wir ans Caltech zurück. Nach seiner Ankunft erläuterte Wolfgang Lerche mir sofort seine Arbeiten, und wir begannen sogleich, die Regeln der konformen Feldtheorie auf die zehndimensionale heterotische Superstringtheorie anzuwenden. Dabei kam uns auch eine Arbeit von Dan Friedan, Emil Martinec und Stephen Shenker aus Chicago zu Hilfe, die zum damaligen Zeitpunkt gerade erschienen war. Indem wir zusätzlich zu den zehn Raum-Zeit-Dimensionen neue Koordinaten einführten, die einen abstrakten, nicht geometrischen Raum beschreiben, konnten wir zeigen, dass die konformen Feldtheorien sehr viel mehr Superstringtheorien in zehn Raum-Zeit-Dimensionen zulassen müssten, als bisher angenommen wurde. Wir hatten das Gefühl, eine sehr interessante Entdeckung gemacht zu haben, und waren auch entsprechend aufgeregt. Nach einem Monat intensivster Arbeit konnten wir unsere Ergebnisse in einer Veröffentlichung zusammenfassen. Wolfgang Lerche kehrte danach ans CERN zurück, und unsere Arbeit wurde dort sowie auch von anderen Kollegen in den USA mit Interesse aufgenommen. Insbesondere interessierte sich Bert Schellekens, zur damaligen Zeit auch ein Fellow am CERN, für unsere Art, Superstrings in zehn Raum-Zeit-Dimensionen zu beschreiben. Gemeinsam konnten Wolfgang Lerche, Bert Schellekens und ich dann ziemlich bald mit Hilfe einer mathematischen Arbeit von Hans-Volker Niemeier aus dem Jahre 1973 zeigen, dass genau acht weitere heterotische Stringtheorien in zehn Dimensionen möglich sind. Allerdings sind nur zwei von ihnen supersymmetrisch – nämlich die schon vorher bekannten heterotischen Superstrings mit Symmetriegruppen SO(32) und $E_8 \times E_8$ –, während in den restlichen sechs Theorien die Supersymmetrie verloren gegangen war. Es ist daher nicht klar, ob diese nichtsupersymmetrischen Stringtheorien einen Sinn ergeben.

Natürlich sind zehn Dimensionen verhältnismäßig uninteressant, was die beobachtbare Welt in vier Dimensionen betrifft. Deswegen begannen Wolfgang Lerche, Bert Schellekens und ich im Herbst 1986 darüber nachzudenken, ob sich unsere Methode auch auf die Konstruktion von Superstringtheorien in vier Raum-Zeit-Dimensionen anwenden ließe. Zur damaligen Zeit beschränkte man sich fast ausschließlich darauf, Calabi-Yau-Kompaktifizierungen des Superstrings zu betrachten. Der Trick, den wir anwenden wollten, bestand darin, nur vier Raum-Zeit-Koordinaten für die Bahnkurve des Superstrings einzuführen und zu postulieren, dass die restlichen «Stringkoordinaten» einen abstrakten Raum beschreiben, den man nicht mehr einer geometrischen Calabi-Yau-Mannigfaltigkeit zuordnen kann. Diese «Stringkoordinaten» beschreiben vielmehr eine konforme Feldtheorie, so wie man sie auch in der Festkörperphysik, zum Beispiel bei der Beschreibung magnetischer Systeme – zum Beispiel des Isingmodells –, vorfindet.

Nach Auflösung aller Bedingungen stellte sich zu unserer großen Überraschung heraus, dass die Stringgleichungen eine riesige Anzahl von Lösungen erlauben. Die Anzahl der erlaubten Superstringtheorien in vier Dimensionen musste demnach unvorstellbar groß sein: Unsere mathematische Abschätzung ergab, dass die Zahl der vierdimensionalen Stringtheorien von der Größenordnung von 10^{1500} sein sollte. Diese Zahl übersteigt bei Weitem alles, was man bisher in der Physik an Größenordnungen kennengelernt hatte. Die Anzahl der Stringtheorien in vier Dimensionen übertrifft zum Beispiel die Gesamtzahl aller Atome im bekannten Universum um ein Vielfaches. Eine kleine Anzahl dieser vierdimensionalen Stringmodelle konnte von uns auch explizit angegeben werden, und es wurde sofort klar, dass nur ganz wenige unter ihnen etwas mit der bekannten Welt der Elementarteilchen zu tun haben können. Die meisten der vierdimensionalen Stringmodelle besitzen mikroskopische Eichwechselwirkungen und Elementarteilchen, die in unserem Universum nicht vorkommen. Nur ein ganz kleiner Teil all dieser Modelle hat eine Ähnlichkeit mit dem Standardmodell der Elementarteilchenphysik. Es wurde also im Jahre 1986 durch einige Publikationen, wie durch unsere Arbeit und auch die anderer Physiker,[42] zum ersten Mal klar, dass man einerseits Superstringtheorien direkt in vier Raum-Zeit-Dimensionen konstruieren kann, aber dass diese in keiner Weise mehr eindeutig gegeben sind: Es muss vielmehr eine riesige Anzahl von Stringmodellen in vier Dimensionen geben. Heutzutage weiß man, dass sich viele dieser vierdimensionalen Stringmodelle wieder als Kompaktifizierungen der zehndimensionalen Superstringtheorie auf einem sechsdimensionalen, kompakten kleinen Raum interpretieren lassen, der aber nicht mehr unbedingt ein Calabi-Yau-Raum sein muss. Ob aber diese geometrische Interpretation immer zutreffen muss, ist noch nicht bekannt.

Calabi-Yau-Räume mit Spiegelsymmetrie Auch die Anzahl der geometrischen Kompaktifizierungen auf Calabi-Yau-Räumen ist sehr viel größer als ursprünglich, im Jahre 1985, angenommen wurde. Man weiß allerdings heute immer noch nicht, wie viele sechsdimensionale Calabi-Yau-Mannigfaltigkeiten überhaupt existieren. Ebenso ist es unbekannt, wie viele Calabi-Yau-Räume es mit Euler-Zahl sechs gibt. Aber die Liste der heutzutage bekannten Calabi-Yau-Räume ist auf eine beachtliche Größe angewachsen. In einer Liste von mehreren Tausend Calabi-Yau-Kompaktifizierungen nehmen die Euler-Zahlen immer ganz bestimmte Werte zwischen −960 und +960 an. Ob die Euler-Zahlen von Calabi-Yau-Räumen beliebig große und kleine Werte annehmen können oder ob sie durch die Zahl 960 oder durch eine andere Zahl begrenzt sind, weiß man heute noch nicht. Allerdings hat man festgestellt, dass die Calabi-Yau-Räume mit positiver und negativer Euler-Zahl praktisch gleich verteilt sind. Es gibt bis auf ganz wenige Ausnahmen für jeden Calabi-Yau-Raum mit positiver Euler-Zahl auch einen Raum mit negativer Euler-Zahl, wobei sich diese Paare in vielen Eigenschaften sehr ähnlich sind. Man bezeichnet diese Symmetrie zwischen zwei Calabi-Yau-Räumen als Spiegelsymmetrie. Entdeckt wurde sie zuerst in der Stringtheorie und in den konformen Feldtheorien von Wolfgang Lerche, Cumrun Vafa und Nicholas Warner im Jahre 1989 und von Philip Candelas, Xenia de la Ossa, Paul Green und Linda Parkes bei der Untersuchung von Calabi-Yau-Räumen. Die Spiegelsymmetrie hat weitreichende Konsequenzen für die Stringtheorie. Denn obwohl ein spiegelsymmetrisches Calabi-Yau-Paar unterschiedliche geometrische und topologische Eigenschaften aufweist, sind diese doch für einen String ununterscheidbar: Man erhält in beiden Fällen die identische Theorie in vier Raum-Zeit-Dimensionen. Dies war für die Mathematiker fast eine Sensation. Sie hatten nicht erwartet, dass unterschiedliche Calabi-Yau-Räume miteinander in Verbindung gebracht werden können. Inzwischen hat sich die Spiegelsymmetrie als ein sehr wirkungsvolles Werkzeug in der Mathematik erwiesen.

8. Die Reise ins String-Multiversum

Der Beginn der «landscape»: «Des Kaisers letzte Kleider» Die Konstruktion von vierdimensionalen Stringtheorien und die Einsicht, dass es eine riesige Anzahl von Stringmodellen und Stringkompaktifizierungen sowie auch eine große Anzahl von Calabi-Yau-Räumen gibt, können als Beginn der «landscape»-Diskussion und des anthropischen Prinzips in der Stringtheorie angesehen werden. Die Verbindung zwischen der Vielzahl an Stringtheorien in vier Dimensionen mit dem anthropischen Prinzip hat als Erster Andrei Linde schon im Jahre 1986 in seiner Arbeit über das ewig existierende und sich selbst reproduzierende Universum hergestellt. So schlug Linde damals vor: «Die riesig große Anzahl an Kompaktifizierungsmöglichkeiten in der Stringtheorie sollte nicht als Schwierigkeit, sondern vielmehr als Vorteil dieser Theorien angesehen werden, da dadurch die Wahrscheinlichkeit der Existenz von Universen, die Leben von Menschen zulassen, vergrößert wird.» In der intensiven, etwa 15 Jahre später durch Leonard Susskind initiierten Diskussion über das String-Multiversum hat diese Sichtweise als einer der Ersten Bert Schellekens aufgenommen und den wissenschaftlichen Disput über die zutreffende Interpretation der Stringtheorie in die anthropische Richtung gelenkt. Seine Gedanken sind in einem sehr schönen Artikel aus dem Jahre 2008 mit dem Titel «Des Kaisers letzte Kleider – eine Betrachtung der landscape» zusammengefasst, aus dem ich einige Beobachtungen wiedergeben möchte. Schellekens stellt dort die fundamentale Frage, ob man jemals erwarten kann, die Gesetze der Elementarteilchenphysik aus einer fundamentalen Theorie herzuleiten. Sind die Gesetze der Elementarteilchenphysik eindeutig, oder sind in der Natur verschiedene physikalische Gesetze möglich? Hatte Gott eine Wahl, als er das Universum erschuf? Die Stringtheorie scheint eine eindeutige und konkrete Antwort auf diese Frage zu geben: Sie schlägt vor, dass die Gesetze der Physik, und insbesondere die Eigenschaften und die Wechselwirkungen der Elementarteilchen, hochgradig nichteindeutig sind, aber auf eine sehr präzise und quantifizierbare Weise. Im Lichte der Vielzahl von Möglichkeiten, welche die Parameter der physikalischen Gesetze und die Werte der Naturkonstanten in der Stringtheorie annehmen können, wird man anscheinend ohne Umwege auf das anthropische Prinzip geführt: Die Gesetze der Physik erscheinen uns nur deswegen speziell und willkürlich, da sie unsere Existenz erlauben. In der Stringtheorie gibt es in der Tat eine Unmenge anderer möglicher Naturgesetze. Den Titel seines Artikels erklärt Bert Schellekens folgendermaßen: In dem sicher vielen von uns wohlbekannten Märchen «Des Kaisers neue Kleider» wird am Hofe des Kaisers bekannt gegeben, dass die neuen Kleider des Kaisers für alle dummen und inkompetenten Personen unsichtbar sind. Natürlich behauptet jeder, des Kaisers neue Kleider sehen zu können, bis ein kleines Kind ruft: «Aber der Kaiser ist doch nackt!» Daraufhin behauptet ganz plötzlich nun jedermann, dies auch schon längst festgestellt zu haben. Laut Bert Schellekens verhält es sich mit dem anthropischen Prinzip ganz ähnlich. Jedermann leugnet bislang das anthropische Prinzip, da niemand zur Kategorie der «Anthropiker» gehören möchte, bis es schließlich durch die Stringtheorie doch hoffähig gemacht ist.

Drei Schritte ins String-Multiversum Die Konstruktion von vierdimensionalen Strings ist aber nur der Beginn eines langen Weges hin zur Energielandschaft verschiedener Universen, in der andere Naturgesetze nicht nur hypothetisch möglich sind, sondern in der es wirklich verschiedene Bereiche gibt, in denen ganz unterschiedliche Naturgesetze gleichzeitig oder auch in einem bestimmten zeitlichen Ablauf hintereinander gelten. Ein solches Multiversum setzt auch die Möglichkeit zur Evolution voraus; das bloße Vorhandensein einer Landschaft von vielen Lösungen bestimmter Gleichungen reicht hier nicht aus. Um ein Multiversum zu ermöglichen, müssen insbesondere folgende Voraussetzungen in der Stringtheorie erfüllt sein:

1. Die verschiedenen mathematischen Lösungen der Stringgleichungen müssen verschiedene Grundzustandsformen einer eindeutigen, übergeordneten Theorie sein, so wie Wasser und Eis auch nur verschiedene Aggregatzustände einer einzigen chemischen Verbindung, nämlich des H_2O, sind. In der Stringtheorie entsprechen den verschiedenen Aggregatzuständen eines Festkörpers die verschiedenen geometrischen – und möglicherweise auch nichtgeometrischen – Räume, mittels deren eine eindeutige, höherdimensionale Theorie nach vier Raum-Zeit-Dimensionen kompaktifiziert wird. Diese eindeutige Theorie wird als M-Theorie bezeichnet, und der Raum der verschiedenen Kompaktifizierungen wird Stringlandschaft genannt.
2. Daraus ergibt sich, dass es Übergange, also Phasenübergänge zwischen den verschiedenen Aggregatzuständen, in der Stringtheorie geben muss, so wie Eis bei Temperaturerhöhung zu Wasser schmelzen kann. In der Stringtheorie kommen diese Phasenübergänge durch Übergänge oder Tunneleffekte zwischen verschiedenen – sechsdimensionalen – geometrischen Räumen zustande, wie zum Beispiel topologische Übergänge zwischen verschiedenen Calabi-Yau-Mannigfaltigkeiten. Wir werden sehen, dass diese topologischen Übergänge für einen String sehr viel leichter möglich sein werden als für ein punktförmiges Teilchen.
3. Schließlich folgt daraus, dass es bestimmte Ordnungsparameter geben muss, die den Aggregatzustand selbst und auch die Energie in der Landschaft der vielen Aggregatzustände bestimmen. Beispiele hierfür sind in der Festkörperphysik die Dichte oder das Volumen eines bestimmten Stoffes oder auch der Grad der Magnetisierung bei den Metallen. In der Stringtheorie werden diese Ordnungsparameter Modulifelder genannt. Sie entsprechen den Parametern, welche die Geometrie und die Topologie der kompakten sechsdimensionalen Räume bestimmen.

Im Folgenden werden wir sehen, wie all diese Erfordernisse in der Stringtheorie realisiert werden können. Die Entwicklung hierfür setzte im Wesentlichen zu Beginn der neunziger Jahre ein, gipfelte dann erst einmal in der zweiten Superstringrevolution im Jahre 1995 und erfuhr schließlich eine weitere Wende durch die Welt der Branen sowie durch verallgemeinerte Kompaktifizierungen ab dem Jahre 2000. Diese Entwicklung ist bis heute aber bei Weitem noch nicht abgeschlossen. Bei unserer Reise ins Multiversum wird die Erkenntnis wichtig sein, dass wir nicht aus Punktteilchen, sondern aus eindimensionalen Strings bestehen.

Der erste Schritt ins Multiversum Der erste Schritt der Stringtheorie hin zum Multiversum ist im Wesentlichen durch die Formulierung der M-Theorie in den neunziger Jahren eingeleitet worden. M-Theorie steht dabei für die Muttertheorie, aus der alle Stringtheorien hervorgehen, oder alternativ auch für Mysterie-Theorie, da viele Einzelheiten der M-Theorie bis zum heutigen Tag noch nicht sehr gut verstanden sind. Es ist sogar gut möglich, dass auch die M-Theorie noch nicht die ultimative Theorie, also die Weltformel, darstellt, sondern dass es eine noch fundamentalere Theorie gibt. Dies schließt auch nicht die Möglichkeit aus, dass der String selbst nicht fundamental ist, sondern aus neuen, noch kleineren Bestandteilen zusammengesetzt.

Nutzlose Supergravitation in elf Dimensionen? Gegen Ende der achtziger Jahre gab es fünf verschiedene Superstringtheorien in zehn Raum-Zeit-Dimensionen: zwei Theorien von geschlossenen Superstrings ohne brauchbare Eichgruppen, genannt Typ-IIA- und Typ-IIB-Superstrings, des Weiteren zwei Superstringtheorien aus geschlossenen Strings mit Eichgruppen $E_8 \times E_8$ und SO(32), genannt heterotische Stringtheorien, und schließlich noch die Theorie des offenen Superstrings, wiederum mit Eichgruppe SO(32). Dann gab es noch eine supersymmetrische Feldtheorie von Punktteilchen, die in elf Raum-Zeit-Dimensionen vorkommen, die sogenannte elfdimensionale Supergravitationstheorie. Diese Theorie wurde schon 1976 von Dan Freedman, Peter van Nieuwenhuizen und Sergio Ferrara sowie zeitgleich von Stanley Deser und Bruno Zumino in vier Dimensionen konstruiert; mit elf Dimensionen folgten dann Eugène Cremmer, Bernard Julia und Joel Scherk von der Ecole Normale Superieur in Paris. Bei den Stringtheoretikern fand die elfdimensionale Supergravitationstheorie allerdings wenig Beachtung. Man spekulierte zwar, dass sie etwas mit zweidimensionalen Membranen als Elementarbausteinen in Verallgemeinerung von Strings zu tun haben könnte, sie eignete sich aber kaum für konkrete Berechnungen. Zudem hatte Edward Witten argumentiert, dass man durch die Kompaktifizierung der elfdimensionalen Supergravitation niemals die Elementarteilchen des Standardmodells bekommen kann. Der vermeintliche «Todesstoß» für die Membrantheorie beziehungsweise für die elfdimensionale Supergravitation kam dann im Jahre 1988 durch eine Arbeit von Bernard de Wit aus Utrecht sowie von Jens Hoppe und Hermann Nicolai von der Universität Karlsruhe. Sie konnten zeigen, dass Membranen im Gegensatz zu Strings kein diskretes Schwingungsspektrum besitzen können, dessen Anregungen sich mit Elementarteilchen identifizieren ließen. Also konzentrierten sich fast alle mit diesem Thema befassten theoretischen Physiker auf die Erkundung der fünf anscheinend verschiedenen Stringtheorien.

Italienische Zigarren am Teilchenbeschleuniger Im Herbst 1988 wechselte ich an den Teilchenbeschleuniger CERN in Genf. Auch dort herrschte große Aufbruchstimmung und Euphorie über die Stringtheorie, und es folgten für mich fünf äußerst spannende Jahre am CERN und später in Berlin. Sowohl was ihre mathematischen Strukturen als auch ihren Bezug zur realen Teilchenphysik in vier Dimensionen betraf, ging die Entwicklung der Stringtheorie mit großen Schritten voran. Am CERN beschäftigte ich mich zusammen mit anderen Kollegen, insbesondere mit Sergio Ferrara, Al Shapere und Stefan Theisen, mit den sogenannten Dualitätssymmetrien in der Stringtheorie. Wir saßen stundenlang im verrauchten und von Papieren überquellenden Büro von Sergio Ferrara. Oft, wenn wir zwei jüngeren Postdoktoranden einen sinnvollen Vorschlag oder eine gute Berechnung unterbreitet hatten, bekamen wir von unserem älteren und schon sehr berühmten Kollegen Ferrara italienische Zigarren geschenkt, die dann auch sofort gemeinsam geraucht wurden. Diese Zusammenarbeit mit Sergio Ferrara setzte sich dann etwas später mit Costas Kounnas und Fabio Zwirner in Paris fort, wo ich mich im Frühjahr 1991 an der Ecole Normale Superieur als Gastwissenschaftler aufhielt.

Monopole und Dualitäten: die zwei verschiedenen Seiten einer einzigen Medaille Die Dualitätssymmetrien besagen, dass zwei oder auch mehrere zunächst verschieden aussehende physikalische Theorien beziehungsweise Modelle bei näherer Betrachtung doch genau den gleichen physikalischen Sachverhalt beschreiben und sogar miteinander identisch sein können. Man kann sich das etwas überspitzt so vorstellen, dass zwei verschiedene Theorien nur den zwei verschiedenen Hälften ein und derselben Münze entsprechen. Beispiele in der Festkörperphysik sind hierfür bestimmte Materialien, die bei hoher und auch bei tiefer Temperatur die gleiche Anzahl von identischen Anregungen besitzen. Typisch für die Dualitätssymmetrien ist also die Notwendigkeit eines ganz bestimmten Parameters in der Theorie, der – wie zum Beispiel die Temperatur des Festkörpers – variiert werden kann. Die Dualität wirkt dann meistens durch den Vergleich zweier extremer Bereiche, in denen dieser Parameter entweder sehr groß beziehungsweise sehr klein ist. Für kleine Parameter (schwache Kopplung) ergibt es sich dann, dass bestimmte Elementaranregungen – zum Beispiel Elementarteilchen – des Systems nur sehr schwach miteinander in Wechselwirkung stehen, während für große Parameterwerte (starke Kopplung) die Teilchen sehr stark miteinander wechselwirken.

Falls nun ein physikalisches System eine Dualitätssymmetrie aufweist, so muss man zeigen können, dass es einen weiteren Satz von zusammengesetzten Teilchen gibt, die bei kleinen Parameterwerten ihrerseits stark gekoppelt sind, aber bei großen Parametern nur sehr schwach miteinander wechselwirken. Diese neuen Teilchen werden Solitonen genannt. Beispiele hierfür kennt man in der Theorie des Elektromagnetismus in der Form von hypothetischen magnetischen Monopolen. Unter magnetischen Monopolen versteht man in der Physik Objekte, die magnetische Ladung tragen, also nur einen magnetischen Nordpol oder magnetischen

Südpol besitzen, aber nicht beide zugleich wie ein normaler Stabmagnet. Magnetische Monopole wurden – noch – nicht in der Natur beobachtet, aber schon Paul Dirac spekulierte über die Existenz von Teilchen, die isolierte magnetische Ladungen tragen, also das magnetische Gegenstück zum Elektron bilden. Dirac stellte darüber hinaus fest, dass sich magnetische Monopole bei kleinen elektromagnetischen Kopplungskonstanten sehr stark anziehen. Während die elektrische Wechselwirkung zwischen den Elektronen durch die Sommerfeld'sche Feinstrukturkonstante $\alpha \approx 1/137$ bestimmt und somit relativ schwach ist, wird die Wechselwirkung zwischen magnetischen Monopolen durch den Kehrwert von α bestimmt, also durch $\alpha^{-1} \approx 137$. Diese relativ große Zahl zeigt, verglichen mit der Wechselwirkung zwischen den Elektronen, eine starke Wechselwirkung zwischen den magnetischen Monopolen an. Deswegen spricht man hier von elektromagnetischer Dualitätssymmetrie.

Neue Objekte in der Stringtheorie: die p-Branen Gibt es auch in der Stringtheorie eine Art von Solitonen, die dann für Dualitätssymmetrien zwischen schwacher und starker Kopplung zwischen den Strings verantwortlich sein können? Was könnte das zum magnetischen Monopol analoge Objekt in der Stringtheorie sein? Wie wir wissen, ist der String als elementares Objekt in zehn Dimensionen ein eindimensionales Gebilde. Merkwürdigerweise hat es sich aber herausgestellt, dass das «magnetisch-duale» Objekt zu einem String ein fünfdimensionales Gebilde sein muss, welches fünf der neun räumlichen Dimensionen ausfüllt. Hier besteht Ähnlichkeit zu einer zweidimensionalen Kugeloberfläche in einem dreidimensionalen Raum. Man hat es hier also mit einer Art höherdimensionaler Membran zu tun. Da die theoretischen Physiker gerne ihren eigenen und manchmal eigenwilligen Jargon pflegen, werden diese Stringsolitonen – im Englischen «5-branes» – als 5-Branen bezeichnet. Für den Fall, dass die elementaren Strings nur schwach miteinander in Wechselwirkung stehen, ziehen sich die aus Strings zusammengesetzten 5-Branen sehr stark an, und bei stark gekoppelten Strings ist die Wechselwirkung der 5-Branen untereinander nur sehr schwach. Genügt diese Eigenschaft schon, um eine Dualitätssymmetrie in der Stringtheorie zu postulieren? Dagegen spricht erst einmal, dass Strings und 5-Branen unterschiedliche räumliche Dimensionen ausfüllen, mithin unterschiedliche Objekte sind. Strings und 5-Branen können also nicht wie Elektronen und magnetische Monopole perfekt dual zueinander sein.

S-Dualität Was könnte nun aber passieren, wenn man die Stringtheorie von zehn Dimensionen auf einem kleinen kompakten, sechsdimensionalen Raum auf vier Raum-Zeit-Dimensionen kompaktifiziert? Stellen wir uns die Situation vor, dass die 5-Branen genau vier Richtungen des kompakten Raumes ausfüllen. In der vierdimensionalen Welt erscheinen die 5-Branen dann wie eindimensionale Objekte, also effektiv wie Strings. Im Jahre 1990 dachten am CERN Anamaria Font, eine Physikerin aus Venezuela, Luis Ibanez aus Madrid und Fernando Quevedo aus Guatemala und ich intensiv über die Rolle der 5-Branen in den Stringkompaktifizierungen nach, wobei uns auch eine kurz zuvor erschienene Arbeit von Michael Duff zu Hilfe kam. In unserer Arbeit stellten wir die Hypothese auf, dass es ähnlich wie im Elektromagnetismus auch in der vierdimensionalen Stringtheorie eine Dualitätssymmetrie geben muss, die wir S-Dualität nannten – herrührend vom Namen jenes Parameters, der die Stärke der Stringwechselwirkung als S-Parameter oder auch als S-Feld bezeichnet: Stringartige Solitonen, nämlich aufgerollte 5-Branen, verhalten sich dual zu den elementaren Strings. Deswegen könnte die vierdimensionale Stringtheorie unter Umständen eine perfekte Dualitätssymmetrie aufweisen. Etwas später wurde unsere Vermutung über die S-Dualität in der Stringtheorie in Arbeiten von John Schwarz und des Inders Ashoke Sen weiter erhärtet. Ein Bezug zwischen den verschiedenen Stringtheorien in zehn Dimensionen war damit aber noch nicht hergestellt, und das Puzzle der Vereinigung aller fünf Stringtheorien in zehn Dimensionen zu einer eindeutigen und einzigartigen Theorie war also noch nicht gelöst. Dies sollte erst fünf Jahre später Edward Witten mit der Formulierung der M-Theorie gelingen.

Geometrische T-Dualität und Stringgeometrie Neben der S-Dualität der Beziehung zwischen starker und schwacher Kopplung gibt es in der Stringtheorie noch eine weitere Dualitätssymmetrie, die man geometrische Dualität oder auch T-Dualität nennt. Sie ist für das Verständnis der Stringtheorie von fundamentaler Bedeutung und gründet darauf, dass man es in der Stringtheorie mit ausgedehnten Objekten zu tun hat. In einer Quantenfeldtheorie, die ausschließlich aus Punktteilchen besteht, existieren die geometrischen Dualitäten nicht. Diese sind ausschließlich der Stringtheorie vorbehalten und lassen die Bedeutung von Raum und Zeit in der Stringtheorie in einem ganz neuen Lichte erscheinen. Die geometrischen Dualitäten verbinden unterschiedliche Raum-Zeit-Geometrien miteinander und implizieren, dass sich in unterschiedlichen Raum-Zeit-Geometrien aufhaltende Strings physikalisch vollkommen gleich verhalten. Aus Sicht der klassischen Allgemeinen Relativitätstheorie stellt dies eine geradezu revolutionäre Neuerung dar, wird doch in der Allgemeinen Relativitätstheorie die Gravitationsanziehung zwischen den Punktteilchen eindeutig durch die Geometrie der zugrunde liegenden Raum-Zeit bestimmt. Dieses Verhalten bricht in der Stringtheorie zusammen, wenn der Raum, in dem sich ein String bewegt, von vergleichbarer Größe wie die Ausdehnung des Strings selbst ist. Denn ein String mit einer bestimmten charakteristischen Länge L_{string} lässt sich nicht mehr in einen Raum hineinquetschen, der kleiner als der String selbst ist.

Die T-Dualität in der Stringtheorie zwischen einem großen kompakten Raum und einem kleinen kompakten Raum kann man sich recht gut durch ein einfaches Beispiel klarmachen. Dazu betrachten wir den Fall eines eindimensionalen, sich auf einem eindimensionalen Kreis mit Radius R bewegenden Strings. Im vierten Kapitel hatten wir schon darüber gesprochen, wie sich Punktteilchen in einem kreisförmigen Raum verhalten: Die quantenmechanische Impulsquantisierung hatte ergeben, dass die erlaubten Impulse im kreisförmigen Raum folgender Formel gehorchen müssen: $p = n/R$, wobei n eine beliebige positive oder negative ganze Zahl ist. Gleiches gilt auch für die erlaubten Impulse eines Strings, der sich auf einem Kreis bewegt. Seine sogenannten Impulszustände haben einen umso größeren Impuls p, je kleiner der Radius des kompakten Raumes ist. Das liegt daran, dass man wegen der Heisenberg'schen Unschärferelation einen großen Impuls, das heißt viel Energie, benötigt, um sich in diesem Raum bewegen zu können. Andererseits benötigt man nur einen sehr kleinen Impuls p, wenn der Kreisradius R sehr groß ist. Für große Radien sind die Abstände zwischen den erlaubten Impulsen, also zwischen Impulsen mit Quantenzahlen n und n + 1, sehr klein. Für sehr große Radien wird das Impulsspektrum also fast kontinuierlich, während für kleine Kreisradien der Abstand zwischen den benachbarten Impulszuständen groß ist. Wie wir sehen, ist das Impulsspektrums eines Punktteilchens wie auch eines Strings zwischen kleinen und großen Kreisradien sehr unterschiedlich. Ein Punktteilchen vermag also sehr gut zwischen einem großen und einem kleinen Raum zu unterscheiden, und es macht ihm auch keine Schwierigkeit, sich bei genügend hohem Impuls auf einem beliebig kleinen Kreis zu bewegen.

Für einen String stellt das Impulsspektrum aber nur die halbe Wahrheit dar. Die Impulszustände sind gleichsam nur die Vorderseite einer Münze. Die Rückseite dieser Münze wird durch die nur in der Stringtheorie vorkommenden sogenannten Windungszustände gebildet: Ein nichtgeschlossener String kann sich nämlich um eine kreisförmige Raumrichtung herumwinden, so wie sich eine Schnur um einen kreisförmigen Ring herumwinden kann. Die Energie dieser gewundenen Strings ist nun umso höher, je größer der Radius der kreisförmigen Dimension ist. Wir können diese Energie wieder als eine Art Impuls bezeichnen – man spricht hier auch oft vom T-dualen Impuls –, der sich in der Stringtheorie wie folgt berechnet: $p^* = m\,R/(L_{string})^2$, wobei m hier eine beliebige ganze Zahl ist. Betrachten wir wiederum, wie sich die dualen Impulse der Windungszustände in Abhängigkeit von dem Kreisradius R verhalten. Für große Radien sind die erlaubten Werte von p^* – gemessen in Einheiten des Quadrates der Stringlänge L_{string} – auch sehr groß, während p^* für kleine Radien hingegen klein ist. In dieser Beziehung zeigen die gewundenen Strings im Vergleich mit den Kaluza-Klein-Teilchen, deren Masse immer invers zum Radius ist, ein vollkommen entgegengesetztes Verhalten. Ein String nimmt mithin die Geometrie des Raumes im Vergleich zu einem punktförmigen Teilchen ganz unterschiedlich wahr, weswegen man hier auch von Stringgeometrie spricht.

Wir können beide Formeln für die Impulszustände und für die dualen Impulszustände noch einem etwas genaueren Vergleich unterziehen. Betrachten wir jeweils die beiden ersten Zustände mit $n = 1$ und $m = 1$: Der erste Impulszustand besitzt dann einen Impuls von $p = 1/R$, während der sich einmal um den Kreis herumwindende String mit Windungszahl $m = 1$ den dualen Impuls $p^* = R/(L_{string})^2$ hat. Nun können wir uns überlegen, wie die Impulse dieser beiden Zustände aussehen, wenn wir anstelle des Spektrums auf einem Kreis mit Radius R nun das Stringspektrum auf einem dualen Kreis mit Radius $R^* = (L_{string})^2/R$ betrachten. Der Radius R^* des dualen Kreises verhält sich also – gemessen in Einheiten des Quadrates der Stringlänge L_{string} – invers zum Radius R des ursprünglichen Kreises. Ist der ursprüngliche Kreis groß, so ist der duale Kreis klein, und natürlich auch umgekehrt liefert ein kleiner ursprünglicher Kreis einen großen dualen Kreis. Der Impuls des ersten Impulszustandes auf dem dualen Kreis mit Radius R^* beträgt nun gerade $p = 1/R^* = R/(L_{string})^2$. Interessanterweise entspricht dies gerade dem Wert des ersten Windungszustands auf dem ursprünglichen Kreis. Und weiterhin: Der duale Impuls des ersten Windungszustands auf dem dualen Kreis hat den Wert $p^* = R^*/(L_{string})^2 = 1/R$, was wiederum genau dem Impuls des ersten Impulszustands auf dem ursprünglichen Kreis entspricht. Impuls- und Windungszustand haben anscheinend genau ihre beiden Rollen miteinander vertauscht, wenn man vom ursprünglichen Kreis mit Radius R zum dualen Kreis mit Radius R^* übergeht. Man hat es also hier mit einem Spiel vertauschter Rollen zu tun. Dieses Spiel setzt sich für alle Impuls- und Windungszustände mit beliebigen Quantenzahlen n und m fort: Die Impulszustände auf dem Kreis mit Radius R verhalten sich genauso wie die Windungszustände auf dem dualen Kreis mit Radius R^*. Dieses Verhalten bezeichnet man als geometrische T-Dualität. Wegen dieser geometrischen Dualität sind die physikalischen Eigenschaften und Gesetze eines Strings auf einem Kreis mit Radius R ununterscheidbar vom Verhalten und den physikalischen Gesetzen eines Strings auf einem dualen Kreis mit Radius R^*. In der Stringtheorie gibt es keinen Unterscheid zwischen einem großen Kreis mit Radius R und einem kleinen Kreis mit Radius R^*. Unterschiedliche Geometrien müssen in der Stringtheorie also als äquivalent zueinander angesehen werden. Dies steht im krassen Gegensatz zur Physik der Punktteilchen in der Allgemeinen Relativitätstheorie.

Die geometrischen Dualitäten erstrecken sich nicht nur auf die Bewegung eines Strings auf einem eindimensionalen Kreis, sondern sind auch für allgemeinere und auch höherdimensionalere Räume gültig. Auch die Spiegelsymmetrie ist ein Beispiel für eine geometrische Stringdualität. Wie wir schon gehört haben, besagt die Spiegelsymmetrie, dass zwei verschiedene Calabi-Yau-Räume M und M^* mit entgegengesetzten Euler-Zahlen, also $\chi^* = -\chi$, für den String ununterscheidbare Geometrien darstellen. Diese geometrische Dualität lässt sich in der Stringtheorie wiederum durch ganz bestimmte stringspezifische Effekte erklären, die in der Theorie von Punktteilchen nicht vorhanden sind. Deswegen spricht man auch oft von Stringgeometrie im Unterschied zur normalen Geometrie eines Punktteilchens. Für Räume, deren typische Abmessungen im Vergleich zur Stringlänge L_{string} groß sind, weist die Stringgeometrie eine starke Ähnlichkeit mit der klassischen Geometrie in der Allgemeinen Relativitätstheorie auf. Betrachtet man allerdings Räume, deren Größe mit der Ausdehnung des Strings vergleichbar ist, dann brechen viele der anschaulichen Konzepte der klassischen Geometrie zusammen, und die Stringgeometrie stritt an die Stelle der herkömmlichen Geometrie. Im Bereich der Stringgeometrie spielen sowohl die Impulszustände als auch die Windungszustände beim Erfassen des Raumes eine gleichberechtigte Rolle. Daraus ergeben sich wichtige neue Eigenschaften der Stringgeometrie im Vergleich zur klassischen Geometrie. Die Stringgeometrie sollte insbesondere frei von Singularitäten sein. Die geometrischen T-Dualitätssymmetrien implizieren ferner, dass die Stringlänge der kürzestmögliche Abstand ist, den man in der Stringtheorie messen kann. Die Existenz eines kleinsten Abstandes in der Stringtheorie leuchtet insofern ein, als es plausibel ist, dass ein ausgedehntes Objekt von der Größe der Stringlänge keine kleineren Abstände als seine eigene Ausdehnung messen kann. In anderen Worten: Nimmt man einen String als kleinste Abstandsmarkierung auf einem Lineal, so ist es nicht möglich, eine noch genauere Länge als die Elementarlänge des Strings zu messen.

Ein ähnlicher Sachverhalt, obgleich noch nicht ganz so gut verstanden, gilt im Wesentlichen auch für die Krümmung des Raumes. Ein ausgedehnter String wehrt sich gewissermaßen gegen seine Bewegung in einem zu stark gekrümmten Raum, dort wäre der String selbst zu stark in sich zusammengefaltet. Dies lässt sich auch folgendermaßen ausdrücken: Versucht man einen String in ein Raumgebiet mit sehr starker Krümmung hineinzuquetschen, dann würde der String sehr stark zu schwingen anfangen, was einerseits sehr viel Energie kosten und andererseits ihn auch sehr stark aufblähen würde. Dieser Selbstaufblähung kann sich der String erfolgreich widersetzen, weswegen die Krümmung des Raumes durch die Ausdehnung des Strings ganz natürlich nach oben begrenzt ist. Ein String glättet also in gewisser Hinsicht die Geometrie des Raumes, indem er keine Bereiche mit zu starker Krümmung zulässt. Insbesondere ist dieses Verhalten des Strings auch ein sehr starker Hinweis darauf, dass es in der Stringtheorie keine Singularitäten im Raum geben kann. Für das Innere von Schwarzen Löchern würde die Abwesenheit von Singularitäten natürlich ganz dramatisch neue und zum großen Teil noch unverstandene Konsequenzen haben.

In der Stringtheorie erwartet man, dass der String nicht nur die räumlichen Singularitäten zum Verschwinden bringt, sondern dass es auch keine zeitlichen Singularitäten mehr wie den Urknall gibt. Das Problem der Vermeidung zeitlicher Singularitäten ist noch um einiges schwieriger als die Behandlung der räumlichen Singularitäten. Denn dazu muss man sich neue Lösungen der Stringgleichungen ansehen, die das Universum nicht nur als statisches, unveränderliches Objekt beschreiben, sondern als dynamischen Raum, der sich, zeitlich gesehen, ausdehnen oder auch zusammenziehen kann. Bei den ersten Untersuchungen der relevanten Gleichungen stellte man wiederum etwas sehr Merkwürdiges fest: Für einen String gibt es keinen physikalischen Unterschied, ob er sich in einem winzig kleinen Universum, etwa von der Größe eines Bruchteiles der Planck'schen Länge, bewegt oder in einem endlichen Universum mit der Ausdehnung von mehreren Millionen Lichtjahren. Anhand des Vorhandenseins eines kleinsten Abstands in der Stringtheorie kann man also darüber spekulieren, ob die zeitliche Entwicklung des Universums möglicherweise folgendermaßen ausgesehen haben könnte: Das Universum war vor sehr vielen Milliarden Jahren nicht sehr klein, sondern vielmehr riesig groß, unter Umständen so groß wie zum jetzigen Zeitpunkt, und hat sich dann unter dem Einfluss der Gravitationskraft erst einmal zusammengezogen, bis es ungefähr die Größe von ungefähr einer Planck'schen Länge beziehungsweise einer Stringlänge erreicht hatte. Eine weitergehende Kontraktion des Universums ist nun aber nicht mehr möglich, und statt sich weiter zusammenzuziehen, beginnt das Universum zu diesem Zeitpunkt wieder mit seiner Ausdehnung. Dies wird als «bounce» bezeichnet und ist genau der Zeitpunkt, den man normalerweise als Zeitnullpunkt, als den Moment des Urknalls, bezeichnet. Der Pre-Big-Bang ist also die Zeit vor dem Urknall. Dieses Modell des sich zuerst zusammenziehenden und sich dann wieder ausdehnenden Universums wurde zum ersten Mal in der Stringtheorie von M. Gasperini und Gabriele Veneziano im Jahre 1992 vorgeschlagen. Es ähnelt in starker Weise der Pre-Big-Bang-Theorie in der Schleifengravitationstheorie und passt auch gut zusammen mit der Idee eines ewigen Universums, so wie es auch im Rahmen des inflationären Universums vorgeschlagen wurde.

Dinosaurier an der Humboldt-Universität Im Sommer 1993 wechselte ich zusammen mit meiner Familie vom CERN in Genf nach Berlin. Ich hatte dort den Lehrstuhl für theoretische Physik an der Humboldt-Universität angeboten bekommen. Die Universitäten in den neuen Bundesländern der Bundesrepublik Deutschland waren in den Jahren nach der Wende 1989/90 tief greifenden Veränderungen und Umstrukturierungen unterworfen. Deswegen war der Ruf nach Berlin für mich nicht nur unter wissenschaftlichen Gesichtspunkten, sondern auch im Hinblick auf das Zusammenwachsen von West und Ost eine große Herausforderung. Schon im Jahre 1992, als wir uns entschieden hatten, nach Berlin zu gehen, habe ich mit Julius Wess in Korfu lange darüber geredet, wie man am besten zusammen mit den Kollegen von der Humboldt-Universität die theoretische Physik neu aufbauen könnte. Ich hatte das Glück, dass mir Julius Wess, eine der wichtigsten Forscherpersönlichkeiten in Deutschland, als freundschaftlicher, ja oftmals väterlicher Ratgeber bei vielen Gelegenheiten zur Seite stand. Er riet mir eindringlich, mich auf die Qualifikation der Kollegen an der Humboldt-Universität zu verlassen, denn gerade die Elementarteilchenphysik hatte in Berlin einen guten internationalen Ruf. An den Universitäten in der ehemaligen DDR bestanden jedoch vielfältige und schwierige Probleme. Oftmals war der Anschluss an neuere Entwicklungen in der Physik verpasst worden; zudem waren einige der Mitarbeiter auch in die Aktivitäten der «Stasi», der Staatssicherheit der DDR, involviert gewesen. Deswegen hatte die damalige Bundesregierung entschieden, in der ehemaligen DDR alle Professorenstellen neu auszuschreiben und alle Mitarbeiter einer Überprüfung zu unterziehen. Dies betraf auch alle ehemaligen Lehrstuhlinhaber, die sich auf ihre Stellen neu bewerben mussten. Einige von ihnen wurden in ihrem Amt bestätigt, andere aber mussten ihre Positionen aufgeben. Diese wurden von neuen Kollegen aus der Bundesrepublik und aus dem Ausland besetzt; auch jüngere Wissenschaftler aus der DDR wurden berufen. Es ist nicht verwunderlich, dass dieser Prozess auch zu menschlichen Problemen an den Hochschulen in der ehemaligen DDR geführt hat. Nach der Annahme des Rufes und schon vor meiner Ankunft in Berlin wurde ich gebeten, an den Sitzungen der Struktur- und Berufungskommission für Physik an der Humboldt-Universität teilzunehmen. So hatte ich einerseits das Glück, dort an der Neugestaltung der Fakultät für Physik mitzuwirken, sah mich andererseits aber auch mit vielen schwerwiegenden Problemen konfrontiert. Die ersten Jahre in Berlin waren in vielerlei Hinsicht eine aufregende Zeit: Die Entwicklung der Stringtheorie ging mit großen Schritten voran und mündete im Jahre 1995 in die 2. Superstringrevolution – mehr darüber gleich –, und ich war mit dem Aufbau der Stringarbeitsgruppe in Berlin beschäftigt. Die Vorlesungen und auch die Kolloquien der eingeladenen Gäste fanden im alten Naturkundemuseum in der Invalidenstraße statt, wobei man den großen Hörsaal des teilweise im Zweiten Weltkrieg zerstörten Gebäudes nur durch den Keller entlang an Heizungsrohren mit Blick auf die Dinosaurier erreichen konnte. Die Zusammenarbeit zwischen den neuen Wessis und den Ossis war an der Humboldt-Universität sehr gut und konstruktiv. In meiner Arbeitsgruppe herrschte eine einvernehmliche und vertrauensvolle Stimmung.[43] Es gab natürlich auch schwierige Momente, als zum Beispiel eines Morgens einer der Mitarbeiter zu mir ins Büro kam und mir eröffnete, er sei gerade entlassen worden. Er hatte verschwiegen, dass er vor der Wende für die Stasi als informeller Mitarbeiter an der Humboldt-Universität tätig war. Das war schon ein kleiner Schock für mich![44]

Lastwagenfahrer in Los Angeles – Wittens mysteriöse M-Theorie Im Jahre 1995 fand an der University of Southern California (USC) in Los Angeles eine Konferenz über die Stringtheorie statt, die sofort von allen Teilnehmern als einschneidendes Ereignis wahrgenommen wurde und den Beginn der zweiten Superstringrevolution markierte. Kurz davor hatte schon eine Arbeit des israelischen Physikers Nathan Seiberg aus Princeton zusammen mit Edward Witten großes Aufsehen erregt. Diese Arbeit hat unser physikalisches und mathematisches Verständnis supersymmetrischer Eichtheorien auf neue Füße gestellt und war die Geburtsstunde einer neuen Theorie. Seiberg und Witten konnten mit strengen mathematischen Methoden beweisen, dass bestimmte supersymmetrische Eichtheorien einerseits Dualitätssymmetrien und magnetische Monopole vorweisen und andererseits das Phänomen des Confinements realisieren. Man war zwar damit noch nicht am lang ersehnten Ziel des mathematischen Beweises für das Confinement in der QCD angelangt, aber zum ersten Mal bestand Hoffnung darauf. Ferner wurde ein gesamtes Feld der Mathematik in wenigen Wochen revolutioniert, und alle Mathematiker, die vielleicht vorher noch Wittens mathematische Ideen etwas skeptisch belächelt hatten, mussten nun bekennen, dass Edward Witten die Fields-Medaille verdientermaßen erhalten hatte.

Auf der Stringkonferenz am USC im April 1995 erwarteten alle Teilnehmer, dass Witten über die Seiberg-Witten-Theorie berichten würde. Aber es kam vollkommen anders: Wittens Vortrag schlug ein wie eine Bombe. Er stellte in diesem Vortrag seine bis dahin unveröffentlichte und noch niemandem bekannte Idee zur M-Theorie vor. An diesem Tag in Los Angeles hatte Witten das Puzzle zusammengesetzt, das zur Erstellung einer vereinheitlichten Stringtheorie bislang unvollständig war. Nathan Seiberg, der direkt im Anschluss an Edward Witten auf der Konferenz sprach, war so überwältigt, dass er seinen Vortrag mit den Worten begann: «Ich hätte doch besser Lastwagenfahrer werden sollen.»

In seiner sogenannten M-Theorie vermutet Witten die Existenz einer neuen supersymmetrischen Theorie, in der alle fünf bekannten Superstringtheorien unter ein gemeinsames Dach gestellt sind. Laut Witten steht das «M» im Namen dieser Theorie – je nach Geschmack – für Magie, Mysterium oder auch Mirakel. Die M-Theorie bewegt sich in elf Raum-Zeit-Dimensionen, die aus räumlich zweidimensionalen Membranen und 5-Branen besteht. Diese beiden Arten von Objekten sind zueinander dual. Noch wichtiger ist aber, dass alle bekannten Superstringtheorien durch ein Netzwerk von Dualitätssymmetrien und Kompaktifizierungen in Wittens Theorie enthalten sind. Kompaktifiziert man zum Beispiel die M-Theorie auf einem eindimensionalen Kreis, der eine räumliche Richtung der elementaren Membran enthält, dann erhält man daraus die zehndimensionale Stringtheorie – genauer gesagt, den Typ-IIA-Superstring – mit ihren elementaren Strings sowie mit ihren solitonischen 5-Branen. Indem er dieses Spiel auf verschiedene Arten fortsetzte, konnte Witten zeigen, dass sich alle Stringtheorien durch Kompaktifizierungen und Dualitäten aus der elfdimensionalen M-Theorie herleiten lassen. Sogar die bisher vernachlässigte elfdimensionale Supergravitationstheorie ist in der M-Theorie als der Grenzfall enthalten, in dem man die zweidimensionalen Membranen auf einen Punkt zusammenschrumpfen lässt.

Höherdimensionale Branen in der M-Theorie Wichtig für das Verständnis der M-Theorie ist, dass sie unter dem Blickwinkel der Stringtheorie neben den elementaren Strings auch zahlreiche höherdimensionale Objekte enthält. Diese solitonischen, aus Strings zusammengesetzten Objekte werden als p-Branen bezeichnet, wobei der Buchstabe p die Anzahl der räumlichen Dimensionen angibt. Ein String kann demnach auch als 1-Brane bezeichnet werden, eine Membran ist eine 2-Brane und so fort. Die 5-Branen der M-Theorie liefern ihrerseits dann wiederum in der Stringtheorie entweder String-5-Branen oder auch 4-Branen, wenn man eine räumliche Dimension der 5-Branen auf einen kompakten Kreis legt. Zum Teil waren diese p-Branen schon als Lösungen der Supergravitationstheorie vor Wittens M-Theorie bekannt, insbesondere auch aus Arbeiten von Michael Duff und Kelly Stelle aus dem Jahr 1991 sowie durch die Ergebnisse von Chris Hull und Paul Townsend aus dem Jahr 1994. Wittens Leistung bestand jedoch unter anderem darin, aus allen schon bekannten Puzzleteilchen ein einheitliches Bild gefügt zu haben.

Aus p wird D – die Wiederkehr des offenen Strings Die p-Branen sind sehr bemerkenswerte Objekte. Sie verhalten sich sehr ähnlich wie Schwarze Löcher in der Gravitationstheorie. In der Stringtheorie waren p-Branen neu und noch unverstanden, da man nicht wusste, ob sie das Anregungsspektrum des Strings beeinflussen können. Man musste sich fragen, ob das Schwingungs- und Rotationsspektrum eines Strings genauso aussieht wie ohne p-Branen oder ob unter Umständen neue Anregungsmoden des Strings möglich sind. Dieser Frage ging gegen Ende des Jahres 1995 Joseph Polchinski von der Santa Barbara University nach. Versuchen wir uns nochmals eine p-Brane vorzustellen, die in einen neundimensionalen Raum eingebettet ist: Die p-Brane stellt, wie schon ihr Name sagt, ein p-dimensionales Objekt dar, das heißt, sie bildet im neundimensionalen Raum einen p-dimensionalen Unterraum, eine sogenannte p-dimensionale Hyperfläche. Falls die p-Brane sich in alle p-Raumrichtungen unendlich lang ausbreitet, füllt sie diese Raumrichtungen vollkommen aus. Wir müssen uns das wie eine unendliche Linie in der zweidimensionalen Ebene oder im dreidimensionalen Raum vorstellen oder auch wie eine unendliche zweidimensionale Ebene im dreidimensionalen Raum. Man bezeichnet deswegen die Raumrichtungen, die auf der p-Brane liegen, als longitudinale Richtungen, während die restlichen Raumrichtungen als transversale Richtungen bezeichnet werden. Die Anzahl der transversalen Richtungen nennt der Mathematiker auch Co-Dimension der p-Branen. Diese geometrischen Eigenschaften spielen in den Überlegungen von Joseph Polchinski eine wichtige Rolle. Als Objekte, die eine bestimmte Masse und auch bestimmte Ladungen tragen, üben nämlich die p-Branen anziehende Gravitationskräfte und auch abstoßende Kräfte aufeinander aus, die in der Stringtheorie durch den Austausch von geschlossenen Strings zwischen den p-Branen vermittelt werden. Polchinski zeigte, dass man diese Kräfte nur dann mathematisch korrekt beschreiben kann, wenn postuliert ist, dass auf den p-Branen zusätzlich zu den geschlossenen Strings auch noch offene Strings herumlaufen müssen. Die Enden dieser offenen Strings sind dabei fest mit den p-Branen verbunden. Die beiden Enden der offenen Strings können sich genau in diejenigen Raumrichtungen fortbewegen, die durch die longitudinalen Raumrichtungen der p-Branen vorgegeben sind. Die Enden des offenen Strings sind also fest an die p-Branen geklebt. Lediglich die inneren Punkte auf dem offenen String können in die transversalen Richtungen der p-Branen eintauchen. Beginnt der offene String zu schwingen, dann kann sich das Innere des offenen Strings in die transversalen Richtungen erstrecken; seine beiden Enden bleiben aber immer fest mit der p-Brane verbunden. Man nennt die p-Branen in der Stringliteratur auch oft D-Branen, wobei D für Dirichlet-Randbedingungen steht, die ein offener String auf einer solchen Hyperfläche annimmt. Solchermaßen sagen die D-Branen voraus, dass es auch in der Theorie des geschlossenen Strings – im Typ IIA und auch im Typ IIB – offene Strings geben muss, die sich aber nur in einem

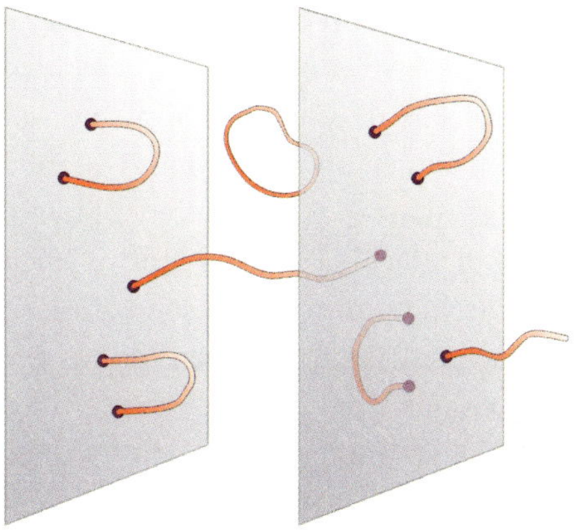

34 D-Branen sind Hyperflächen in der Raum-Zeit, auf denen offene Strings enden. Man betrachtet in der Stringtheorie auch Konfigurationen von mehreren parallelen D-Branen, auf denen offene Strings enden. Ist der Abstand zwischen den D-Branen sehr klein oder sogar null, dann sind die dazugehörigen Stringanregungen der offenen Strings entweder sehr leicht oder sogar masselos. Auf diese Weise erhält man Eichteilchen von verschiedenen Symmetriegruppen, wie der Symmetrie der starken Wechselwirkung. Interessanterweise entsprechen die D-Branen den solitonischen Lösungen, genannt p-Branen, die man schon zuvor in der Stringtheorie entdeckt hatte und die für die Dualitätssymmetrien von großer Bedeutung sind.

bestimmten p-dimensionalen Teilbereich des gesamten Raumes bewegen können. Wir haben es also mit zwei Arten von Strings zu tun: erstens mit den geschlossenen Strings, die im gesamten Raum herumlaufen können und für die Gravitationskraft verantwortlich sind; zweitens mit offenen Strings, denen es nur erlaubt ist, sich in einem bestimmten p-dimensionalen Unterraum zu bewegen. Diese Beobachtung ist insofern besonders wichtig, als die offenen Strings für die mikroskopischen Eichkräfte zwischen den Elementarteilchen verantwortlich sind. Wir sehen also, dass zwischen der Gravitationskraft einerseits und den Eichkräften andererseits ein gravierender Unterschied besteht. Neben Wittens M-Theorie war die Entdeckung der D-Branen der zweite große Wurf im Jahr 1995.

Gestapelte D-Branen liefern die mikroskopischen Eichkräfte Wie lassen sich die verschiedenen mikroskopischen Kräfte durch offene Strings und D-Branen realisieren? Betrachten wir zuerst eine einzige D-Brane, auf dem sich ein einziger offener String mit seinen beiden Enden bewegt. Dieser liefert uns mit genau einem masselosen Spin 1 ein Teilchen als erste Anregungsmode, nämlich das Photon – das Eichteilchen der Gruppe U(1). Als Nächstes betrachten wir zwei D-Branen, die parallel zueinander stehen, wobei ihr

Abstand beliebig klein sein kann. Die zwei D-Branen sind also übereinandergestapelt, vergleichbar zwei übereinanderliegenden Stockwerken eines Hauses. In diesem Fall gibt es mehr als nur einen offenen String, der mit seinen Enden an die beiden D-Branen festgeklebt ist: Für jede D-Brane existiert genau ein offener String, also in diesem Fall insgesamt zwei. Darüber hinaus gibt es noch genau einen weiteren offenen String, und zwar einen, dessen zwei Enden auf den zwei unterschiedlichen D-Branen liegen. Die Symmetriegruppe, die den insgesamt drei offenen Strings und ihren drei masselosen Spin-1-Teilchen entspricht, ist die Gruppe SU(2). Man kann sie als die Symmetriegruppe der schwachen Wechselwirkung ansehen. Sind drei parallele D-Branen vorhanden, so führt uns die Kombinatorik der offenen Strings auf acht Eichteilchen mit Eichgruppe SU(3), die Symmetriegruppe der starken Wechselwirkung. Dieses Spiel lässt sich natürlich beliebig oft fortsetzen, N verschiedene, parallele D-Branen liefern eine SU(N)-Eichgruppe, und auch die SO(N)-Gruppen lassen sich durch offene Strings mit ihren Enden auf den D-Branen darstellen.

Maldacenas neue Dualität Seit der zweiten Superstringrevolution im Jahre 1995 und nach den Arbeiten von Witten und Polchinski hat sich die Stringtheorie rasant weiterentwickelt. Viele neue Ideen sind aus der M-Theorie und aus den D-Branen entstanden. Als eine der wichtigsten Erkenntnisse gilt hierbei die Äquivalenz zwischen klassischen Gravitationstheorien in höherdimensionalen Räumen und quantenmechanischen Eichtheorien in einem Raum mit einer Dimension weniger. Dies wurde in einer bemerkenswerten Arbeit von dem damals noch sehr jungen Argentinier Juan Maldacena im Jahre 1999 herausgefunden. Er hat folgende interessante Vermutung aufgestellt: Die supersymmetrische, von offenen Strings auf einer p-dimensionalen D-Brane herrührende Eichtheorie kann auch durch eine Gravitationstheorie beschrieben werden, die in einem bestimmten $(p+1)$-dimensionalen, gleichmäßig gekrümmten Raum – einem Raum mit negativer kosmologischer Konstante, genannt Anti-De-Sitter-Raum – wirkt. Im Rahmen dieser Theorie werden die physikalischen Freiheitsgrade der Gravitationstheorie gleichsam wie in einem Hologramm auf die Freiheitsgrade der Eichtheorie abgebildet. Dabei lebt die Eichtheorie auf dem p-dimensionalen Rand, der den (p+1)-dimensionalen Raum der Gravitationstheorie umgibt. Auf diese Weise hat auch dieses holographische Prinzip Eingang in die Stringtheorie gefunden. Sogar bestimmte Effekte in Festkörpern, wie die Supraleitung bei hohen Temperaturen oder die Viskosität von bestimmten Quantenflüssigkeiten, lassen sich durch dieses holographische Prinzip aus der Stringtheorie behandeln. Aus diesem Grund sind in den letzten Jahren auch die Festkörperphysiker an der Stringtheorie interessiert.

Strominger und Vafa zählen die Mikrozustände von Schwarzen Löchern D-Branen haben des Weiteren ganz entscheidend zum quantenmechanischen Verständnis von Schwarzen Löchern beigetragen. Cumrun Vafa und Andrew Strominger von der Harvard University in Cambridge konnten im Jahre 1996 zeigen, dass man bestimmte Schwarze Löcher als Bindungszustände von D-Branen ansehen kann. Die offenen Strings, die sich auf den D-Branen bewegen, beschreiben dabei die Quantenfluktuationen des betrachteten Schwarzen Loches. Strominger und Vafa gelang es, durch die Anwendung einiger mathematischer Tricks die Anzahl dieser Quantenfluktuationen zu bestimmen. Zu ihrer Überraschung stellten sie fest, dass der Logarithmus dieses Wertes genau der Fläche des Ereignishorizonts des Schwarzen Loches entspricht. Wie wir schon erfahren haben, gibt der Ereignishorizont laut Stephen Hawking gerade die Entropie des Schwarzen Loches an, also nichts anderes als den Logarithmus der Anzahl der Quantenzustände, die ein Schwarzes Loch beschreiben. Strominger und Vafa konnten also beweisen, dass die mikroskopischen Freiheitsgrade des offenen Strings die Entropie des Schwarzen Loches genau reproduzieren können. Genau dieses Verhalten erwartet man von einer Quantengravitationstheorie, und somit lieferten die D-Branen einen weiteren wichtigen Baustein zum Verständnis der Quantengravitation.

Auch die Hawking'sche Strahlung kann man im Rahmen einer D-Brane-Interpretation der Schwarzen Löcher behandeln. Gibt man dem aus D-Branen zusammengesetzten Schwarzen Loch eine kleine Temperatur, so beginnt das Schwarze Loch zu strahlen, indem es offene Strings von seinem Horizont absondert. Ähnlich funktioniert auch die Bildung eines Schwarzen Loches: Materie in der Form von offenen Strings wird vom Schwarzen Loch eingefangen, wobei diese offenen Strings auf der Horizontfläche des Schwarzen Loches herumlaufen können. Besonders interessant ist dabei, dass die offenen Strings anscheinend nicht über den Horizont hinaus in das Schwarze Loch eindringen können. Die gesamte Physik spielt sich – als ein weiterer Ausdruck des holographischen Prinzips in der Stringtheorie – auf der Horizontfläche ab. Für die offenen Strings ist die Singularität im Inneren des Schwarzen Loches daher irrelevant, sie existiert in diesem Sinne gar nicht mehr. Viele dieser Vorgänge sind heutzutage nur ansatzweise verstanden und auch nur mit großen Schwierigkeiten konkret zu berechnen. Einige dieser Betrachtungen zeigen jedoch, dass das Einfangen der offenen Strings auf dem Horizont und das spätere Abstrahlen der offenen Strings in Form der Hawking-Strahlung in keinem Schritt die Regeln der Quantenmechanik verletzen. Die Kausalität und die Erhaltung der quantenmechanischen Wahrscheinlichkeit werden in der Stringtheorie immer befolgt. Deswegen kann man auch davon ausgehen, dass das Problem des Informationsverlustes in Schwarzen Löchern in der Stringtheorie und in Verbindung mit dem holographischen Prinzip nicht mehr existiert. Auch für Stephen Hawking, der dieser Schlussfolgerung im Jahre 2004 zugestimmt hat, ist anscheinend das Informationsparadox durch die Stringtheorie als Scheinproblem entlarvt worden.

Sich schneidende D-Branen Nach diesem kleinen Exkurs in die Regionen des holographischen Prinzips und in die Quantenwelt der Schwarzen Löcher wollen wir uns nun wieder der «landscape» in der Stringtheorie zuwenden. Meine Kollegen und ich arbeiteten in Berlin intensiv an den neuen D-Brane-Objekten. Für uns stand die Frage im Vordergrund, ob die D-Branen auf neue, nichttheoretische Stringmodelle in vier Raum-Zeit-Dimensionen geführt werden können, die für die Elementarteilchenphysik von Interesse sind. Dies erschien uns nicht unwahrscheinlich, da die offenen

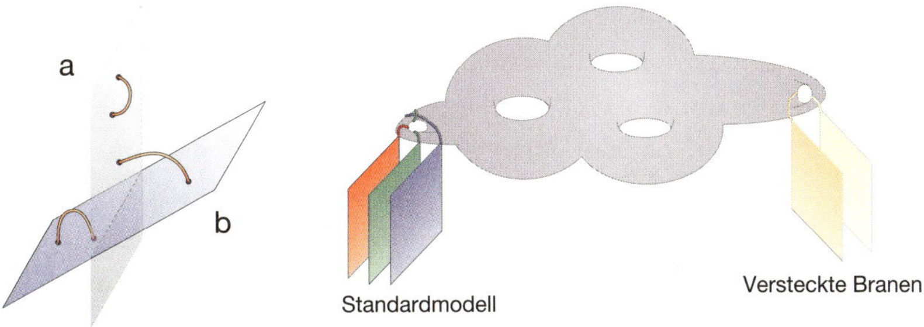

35 Höherdimensionale D-Branen, die sich in der zehndimensionalen Raum-Zeit schneiden. Die gemeinsame Schnittfläche, in der ersten Figur als Linie gezeichnet, entspricht dem vierdimensionalen, nichtkompaktifizierten Teil des zehndimensionalen Raumes und kann auch noch einen Teil des kompaktifizierten, sechsdimensionalen Raumes mit beinhalten. Die Anregungen der offenen Strings an den Schnittpunkten der D-Branen, die also von einer D-Brane zu einer zweiten D-Brane führen, entsprechen den Quarks und Leptonen des Standardmodells. Auf diese Art und Weise lässt sich das Standardmodell der Elementarteilchen durch sich schneidende D-Branen realisieren. Dies ist nochmals in der Figur abgebildet: Das Standardmodell ist auf sich schneidenden D-Branen realisiert, die jeweils um bestimmte Unterräume eines Calabi-Yau-Raumes herumgewickelt sind und sich dort im Calabi-Yau-Raum schneiden. Die vier gemeinsamen Richtungen der D-Branen, «senkrecht» zum Calabi-Yau-Raum, entsprechen der flachen, unkompaktifizierten Raum-Zeit. Neben den D-Branen des Standardmodells gibt es in dem meisten Fällen noch weitere D-Branen, die keine gemeinsamen Schnittpunkte mit den D-Branen des Standardmodells haben. Diese werden als versteckte Branen bezeichnet, denn die offenen Strings auf den versteckten Branen können nur gravitativ mit den offenen Strings des Standardmodells in Wechselwirkung treten. Deswegen verhält sich die Materie auf den versteckten Branen für uns wie Dunkle Materie.

Strings auf den D-Branen für die mikroskopischen Eichkräfte verantwortlich sind, wie wir sie auch im Standardmodell der Elementarteilchen in der Form von starker und schwacher Kernkraft sowie des Elektromagnetismus vorfinden. Natürlich müssen wir noch verstehen, wie die Materieteilchen, nämlich die Quarks und Leptonen, zustande kommen und wie man die Stringtheorien samt ihrer D-Branen in vier Raum-Zeit-Dimensionen formulieren kann.

In der Zwischenzeit hatte sich unsere Arbeitsgruppe in Berlin gut entwickelt, es herrschte Aufbruchsstimmung, und wir hatten sehr gute Doktoranden und Postdoktoranden in unserer Gruppe. Zudem bekamen wir Verstärkung durch Ralph Blumenhagen, der sich uns in Berlin anschloss. Ralph Blumenhagen sowie zwei Doktoranden, Lars Görlich und Boris Körs, und ich begannen im gleichen Jahr, Stringmodelle mit D-Branen zu untersuchen. Das erste Problem bestand darin, den Superstring in der Anwesenheit von D-Branen und offenen Strings von zehn auf vier Raum-Zeit-Dimensionen zu kompaktifizieren. Dazu betrachteten wir eine einfache Form von Calabi-Yau-Räumen, die man sich als Produkte von sechs eindimensionalen Kreisen vorstellen kann, wobei die Geometrie noch etwas abgeändert wurde, sodass der sechsdimensionale Raum an bestimmten Punkten singulär aussah. Solche – im Englischen als «orbifolds» bezeichnete – sogenannten Bahnfaltigkeiten sind Räume, die sich auch schon früher bei der Kompaktifizierung des geschlossenen heterotischen Strings als nützlich erwiesen hatten. Die Topologie und Geometrie dieser Räume ist so beschaffen, dass sie eine bestimmte Anzahl von zwei- und dreidimensionalen, kompakten Unterräumen besitzen. Diese Unterräume schneiden sich im Allgemeinen innerhalb des sechsdimensionalen Calabi-Yau-Raumes. Als einfaches Beispiel können wir uns eine zweidimensionale Ebene vorstellen: Eindimensionale Linien schneiden sich in der Ebene immer in einem Punkt, außer sie verlaufen vollkommen parallel zueinander.

In einem kompakten Raum, wie zum Beispiel auf einer zweidimensionalen Kugeloberfläche, können sich zwei Linien sogar mehrmals schneiden. So schneidet die Äquatorlinie auf der Erdkugel eine geschlossene Linie, die durch den Nord- und den Südpol führt, genau zweimal. Genauso verhält es mit höherdimensionalen Räumen und deren Untermannigfaltigkeiten. In einem sechsdimensionalen Calabi-Yau-Raum schneiden sich dreidimensionale eingebettete Unterräume genau immer in einem oder mehreren Punkten, es sei denn, sie sind parallel zueinander. Die Anzahl der Schnittpunkte hängt dabei von der Topologie des betrachteten Calabi-Yau-Raumes ab. Unsere Idee war, solche D-Branen zu betrachten, welche die drei großen, unkompaktifizierten Raumrichtungen, in denen wir leben, vollkommen ausfüllen und dann von Fall zu Fall auch eine gewisse Anzahl von Raumrichtungen innerhalb des sechsdimensionalen Calabi-Yau-Raumes ausfüllen. Die Anzahl der betrachteten Branen bestimmt dabei die Eichsymmetriegruppe in vier Dimensionen. Das einfachste Beispiel sind 3-Branen, die überhaupt nicht in den kompakten Raum eindringen und somit eine dreidimensionale Brane darstellen, die senkrecht zum kompakten Raum steht. 6-Branen hingegen füllen zusätzlich zu den drei großen Raumrichtungen auch drei kompakte Raumrichtungen aus, und es schneiden sich ferner verschiedene 6-Branen in bestimmten Punkten auf dem kompakten Raum. Bei der Untersuchung dieser sich schneidenden 6-Brane-Konfigurationen stellten wir fest, dass an jedem der Schnittpunkte genau ein offener String lokalisiert ist, dessen Anregung einem Materiefeld des Standardmodells entspricht, also einem Quark oder einem Lepton. Die Anzahl der Materieteilchen ist dabei topologisch festgelegt, nämlich durch die Anzahl der Schnittpunkte der D-Branen auf dem kompakten Raum. Deswegen werden diese Stringmodelle heute auch «Intersecting D-brane»-(ISB-)Modelle genannt. Natürlich müssen die D-Branen eine ganze Reihe von mathematischen Gleichungen erfüllen. Jede ihrer Lösungen liefert hierbei ein ganz bestimmtes Teilchenspektrum in vier Raum-Zeit-Dimensionen. Die meisten ISB-Modelle sind dabei vollkommen verschieden von dem, was wir in der Teilchenphysik kennen, sie enthalten andere Elementarteilchen und auch andere Kräfte, die dem Standardmodell der Elementarteilchen vollkommen widersprechen. Die Physik verhält sich also ganz anders in den meisten ISB-Modellen, als wir es in unserem Universum beobachten. Allerdings konnten wir und auch andere Arbeitsgruppen[45] zeigen, dass eine kleine Anzahl der ISB-Modelle eine sehr große Ähnlichkeit mit der Physik unseres Universums aufzeigt und in diesen Modellen die Teilchen und die Kräfte des Standardmodells sehr gut wiedergegeben werden. Insbesondere schneiden sich in diesen Modellen die vorhandenen 6-Branen genau dreimal auf dem kompakten Raum, sodass die Anzahl der Teilchenfamilien hier eine topologische Erklärung erfährt.

Wie groß ist die Wahrscheinlichkeit, eine Stecknadel im Heuhaufen zu finden? Die Suche nach dem richtigen Modell unter der Unmenge vierdimensionaler Stringtheorien gestaltet sich aber noch weitaus schwieriger als die sprichwörtliche Suche nach der Stecknadel im

Heuhafen. Deswegen haben wir uns nach unserem Wechsel von Berlin nach München im Jahre 2003 die Frage gestellt, wie groß die statistische Wahrscheinlichkeit des Auffindens dieser Stecknadel ist, also die Wahrscheinlichkeit, dass ein ISB-Modell dem bekannten Standardmodell der Elementarteilchen entspricht. Diese Frage ergibt insbesondere dann einen Sinn, wenn man beweisen könnte, dass die mathematischen Stringgleichungen nur eine endliche Anzahl von Lösungen zulassen. Für eine bestimmte Klasse von ISB-Modellen ist das tatsächlich der Fall: Die Untersuchung dieser Modelle, die wir über Jahre zusammen mit Ralph Blumenhagen, Florian Gmeiner, Gabriele Honecker und Timo Weigand durchgeführt haben, ergab, dass insgesamt ungefähr eine Billion dieser Modelle existieren, von denen nur eines unserem Universum ähnlich ist. Die Berücksichtigung weiterer Modellklassen im Jahr 2008 durch Florian Gmeiner und Gabriele Honecker ergab eine Gesamtzahl von ca. 10^{23} Modellen, unter denen etwa eine Million die statistische Chance besitzt, die Elementarteilchenphysik unseres Universums zu liefern. Das heißt, der Aggregatzustand, den wir als unser Universum bezeichnen, ist ein sehr seltener Zustand unter allen Brane-Modellen mit einer ungefähren statistischen Wahrscheinlichkeit von 10^{-17}.

Welche Vorhersagen lassen sich mit der Stringtheorie machen, da es anscheinend so immens viele Möglichkeiten für verschiedene Arten von Elementarteilchenphysik gibt? Die Möglichkeit einer Stringlandschaft, in der viele oder unter Umständen alle unterschiedlichen Modelle miteinander durch Phasenübergänge verbunden sind, ist eine Antwort auf diese Fragen. Wie sich diese Phasenübergänge in der Stringtheorie vollziehen können, werden wir im Folgenden weiter erläutern und auch, wie man eventuell doch im Experiment nachprüfbare Vorhersagen der Stringtheorie treffen kann, die für eine große Anzahl der Modelle innerhalb der Stringlandschaft gültig sind.

Die nächsten weiter in die Stringlandschaft führenden Schritte Nach der Entdeckung der M-Theorie in elf Raum-Zeit-Dimensionen als Mutter aller Stringtheorien und nach der Gewissheit, dass es sehr viele Möglichkeiten für Stringmodelle in vier Dimensionen gibt – seien es heterotische oder auch D-Brane-Kompaktifizierungen –, fehlen uns noch zwei Schritte auf dem Weg zur Etablierung einer Stringlandschaft: Wir müssen zeigen, dass es in der Theorie Ordnungsparameter gibt, welche die Energiefunktion in der Landschaft bestimmen. Indem man die Ordnungsparameter kontinuierlich variiert, sollten dann Phasenübergänge zwischen verschiedenen Tälern und Mulden in der Landschaft möglich sein, an denen die Energiefunktion lokale Minima annimmt. Da die verschiedenen Täler ganz unterschiedliche Universen darstellen, entsprechen die Übergänge in der Landschaft den Übergängen von einem in ein anderes Universum mit unterschiedlichen physikalischen Eigenschaften. Diese Übergänge sind in der Regel nur im Rahmen der Quantenmechanik mittels Tunneleffekten durch die Energiebarrieren zwischen den verschiedenen Tälern möglich. Die Strings entsprechen daher den Quantenfischen, die von einem Fischteich in den Nachbarteich hindurchtunneln können.

Wurmlöcher in Calabi-Yau-Mannigfaltigkeiten Im sechsten Kapitel sind wir auch der Frage nachgegangen, ob es Wurmlöcher im Universum geben kann und welche Auswirkungen Wurmlöcher für die Raum-Zeit haben könnten. Wurmlöcher sind, wie wir schon wissen, Abschnürungen in der Raum-Zeit, also Raumbrücken, die verschiedene Regionen des Universums miteinander verbinden. Aber Wurmlöcher können noch mehr – sie können auch ganz verschiedenartige Räume miteinander verbinden. Man kann Wurmlöcher auch als Regionen in der Raum-Zeit ansehen, an denen die Raum-Zeit reißt und in eine andere Raum-Zeit übergeht. In der klassischen Allgemeinen Relativitätstheorie sind die Wurmlöcher jedoch gefährliche Objekte, da sie zu geschlossenen Zeitschleifen führen können und somit nicht immer mit dem Prinzip der relativistischen Kausalität vereinbar sind. Deswegen macht man in der Allgemeinen Relativitätstheorie normalerweise einen Bogen um die Wurmlochlösungen der Einstein'schen Gleichungen.

Betrachtet man jedoch kompakte Räume in der Stringtheorie, die keine Zeitrichtung, sondern nur Raumrichtungen beinhalten, dann betreten die Wurmlöcher wieder die Bühne der theoretischen Physik. Wir haben es in diesem Fall mit Wurmlöchern zu tun, die verschiedene kompakte, im Allgemeinen höherdimensionale Räume miteinander verbinden. Die Verbindungsglieder, also die Brücken zwischen verschiedenen Räumen, sind in der Stringtheorie oftmals keine normalen geometrischen Räume mehr, sondern Stringgeometrien, in denen Stringeffekte eine wichtige Rolle spielen. Denn die Raumbrücken zwischen verschiedenen Räumen haben normalerweise nur sehr kleine Abmessungen, sodass dort auch die gewundenen Strings in das physikalische Geschehen eingreifen. Hierdurch können die verschiedenen Stringräume, die durch ein Wurmloch verbunden sind, ganz unterschiedliche geometrische oder topologische Eigenschaften aufweisen. So kann zum Beispiel auch ein expandierendes Universum durch ein Wurmloch mit einem kontrahierenden Universum verbunden sein.

Wie sehen nun in der Stringtheorie diese Raumbrücken aus, die wie Wurmlöcher verschiedene Stringkompaktifizierungen miteinander verbinden? Zum Beispiel suchen wir nach einem Wurmloch, welches ein vierdimensionales Stringmodell mit vier Quark- und Leptonfamilien in eine Kompaktifizierung umwandelt, die genau drei Teilchenfamilien besitzt. Oder wir suchen nach Übergängen zwischen Stringkompaktifizierungen, die verschiedenenartige mikroskopische Eichkräfte besitzen, zum Beispiel eine mit Eichgruppe SU(4) und eine zweite Kompaktifizierung, die SU(3) als Symmetriegruppe enthält und deswegen die starke Kernkraft richtig beschreibt. Viele dieser Eigenschaften, wie die Anzahl der Teilchenfamilien und die Wahl der Symmetriegruppen, hängen fundamental von der Geometrie und der Topologie des kompakten, sechsdimensionalen Raumes ab, der die Stringtheorie von zehn auf vier Raum-Zeit-Dimensionen herunterführt. Im Falle der Branen-Welt hängen diese Eigenschaften auch noch davon ab, wie die D-Branen in den sechsdimensionalen Raum eingebettet sind. Mögliche Übergänge zwischen Stringkompaktifizierungen mit verschiedenen Teilcheneigenschaften führen zur notwendigen Betrachtung der Übergänge zwischen sechsdimensionalen kompakten Räumen, die unterschiedliche geometrische oder auch unterschiedliche topologische Eigenschaften besitzen. Wir suchen also nach Wurmlöchern und Übergängen zwischen den sechsdimensionalen geometrischen Räumen, die für den Beobachter in der vierdimensionalen Raum-Zeit wegen ihrer winzigen Ausdehnung unsichtbar bleiben. Was sich in vier Dimensionen effektiv als Änderung der Teilchenzahl oder als Änderung der Symmetriegruppe manifestiert, ist in Wirklichkeit nichts anderes als ein Wurmloch im sechsdimensionalen, kompakten Raum.

Was sind Moduliparameter? Die Beschreibung von Wurmlöchern und Übergängen zwischen verschiedenen höherdimensionalen Räumen ist ein interessantes mathematisches Problem, das noch nicht in allen Details vollständig verstanden ist. Die betrachteten Räume werden dabei geometrisch immer durch bestimmte Ordnungsparameter, durch die Moduliparameter, beschrieben. Zum Beispiel ist das Gesamtvolumen eines kompakten Raumes immer ein solcher Modulus. Ferner können die Moduliparameter die Größen von bestimmten, eingebetteten Unterräumen beschreiben. Versuchen wir, uns einen sechsdimensionalen Calabi-Yau-Raum vorzustellen: Dieser kann Unterräume – gleichsam Abschnürungen – besitzen, welche die Form einer zweidimensionalen Kugel haben. Die Volumina dieser eingebetteten Kugeln entsprechen Moduliparametern, die von Mathematikern als Kähler-Parameter bezeichnet werden. Ferner gibt es auch noch eingebettete dreidimensionale Kugeln, deren Volumina als komplexe Strukturparameter bezeichnet werden. Die Geometrie eines Calabi-Yau-Raumes ist im Wesentlichen durch die Wahl dieser Kähler- und durch komplexe Strukturparameter bestimmt. Topologisch werden die Calabi-Yau-Räume durch die Anzahl der eingebetteten zwei- und dreidimensionalen Kugeln charakterisiert, denn die Anzahl der eingebetteten Kugeln ändert sich nicht, wenn man die Moduliparameter nur um einen kleinen Betrag ändert. Die Anzahl der «Zwei-Kugeln» bezeichnen wir mit b_2 – mathematisch ist das gerade die zweite Bettizahl des betrachteten Raumes – und die Anzahl der «Drei-Kugeln» mit b_3, der dritten Bettizahl. Diese beiden ganzen Zahlen sind also topologische Invarianten, die nicht von der Geometrie abhängen. Aus der Differenz beider Bettizahlen lässt sich eine weitere topologische Invariante bilden, nämlich die Euler-Zahl χ, die wir schon früher kennengelernt haben: $\chi = 2\,(b_2 - b_3)$. Diese bestimmt in den heterotischen Stringkompaktifizierungen genau die Anzahl der Teilchenfamilien.

Topologien können sich auch ändern – der Weg des Strings durch die Singularität Nun sind wir an dem Punkt angelangt, an dem wir Übergänge zwischen topologisch unterschiedlichen Calabi-Yau-Räumen verstehen können. Die einfache Art eines solchen Übergangs wurde von Philip Candelas als Conifold-Übergang bezeichnet. Im Rahmen der Stringkompaktifizierung wurden die topologischen Übergänge von Edward Witten und auch von Paul Aspinwall, Brian Greene und David Morrison im Januar 1993 ausgearbeitet. Bei einem topologischen Übergang betrachtet man zuerst eine der eingebetteten «Zwei-Kugeln», wobei man ihr Volumen immer kleiner und kleiner werden lässt. Schließlich gelangt man an einen Punkt, an dem das Volumen dieser Kugeln auf null zusammengeschrumpft ist. Der dazugehörige Calabi-Yau-Raum ist nun keine glatte Mannigfaltigkeit mehr, sondern zu einem singulären Raum entartet, den man als Conifold-Singularität bezeichnet. Der Name «conifold» rührt daher, dass der Raum an einem Punkt eine konische Singularität besitzt, welche die Form einer Bleistiftspitze annimmt. Man kann dieses sechsdimensionale, singuläre Gebilde durchaus mit einem Schwarzen Loch in der vierdimensionalen Welt vergleichen. Für ein Punktteilchen wäre es verboten, sich vollkommen dieser Singularität zu nähern, womit ihm also der topologische Übergang nicht erlaubt ist. Ein String verhält sich anders: Da er räumlich ausgedehnt ist, nimmt er die Singularität gar nicht als verbotenen Bereich im Raum wahr, sondern kann einfach über den singulären Punkt hinüberlaufen. Die Stringtheorie zeigt an diesem singulären Punkt im Parameterraum der Calabi-Yau-Geometrie ein ganz besonderes Verhalten, denn an diesem Punkt taucht, ähnlich zu einem Windungszustand, ein neues masseloses Stringteilchen als Stringanregung auf. Man kann dieses Teilchen einem neuen Ordnungsparameter zuordnen, nämlich der Größe einer neuen eingebetteten «Drei-Kugel». Am singulären Conifold-Punkt hat auch diese ein verschwindendes Volumen, aber man kann den neuen Parameter dazu benutzen, sie aufzublasen und ihr ein endliches Volumen zu geben. Beim Aufblasen der «Drei-Kugel» bewegt man sich wieder vom singulären Conifold-Punkt weg, und der sechsdimensionale Raum wird wieder zu einer echten Calabi-Yau-Mannigfaltigkeit geglättet. Dies ist der Grund dafür, dass in der Stringtheorie der topologische Übergang durch die Singularität hindurch möglich ist; für Punktteilchen hingegen ist dies, wie schon gesagt, ein verbotener Vorgang.

Ein topologischer Übergang ist also ein Übergang, bei dem zuerst eine «Zwei-Kugel» auf Null-Größe zusammenschrumpft und danach eine «Drei-Kugel» neu entsteht. Genau am Punkt der Verwandlung entartet der Calabi-Yau-Raum zu einem singulären Gebilde. Es ist klar, dass sich bei diesem Übergang die Topologie ändert: nimmt doch durch den Übergang die zweite Bettizahl b_2 um eine Einheit ab, während b_3 um eins vergrößert wird. Die Euler-Zahl ändert sich demnach um vier Einheiten. In der Teilchenphysik beschreibt dieser Übergang einen Prozess, an dem sich die Anzahl der Teilchenfamilien um vier Einheiten ändert. Ein bestimmtes Universum kann mithin in ein neues Universum übergehen.

Der Conifold-Übergang ist nur das einfachste Beispiel von zahlreichen möglichen Topologieänderungen. Andere Übergänge sind aber mathematisch gesehen nicht so gut verstanden. So sollte es auch topologische Übergänge zwischen Calabi-Yau-Räumen und Nicht-Calabi-Yau-Räumen geben, die in der Stringtheorie auch von Bedeutung sind. Hier bewegt sich die Mathematik allerdings auf noch größtenteils unerforschtem Gebiet. Deswegen ist auch die Landkarte der Stringlandschaft mit ihren möglichen Pfaden und Kreuzungen von den Kartographen der Stringwissenschaftler und Mathematiker bislang nur sehr unvollständig erforscht worden. Nimmt man auch noch D-Branen hinzu, die zum Teil in den sechsdimensionalen Raum eingebettet sind, dann wird die Suche nach der vollständigen Landkarte in der Stringtheorie noch viel spannender, aber auch komplizierter. Man weiß, dass sich D-Branen bei geometrischen oder topologischen Übergängen ineinander umwandeln oder sich sogar gegenseitig vernichten können. Dadurch ändern sich die Eichsymmetriegruppen in vier Dimensionen, und auch die Anzahl der Teilchenfamilien kann wiederum am singulären Übergangspunkt um bestimmte Werte springen. Die Stringlandschaft mit D-Branen ist also wesentlich reichhaltiger und schwieriger, als man es vor einigen Jahren noch vermutet hatte.

Ein String kann das, wozu ein Punktteilchen nicht in der Lage ist. Er vermag von bestimmten Bereichen einer Landschaft in deren andere Gebiete zu reisen, in denen vollkommen unterschiedliche Naturgesetze herrschen. Ein String kann also unter Umständen die klassische Geometrie ganz anders wahrnehmen als ein Punktteilchen. Singularitäten sind für einen String längst nicht so gefährlich und abstoßend wie für ein punktförmiges Objekt. Man nennt deswegen die von einem String solchermaßen wahrgenommene Geometrie auch Stringgeometrie und manchmal Quantengeometrie. Um unsere Reise ins Multiversum erfolgreich fortsetzen zu können, müssen wir uns darauf besinnen, dass auch wir selbst aus Strings zusammengesetzt sind und dass es verschiedene Extra-Dimensionen gibt, zwischen denen man hin und her wandern kann. Es ist also notwendig, sich eine gute Landkarte dieser Landschaft zu besorgen, in der alle Singularitäten und Übergangspunkte genau eingezeichnet sind. Leider sind heute nur sehr kleine Flecken auf dieser Landkarte bekannt.

Der letzte Schritt: die Energie von Flüssen und Modulistabilisierung

Schließlich wollen wir auch noch verstehen, wie die Energiefunktion in der Stringlandschaft, ähnlich derjenigen in einem Festkörper, zustande kommt. Man kann einem bestimmten geometrischen Calabi-Yau-Raum oder einer bestimmten D-Brane-Konfiguration einen ganz bestimmten Energiewert zuordnen, indem man bestimmte magnetische oder elektrische – normalerweise als innere Flüsse bezeichnete – Konfigurationen innerhalb des kompakten, sechsdimensionalen Raumes betrachtet. Diese Flüsse sind wie die eingebetteten zwei- oder dreidimensionalen Kugeln in die verschiedenen Unterräume hineingequetscht und haben dann den Effekt, dass die Flussenergie von den Volumina dieser Unterräume abhängt. Man muss sich das wie ein Magnetfeld oder ein elektrisches Feld vorstellen, dass einen bestimmten Raumbereich ausfüllt. So kann man dem elektrischen Feld in einem Kondensator eine ganz bestimmte Energie zuordnen, die von der Größe des elektrischen Feldes, aber auch vom Volumen des Kondensators abhängt. Genauso verhält es sich mit einem Magnetfeld, welches in einer Spule eingeschlossen ist. Die inneren Flüsse in der Stringtheorie übernehmen die gleiche Rolle. Die Energie einer bestimmten Stringkompaktifizierung mit Flüssen hängt im Allgemeinen von den Volumina der eingebetteten Unterräume ab, also von den Werten der Kähler-Moduliparameter und auch von den Werten der komplexen Strukturparameter. Die Energie einer Stringkompaktifizierung ist ein recht kompliziertes Funktional, das von den verschiedenen Werten der Ordnungsparameter abhängt. Dabei ist dieses Funktional kein sehr glattes Gebilde, sondern enthält im Allgemeinen sehr viele Täler und Mulden. Die Mulden im Parameterraum entsprechen dabei den Geometrien mit minimaler Energie, weshalb sich in deren Punkten das System bevorzugt aufhalten will. Die Moduliparameter nehmen also wegen der Flussenergien am liebsten die Werte an, an denen die Energie minimal ist. Dies nennt man Modulistabilisierung, da die Flüsse die Moduliparameter auf ganz bestimmte Werte festlegen. Durch die Flüsse wird also die Geometrie der Calabi-Yau-Räume festgelegt. Insbesondere kann die Modulistabilisierung in einigen Fällen auch die Größe – das Volumen des sechsdimensionalen Raumes, auf dem die Stringtheorie kompaktifiziert wird – festlegen.

Eine riesige Landschaft von Superstrings Gibt es nur einen Ordnungsparameter, das heißt nur einen Modulusparameter – zum Beispiel das Gesamtvolumen des sechsdimensionalen Raumes –, dann wird durch das Energiefunktional jedem Punkt im einem eindimensionalen Parameterraum genau ein Energiewert zugeordnet. Bei zwei Moduliparameter hat man es mit einer zweidimensionalen Fläche zu tun. Je größer der Parameterraum ist, umso mehr Berge und Täler, also Maxima und Minima, erwartet man in dieser multidimensionalen Stringlandschaft. Die Bestimmung der genau-

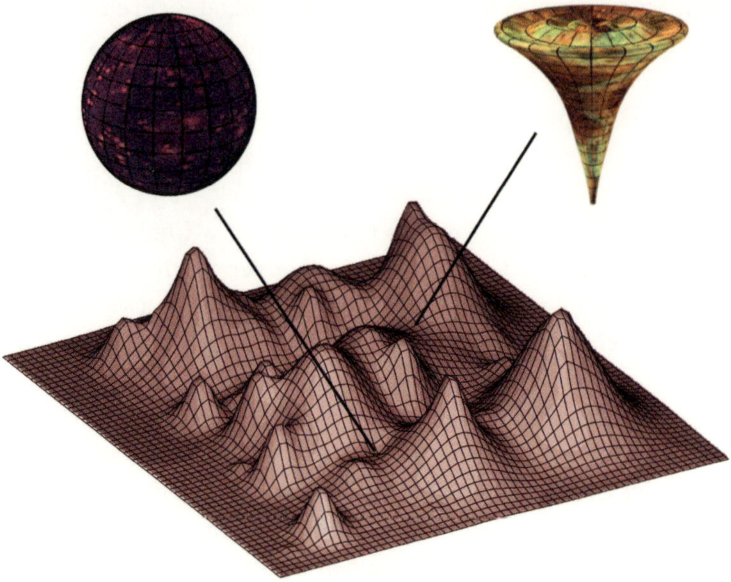

36 Zwei abstrakte Darstellungen der Stringlandschaft. In der Abbildung oben ist in der horizontalen Richtung das Energiefunktional in Abhängigkeit von bestimmten Moduliparametern aufgetragen, wobei in den verschiedenen Mulden verschiedene vierdimensionale Universen realisiert sind, wie zum Beispiel ein geschlossenes Universum und ein offenes, sich ausdehnendes Universum. In der Abbildung rechts wird noch einmal die Vielzahl der möglichen Universen dargestellt.

en Zahl der Minima ist ein interessantes kombinatorisches Problem, das Ähnlichkeiten zur Anzahl von erlaubten D-Branen in einem kompakten Raum aufweist. An den Flusskompaktifizierungen und an der Modulistabilisierung haben in den vergangenen zehn Jahren viele Personen sehr intensiv gearbeitet. Meilenstein sind in diesem Zusammenhang die Arbeiten von Steve Giddings, Shamit Kachru und Joseph Polchinski aus Santa Barbara im Jahre 2002 und von Shamit Kachru, Renata Kallosh, Andrei Linde und Sandip Trevedi aus Stanford aus dem Jahre 2004. In ihnen wurde gezeigt, dass Flusskompaktifizierungen zusammen mit anderen Solitonen in der Stringtheorie im Allgemeinen alle Moduliparameter in der Stringtheorie stabilisieren können. Somit war durch diese Arbeiten der Beweis angetreten, dass man es auch in der Stringtheorie mit einer Energielandschaft zu tun hat, die von

den geometrischen Ordnungsparametern der Stringkompaktifizierungen abhängt. Michael Douglas von der Rutgers-Universität konnte dann etwas später durch geschickte kombinatorische Berechnungen beweisen, dass die Zahl der energetischen Minima in der Flusslandschaft einer einzigen Calabi-Yau-Kompaktifizierung mit einer ganz bestimmten Euler-Zahl die Größenordnung 10^{500} besitzt. Multipliziert man dieses Ergebnis mit der Anzahl der möglichen Calabi-Yau-Räume, dann wird deutlich, wie komplex und riesig die gesamte Stringlandschaft ist.

Die Kleinheit der kosmologischen Konstante Λ Zwischen vielen dieser Vakua sind darüber hinaus noch verschiedene Übergänge durch quantenmechanische Tunneleffekte möglich. Bei einem Tunneleffekt in der Stringlandschaft springt die Stringtheorie mit einer bestimmten Wahrscheinlichkeit von einem Minimum in ein benachbartes Minimum. Diese Übergänge erfolgen spontan mit allerdings sehr geringer Wahrscheinlichkeit, da die Potentialbarrieren, also die Berge zwischen den Tälern, im Allgemeinen sehr hoch sind. Erfolgt ein Quantentunneln in der Stringlandschaft, kann sich dadurch auch die Topologie des korrespondierenden sechsdimensionalen Raumes und somit auch Teilchenphysik in vier Dimensionen ändern. Auch die zugeordnete Vakuumenergie wird sich infolge des Quantentunnelns ändern. Natürlich sind in der Stringlandschaft solche Quantensprünge bevorzugt, bei denen die Energie abnimmt. Normalerweise tunnelt man von einen Minimum mit höherer Energie in ein energetisch tieferes Minimum. Aber es gibt auch Übergänge in energetisch höher gelegene Punkte der Landschaft. Die Energie in der Stringlandschaft nimmt dabei eine wichtige Sonderrolle ein: Koppelt man das System noch an die Gravitationskraft, dann wird die Energie eines jeden Minimums als effektive kosmologische Konstante Λ in vier Dimensionen wahrgenommen. Übergänge in der Stringlandschaft sind also auch Übergänge zwischen Universen mit verschiedenen kosmologischen Konstanten. Wie wir schon besprochen haben, wissen wir aus verschiedenen Experimenten in der Astrophysik, dass die kosmologische Konstante in unserem Universum einen winzig kleinen Wert annimmt: Sie hat, gemessen in Einheiten der Planck'schen Masse, die Größenordnung 10^{-120}. Gibt es eine gute Erklärung für die Kleinheit dieses Wertes in der Stringtheorie? Eine mögliche Antwort ergibt sich, wenn wir uns der Statistik der großen Zahlen und eventuell auch noch des anthropischen Prinzips als Hilfe bedienen: Nehmen wir für den Moment einfach an, dass die verschiedenen Werte für die kosmologische Konstante Λ in der Stringlandschaft statistisch zwischen null und eins etwa gleich verteilt sind. Teilen wir das Intervall zwischen den Zahlen null und eins in kleine Stücke, von denen jedes höchstens 10^{-120} oder kleiner ist, dann gibt es mindestens 10^{120} solcher Intervalle zwischen null und eins. Daraus würde folgen, dass die Wahrscheinlichkeit, sich in einem Vakuum mit kosmologischen Konstanten von $\Lambda \approx 10^{-120}$ aufzuhalten, höchstens 10^{-120} ist. Im Rahmen der Flusskompaktifizierungen gibt es ungefähr 10^{500} verschiedene Minima der Stringlandschaft. Multiplizieren wir nun die Anzahl der Minima mit der Wahrscheinlichkeit, die richtige kosmologische Konstante zu erhalten, dann sehen wir zu unserer Verblüffung, dass es – als Resultat aus dem Gesetz der riesig großen Zahlen – ungefähr 10^{380} Punkte in der Landschaft mit der gemessenen kleinen kosmologischen Konstante geben sollte.

Wo in der Stringlandschaft ist unser Universum? Natürlich sind noch weitere Bedingungen an das «richtige» Vakuum zu stellen, und wir müssen insbesondere die korrekte Teilchenphysik gemäß dem Standardmodell erhalten. Jedes Minimum in der Stringlandschaft besitzt nicht nur eine ganz bestimmte kosmologische Konstante, sondern zeichnet sich auch durch ganz bestimmte Teilcheneigenschaften aus. Die Eichsymmetriegruppe hängt davon ab, wo man sich in der Stringlandschaft gerade befindet, was gleichermaßen auch für die Anzahl der Teilchenfamilien gilt. Es wird also nur ein Bruchteil der Minima mit einem vernünftigeren Wert der kosmologischen Konstante auch für die Elementarteilchenphysik unseres Universums von Interesse sein. Über die Größe dieses Anteils herrscht allerdings noch erhebliche Unklarheit. Die Einschränkungen an die Stringlandschaft setzen sich noch weiter fort, denn auch viele Parameter des Standardmodells wie die Massen der Elementarteilchen sind im Allgemeinen komplizierte Funktionen des Modulusparameters. So hat zum Beispiel das Elektron an vielen Punkten der Landschaft eine viel größere Masse als die im Experiment gemessene, an vielen anderen Punkten hingegen ist es sehr viel leichter als das echte Elektron, und nur an sehr wenigen Punkten stimmt die Masse des Elektrons mit ihrem Messwert wirklich überein. Um also alle Eigenschaften der Elementarteilchen der Stringlandschaft wiederzufinden, bedarf es schon einiger Anstrengungen und auch einer gehörigen Portion Glück. Die Chance, genau das Standardmodell zu finden, ist sicher sehr viel kleiner als die eines Hauptgewinns im Lotto. Der ultimative Beweis, dass alle Randbedingungen irgendwo in der Landschaft erfüllt sind, ist bis heute noch keinem Physiker geglückt. Dennoch scheint es so zu sein, dass, zumindest statistisch gesehen, die Stringlandschaft eine reelle Chance für die Realisierung unseres Universums bereitstellt.

Es erscheint mir sinnvoll, am Ende dieses Kapitels unsere Betrachtungen und unsere Schlussfolgerung über die Reise ins String-Multiversum nochmals so anschaulich wie möglich zusammenzufassen. Die Idee des String-Multiversums verbindet auf einen Schlag einige der interessantesten Konzepte in der theoretischen Teilchenphysik, in der Quantengravitation und in der Kosmologie. Durch die Kompaktifizierung des Strings von zehn auf vier Raum-Zeit-Dimensionen ergibt sich eine riesige Anzahl von Modellen für Elementarteilchen und ihre mikroskopischen Wechselwirkungen untereinander. Jede Kompaktifizierung kann als eigenes Universum mit ganz bestimmten, spezifischen Eigenschaften angesehen werden. Lediglich die Gravitationskraft entfaltet ihre universelle Wirkung in allen Universen.

Strings als ausgedehnte Objekte erlauben topologische Übergänge, nämlich Raumbrücken und Wurmlöcher zwischen verschiedenen kompakten Räumen. Damit es zur Neugeburt eines Universums kommt, benötigt man die Hilfe der Quantengravitation: Der topologische Übergang im kompakten Teil der zehndimensionalen Raum-Zeit muss mit der gleichzeitigen Bildung einer neuen Raum-Zeit-Blase in den restlichen vier Raum-Zeit-Dimensionen einhergehen. Das String-Multiversum wird also durch das Bild stetig aufplatzender und sich ausdehnender Seifenblasen in einem ewigen Ganzen beschrieben. Bezeichnend am String-Multiversum ist, dass in vielen der neu entstehenden Universen ganz unterschiedliche Naturgesetze im Vergleich zu unserem Universum herrschen. Es handelt sich hierbei also um völlig verschiedene Parallelwelten, die sich von unserem Universum zu einem bestimmten Zeitpunkt abgekoppelt haben oder auch schon viel früher als dieses entstanden sind. Das String-Multiversum weist also einige Eigenschaften auf, die wir von der Festkörperphysik und der Vielteilchenphysik schon seit einiger Zeit kennen: Den Prozess der Kompaktifizierung kann man als Symmetriebrechung ansehen, und die quantenmechanische Blasenbildung von neuen Universen entspricht in vielerlei Hinsicht quantenmechanischen Übergängen und Tunneleffekten in Festkörpern. Wichtig ist, dass die Stringtheorie beziehungsweise die M-Theorie selbst durch eindeutige Gleichungen bestimmt sind, genauso wie die Grundgleichung, die einem Festkörper zugrunde liegt. Die Vielzahl der Universen entspricht dann den verschiedenen Phasen in einem Vielteilchensystem.

Die Entdeckung der D-Branen hat zu einem interessanten und auch anschaulichen Bild der möglichen Struktur des String-Multiversums geführt: Geschlossene Strings bevölkern gleichsam als Kugelfische die gesamte zehndimensionale Raum-Zeit und sind für die universelle Gravitationskraft verantwortlich. Offene Strings hingegen leben als Flundern nur auf bestimmten, niederdimensionalen Unterräumen – den D-Branen –, entsprechen aber den Elementarteilchen samt ihrer dazugehörigen Kraftteilchen. Da es sehr viele geometrische Möglichkeiten für D-Branen gibt, erklärt sich dadurch die Vielzahl der unterschiedlichen Universen im D-Brane-Multiversum. Wie wir im nächsten Kapitel noch näher besprechen werden, können verschiedene D-Branen in der zehndimensionalen Raum-Zeit mit einem bestimmten Abstand parallel zueinander verlaufen. In diesem Fall haben wir es mit einem aus verschiedenen Stockwerken bestehenden Universum zu tun, dessen solchermaßen verschiedene Komponenten man als Parallelwelten ansehen kann, da auf jeder der D-Branen normalerweise unterschiedliche Elementarteilchen existieren. Eine Kommunikation zwischen den verschiedenen Stockwerken dieses höherdimensionalen Hauses ist lediglich durch den Austausch von geschlossenen Strings, also durch die Gravitationskraft, möglich.

Es ist klar, dass das Bild des String-Multiversums immer noch als sehr spekulativ und hypothetisch angesehen werden muss. Viele konzeptionelle Probleme in der theoretischen Physik werden im Rahmen des String-Multiversums unter einem radikal neuen Blickwinkel betrachtet, wobei viele Fragen weiterhin unbeantwortet bleiben. Wir werden auf den Sinn oder auch auf den Unsinn des String-Multiversums im letzten Kapitel des Buches noch eingehen. An dieser Stelle können wir jedoch schon einmal die zwei folgenden Fragen aufwerfen:

1. In der Stringtheorie ergibt sich das konkrete Problem, warum vier große Raum-Zeit-Dimensionen, die den sichtbaren Teil des Universums ausmachen, und sechs kleine, aufgerollte Dimensi-

onen existieren, die sich bis jetzt dem menschlichen Auge noch nicht erschlossen haben. Aus der Perspektive der Stringtheorie erscheint diese Aufteilung ziemlich willkürlich und ihr «von Hand» übergestülpt worden zu sein. Gibt es also ein ganz bestimmtes, ordnendes Prinzip in der Stringtheorie, welches vier große Raum-Zeit-Dimensionen bevorzugt? Wir wissen es noch nicht! Möglicherweise ist die Antwort auf diese Frage anthropisch, da nur ein Universum mit vier großen Raum-Zeit-Dimensionen alle Voraussetzungen für Leben bereithält. Im Rahmen der Stringlandschaft sollte es auch eine hohe Wahrscheinlichkeit geben, dass bei der Entstehung neuer Universen die Anzahl der großen beziehungsweise der kleinen Raumrichtungen verändert wird. Die verschiedenen Blasen könnten also völlig unterschiedliche Dimensionen vorweisen, wie es auch die Denkansätze in einigen der neueren wissenschaftlichen Arbeiten zeigen. Wurmlöcher, an deren beiden Enden sich zwei Räume mit unterschiedlicher Anzahl von großen und kleinen Dimensionen befinden, sind allerdings noch weitgehend unerforschte mathematische Objekte.

2. Ganz allgemein müssen wir uns die Frage stellen, wodurch unser Universum, in dem wir leben, eigentlich ausgezeichnet ist. In welcher der vielen Blasen leben wir also? Man kann nun versuchen, jeder Kompaktifizierung, das heißt jeder Blase im String-Multiversum, eine bestimmte Wellenfunktion zuzuordnen, so wie es schon Hartle und Hawking in ihren kosmologischen Quantengravitationsmodellen gemacht haben. Auf diese Weise lässt sich die Hoffnung hegen, eine Wahrscheinlichkeitsaussage über die verschiedenen Stringkompaktifizierungen zu erhalten. Es wäre sicher ein bemerkenswertes Ergebnis, wenn diejenigen Kompaktifizierungen und D-Branen-Modelle, welche dem Standardmodell der Elementarteilchen in vier Raum-Zeit-Dimensionen entsprechen, gerade Wellenfunktionen mit der höchstmöglichen Wahrscheinlichkeitsamplitude besäßen. Dann hätten wir auf quantenmechanische Weise wirklich verstanden, warum wir in unserem Universum leben und in keinem anderen, da ja unser Universum den wahrscheinlichsten

Zustand im Multiversum darstellt. Leider sind wir mit unseren theoretischen und mathematischen Betrachtungen noch lange nicht an diesem Punkt angekommen. Im Gegenteil, es gibt momentan keine theoretischen Hinweise darauf, dass unser Universum sehr viel wahrscheinlicher als viele andere Universen ist. Es scheint vielmehr eine Gleichwahrscheinlichkeit zwischen den verschiedenen Aggregatzuständen der Stringtheorie vorzuherrschen. Schenkt man also der Idee des String-Multiversums Glauben, so ist vermutlich das anthropische Prinzip die tauglichste und wahrscheinlich einzige Erklärung, warum wir in unserem Universum leben. Denn gerade das anthropische Prinzip identifiziert die Regionen in der Stringlandschaft, in denen Beobachter leben können: Die physikalischen Gesetze und viele der physikalischen Größen nehmen ihre beobachtete Form und ihre gemessenen Werte deshalb an, weil diese und nur diese menschliches Leben erlauben. Tunneleffekte, Übergänge und Wurmlöcher zwischen verschiedenen Bereichen und Blasen des Multiversums führen schließlich zum dynamischen anthropischen Prinzip. Man kann dies sogar mit der Evolutionstheorie in der Biologie vergleichen: Unser Universum ist das Produkt einer langen Evolutionskette. Es ist aber mehr oder weniger zufällig entstanden, so wie die ersten biologischen Zellen in der Ursuppe von Kohlenstoff, Wasserstoff und Sauerstoff auf der Erde entstehen konnten und dann zu komplexen Organismen geführt haben. Der genetische Code unseres Universums besteht allerdings nicht aus bestimmten Kohlenstoffverbindungen, sondern er ist in der Form von Geometrie und Topologie der zugrunde liegenden Kompaktifizierung verschlüsselt. Es ist eine der Hauptaufgaben der Stringphysikers, diesen genetischen Code, der unser physikalisches Leben bestimmt, mit seinen mathematischen Werkzeugen zu knacken und der Öffentlichkeit zu erklären.

9. Die experimentelle Suche nach den Strings

Vieles von dem, was wir im letzten Kapitel über das String-Multiversum gehört haben, klingt zuweilen sicher sehr abstrakt und ist bislang auch nur eine auf mathematischen Überlegungen beruhende, rein theoretische Konstruktion. Welche überprüfbaren Konsequenzen aber hat die Stringtheorie? Es ist nicht ausgeschlossen, dass neue Experimente der Idee über die Landschaft von Paralleluniversen mit Extra-Raumdimensionen bald erste konkrete Nahrung geben könnten. Im nächsten Kapitel wollen wir uns deswegen mit der Frage befassen, welche Experimente und physikalischen Beobachtungen der neuen Physik in den nächsten Jahren eventuell Hinweise auf die Richtigkeit der Stringtheorie liefern oder diese Theorie unter Umständen auch widerlegen könnten.

In seinem Werk über den Kritischen Rationalismus vertritt Karl Popper die These, dass man nicht danach fragen sollte, wie man eine Theorie beweisen kann, sondern wie man herausfinden kann, ob sie fehlerhaft ist. Popper fordert, dass im Anschluss an vorgeschlagene Theorien Experimente festzulegen seien, deren Ausgang als sogenannte Basissätze die Theorie falsifizieren können, wenn die theoretischen Folgerungen sich nicht in den Experimenten bestätigen. Mit dieser Methode kommt es zu einem evolutionsartigen Selektionsprozess, in dem sich nur diejenigen Theorien durchsetzen, deren Falsifizierung misslingt. Popper schlägt also vor, die Wissenschaftler sollten ihre Theorien widerlegen und nicht den Versuch ihres Beweises unternehmen.

Den Thesen Poppers folgend, stellt sich uns also die Frage, ob wir Experimente finden, die als Basissätze zu einer Widerlegung der Stringtheorie führen. Da sich die physikalischen Phänomene, die spezifisch mit der Stringtheorie verknüpft sind, voraussichtlich bei sehr hohen Energien beziehungsweise sehr kurzen Abständen abspielen, ist die experimentelle Widerlegung der Stringtheorie ein sehr schwieriges Unterfangen. Denn wenn wir annehmen, dass der typische Energiebereich, in dem die Effekte der Stringtheorie experimentell sichtbar werden, erst bei der Planck'schen Masse von ungefähr 10^{19} GeV liegen, dann ist die experimentelle Widerlegung der Stringtheorie zwar nicht prinzipiell ausgeschlossen, aber doch im Rahmen der heutigen technischen Möglichkeiten äußerst kompliziert. Mit diesem Dilemma ist grundsätzlich jede Theorie der Quantengravitation konfrontiert, die an der Planck-Masse operiert. Auch der LHC-Beschleuniger am CERN wird «nur» Energiebereiche erproben, die um ungefähr 16 Größenordnungen kleiner als die Planck'sche Masse sind. Wer also die Popper'sche Forderung nach Falsifizierbarkeit nicht aufgeben möchte, wird sich mit dem, was die Stringtheorie und die Quantengravitation über die Physik an der Planck-Skala, über zusätzliche Dimensionen, über den Urknall, über parallele Universen und über die Neugeburt von Universen postuliert, nicht unbedingt anfreunden können. Und zwar nicht wegen einer fundamentalen Nichtfalsifizierbarkeit der Theorie – hier irren die Kritiker –, sondern wegen der praktischen Schwierigkeit, Beschleuniger zu bauen, welche die Teilchen auf Planck'sche Energien beschleunigen können. Natürlich sollte man auch bei derartigen Aussagen Vorsicht walten lassen, denn das menschliche Gehirn hat sich in vielen derartigen Fällen immer noch als so erfindungsreich erwiesen, auch vermeintlich unüberwindbare Hürden zu überbrücken. Vollkommen neue und heute noch unbekannte Technologien könnten möglicherweise in hyperpräzisen Experimenten die Regionen der Planck'schen Energie betreten. Auch bestehen eventuell Chancen, die kosmische Strahlung bei der Erkundung der Quantengravitation auszunutzen, denn deren Teilchenenergien übertreffen zum Teil erheblich die heutigen Beschleunigerenergien.

Indirekte experimentelle Hinweise auf die Richtigkeit der Stringtheorie sind in den nächsten Jahren aber durchaus möglich. Sogar eine direkte experimentelle Entdeckung der ersten Treppenstufe in der Stringtheorie könnte mit viel Glück in den nächsten Jahren am Large Hadron Collider (LHC) am CERN erfolgen. Eines der künftigen Hauptziele des LHC ist der Nachweis des Higgs-Teilchens, welches für die Massen der Elementarteilchen im Standardmodell verantwortlich ist. Würde man das Higgs-Teilchen am LHC finden, dann wäre die Entwicklung des Standardmodells zu einem triumphalen Abschluss gelangt. Das LHC wurde aber auch gebaut, um neue Physik jenseits des Standardmodells zu entdecken, wozu eine mögliche Entdeckung der Supersymmetrie am LHC zählt. Ihre Entdeckung wäre auch ein sehr guter, indirekter Hinweis auf die Richtigkeit der Stringtheorie, denn Supersymmetrie und Superstrings sind sehr eng miteinander verknüpft. Den eindeutigen positiven Beweis der Stringtheorie jedoch würde auch die Entdeckung der Supersymmetrie bei LHC-Energien nicht liefern können, denn supersymmetrische Theorien haben auch außerhalb der Stringtheorie einen perfekten Sinn. Ferner würde die Entdeckung von neuen massiven Eichbosonen – oft in Anlehnung an die Z-Bosonen der schwachen Wechselwirkung als Z'-Eichbosonen bezeichnet –, also von neuen kurzreichweitigen Naturkräften, gut in das Bild vieler Stringkompaktifizierungen passen. Ebenso können astrophysikalische Messungen indirekte Hinweise auf die Stringtheorie liefern, wenngleich eine direkte Entdeckung der Stringtheorie natürlich sehr viel spektakulärer wäre. In diesem Fall müsste die typische Energie, die man benötigt, den String anzuregen – das heißt, ihn in seine Schwingungen zu versetzen und einen angeregten Schwingungszustand am Teilchenbeschleuniger zu erzeugen –, sehr viel niedriger als die Planck'sche Masse sein. Wie die Entkopplung der charakteristischen Stringenergie von der Planck'schen Energie erfolgen kann, das werden wir gleich noch näher besprechen.

Die Entdeckung der Supersymmetrie oder sogar der positive Nachweis von neuen Naturkräften in der Form von Z'-Teilchen am LHC sind also keine hundertprozentig eindeutigen Vorhersagen der Stringtheorie. Diese experimentellen Hinweise sind immer nur in ganz bestimmten Klassen von Stringkompaktifizierungen in der riesigen Stringlandschaft gültig. Je mehr Stringmodelle eine bestimmte Klasse von Strings enthält, die alle die gleichen theoretischen Vorhersagen auf neue physikalische Effekte liefern, umso erfolgversprechender erscheint die experimentelle Suche nach diesen Vorhersagen. Ein geglückter experimenteller Nachweis würde also einen immensen Erfolg für die Theorie darstellen. Fatalerweise stellt aber eine Nichtbestätigung bestimmter neuer Teilchen und Phänomene keine Falsifizierung der Stringtheorie dar, denn die Vielzahl der Möglichkeiten in der Stringlandschaft erlaubt nach dem heutigen Kenntnisstand alternative Kompaktifizierungen, die gerade nicht diese neuen Teilchen und diese Eigenschaften vorweisen. So würde die Abwesenheit von Supersymmetrie am LHC uns lediglich sagen, dass die charakteristische Energie, an der Superteilchen auftreten, doch höher ist – was aber für die Stringtheorie gar kein Problem darstellt. Dieser Umstand einer sehr großen theoretischen Flexibilität ist einer der größten Kritikpunkte vieler Stringgegner.

Bevor wir uns der experimentellen Suche nach der Stringtheorie mit etwas größerer Detailliertheit zuwenden, sollten die beiden komplementären Strategien erwähnt werden, mit denen die Stringtheoretiker versuchen, ihre Theorie zu belegen. Die beiden Strategien werden als «top-down-Versuch» beziehungsweise als «bottom-up-Ansatz» bezeichnet. In den vorherigen Kapiteln haben wir uns hauptsächlich im Rahmen des top-down-Versuchs bewegt. Ausgangspunkt sind hier die Grundgleichungen der Superstringtheorie oder der M-Theorie in zehn beziehungsweise in elf Raum-Zeit-Dimensionen. Der top-down-Versuch hat das Ziel, alle mathematischen Kompaktifizierungslösungen dieser Grundgleichungen zu verstehen und zu untersuchen. Dies ist ein sehr ehrgeiziges und schwieriges Unterfangen, denn wegen der Vielzahl der Möglichkeiten ist eine vollständige Klassifizierung aller Lösungen in der großen Stringlandschaft eine enorme mathematische Herausforderung. Der top-down-Versuch in Verbindung mit der Kosmologie hatte uns dann schlussendlich auf das Bild des String-Multiversums geführt, in dem Wahrscheinlichkeitsaussagen oder auch das anthropische Prinzip zur Anwendung kommen.

Der bottom-up-Ansatz ist weniger ehrgeizig und, wie es der Name auch schon sagt, bodenständiger als der top-down-Versuch. Im bottom-up-Ansatz bilden das Standardmodell der Elementarteilchenphysik und auch das kosmologische Concordance-Modell den Ausgangspunkt der theoretischen Überlegungen. Hier konzentriert man sich nur auf solche Stringkompaktifizierungen in der Stringlandschaft, die der uns bekannten Physik in vier Raum-Zeit-Dimensionen schon so nahe wie möglich kommen. In gewisser Hinsicht stellt der bottom-up-Ansatz auch eine Art anthropischen Zugangs dar, da man nur an den Stringmodellen interessiert ist, die unserem Universum so genau wie möglich entsprechen. So reduziert man die Anzahl der in Frage kommenden Kompaktifizierungen um einen beträchtlichen Faktor, wenngleich die Menge der übrig bleibenden, realistischen Kompaktifizierungen immer noch beträchtlich groß ist. Optimal wäre es nun, wenn alle realistischen Stringmodelle einige gemeinsame und hervorstechende, über die bekannte Physik des Standardmodells hinausgehende Eigenschaften hätten, die man dann als neue Vorhersagen der Stringtheorie experimentell testen könnte. Leider ist dies nicht der Fall, denn die verschiedenen realistischen Stringmodelle unterscheiden sich in ihren indirekten und direkten experimentellen Vorhersagen. Deswegen teilt man zunächst die verschiedenen Modelle so gut wie möglich in verschiedene Klassen ein – in heterotische Stringkompaktifizierungen oder Modelle mit sich schneidenden D-Branen, den sogenannten ISB-Modellen (Intersecting Brane Worlds). Wichtig ist nun, die gemeinsamen typischen Merkmale der verschiedenen Stringklassen herauszufinden. Etwas verwirrend kann diese Einteilung allerdings dann werden, wenn sich herausstellt, dass verschieden aussehende Stringkompaktifizierungen dual zueinander sind und eigentlich den gleichen Grundzustand der Theorie beschreiben.

Es gibt im Wesentlichen zwei hervorstechende Grundmerkmale der Stringtheorie, die beim experimentellen Nachweis der Theorie von Bedeutung sind: Kompaktifizierung von zehn auf vier Raum-Zeit-Dimensionen und die nicht punktförmige, sondern eindimensionale Natur der Elementarteilchen. Kompaktifizierung impliziert das Vorhandensein von zusätzlichen Raumdimensionen, die neue physikalische Effekte in unserer vierdimensionalen Welt hervorrufen können. Kaluza-Klein-Anregungen aller bekannten Elementarteilchen, also Teilchen mit elektrischer Ladung, Farbe oder auch mit Isospin-Ladung, die in die Extra-Dimensionen eindringen können, wären das beste und direkteste Signal einer höherdimensionalen Welt. Ist die Ausdehnung, also der Radius der Extra-Dimensionen, sehr klein, dann sind die Kaluza-Klein-Teilchen allerdings sehr massereich. Deswegen braucht man sehr viel Energie, um die Kaluza-Klein-Teilchen an einem Beschleuniger durch Teilchenkollisionen zu erzeugen.

Kompaktifizierung impliziert neben Kaluza-Klein-Anregungen auch weitere, neue Teilchen, die keinerlei elektrische Ladung, Farbladung oder Isospin-Ladung tragen. Dies sind Teilchen, die sich in bestimmten Bereichen des höherdimensionalen Raumes aufhalten, also gewissermaßen in Parallelwelten leben und mit den Quarks und Leptonen in unserem Universum nur in sehr schwacher Wechselwirkung stehen. Deswegen gelten diese Teilchen als Dunkle Materie. Auch das Spektrum der supersymmetrischen Teilchen hängt von der Form der zusätzlichen Raumdimensionen ab, und das leichteste supersymmetrische Teilchen ist ein guter Kandidat für die Dunkle Materie. Ferner wird in den zusätzlichen Dimensionen ein bestimmtes Maß an Energie gespeichert, welche als Dunkle Energie auch die inflationäre Ausdehnung unseres Universums in seiner frühen Entwicklungsphase bewirken und auch das Spektrum der kosmischen Mikrowellen-Hintergrundstrahlung (CMB) in Abhängigkeit von der Geometrie der zusätzlichen Dimensionen setzen kann. Eine noch genauere Messung des CMB oder auch der Nachweis von Gravitationswellen können uns wertvolle Rückschlüsse über die Form der zusätzlichen Dimensionen liefern. Schließlich bewirkt Kompaktifizierung, dass die gemessenen Größen im Standardmodell der Elementarteilchen, wie die verschiedenen Massen von Quarks und Leptonen und auch die Kopplungskonstanten der starken, der schwachen und der elektromagnetischen Wechselwirkungen, von den geometrischen Parametern der zusätzlichen Dimensionen bestimmt werden. In der Stringtheorie sind also die Größen, die man im Standardmodell der Elementarteilchen lediglich als frei wählbare Parameter eingeführt hatte, aus den geometrischen Details der zusätzlichen sechs Dimensionen berechenbar. Diese Berechenbarkeit von Teilchenmassen und Kopplungskonstanten ist insbesondere dann möglich, wenn man die geometrischen Größen des kompakten Raumes, wie die Volumina der verschiedenen Unterräume, durch den schon beschriebenen Prozess der Modulistabilisierung festlegt. Man erhält dann ein neuartiges Wörterbuch, welches die Geometrie der zusätzlichen Dimensionen in die physikalischen Größen der vierdimensionalen Welt übersetzt. In den letzten Jahren wurde sehr viel Arbeit in die Erstellung dieses einzigartigen Wörterbuches investiert, wobei theoretische Physiker und Mathematiker gemeinsam an diesem aufwendigen Projekt arbeiten.

Natürlich haben jede Kompaktifizierung und jede Modulistabilisierung in der riesigen Stringlandschaft ihre ganz bestimmten und ureigenen Vorhersagen hinsichtlich der verschiedenen Parameter des Standardmodells oder auch der Kosmologie des Universums. So besteht der erste Schritt in der Herausfilterung derjenigen kompakten Räume, die zu falschen Vorhersagen bezüglich der schon gemessenen Größen des Standardmodells führen. Dies ist Teil des eben schon beschriebenen bottom-up-Ansatzes. Manchmal wird dieser Ausleseprozess auch als die – im Englischen «vacuum cleaning» genannte – Säuberung des Vakuums bezeichnet. Anschließend beginnt die Suche nach den neuen physikalischen Effekten, die von den sauberen Stringkompaktifizierungen vorhergesagt werden. Man kann also das Zusammenspiel von Stringkompaktifizierung und experimentellen Beobachtungen in folgenden Fragen zusammenfassen:

Wie sieht das geometrische Wörterbuch für die Strukturen zwischen der Geometrie des kompakten, sechsdimensionalen Raumes und den verschiedenen Messgrößen in der vierdimensionalen Welt aus, und zweitens, welche neuen physikalischen Vorhersagen ergeben sich aus der Beziehung zwischen der Geometrie der zusätzlichen Dimensionen und der Physik in vier Raum-Zeit-Dimensionen?

Die zweite hervorstechende Eigenschaft der Stringtheorie ist der Umstand, dass wir es nicht mit punktförmigen Teilchen, sondern mit eindimensionalen Objekten zu tun haben. Diese zunächst etwas banal klingende Aussage hat jedoch wichtige Konsequenzen, was den möglichen experimentellen Nachweis der Stringtheorie angeht. Ein String sieht von Weitem wie ein Punktteilchen aus und zeigt seine Ausdehnung erst, wenn man ihm nahe genug kommt. Bei niedrigen Energien in Streuexperimenten wird man also keinen großen Unterschied im Verhalten zwischen Strings und Punktteilchen feststellen. Bei hohen Energien hingegen kann man den String in seine Schwingungsmoden versetzen und dadurch die sogenannten Stringanregungen in Teilchenbeschleunigern erzeugen. Wie wir wissen, folgt das Anregungsspektrum eines relativistischen Strings den Regge-Trajektorien, die besagen, dass die Massendifferenz zwischen den verschiedenen Stringanregungen immer den gleichen Wert annimmt. Könnte man auf die erste Treppenstufe der Stringtheorie klettern, indem man den ersten Anregungszustand eines Strings in einem Teilchenbeschleuniger herstellt, dann hätte man die charakteristische Anregungsenergie, genannt E_{string}, gemessen. Diese Energie ist umgekehrt proportional zur charakteristischen L_{string}-Länge eines Strings. Aus den Regge-Trajektorien folgt ferner, dass die angeregten, massereichen Stringteilchen einen ganz bestimmten Eigendrehimpuls (Spin) besitzen, der normalerweise höher als der Spin des Grundzustands ist.

Bei genauerer Betrachtung hat das Regge-Anregungsspektrum eines Strings also folgende Form: Der Grundzustand einer jeden Regge-Trajektorie entspricht einem Teilchen mit sehr niedriger Masse. Jedes dieser Teilchen befindet sich am Fuße des Berges «Stringtheorie». Hat man im Rahmen des bottom-up-Ansatzes bereits einen vernünftigen Kompaktifizierungsraum gefunden, dann entspricht jeder Grundzustand genau einem bekannten Elementarteilchen des Standardmodells, also einem Quark, einem Lepton oder einem der verschiedenen Kraftteilchen. Ferner kann es Regge-Trajektorien geben, deren Grundzustände einem supersymmetrischen Teilchen oder auch einem Teilchen der Dunklen Materie entsprechen. Quarks, Leptonen, Photonen, Gluonen sowie die W- und Z-Bosonen besitzen alle in der Form ihrer Regge-Stringanregungen unendlich viele massereiche Partnerteilchen, die genau die gleichen Eigenschaften hinsichtlich ihrer elektrischen Ladung, ihrer Farbe usw. aufweisen wie sie selbst und sich nur durch ihren Spin unterscheiden. Auf der ersten Stufe des Berges folgen dem up-Quark mit Spin 1/2 die ersten angeregten up-Quarks, genannt u*, mit Masse M_{string} und mit Spin 1/2 sowie Spin 3/2. Auf der zweiten Stufe des Berges finden wir die u**-Quarks mit Masse $2 \times M_{string}$, wobei der maximale Spin jetzt schon den Wert 5/2 erklimmen kann. Dieses Schema setzt sich unendlich oft fort und gilt, wie schon gesagt, für alle Teilchen des Standardmodells oder auch für die neuen Teilchen, wie die supersymmetrischen Teilchen oder die Dunkle Materie.

Eine Erzeugung der Regge-Stringanregung im Teilchenbeschleuniger und der anschließende Nachweis dieser Teilchen in den dazugehörigen Detektoren würden einen schlagkräftigen und direkten Hinweis auf die Richtigkeit der Stringtheorie liefern. Leider ist die Höhe der einzelnen Treppenstufen, also die Stringmasse M_{string}, die große Unbekannte in diesem Spiel. Liegt die Masse M_{string} nahe bei der Planck'schen Masse, wird es nicht möglich sein, diese Stufe im Beschleuniger zu erklimmen. Liegt M_{string} anderseits weit unterhalb der Planck'schen Masse, dann wäre der direkte Nachweis der Stringtheorie in den nächsten Jahren eventuell möglich. Wir werden auf den nächsten Seiten dieses Kapitels besprechen, wie man in den Branen-Welten (ISB-Modelle) eine im Vergleich zur Planck'schen Masse kleine Stringmasse M_{string} bekommen kann.

Wie hoch sind nun die Treppenstufen des String, das heißt, wie hoch liegt seine typische Anregungsenergie? Die Antwort auf diese Frage ist unabhängig von allen geometrischen Details der zusätzlichen Dimensionen, hängt also nicht vom komplizierten geometrischen Wörterbuch der Kompaktifizierung ab. Wie wir sehen werden, ist die charakteristische Anregungsenergie des Strings allein abhängig von der Planck'schen Masse und vom Gesamtvolumen des zusätzlichen, sechsdimensionalen Raumes.

Es gibt verschiedene Klassen von Stringmodellen, die die Physik in vier Raum-Zeit-Dimensionen gut wiedergeben können. Ein besonders aufregendes und interessantes Szenario sind die Branen-

Welten, die in der Stringtheorie auch oft als ISB-Modelle (Intersecting Brane Worlds) bezeichnet werden. Die Grundidee der Branen-Welten, die noch gar nicht so viel mit der Stringtheorie selbst zu tun hatte, stammt aus dem Jahre 1998, als sich die Physiker Nima Arkani-Hamed aus Harvard, Savas Dimopoulos aus Stanford und Georgi Dvali aus Triest gemeinsam an der Stanford University in Kalifornien aufhielten. Kurze Zeit später stieß auch noch Ignatios Antoniadis von der Ecole Polytechnique dazu. In der Urform der Branen-Welt von Arkani-Hamed, Dimopoulos und Dvali in dem nach ihnen benannten ADD-Szenario besteht unser Universum aus einer dreidimensionalen – und bei Hinzunahme der Zeitrichtung aus einer vierdimensionalen – Membran, die in einen höherdimensionalen Raum eingebettet ist. Die zusätzlichen Raumrichtungen sind kompakt und besitzen ein bestimmtes, endliches Volumen. Im einfachsten Fall ist diese dreidimensionale Membran in einen vierdimensionalen Raum eingebettet, dessen zusätzliche Richtung durch einen Kreis mit dem Radius R gegeben ist. Unser dreidimensionales Universum ist also an einem ganz bestimmten Punkt der vierten, zusätzlichen Raumrichtung lokalisiert. Wir stellen uns wieder ein Haus mit verschiedenen Stockwerken vor: Die dreidimensionale Membran unseres Universums ist das Erdgeschoss dieses Hauses; die vertikale Richtung des Hauses entspricht der zusätzlichen Richtung in der Branen-Welt. Die Höhe des Hauses ist in diesem Bild durch den Radius des Kreises bestimmt. Da der Kreis eine in sich geschlossene, also kompakte Form hat, ist das Dach des Hauses mit dem Erdgeschoss identisch.

Der entscheidende Punkt an der Idee der Branen-Welt ist nun, dass sich alle Elementarteilchen des Standardmodells, die Quarks und die Leptonen und auch die Kraftteilchen, wie die Photonen, die Gluonen und die W- und Z-Bosonen, nur auf der dreidimensionalen Membran bewegen können. Sie können also das Erdgeschoss des Hauses nicht verlassen und verhalten sich wie die Flundern im Flatteich. Deswegen kann man als Bewohner der dreidimensionalen Membranen nicht erkennen, dass das Universum in Wirklichkeit noch zusätzliche Dimensionen besitzt. Die Bahnen der Licht-

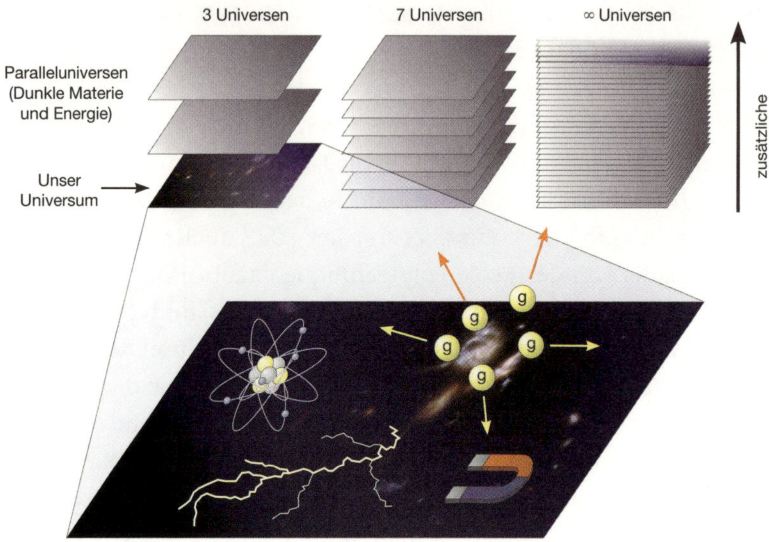

37 Paralleluniversen, so wie sie in der Stringtheorie durch D-Branen realisiert werden können. Die Parallelwelten haben die Form eines Hochhauses mit mehreren Stockwerken (vergleiche auch mit Abbildung 19). Die D-Branen des Erdgeschosses entsprechen unserem Universum mit den offenen Strings, die die Elementarteilchen des Standardmodells liefern. Die höheren Stockwerke werden durch parallele D-Branen gebildet, auf denen sich offene Strings bewegen, die mit uns nur durch den Austausch von geschlossenen Strings, das heißt gravitativ, wechselwirken und die wir als Dunkle Materie wahrnehmen. Schließlich liefern die Kräfte zwischen den verschiedenen Branen eine unsichtbare potentielle Energiekomponente, die wir in unserem Universum als Dunkle Energie, also als kosmologische Konstante, wahrnehmen können.

strahlen, die Teilchen untereinander austauschen können, sind also wie auch die Bewegung jedes anderen Elementarteilchens des Standardmodells auf die dreidimensionale Membran beschränkt auf das Erdgeschoss des Hauses. Es gibt in der Branen-Welt nur eine einzige Ausnahme von dieser Regel, und das ist die Gravitationskraft. Einzig und allein den Spin-2-Gravitonteilchen als Vermittler der Gravitationskraft ist es erlaubt, in die zusätzlichen Dimensionen einzutauchen. Die Gravitonen können sich also auch in vertikaler Richtung des Hauses bewegen und verhalten sich gleichsam wie Kugelfische, die den gesamten höherdimensionalen Fischteich bevölkern können.

Ein noch interessanteres Bild ergibt sich, wenn das Haus nicht nur das Erdgeschoss, sondern noch weitere Stockwerke besitzt, auf dem sich andere Teilchen bewegen können. So können wir uns zum Beispiel vorstellen, dass es in einem 5 Millimeter hohen Haus fünf verschiedene Stockwerke gibt, die untereinander jeweils einen vertikalen Abstand von einem Millimeter haben. Die verschiedenen Bewohner der einzelnen Stockwerke können sich nur in ihrer eigenen Etage aufhalten. Die Teilchen des Standardmodells im Erdgeschoss wissen also zunächst nichts von der Existenz der anderen Teilchen in den höheren Stockwerken, da es keine normale Kommunikation, das heißt keinen normalen Nachrichtenaustausch – durch die Standardmodell-Kraftteilchen –, zwischen den verschiedenen Stockwerken gibt. Die einzige Ausnahme ist die Gravitationskraft: Die Teilchen, die auf den verschiedenen Stockwerken, also auf den verschiedenen dreidimensionalen Branen, leben, können lediglich gravitationell miteinander in Wechselwirkung treten. Auch wenn sie kein Licht oder auch keine Gluonen untereinander austauschen können, spüren sie sich doch gegenseitig durch den Austausch von Gravitonen, denn die Gravitation wirkt universell im ganzen höherdimensionalen Universum, während die anderen Kräfte nur horizontal in ihren jeweiligen Stockwerken spürbar sind. Für die Teilchen des Standardmodells verhalten sich die Teilchen in den höheren Stockwerken wie Dunkle Materie in Parallelwelten, die einen bestimmten vertikalen Abstand von unserem Universum haben.

Das Szenario der Branen-Welt erlaubt einige recht kurios anmutende Effekte. So kann man sich zum Beispiel vorstellen, dass unser Universum auf einer dreidimensionalen Brane liegt, die mehrfach übereinandergefaltet ist. Dies hat zur Folge, dass Materie im dreidimensionalen Universum sehr weit voneinander entfernt sein kann, wie zum Beispiel weit voneinander entfernte Galaxien, die aber im Hinblick auf die zusätzlichen Raumrichtungen sehr nahe beieinanderliegen. Durch die Branenfaltung könnte die Gravitationskraft eine enorme Abkürzung durch den höherdimensionalen Raum nehmen, sodass Teilchen, die auf der Membran viele Lichtjahre voneinander entfernt sind, dennoch gravitativ relativ stark miteinander in Wechselwirkung stehen könnten. Auch könnte man sich kleine Verbindungsbrücken zwischen verschiedenen Bereichen auf der dreidimensionalen Membran vorstellen, die einfach durch die zusätzlichen Dimensionen hindurch verlaufen. Diese Raumbrücken durch die Extra-Dimensionen hätten einen ähnlichen Effekt wie Wurmlöcher im dreidimensionalen Universum und sind deswegen, was ihre physikalische Relevanz betrifft, mit Vorsicht zu genießen. Das übereinandergefaltete Universum gehört mehr in den Bereich der Science-Fiction als in die reale physikalische Welt, denn es könnten dort Vorgänge ablaufen, die wesentlichen Grundprinzipien in der Physik einschließlich der von ihr geforderten Kausalität widersprechen. Nichts spricht jedoch dagegen, dass das höherdimensionale Universum aus verschiedenen, parallelen Membranen besteht, die einen ganz bestimmten Abstand voneinander haben und von denen eine das Standardmodell der Elementarteilchen beherbergt.

Für die Stärke der Schwerkraft auf der dreidimensionalen Brane hat dieses Membranenbild weitreichende Konsequenzen. Denn im Rahmen der Branen-Welt kann man die in drei Dimensionen experimentell beobachtete Kleinheit der Gravitationskraft auf natürliche Weise theoretisch erklären: Die Gravitationskraft, die wir auf der dreidimensionalen Brane spüren, erscheint uns nur deswegen so schwach, weil ein Teil der Gravitonen, die ein massebehafteter Körper ausschickt, in den höherdimensionalen Raum entkommen kann. Diese Gravitonen kommen der Gravitationskraft in drei Dimensionen abhanden. Je größer der höherdimensionale Raum ist, umso mehr Gravitonen können auch in diesen entweichen. Dadurch erscheint die Wirkung der Gravitationskraft entlang der dreidimensionalen Membranen schwächer, als sie in Wirklichkeit im gesamten höherdimensionalen Raum ist. Der beschriebene Abschwächungseffekt der Gravitationskraft entlang der Membran ist also umso stärker, je größer das Volumen des höherdimensionalen Raumes ist. Wir können nun versuchen, diesen Sachverhalt mittels einer einfachen Formel zu beschreiben. Dazu erinnern wir uns, dass die Stärke der Gravitationskraft durch die Newton-Konstante – wir nennen sie nun in drei Dimensionen

G_3 – bestimmt wird. Diese nimmt in unserem dreidimensionalen Universum einen gemessenen Wert ein, der sehr klein ist: $G_3 \cong 6{,}67 \times 10^{-11}\,\mathrm{N\,m^2/kg}$.

Dieser Wert gibt aber nur die scheinbare Größe der Gravitationskraft auf der dreidimensionalen Membran an. Die wahre Gravitationskonstante im (3+d)-dimensionalen Raum, die wir als G_{3+d} bezeichnen wollen, nimmt hingegen größeren Wert als G_3 an, den wir erhalten, indem wir G_3 mit dem Größe des Extraraumes multiplizieren: $G_{3+d} = G_3 \times \mathrm{Vol(d)}$. In dieser Formel gibt Vol(d) das Volumen des zusätzlichen, d-dimensionalen Raumes an. Liegt nur eine weitere zusätzliche Dimension in der Form eines eindimensionalen Kreises mit Radius R vor, dann entspricht Vol(1) gerade dem Umfang des Kreises, also $\mathrm{Vol(1)} = 2\pi R$.[46] Haben wir es mit einem isotropen zweidimensionalen Torus zu tun, dann ist $\mathrm{Vol(2)} = (2\pi R)^2$, und für einen d-dimensionalen Torus erhalten wir $\mathrm{Vol(d)} = (2\pi R)^d$. Andere kompakte Räume, wie höherdimensionale Kugeloberflächen, liefern entsprechend geänderte mathematische Ausdrücke für ihre Volumina.

Wie wir wissen, bestimmt die Newton'sche Gravitationskonstante auch die Planck'sche Masse M_{Planck} und die Planck'sche Länge L_{Planck}. Da wir es nun mit zwei verschiedenen Newton'schen Gravitationskonstanten zu tun haben, nämlich mit der scheinbaren Newton-Konstante G_3 im dreidimensionalen Universum und mit der wahren Newton-Konstante G_{3+d} im gesamten (3+d)-dimensionalen Raum, gibt es auch zwei verschiedene Planck'sche Massen beziehungsweise Planck'sche Längen: erstens die beiden scheinbaren Planck'schen Größen im dreidimensionalen Universum, die wir weiterhin als M_{Planck} und als L_{Planck} bezeichnen wollen. Was den numerischen Wert dieser beiden Größen betrifft, so sind sie immer noch durch den gemessenen Wert der dreidimensionalen Gravitationskonstante G_3 bestimmt, sie sind also sehr groß beziehungsweise sehr klein, nämlich $M_{\mathrm{Planck}} \approx 1{,}29 \times 10^{19}\,\mathrm{GeV/c^2}$ und $L_{\mathrm{Planck}} = 1{,}6 \times 10^{-35}\,\mathrm{m}$. Zweitens müssen wir nun auch die wahren Planck'schen Größen in (3+d)-Dimensionen einführen, die wir als M^*_{Planck} und als L^*_{Planck} bezeichnen. M^*_{Planck} und L^*_{Planck} liefern uns die charakteristischen Massen- und Längenskalen, an denen die

Effekte der Quantengravitation im gesamten, (3+d)-dimensionalen Raum einsetzen. Bei M^*_{Planck} und L^*_{Planck} wird die Gravitationskraft gleich stark wie der Elektromagnetismus oder die beiden anderen mikroskopischen Kräfte des Standardmodells. Verwenden wir die obige Beziehung zwischen G_3 und G_{3+d}, dann können wir auch die wahren Quantengrößen M^*_{Planck} und L^*_{Planck} durch die entsprechenden scheinbaren Planck'schen Größen wie folgt ausdrücken: $M^*_{Planck} = M_{Planck}/\sqrt{(Vol(d))}$ und $L^*_{Planck} = L_{Planck} \times \sqrt{(Vol(d))}$. Da die Volumina Vol(d) immer größer als eins sind – dies führt ja gerade zur Abschwächung der beobachteten Gravitationskraft –, können wir diesen Formeln entnehmen, dass M^*_{Planck} immer unterhalb der scheinbaren Planck'schen Masse von ca. $1{,}29 \times 10^{19}$ GeV/c^2 liegen muss. Die Effekte der Quantengravitation setzen also in den Branen-Welten schon bei niedrigeren Energien unterhalb der gemessenen Planck'schen Masse ein. Gleiches bedeutet uns auch die Formel für die wahre Planck'sche Länge: L^*_{Planck} ist immer größer als die scheinbare Planck'sche Länge von ca. $1{,}6 \times 10^{-35}$ m. Quantengravitationseffekte sind also schon bei größeren Abständen als bei der gemessenen Planck'schen Länge von physikalischer Bedeutung.

Diese Beobachtung bringt viele unserer früheren Aussagen über Quantengravitation und deren Überprüfbarkeit wieder durcheinander. Wenn die Idee der Branen-Welten etwas mit der Realität zu tun haben sollte, dann wissen wir zwar heute noch nicht, wo die wahre Planck'sche Länge und die wahre Planck'sche Masse liegen. Aber wenn wir einen Grund dafür finden könnten, dass das Volumen des zusätzlichen Raumes sehr groß ist, dann könnte auch die Massenskala der Quantengravitation, gegeben durch M^*_{Planck}, einen viel kleineren Wert als M_{Planck} annehmen. Arkani-Hamed, Dimopolous und Dvali haben im Jahre 1998 vorgeschlagen, dass die physikalisch beste und natürlichste Wahl für M^*_{Planck} nicht in der Nähe der gemessenen dreidimensionalen Planck'schen Masse liegt, also sehr weit weg von allen experimentell erreichbaren Energien, sondern sich vielmehr sehr nahe an der charakteristischen Massenskala des Standardmodells der Elementarteilchen befinden sollte. Diese beträgt einige Hundert GeV oder maximal einige TeV. Dies ist gerade der Energiebereich, an dem das LHC in Genf seine

Messungen ansetzt. Der Grund für diese weitreichende Vermutung ist das bislang unverstandene Hierarchieproblem: Wir erinnern uns, dies ist das bislang unverstandene Puzzle, in dem Energieskalen der Quantengravitation und des Standardmodells anscheinend so weit auseinanderliegen. In einer Branen-Welt mit sehr großen zusätzlichen Raumdimensionen würde sich das Hierarchieproblem plötzlich als ein in Wirklichkeit nichtexistentes Scheinproblem entpuppen: Die charakteristische Skala der Gravitation und die typische Skala des Standardmodells sind gar nicht weit voneinander entfernt, sondern stellen vielmehr nur eine einzige, gemeinsame Massenskala dar. Viele Physiker betrachten diesen Vorschlag deswegen als eine sehr elegante und einfache Lösung des Hierarchieproblems.

Ob die Natur wirklich diesen Weg zur Lösung des Hierarchieproblems eingeschlagen hat, lässt sich am LHC möglicherweise in den nächsten Jahren überprüfen. Denn die experimentellen Konsequenzen einer niedrigen Quantengravitationsskala im Bereich der LHC-Energien sind auf jeden Fall dramatisch. Beschleunigt man Quarks und Gluonen am LHC auf so hohe Energien, bei denen die Quantengravitationseffekte im höherdimensionalen Raum relevant werden, dann würde man in den Kollisionsprozessen der Protonen am LHC auch mikroskopische Schwarze Löcher erzeugen. Diese Mini-Schwarzen-Löcher stellen für die Umwelt und für das Leben auf der Erde keinerlei Gefahr dar, aber für den Physiker sind sie außerordentlich aufregende Objekte. Mit der experimentellen Herstellung von Schwarzen Löchern im Labor würden sicherlich auch viele Träume von Stephen Hawking in Erfüllung gehen. Denn genauso schnell, wie diese kleinen Objekte am LHC möglicherweise erzeugt werden können, würden sie auch wieder zerfallen und von der Bildfläche verschwinden, nämlich in weniger als 10^{-27} Sekunden. Der Grund für ihren jähen Zerfall ist die Hawking'sche Strahlung. Die Produktion dieser winzigen Schwarzen Löcher und der Nachweis ihres Zerfalls wären für das LHC ein riesiger Erfolg, der bei unserem Verständnis von Raum, Zeit und Quantengravitation einen fundamental neuen Beitrag liefern würde. Die ersten Messungen am LHC sind allerdings negativ verlaufen, bis jetzt wurden noch keine Mini-Schwarzen-Löcher am LHC entdeckt. Aber für ein abschließendes Urteil in dieser spannenden Frage ist es bis jetzt noch zu früh. Dazu benötigen wir noch weitaus mehr Teilchenkollisionen bei höheren Energien, was frühestens in zwei oder drei Jahren der Fall sein wird.

Branen-Welten mit einer niedrigen Skala für die höherdimensionale Quantengravitation führen noch zu einem weiteren interessanten Effekt, den man zu ihrem experimentellen Nachweis mit heranziehen kann. Wir haben ja schon gesehen, dass ein sehr niedriger Wert für M^*_{Planck} durch einen entsprechend großen Wert für das Volumen des kompakten Raumes hervorgerufen wird. Die Existenz von zusätzlichen Dimensionen ist aber starken experimentellen Einschränkungen durch die Messung des Abstandsgesetzes der Gravitationskraft unterworfen. Denn laut Newton nimmt die Wirkung der Gravitationskraft mit dem Quadrat des Abstands zwischen den betroffenen Körpern ab. Dieses inverse Quadratverhalten hängt sehr eng mit der Dreidimensionalität des beobachteten Raumes zusammen, was schon vor ungefähr 200 Jahren von Carl Friedrich Gauß verstanden wurde: Man betrachtet die Kraftlinien der Gravitationskraft, die von einem massereichen Körper, wie zum Beispiel der Erde, ausgehen. In wachsender Distanz von der Erde durchlaufen die Kraftlinien immer größer werdende Kugeloberflächen. Die Oberflächen dieser Kugeln wachsen in drei Dimensionen mit dem Quadrat des Abstandes von der Erde an. Deswegen muss die Stärke der Gravitationskraft im gleichen Maße abnehmen, damit die Gesamtzahl der Kraftlinien, welche die Kugeloberfläche durchqueren, konstant bleibt.

In einem (3+d)-dimensionalen Raum, in dem die Gravitation wirkt, ändert sich jedoch dieses Abstandsverhalten: Die Kugeloberflächen wachsen mit einer höheren Potenz als Funktion des Abstands vom Nullpunkt an. Deswegen muss auch die Gravitationskraft schneller als Funktion des Abstandes zwischen den massereichen Körpern abfallen. Anders gesagt, erhält man ein Kraftgesetz, bei dem die Gravitationskraft mit der Potenz $2 + d$ als Funktion des Abstandes abfällt. Verfolgt man die Gravitationskraft in umgekehrter Richtung hin zu kleineren Abständen, so sieht man, dass die Gravitationskraft im höherdimensionalen Raum viel schneller an Stärke gewinnt als im dreidimensionalen Raum. Und bei einem Abstand L^*_{Planck} ist die Gravitationskraft genauso stark wie die übrigen Naturkräfte, also vergleichbar mit der elektromagnetischen Kraft zwischen den Körpern.

Dieses neuartige Verhalten der Gravitationskraft kann man sich nun zunutze machen, um zusätzliche Dimensionen durch die genaue Messung der Gravitationskraft nachzuweisen: Wenn wir uns vorstellen, dass die Extra-Dimensionen auf Kreisen mit Radius R aufgerollt sind, können sich die Gravitationsfeldlinien zwischen zwei Körpern genau dann in alle (3+d)-Raumrichtungen ausbreiten, wenn sich die beiden Körper näher als die Entfernung R kommen. Ab diesem Punkt ändert die Gravitationskraft zwischen den beiden Messkörpern also ihr Abstandsverhalten, da bei kleineren Abständen die Gravitationskraft das Vorhandensein von zusätzlichen Raumrichtungen spürt.

Um ein Gefühl für die relevanten Größenordnungen zu bekommen, können wir einige Möglichkeiten für kompakte Räume gedanklich kurz durchspielen. Als Erstes betrachten wir den Fall, dass es nur eine kreisförmige, eindimensionale zusätzliche Dimension mit Radius R gibt. Um für M^*_{Planck} einen Wert zu bekommen, der bei einigen TeV liegt, müsste der dazugehörige Radius des Kreises in der vierten Raumrichtung ungefähr 10^8 Kilometer betragen. Dies ist experimentell aber vollkommen ausgeschlossen, denn wir hätten dann schon längst Abweichungen vom Newton'schen Kraftgesetz in unserer täglichen Erfahrungswelt zu spüren bekommen. Bei zwei zusätzlichen Dimensionen wird die Sache schon interessanter. Hier ergibt sich ein Radius für die vierte und fünfte Raumrichtung, der im Bereich von Bruchteilen eines Millimeters liegt. Dies ist der Bereich, an dem gerade einige neue Präzisionsexperimente ansetzen. Durch sie soll herausgefunden werden, ob das Abstandsgesetz der Gravitationskraft zwischen zwei Testkörpern unterhalb von einem Millimeter noch quadratisch mit dem Abstand verläuft oder ein anderes Potenzverhalten aufweist. Diese Experimente sind sehr schwierig und aufwendig, da man die Testkörper sehr nahe zusammenbringen muss. Der Effekt, den man nachweisen möchte, ist allerdings sehr klein, denn die Gravitationskraft zwischen zwei kleinen Testkörpern im Labor ist eben nur sehr schwach. Man kann die geforderte Genauigkeit zum Beispiel in Torsions-Oszillatoren erreichen, wie in einem Experiment an der Colorado University, in dem das Testteilchen gegenüber einer weiteren Masse um wenige Bruchteile eines Millimeters verdreht werden kann. Obwohl dieses Experiment noch nicht abgeschlossen ist, zeigen wohl die neuesten Messungen, dass auch der Fall einer Branen-Welt mit zwei großen zusätzlichen Raumrichtungen durch die experimentellen Ergebnisse auszuschließen ist. Fügt man jedoch noch eine weitere kompakte Raumrichtung hinzu, dann ändert sich das Bild: Der Radius von drei Extra-Dimensionen muss für $M^*_{\text{Planck}} = 1$ TeV nur noch ca. 10^{-9} Meter betragen, und bei sechs Extra-Dimensionen beträgt der erforderliche Radius lediglich ca. 10^{-14} Meter. Diese Werte sind viel zu klein, um mehr als zwei Extra-Dimensionen im Labor gravitativ ausschließen zu können.

Bevor wir uns wieder der Stringtheorie zuwenden, möchten wir erwähnen, dass eine ähnliche Idee wie die Branen-Welt von ADD samt ihrer Lösung des Hierarchieproblems mittels einer niedrigen Energieskala für die Quantengravitation im Jahre 1999 von der amerikanischen Physikerin Lisa Randall aus New York zusammen mit dem indischen Kollegen Raman Sundrum vorgestellt wurde. Ihre Idee – im Englischen «Randall-Sundrum scenario» – wird als (RS)-Szenario bezeichnet. Auch hier geht man von einer zusätzlichen vierten Raumdimension aus, die allerdings im Gegensatz zum ADD-Szenario nicht kompakt, sondern unendlich ausgedehnt ist. Unser Weltall besteht in der RS-Welt wiederum aus einer dreidimensionalen Brane, die an einem bestimmten Punkt der zusätzlichen Raumrichtung lokalisiert ist. Der Grund dafür, dass wir die Existenz der vierten Raumrichtung nicht spüren können, ist im RS-Szenario nicht die relative Kleinheit des Extra-Raumes – dieser ist, wie schon gesagt, unendlich groß –, sondern der Umstand, dass der Extra-Raum sehr stark gekrümmt ist. Durch die Krümmung des Raumes wird die Schwerkraft in unserer Welt so stark abgeschwächt, dass die wahre Skala der Quantengravitation wiederum im Bereich des Standardmodells liegen kann. All dieses hat Lisa Randall in ihrem Buch mit dem Titel «Verborgene Universen. Eine Reise in den extradimensionalen Raum» sehr anschaulich dargestellt.

Das Bild der Membranenwelt müsste uns von der Stringtheorie schon recht vertraut vorkommen. Membranen sind in der Stringtheorie nichts anderes als D-Branen. Die Teilchen des Standardmodells sind offene Strings, die sich entlang der D-Branen aber nicht in den Raumrichtungen orthogonal zu diesen frei bewegen können. Gravitonen schließlich sind geschlossene Strings, die sich im gesamten zehndimensionalen Raum bewegen können. All dies klingt doch identisch mit dem ADD-Szenario! Und es lässt sich tatsächlich zeigen, dass die D-Brane-Modelle mit sich schneidenden D-Branen – also in den ISB-Modellen – eine konkrete stringtheoretische Realisierung des ADD-Szenarios darstellen können.

Zur Erkundung der Branen-Welt und zu ihrem möglichen experimentellen Nachweis hat unsere Arbeitsgruppe[47] vor ein paar Jahren an einem Forschungsprojekt gearbeitet, das wir als den «LHC-String-Hunters' Companion» bezeichnet haben, also als den Begleiter zum eventuellen Nachweis der Stringtheorie am LHC. Die wesentliche Beobachtung, durch welche der experimentelle Nachweis der Branen-Welt am LHC gelingen könnte, ist folgender Grundeigenschaft der Stringtheorie geschuldet: Die charakteristische Skala der Quantengravitation von ADD ist identisch mit der typischen Stringskala M_{string}, und die charakteristische Länge der Quantengravitation von ADD muss mit der typischen Stringlänge L_{string} identifiziert werden. Die richtige Identifizierung zwischen den relevanten Stringgrößen und den Größen der Quantengravitation läuft also auf folgende Gleichsetzung von Massen- und Energieskalen hinaus: $M_{\text{string}} = M^*_{\text{Planck}}$ und $L_{\text{string}} = L^*_{\text{Planck}}$. Die Höhe der Treppenstufen in der Stringtheorie ist also nicht mit $M_{\text{Planck}} \approx 1{,}29 \times 10^{19}\,\text{GeV}/c^2$ in der vierdimensionalen Gravitationstheorie gleichzusetzen, sondern mit der wahren Planck'schen Größe in zehn Raum-Zeit-Dimensionen. Auf diese Weise kann die Stufenhöhe der Stringtheorie von der sehr hohen vierdimensionalen Planck'schen Masse entkoppelt werden und viel niedriger als diese sein, sofern die Raumrichtungen, die orthogonal zu den D-Branen des Standardmodells liegen, ein genügend großes Volumen besitzen.

Wie groß das tatsächliche Volumen des sechsdimensionalen Raumes im Rahmen der Stringkompaktifizierung ist, hängt von der Modulistabilisierung in den Extra-Dimensionen ab. Wie wir schon gegen Ende des letzten Kapitels besprochen haben, führt uns die Modulistabilisierung auf einen Raum mit sehr vielen Lösungen. Viele Punkte in diesem Raum entsprechen Stringkompaktifizierungen, in denen die Extra-Dimensionen nicht sehr groß sind, sondern im Bereich der Planck'schen Länge liegen. Im Lichte der riesigen Zahl von Möglichkeiten ist es aber auch sehr wahrscheinlich, dass sich durch einen geeigneten Modulistabilisierungsprozess genügend viele Punkte in der Stringlandschaft finden lassen, die einen großen kompakten Raum zulassen, sodass die Stringskala M_{string} weit unterhalb der Planck-Skala liegt. Dies wurde für bestimmte Kompaktifizierungen, nämlich für Calabi-Yau-Räume mit Löchern – sogenannte Schweizer-Käse-Räume –, explizit von Vijay Balasubramanian, Per Berglund, Joe Conlon und Fernando Quevedo im Jahre 2005 gezeigt. Für die stringtheoretische Realisierung des ADD-Szenarios ist die Stringlänge L_{string} in den Schweizer-Käse-Kompaktifizierungen im Vergleich zur Planck'schen Länge L_{Planck} gigantisch groß: Die charakteristische Länge des Strings würde ca. 10^{-19} m und nicht 10^{-35} m betragen. Für die Experimente am LHC würde sich der String als ausgedehntes Objekt und nicht mehr nur als ein punktförmiges Teilchen zeigen.

Der konkrete Beweis der Stringtheorie im LHC-String-Hunters'-Companion-Projekt läuft nun über den Nachweis der ersten massereichen, angeregten Regge-Moden: Denn liegt die charakteristische Stringmasse M_{string} im Bereich von einigen TeV, dann hat der erste angeregte Regge-Zustand eines Quarks oder eines Gluons auch gerade die Masse M_{string}. Durch die Kollision von Quarks und Gluonen könnten diese angeregten Quarks und die angeregten Gluonen am LHC bei genügend hoher Energie und bei genügend vielen Kollisionsereignissen produziert und durch ihre Zerfallsprodukte nachgewiesen werden. Die Identifizierung der String-Regge-Moden sollte auch dadurch erleichtert werden, dass einige der Stringanregungen einen höheren Spin als ihre leichteren Verwandten im Standardmodell besitzen. Erwähnenswert ist ferner, dass die Erzeugung der massereichen Stringanregungen bei kleineren als den bei der Erzeugung von Mini-Schwarzen-Löchern erforderlichen Energien einsetzt. Alle diese experimentellen Signaturen hängen auch nicht von den geometrischen Details der zugrunde liegenden kompakten Räume ab. Lediglich der Umstand, dass das Volumen des kompakten Raumes sehr groß sein muss, ist von entscheidender Bedeutung. Man erhält also auf diese Weise eine Klasse von Stringkompaktifizierungen, die unabhängig von vielen anderen Details in der Stringlandschaft überprüfbar oder falsifizierbar sind.

Damit die LHC-Experimente tatsächlich zu den gewünschten Resultaten führen, müssen zugegebenermaßen einige optimistische Annahmen zutreffen, allen voran die Existenz großer Extra-Dimensionen. Daher dürfen entsprechende Überlegungen bislang auch nur als Spekulationen gelten. Misslingt dieser experimentelle Nachweis der Stringtheorie, gibt es noch andere, indirekte Hinweise auf die Stringtheorie. Liegt nämlich die Stringmasse doch nahe bei der Planck'schen Energie oder auch bei der Skala der großen Vereinheitlichung der Eichtheorien, also bei zwischen 10^{16} GeV und 10^{19} GeV, dann ist – wie schon erwähnt – der Nachweis der Supersymmetrie ein guter indirekter Hinweis auf die Stringtheorie. Im Rahmen der verschiedenen Stringkompaktifizierungen, so auch im Rahmen der ISB-Modelle, kann man einige recht konkrete Aussagen über die Form des erwarteten supersymmetrischen Teilchenspektrums treffen. Auch in diese Forschungsrichtung ist über die letzten Jahre hinweg sehr viel theoretische Arbeit gesteckt worden. Deswegen sind die theoretischen Stringphysiker sehr gespannt, ob eventuell einige der stringmotivierten Aussagen über die Supersymmetrie oder auch die Grand Unification experimentell bestätigt werden können. Die Lösung des Hierarchieproblems führt uns auch in der Stringtheorie über zwei alternative Routen auf den Berg «Stringtheorie»: Entweder sind dies

Stringkompaktifizierungen mit supersymmetrischen Teilchen im TeV-Bereich, oder es ist der direkte Nachweis der Stringtheorie mit einer niedrigen Stringskala und großen Extra-Dimensionen. Ob einer dieser beiden Wege in der Natur realisiert ist oder ob die Physik doch eine andere Richtung eingeschlagen hat, darauf wird der LHC am CERN in Genf hoffentlich bald eine experimentelle Antwort finden. Natürlich ist es auch möglich, dass sich das Hierarchieproblem nicht wirklich erklären lässt, sondern sich der um siebzehn Größenordungen große Unterschied zwischen der Energieskala des Standardmodells und der Planck-Skala in die Reihe der zufällig fein eingestellten Größen einreiht. Da dieser Unterschied auch das Verhältnis zwischen den Stärken der Gravitationskraft zu den anderen Naturkräften bestimmt, ist er auch eine der wesentlichen Voraussetzungen für die Entstehung menschlichen Lebens. Das Nicht-Entdecken von Supersymmetrie beziehungsweise einer niedrigen Stringskala würde also den anthropischen Druck auf die Elementarteilchenphysik weiter erhöhen.

Schließlich können auch Kosmologen und Astrophysiker die Stringtheorie und die spezifischen Eigenheiten der ISB-Modelle testen. Insbesondere können sie unterschiedliche Stringkompaktifizierungen mit den zu erwartenden Messungen des Planck-Satelliten zur kosmischen Hintergrundstrahlung vergleichen. Die verschiedenen D-Branen üben nämlich im kompakten Raum Kräfte aufeinander aus, die zu einem charakteristischen Inflatonpotential in vier Raum-Zeit-Dimensionen führen. Das Potential, das man aus der Energie der D-Branen erhält, weist einige charakteristische Eigenheiten auf, die man bei genauer Messung des CMB sehen könnte. Auch wird in einigen dieser Modelle die Existenz von sogenannten kosmischen Strings vorhergesagt, die man möglicherweise im Universum direkt nachweisen könnte. Und schließlich sagen auch einige Stringmodelle primordiale Gravitationswellen voraus, die man mit dem LISA-Weltrauminterferometer zum Nachweis von Gravitationswellen überprüfen könnte.

10. Wo sind die Grenzen der Naturwissenschaft?

Wir sind nun am Ende der Reise der Quantenfische durch das Multiversum angelangt. Beschrieb diese Geschichte der Quantenwissenschaft nur Pseudowissenschaft, oder ist die Stringtheorie zusammen mit der Idee des Multiversums ein etablierter Zweig der theoretischen Physik, von dem wir uns berechtigterweise auch in der Zukunft neue und wichtige Ergebnisse über die Beschreibung der Welt erwarten können? Wir erinnern uns, die Stringtheorie erhob ursprünglich den Anspruch, eine eindeutige Theorie aller physikalischen Phänomene in der Natur, also eine Weltformel, zu liefern. Doch dann stellte es sich heraus, dass es eine riesige Zahl von Lösungen in der Form von vielen verschiedenen Universen in der Stringtheorie gibt. Dieser «Nebeneffekt» der Forschung war zunächst alles andere als erwünscht, denn man hoffte immer noch eine Zeitlang auf eine einzige, fundamentale Beschreibung des Mikro- und des Makrokosmos. Und so wird die Stringtheorie auch heute noch am heftigsten dafür attackiert, dass sie so viele unüberprüfbare Universen vorhersagt und nicht erklären kann, warum Naturkonstanten und Kraftgesetze in unserem Universum gerade diejenigen sind, die wir kennen. Die Liste der Anklagepunkte gegen die Stringtheorie hört sich ernst und bedrohlich an: Wie können Physiker scheinbar kritiklos auf die von Karl Popper geforderte Falsifizierbarkeit wesentlicher Konsequenzen ihrer physikalischen Theorie verzichten? Und wie können sie Schlussfolgerungen ernst nehmen, zu denen allein mathematische Formalismen, nicht aber Beobachtungen der Natur führen? Die Stringtheoretiker sollten, so der Vorwurf, die mathematische Schönheit ihrer Theorie nicht zur Rechtfertigung ihrer vielen Lösungen missbrauchen, sondern besser eine einzige Lösung produzieren – ein einziges Universum, das so aussieht wie das unsere!

Aber immerhin lassen sich dank der Stringtheorie doch Universen finden, die unserem eigenen Universum verblüffend nahekommen. Das Standardmodell der Teilchenphysik wird sich nach allem, was wir heute über die Stringtheorie wissen, aus ihr herleiten lassen. In der großen Menge von Kombinationen, die im Multiversum der Stringtheorie existieren, muss auch unser Universum realisiert sein – wir brauchen uns also nicht zu wundern, gerade dieses zu beobachten. Mit der Stringtheorie lässt sich also erstmals eine Theorie formulieren, welche die Gravitationskraft, also die Allgemeine Relativitätstheorie, mit der schwachen, starken und elektromagnetischen Kraft, also mit den Quantenfeldtheorien, unter einem theoretischen Quantendach vereinigt. Sowohl die Allgemeine Relativitätstheorie als auch die Quantenfeldtheorien machen gemäß Poppers Forderung falsifizierbare Vorhersagen möglich und gelten jeweils in einem großen Anwendungsbereich. Das Multiversum der Stringtheorie entsteht also aus der logisch konsequenten Vereinigung zweier anerkanntermaßen falsifizierbarer Theorien: der Quantenmechanik und der Allgemeinen Relativitätstheorie.

Die Frage, ob die Natur eindeutig ist oder mehrere Beschreibungsmöglichkeiten zulässt, ist natürlich ein naturwissenschaftliches Problem, es öffnet aber gleichzeitig ein Tor für vielfältige philosophische Überlegungen. Insbesondere müssen wir uns in der Physik wie auch in der Biologie und anderen Wissenschaftsdisziplinen die generelle Frage nach den Grenzen dessen stellen, was Naturwissenschaften eigentlich zu beantworten imstande sind. Der Versuch, eine Weltformel zu finden, die Aussagen über ein einziges Universum macht und Vorhersagen für alle zukünftigen Experimente liefert, ist – so scheinen die Physiker allmählich zu erkennen – wahrscheinlich zu naiv gewesen. Denn mit der Vorstellung von dem Bild des Multiversums und der großen Anzahl von Naturkonstanten und Gesetzen geht zumindest ein Großteil der Vorhersagekraft in der Physik verloren: Die Stringtheorie scheint alles vorherzusagen und damit letztlich nichts. Physiker müssen sich folglich fragen, ob sie dann überhaupt noch von einer Wissenschaft sprechen, wenn ihre Theorie weder eindeutige noch überprüfbare und falsifizierbare Vorhersagen macht.

Die Frage «Universum oder Multiversum?» ist also von allgemeiner Natur und überschreitet weit die Diskussionen über die Stringtheorie. Wir haben es hier zuerst mit der Frage zu tun, ob ein fundamentaler Satz von Gleichungen, die man eines Tages auf ein T-Shirt schreiben kann, alle Eigenschaften unseres Universums eindeutig festlegt oder nicht. Sind die Naturgesetze eindeutig oder nicht? Dies ist eine etwas nüchterne Umschreibung der berühmten Frage, die Einstein einst seinem Assistenten Ernst Straus stellte: «Hatte Gott eine Wahl, als er das Universum erschuf?» Die Antwort auf diese Frage ist immer noch eine der größten wissenschaftlichen Herausforderungen in der Physik. Falls die fundamentalen Gleichungen nur ein eindeutiges Universum als alleinige Lösung enthalten, dann muss diese Lösung auf jeden Fall die unglaublich komplexe Evolution unseres Universums erlauben, die zu unserer Existenz geführt hat. Aber warum sollten die fundamentalen Gleichungen so einfach und so mathematisch langweilig sein, dass sie nur eine einzige Lösung erlauben? In der Festkörperphysik wissen wir, dass eine Mastergleichung in der Regel ein hochkomplexes System von Lösungen besitzt. Komplexität und Vielfältigkeit von Materie und ihren Eigenschaften ist die Konsequenz einer großen Zahl von Lösungen einer einzigen Grundgleichung. Zum Beispiel haben Spingläser – die schon in diesem Buch behandelten ungeordneten magnetischen Systeme – eine große Anzahl energetisch verschiedener Zustände, die in einer endlicher Zeitskala experimentell nicht durchlaufen werden. Das als Frustration bezeichnete Verhalten der Spingläser besteht in der Unfähigkeit des Systems, den Grundzustand mit niedrigster Energie zu erreichen. Komplexität ist also in der Welt der Festkörper ein allgegenwärtiges Phänomen.

Im Moment gibt es keinen allgemeinen Konsensus in der Physik zu Einsteins Frage nach der Eindeutigkeit des Universums. Die Entwicklungen in der Stringtheorie beziehungsweise in der M-Theorie legen jedoch die Vermutung nahe, dass unser Universum nicht eindeutig ist. Die Situation bei der Beschreibung der Grundgleichungen der Materie und ihrer Wechselwirkungen ist ganz analog zur Festkörperphysik: Es gibt eine große Vielfalt von Möglichkeiten.[48] Wie wir gesehen haben, erlauben die Grundgleichungen dieser Theorie in zehn beziehungsweise elf Raum-Zeit-Dimensionen eine riesige Zahl von verschiedenen Lösungen, die wir als Stringlandschaft bezeichnen. In zehn beziehungsweise in elf Dimensionen weist die Theorie ein hohes Maß an Symmetrie auf. Mathematische Symmetriegruppen wie die exzeptionelle Gruppe E_8 oder auch unendliche große Symmetriegruppen bilden die Grundlage der fundamentalen Stringgleichungen. In zehn oder in elf Dimensionen sehen die physikalischen Gleichungen also sehr symmetrisch aus. Dies ändert sich, wenn wir die verschiedenen Lösungen der Grundgleichungen in Form von Kompaktifizierungen betrachten. In weniger als zehn beziehungsweise elf Dimensionen verliert man einen großen Teil der Symmetrie. So weist unser vierdimensionales Universum weniger Symmetrien auf als ein zehndimensionales Universum, es sieht im Vergleich mit den Symmetrien, die in den Grundgleichungen der Stringtheorie verborgen liegen, unsymmetrisch, ja sogar fast schmutzig aus. Alle Zustände in der Landschaft von verschiedenen Kompaktifizierungen entsprechen ganz bestimmten Universen mit jeweils ganz unterschiedlichen Symmetrieeigenschaften. Quantenmechanische Übergänge zwischen den verschiedenen Zuständen ermöglichen die Bevölkerung des Multiversums. Vieles davon ähnelt sehr stark den Phänomenen in der Festkörperphysik und in der Statistik. Unordnung, Komplexität und Vielfalt scheinen wie im Festkörper eine Grundeigenschaft des Multiversums zu sein, wenn wir die Struktur von Raum und Zeit in einem größeren Ganzen als nur in unserem Universum betrachten. Man kann darüber spekulieren, ob die Unordnung im Multiversum den Regeln chaotischer Systeme folgt. Wie wir wissen, weisen die kleinen Dichtefluktuationen der kosmischen Hintergrundstrahlung unseres Universums, wenn man sie sowohl auf kleinere als auch auf größere Distanzen misst, wiederkehrende, skalenvariante Strukturen auf. Es gibt also auch in der scheinbaren Unordnung unseres Universums ein ordnendes Prinzip. Könnte es deswegen sein, dass sich verschiedene Muster, die wir in unserem Universum beobachten, auch in der Struktur des Multiversums wiederholen? Könnte es sein, dass die Verteilung der Naturkonstanten im Multiversum ähnlich wie die Dichteschwankungen der kosmologischen Hintergrundstrahlung sehr gleichmäßig und nur mit kleinen Schwankungen behaftet aussieht? Kann chaotische Selbstreproduktion auch im Multiversum eine wichtige Rolle spielen? Und könnte es sein, dass bei der Population der Blasen im Multiversum die chaotische Bifurkation zum Tragen kommt? Die Geburt und die Ausdehnung von Blasen sowie die Kontraktion und das Absterben von Universen wären dann durch ähnliche mathematische Gleichungen gesteuert wie das Anwachsen und das Absterben von Populationen in der Chaostheorie. Könnte es also sein, dass wir im Parameterraum des Multiversums die universellen Parameter der Chaostheorie wiederentdecken, wie die Feigenbaumkonstante der Bifurkationstheorie?

Die Existenz eines Multiversums wird von vielen Physikern heutzutage akzeptiert und als ein wichtiger Fortschritt in der theoretischen Physik erachtet. So bemerkte der Physiknobelpreisträger und Teilchenphysiker Steven Weinberg vor ein paar Jahren: «Üblicherweise sind die Fortschritte in der Geschichte der Wissenschaften dadurch gekennzeichnet, was wir über die Natur Neues lernen; aber in bestimmten, kritischen Momenten ist es das Wichtigste, was wir über Wissenschaft selbst lernen. Diese Entdeckungen führen zu Veränderungen hinsichtlich dessen, was wir als eine akzeptable Theorie betrachten.» Und er fügt hinzu: «Nun sind wir an einem neuen Wendepunkt angelangt, es hat nämlich ein radikaler Wechsel eingesetzt über das, was wir als legitime Grundlage für eine physikalische Theorie akzeptieren. Die momentane Begeisterung ist natürlich eine Folge der Entdeckung der großen Anzahl von Lösungen in der Stringtheorie.» Ein weiterer Physiknobelpreisträger, Murray Gell-Mann, der Begründer der Quarks, äußerte sich schon etwas skeptischer: «Wenn wir wirklich in einem Multiversum leben, dann wird die Physik zu einer Umweltwissenschaft wie die Botanik reduziert.» Dem entgegnete schließlich David Gross – auch er Nobelpreisträger für theoretische Elementarteilchenphysik – mit entwaffnender Offenheit und Bestimmtheit und mit Blick auf die Suche nach einer eindeutigen Theorie, nach der alles erklärenden Weltformel: «Die Idee der Stringlandschaft? Ich hasse sie! Gib niemals, niemals, niemals auf!»

Den meisten Debatten über das Multiversum liegt die Frage zugrunde, warum die Naturgesetze in unserem Universum genau die Form annehmen, die man aus den experimentellen Beobachtungen abgeleitet hat. Das anthropische Prinzip, in seiner starken Form, postuliert, dass allein die Existenz von Beobachtern eine große Zahl von physikalischen Naturkonstanten und viele Eigenschaften der Naturkräfte festlegt. Dieses anthropische Postulat wurde von vielen Wissenschaftlern mit Verachtung gestraft, da sie es nicht als wissenschaftsfähig betrachten. Einige schämen sich sogar, das Wort «anthropisches Prinzip» in den Mund zu nehmen, oder wie es Andrei Linde ausdrückt, dieses Wort erzeugt unter vielen Physikern Ängste, geradeso wie die Freunde von Harry Potter sich davor fürchten, den Namen «Voldemort» auszusprechen. Diese kritischen Vorbehalte sind durchaus verständlich, denn historisch gesehen wurde das anthropische Prinzip häufig mit der Idee assoziiert, dass unserem Universum viele vergebliche Versuche seiner Erzeugung vorausgingen. Aber wer ist für die Erzeugung der Universen verantwortlich? Und warum muss das Universum eigentlich die Voraussetzungen für unsere Existenz erfüllen?

Einige Wissenschaftler verwenden tatsächlich den Begriff des anthropischen Prinzips mit der Implikation, dass das Universum mit dem Ziel entstand, Leben zu erzeugen. Schon das teleologische Prinzip von Aristoteles basiert auf der Idee, dass alles Handeln und alles Sein durch naturgegebene Ziele bestimmt sind. In der Antike galt das besondere Interesse der Frage, warum sich die Natur auf eine ganz bestimmte Weise verhält. Die Physik hat jedoch kein Ziel, sie beschreibt nur, wie sich die Natur verhält, und stützt sich dabei auf empirische Beobachtungen. Nun haben heutzutage auch einige Wissenschaftler mit Hang zu theologischen Fragestellungen das anthropische Prinzip als Argument angeführt, dass es einen Schöpfer, also Gott, geben muss. Viele Kollegen betrachten die teleologische oder gar religiöse Sichtweise jedoch als unwissenschaftlich, und Charles Darwin würde auf teleologische Betrachtungen entgegnen, dass die menschliche Evolution kein Ziel und keinen Zweck kennt. Verschiedentlich wird das Konzept des Multiversums als Infragestellung der Einzigartigkeit unseres Universums und damit als Angriff auf die Religion abgelehnt. Das Multiversum und die Stringtheorie seien eine Bedrohung unseres christlichen Weltbildes, wie mir zornig und erregt einmal ein Zuhörer während eines Vortrags zurief. Ich denke, diesen Einwand kann man sofort entkräften, denn das Multiversum ist lediglich die Neufassung des Universums – nicht im Sinne einer Universalität der beobachteten Naturgesetze, aber in dem Sinne, dass es allumfassend ist. Etwas anders hat dies Stephen Hawking in seinem neuesten Buch «Der große Entwurf» formuliert: «Falls es das Multiversum gibt, hat Gott unser Universum nicht erschaffen. Aber das sagt nichts über die Existenz von Gott aus.»

Es lässt sich feststellen, dass die Diskussionen über das Multiversum und über das anthropische Prinzip mittlerweile sehr viel sachlicher und wissenschaftlicher geführt werden als noch vor einigen Jahren. Heutzutage wird auch von vielen Physikern die schwache Version des anthropischen Prinzips als logische Konsequenz des Multiversums bevorzugt. Die vielen verschiedenen Möglichkeiten als physikalische Realität werden von dieser Version akzeptiert, und sie argumentiert dann, dass unsere Existenz einen Selektionsprozess impliziert, der das Wo und Wann unseres Lebens im Multiversum festlegt. Die Tatsache, dass wir in einer ganz bestimmten Blase des Multiversums leben, ist auch nicht überraschender als das Leben auf unserem Planeten 14 Milliarden Jahre nach dem Urknall. Hervorgerufen wurde dieser Umschwung durch die neueren Entwicklungen in der Kosmologie, in der Quantengravitation, in der Elementarteilchenphysik und letztlich auch in der Stringtheorie.

Wir wollen die verschiedenen Sichtweisen nochmals kurz rekapitulieren. Für Kosmologen wie Andrei Linde, Alexei Vilenkin, Sir Martin Rees oder Max Tegmark ist die inflationäre Ausdehnungsphase des Universums kurz nach dem Urknall der logische Startpunkt für das Multiversum. Denn die inflationäre Epoche einer Antigravitationskraft kann jederzeit spontan einsetzen und führt zur Erzeugung von immer neuen Universen. Dieses Geflecht von verschiedenen Universen, das sich mit voranschreitender Zeit immer weiterentwickelt, wird von Linde und Vilenkin als das ewige, sich selbst reproduzierende Universum bezeichnet. Die Zeit nimmt in der Kosmologie eine Sonderrolle unter allen Koordinaten in der Raum-Zeit ein: Sie schreitet immer in eine Richtung voran und bestimmt deswegen auch die Entwicklung des sich selbst reproduzierenden Universums. Daher ist es auch nicht möglich, Zeitreisen in die Vergangenheit zu unternehmen, und auch Reisen mit Überlichtgeschwindigkeit sind nicht erlaubt. Die Antwort auf die Frage, warum die Zeit diese Sonderrolle in der Physik einnimmt, liegt immer noch im Dunklen und ist bis heute nur sehr unvollständig verstanden.

Im Rahmen des sich selbst reproduzierenden Universums sind viele kosmologische Größen den anthropischen Bedingungen unterworfen. Dazu gehören unter anderem die Dichte der sichtbaren Materie im Universum und auch die – gemessen an der Planck'schen Masse – winzig kleine kosmologische Konstante, wie es Steven Weinberg als Erster erkannt hat. Die Werte all dieser Größen müssen sich in einem sehr eng gesteckten Rahmen bewegen, und der genau eingestellte Wert dieser Größen ist eine grundlegende Voraussetzung für unsere Existenz.

Es ist sehr bemerkenswert, dass die Kosmologie, die in früheren Zeiten immer auf der Grenze zur Metaphysik balancierte, sich innerhalb der letzten zwanzig Jahre zu einem soliden und ernst zu nehmenden Wissenschaftszweig in der Physik entwickelt hat. Denn obwohl das Universum als Ganzes keine Experimente ermöglicht und viele relevante Prozesse zu sehr frühen Zeiten kurz nach dem Urknall stattfanden, haben doch die präzisen astrophysikalischen Beobachtungen in den letzten Jahren das Bild des inflationären Universums erhärtet und somit schließlich der Idee des Multiversums eine konkrete Grundlage verschafft. So stellte auch Sir Martin Rees ganz euphorisch fest: «Das Universum, in dem wir entstanden sind, gehört zu der seltenen Teilmenge, die die Entwicklung von Komplexität und Bewusstsein erlaubt hat. Sofern wir dies akzeptiert haben, rufen viele verschiedene und speziell aussehende Eigenschaften unseres Universums, nämlich diejenigen, die einige Theologen als Evidenz für Vorsehung oder Design ansehen, keine Überraschung mehr hervor.»

Martin Rees betont ferner, dass man das vermeintlich Unbeobachtbare in der Kosmologie nicht vorschnell als Gegenstand unwissenschaftlicher Betrachtung verwerfen sollte. Es ist sicher, dass es im Kosmos eine große Anzahl von Galaxien gibt, die sich hinter dem Horizont des beobachtbaren Teils des Universums verstecken. Diese Galaxien sind nicht nur jetzt unbeobachtbar, sondern werden es für immer bleiben. Sind also Raum-Zeiten, die von uns durch den Horizont getrennt sind, weniger real als unser Universum? Sicher nicht – diese anderen Universen müssen auf jeden Fall als real existierende Teile des Kosmos mitgezählt werden. Ähnlich legitim ist es, sich über das Innere von Schwarzen Löchern Gedanken zu machen, obwohl es ebenso wenig beobachtbar ist wie Teile des Multiversums. Schließlich kann man heute gar nicht wissen, was sich zukünftig noch in der Kosmologie beobachten lassen wird. Eine Theorie, die heute noch unfalsifizierbar erscheint, könnte schon morgen durch Beobachtungen bestätigt oder verifiziert werden. Vielleicht könnte man sogar durch verschränkte, quantenmechanische Wellenfunktionen, die neben unserem Universum noch weitere Universen enthalten, Information über andere Universen erhalten. Einstein sagte zum Beispiel im Jahre 1936 voraus, dass das Licht eines fernen Sternes durch die Raumkrümmung, die durch einen zwischen ihm und uns liegenden Stern hervorgerufen wird, zu einem Ring verzerrt werden kann. Einstein meinte jedoch, dass dieser Effekt auf der Erde nicht zu beobachten sei, da der Ring eines Sternes viel zu klein sei. Im Jahre 1998 wurde dennoch zum ersten Mal der Einstein-Ring nachgewiesen, nicht eines einzelnen Sternes, sondern einer riesigen, weit entfernten Galaxie.

Der kosmologische Zugang zum Multiversum beruht auf den Ideen des inflationären Universums und deswegen auch zum großen Teil auf der klassischen Allgemeinen Relativitätstheorie. Die Quantengravitation geht einen wesentlichen Schritt weiter, denn sie erlaubt die spontane Quantengeburt neuer Babyuniversen in

Form von Quantenübergängen und Quantentunnels. Zudem wird in der Euklidischen Quantengravitation die Zeit ihrer Sonderrolle beraubt. Stephen Hawking betont in seinem Zugang zum Multiversum, den er als seinen «top-down-Ansatz» bezeichnet, dass es sinnlos ist, die Geschichte des Universums vom Urknall beginnend zu verfolgen, denn so sei nur eine von vielen möglichen Historien berücksichtigt. Indem man die quantenmechanischen Regeln von Richard Feynman anwendet, betrachtet man vielmehr die vielen Möglichkeiten für unterschiedliche Universen und wichtet jede dieser Möglichkeiten mit einer bestimmten quantenmechanischen Wellenfunktion, welche die Wahrscheinlichkeit für den jeweiligen Zustand, also für das Auftreten eines bestimmten Universums, angibt. Dabei kommt es gar nicht so sehr auf eine relativ große Wahrscheinlichkeit an, unser Universum in der Vielzahl von Möglichkeiten vorzufinden. Es gibt daher auch keinen Grund für die Annahme, unser Universum sei vierdimensional. Die Quantengravitation sagt vermutlich eine nichtverschwindende und ungefähr gleich verteilte Quantenamplitude für alle möglichen Raum-Zeiten mit Dimensionen zwischen 1 und 10 voraus. Solange die Wahrscheinlichkeit für ein vierdimensionales Universum nicht exakt null ist, besteht dabei gar kein Problem. Denn die Wahrscheinlichkeitsverteilung über die verschiedenen Dimensionen ist ohne Bedeutung, weil wir bereits vorab gemessen haben, dass wir in einer vierdimensionalen Welt leben. Im Gegenteil: Kleine Wahrscheinlichkeiten sind genauso wichtig, wenn man rückwärts in der Zeit rechnet, mit unserem Universum als Startpunkt.

Die Stringtheorie vereinigt die Ideen der Kosmologie mit der Quantengravitation und erweitert das Bild des Multiversums um eine weitere wichtige Komponente: In der Stringtheorie unterscheiden sich nämlich die verschiedenen Bereiche der Stringlandschaft nicht nur hinsichtlich ihrer kosmologischen Eigenschaften, sondern hinsichtlich aller Naturkonstanten. Die Anzahl und die Eigenschaften der Elementarteilchen sowie die Kräfte zwischen ihnen sind nicht mehr eindeutig bestimmt. Dies schließt die Massen der Elementarteilchen, die verschiedenen Mischungswinkel und die Kopplungskonstanten der Eichkräfte ein. Viele dieser Naturkonstanten sind anthropischer Natur. Die besondere Eigenschaft von Strings als ausgedehnte Objekte macht es auch möglich, dass zwischen Universen mit verschiedenen Naturkonstanten topologische Übergänge stattfinden können. Denn Strings nehmen den Raum bei sehr kleinen Abständen anders wahr als ein punktförmiges Teilchen. Deswegen spricht man bei Abständen, die der Länge eines einzelnen Strings entsprechen, auch nicht mehr von klassischer Geometrie, sondern von Stringgeometrie.

Kompaktifizierungsräume mit unterschiedlicher Geometrie und sogar unterschiedlicher Topologie können durch stringtheoretische Effekte ineinander übergehen. Somit können durch quantenmechanische Blasenbildung neue Universen entstehen, die ganz andere Naturgesetze als unser Universum aufweisen. Man vermutet, dass das gesamte String-Multiversum, das wie ein bunter Teppich mit vielen unterschiedlichen Farbzonen aussieht, durch die topologischen Übergänge vollständig bevölkert werden kann. Es ist also in der Stringtheorie nur ein scheinbares Wunder, weshalb wir in unserem Universum gerade die uns bekannten und anscheinend fein eingestellten Naturkonstanten als auch die uns vertrauten Naturgesetze vorfinden: In der großen Menge von Kombinationen, die im String-Multiversum existieren, muss auch unser Naturkonstantenfenster realisiert sein – wir müssen uns also nicht wundern, gerade dieses zu beobachten, auch wenn die Wahrscheinlichkeit dafür sogar gering sein sollte. Und mehr noch, unsere Naturgesetze und unser Konstantenfenster sind die grundlegende Voraussetzung für unsere Existenz. Deswegen erweist sich im Falle der Stringtheorie die starke anthropische Sichtweise meiner Meinung nach als besonders zutreffend.

Kosmologie, Quantengravitation und Stringtheorie kommen also im Wesentlichen zum gleichen Ergebnis: Sie enttäuschen all diejenigen, die auf eine eindeutige Theorie mit nur einer Lösung für Raum, Zeit und Materie gehofft hatten. Denn unser Universum ist anscheinend nicht einzigartig. Es ist auch nicht zielgerichtet erschaffen worden, sondern rein zufällig entstanden. Das intelligente Design unseres Universums, so sieht es Leonard Susskind, ist lediglich eine Illusion.

Sind wir damit an einem Punkt angelangt, an dem das Ende der Physik in Sicht ist? Es wäre vermessen, diese Frage mit Ja zu beantworten. Die Anzahl von ungelösten, interessanten und auch fundamentalen Problemen in der Physik erscheint fast unendlich groß, sei es, was die Struktur der Festkörper sowie die Struktur und Wechselwirkung der Elementarteilchen betrifft, sei es, wie der Kosmos im Ganzen aussieht, oder schließlich auch, wie die Physik des menschlichen Gehirnes funktioniert. Ich bin fest davon überzeugt, dass Beobachtungen und Experimente uns beim Verständnis all dieser Fragen in der Zukunft immer weiter voranbringen werden. Eine endgültige Lösung wird es wahrscheinlich niemals geben, denn die Natur offenbart immer wieder neue Überraschungen und Kehrtwendungen. Unser Verstehen wird, wie schon in der Vergangenheit, davon abhängen, wie viele Geheimnisse wir der Natur durch unsere Beobachtungen entlocken können. Die Grenzflächen zwischen gesicherter wissenschaftlicher Erkenntnis und wissenschaftlicher Ignoranz werden sich stetig weiter verschieben, so wie die Menschheit einst die Grenzen zwischen den bekannten und den unerforschten Regionen auf der Erde vor sich hergetrieben hat. Aber anders als bei der Erkundung der Kontinente auf der Erde erscheint das Reservoir an Problemen in den Wissenschaften als unermesslich groß, und die Lösung bestehender Probleme wird uns stets hin zu neuen Fragen führen. So hat es auch David Gross sehr zutreffend auf der Bankettansprache anlässlich der Verleihung seines Nobelpreises formuliert: «Glücklicherweise ist die Natur mit ihren Problemen so großzügig, wie es Alfred Nobel mit seinem Vermögen war.» Deswegen gibt es laut David Gross keinerlei Anzeichen dafür, dass der wichtigste Rohstoff der Wissenschaft jemals ausgehen wird, nämlich die Unwissenheit. Das Wissen verhält sich wie die Fläche eines Kreises – wenn das Wissen anwächst, dann wächst auch der Kreisumfang, also die Strecke, die das Wissen von Nichtwissen trennt.

Die Stringtheorie wird sich nahtlos in die empirischen Naturwissenschaften einreihen. Denn wenn auch nicht jeder Aspekt der Stringtheorie heute falsifizierbar erscheint, so macht sie doch einige konkrete Aussagen, die sich eventuell überprüfen lassen. Ich bin deshalb überzeugt, dass die heutige theoretische Physik immer noch eine exakte Wissenschaft ist und dics auch in ferner Zukunft sein wird. Sie stellt physikalische Fragen, sucht sie zu beantworten und hat den Kontakt zum Experiment nicht verloren – erfüllt also in weiten Bereichen die wissenschaftsmethodische Forderung der Falsifizierbarkeit.

Wer sich nach dem Lesen dieses Buches zu sehr an der Idee des Multiversums stößt, sollte versuchen, an dieser vorbeizusehen. Denn ganz abgesehen von ihrer faszinierenden mathematischen Struktur und ihren vielen interessanten Anwendungen in der theoretischen Physik muss auch die Stringtheorie letzten Endes als strenge wissenschaftliche Theorie in der Zukunft dem Vergleich mit dem Experiment standhalten und kann so auch den empiristischen Skeptiker versöhnen. Wer nach Kopernikus und Darwin die Sonderrolle des Menschen durch das Multiversum allzu stark gefährdet sieht, der schaue doch noch einmal genauer hin: Die Theorie des Multiversums verdrängt den Menschen nicht aus seiner Sonderrolle – er gibt sie ihm vielmehr zurück. Denn wie sehr ist er ausgezeichnet, als intelligenter Fisch mit all seinen berechtigten Ansprüchen auf Glück inmitten einer wohl weithin unbelebten Landschaft. Dies macht das Leben noch kostbarer, als es schon in einem einzelnen Universum ist.

Danksagung

Dieses Buch ist in Liebe meiner Frau Ursula gewidmet, die mich seit ungefähr 35 Jahren durch das Multiversum der Physik begleitet hat, sowie meinen Kindern Severin, Moritz und Ludwig. Durch meinen Vater Reimar Lüst und meine verstorbene Mutter Rhea Lüst und ihre Begeisterung für Physik bin ich schon seit frühester Kindheit mit den Ideen des Kosmos vertraut gemacht geworden, und dafür sowie für ihre fortwährende liebevolle Unterstützung möchte ich ihnen herzlich danken. Ferner bin ich zahlreichen Kollegen für ihre Zusammenarbeit und ihre wertvollen Ratschläge zu Dank verpflichtet, ohne die dieses Buch nicht zustande gekommen wäre. Insbesondere richtet sich mein Dank an Wolfgang Lerche, mit dem ich seit dem 1. Semester des Physikstudiums freundschaftlich verbunden bin, für den gemeinsamen Einstieg in die Welt der Teilchen und die Zusammenarbeit mit ihm. Ebenso möchte ich Luis Alvarez Gaume, Costas Bachas, Ioannis Bakas, Ralph Blumenhagen, Gabriel Lopes Cardoso, Mirjam Cvetic, Bernard de Wit, Dieter Düsedau, Gia Duali, Sergio Ferrara, Anamaria Font, David Gross, Michael Haack, Robert Helling, Luis Ibanez, Renata Kallosh, Elias Kiritsis, Costas Kounnas, Andrei Linde, Jan Louis, Peter Mayr, Hermann Nicolai, Hans-Peter Nilles, Burt Ovrut, Marios Petropoulos, Fernando Quevedo, Bert Schellekens, John Schwarz, Stephan Stieberger, Toine Van Proeyen, Tom Taylor, Stefan Theisen, Timo Weigand und last but not least George Zoupanos sowie vielen anderen Freunden und Kollegen für ihre Zusammenarbeit beziehungsweise für viele wichtige Diskussionen herzlich danken. Meinem Doktorvater Harald Fritzsch bin ich für seine fortwährende Unterstützung und auch für das kritische Lesen des gesamten Buchmanuskripts sehr dankbar. Für weitere sehr hilfreiche Anmerkungen zu Teilen des Manuskripts danke ich

Günther Hasinger, Slava Mukhanov und Vera Spillner. Schließlich möchte ich dem Verlag C.H.Beck für sein Interesse an diesem Thema und insbesondere Stefan Bollmann und Angelika von der Lahr für ihre hilfreiche und freundliche Begleitung beim Schreiben des Buches danken. Kirstin Riebe hat viele der Abbildungen in diesem Buch erstellt, wofür ich auch ihr danken möchte. Zu guter Letzt möchte ich auch meinen Freund Stefan Klotz in Dankbarkeit erwähnen, mit dem ich zwar weniger durch die Physik, sondern durch vieles andere seit unserer Schulzeit verbunden bin.

Anhang

Anmerkungen

1 In seiner Publikation aus dem Jahre 1974 formulierte Brandon Carter drei Versionen des anthropischen Prinzips.
Das allgemeine anthropische Prinzip: «Was wir zu beobachten erwarten können, muss eingeschränkt sein durch die Bedingungen, welche für unsere Gegenwart als Beobachter notwendig sind.»
Das schwache anthropische Prinzip: «Wir müssen vorbereitet sein, die Tatsache in Betracht zu ziehen, dass unser Ort im Universum in dem Sinne notwendig privilegiert ist, dass er mit unserer Existenz als Beobachter vereinbar ist.»
Das starke anthropische Prinzip: «Das Universum (und deswegen die fundamentalen Parameter, von welchen es abhängt) muss derart sein, dass es die Entstehung von Beobachtern in ihm in manchen Phasen erlaubt.»
Das schwache anthropische Prinzip wird heutzutage von vielen Physikern akzeptiert. Es bezieht sich hauptsächlich auf kosmologische Fragestellungen wie das Alter des Universums, den Ort, an dem wir leben, oder auch auf die kosmologische Konstante. Das schwache anthropische Prinzip kann also auch auf ein einziges Universum, also auf unser Universum, angewendet werden. Das starke anthropische Prinzip ist jedoch umstrittener, denn es bezieht die gesamten Elementarteilchenprinzipien und ihre Naturkonstanten wie die Massen der Elementarteilchen oder die Stärken der Naturkräfte mit ein. Das starke anthropische Prinzip setzt also die Möglichkeit von verschiedenen Universen (oder zumindest eines Universums mit verschiedenen kausal unabhängigen Regionen), also eines Multiversums, voraus. Das starke anthropische Prinzip gibt wegen des Wortes «müssen» auch Anlass zu spekulativen und von Carter nicht beabsichtigten philosophischen Deutungen, wie die teleologische oder sogar religiöse Interpretation mit der Notwendigkeit eines Schöpfers.

2 Die Bezeichnung «Multiversum» ist eine semantische Frage. Natürlich könnten wir die Gesamtheit aller Universen weiterhin als «Universum» bezeichnen. Wir wollen den Begriff des Universums jedoch als den Teil des Multiversums bezeichnen, in dem die uns bekannten Naturgesetze

gelten. Das bezieht sich insbesondere auf den Teil des Multiversums, der innerhalb des sogenannten Horizonts liegt, also auf das sichtbare Universum.

3 Dieser Name steht bei den Fischen für «Tera-String-Volt-Beschleuniger», einen Stringbeschleuniger mit einer Beschleunigungsenergie von 1,860 Tera-Elektronenvolt.

4 Das Newton'sche Kraftgesetz hat also folgende mathematische Form: $F = G\, m_1\, m_2/r^2$.

5 Ab $r = 3$ gibt es je nach Anfangswert zwei Häufungspunkte für die asymptotische Population. Ab $r = 1 + \sqrt{6} \approx 3{,}45$ variiert die Population zwischen vier Häufungspunkten, wobei sich jeder der vier Häufungspunkte in einem ganz bestimmten Bereich der Anfangspopulationen einstellt.

6 Der Kollaps der Wellenfunktion kann nicht als eine Änderung unseres Wissens über den gemessenen Zustand gedeutet werden: Denn wenn wir im Kollaps etwas erfahren sollten, was wir vorher nicht wussten, dann wäre die Quantenmechanik als Theorie nicht vollständig, da sie gewisse Informationen nicht an uns weitergäbe. Sie würde uns bestimmte Dinge «verschwiegen» haben, von denen wir erst im Messprozess erfahren hätten. Folglich muss in der Kopenhagener Deutung der Kollaps etwas Reales in der Natur sein – wobei darüber, was er genau ist oder wie er stattfindet, in der Kopenhagener Deutung nichts gesagt wird. Da also der Kollaps keine Änderung in unserem Wissen sein kann, ist er kein epistemisches Problem, sondern etwas Ontologisches.

7 Das Phänomen der Dekohärenz der Wellenfunktion hat zu einer weiteren Interpretation der Quantenmechanik geführt, nämlich zu der Viele-Welten-Interpretation. Sie wurde 1957 von Hugh Everett publiziert und geht auch von der uneingeschränken Gültigkeit der Quantenmechanik aus, ist also ebenfalls ontologisch. Die irreversible Dekohärenz der Wellenfunktion führt dazu, dass die Wellenfunktion die Form einer Überlagerung von mehreren Zweigen oder, wie Everett es bezeichnet, von mehreren «Welten» annimmt. Wenn beispielsweise bei einer Messung zwei Energiewerte möglich sind, spaltet sich das Universum demnach in zwei «Welten», wobei in jeder ein Energiewert gemessen wird. Hierbei ist es aber nicht geklärt, wie man den verschiedenen «Welten» unterschiedliche Wahrscheinlichkeiten zuordnen kann. Auf jeden Fall hat Everetts Viele-Welten-Interpretation wahrscheinlich nichts mit dem Multiversum der Stringtheorie zu tun, welches in diesem Buch beschrieben wird, sondern soll vielmehr als formales, abstraktes Konstrukt in der Quantenmechanik angesehen werden.

8 Die Masse des Protons beträgt ungefähr $1{,}672 \times 10^{-27}$ kg (das entspricht 938 MeV/c^{-2}); seine elektrische Ladung wird als elementare Ladung e bezeichnet, $e = 1{,}60 \times 10^{-19}$ Coulomb (C).

9 Die Masse des Elektrons ist $9{,}10 \times 10^{-31}$ kg (0,511 MeV/c^{-2}); seine Ladung ist genau –e.

10 Die Masse des Neutrons beträgt ungefähr $1{,}674 \times 10^{-27}$ kg (das entspricht 939 MeV/c^{-2}); es ist elektrisch neutral, das heißt ungeladen.

11 Ein Angström sind 10^{-8} cm, also 10 Milliardstel eines Zentimeters.

12 Interessanterweise macht es in drei Dimensionen einen Unterschied aus, ob man erst die Drehung in der x-y-Ebene mit einem Winkel θ_{xy} ausführt, die von einer Drehung in der x-z-Ebene mit dem Winkel θ_{xz} gefolgt wird, oder ob man erst die gleiche Drehung mit dem Winkel θ_{xz}, die dann von einer Drehung in der x-y-Ebene mit dem Winkel θ_{xy} gefolgt wird. Es kommt also bei den Drehungen in höheren Dimensionen auf die Reihenfolge der Drehungen an. Die verschiedenen Gruppenelemente kommutieren nicht miteinander. Man nennt die Drehgruppen, die diese nichtkommutierende Eigenschaft besitzen, auch Nicht-Abel'sche Gruppen. Bei den Abel'schen Gruppen hingegen, benannt nach dem norwegischen Mathematiker Niels Henrik Abel (1802–1829), wie bei der Gruppe SO(2), kommutieren alle Gruppenelemente.

13 Das Auftreten von e^2 in dieser Formel ist relativ einfach zu verstehen, denn die Coulomb-Kraft zwischen zwei Elektronen ist proportional zum Quadrat ihrer beiden Ladungen, also proportional zu e^2. Das Auftreten von $\hbar$ im Nenner der Formel ergibt sich aus dem Umstand, dass in der Quantenmechanik die Bindungsenergie (Rydberg-Energie) des Elektrons im Wasserstoffatom umgekehrt proportional zum Quadrat von $\hbar$ ist. Schließlich erklärt sich das Auftreten der Lichtgeschwindigkeit daraus, dass die Compton-Wellenlänge des Elektrons umgekehrt proportional zu c ist. Wir messen also die elektromagnetische Kraft, die auf zwei Elektronen wirkt, die eine Compton-Wellenlänge voneinander entfernt sind.

14 Ein Elektronenvolt (eV) ist die Energie, die ein Elektron beim Durchlaufen einer Spannungsdifferenz von einem Volt erreicht. Ein Giga-Elektronenvolt (GeV) entspricht genau einer Milliarde eV.

15 Aus Gründen der Impulserhaltung müssen bei der Paarerzeugung beziehungsweise bei der Paarvernichtung noch weitere Teilchen vorhanden sein.

16 Eine komplexe Zahl entspricht einem Punkt in einem abstrakten mathematischen Raum, dessen x-Achse von einer reellen Zahl (dem Realteil der komplexen Zahl) und dessen y-Achse von einer imaginären Zahl (dem Imaginärteil der komplexen Zahl) gebildet werden. Die imaginären Zahlen haben die Eigenschaft, dass ihr Quadrat eine negative reelle Zahl ergibt.

So ist das Quadrat der imaginären Einheit i gleich –1, also $i^2 = -1$. Die Quadratwurzel einer negativen reellen Zahl ist also eine imaginäre Zahl.

17 Die Gruppen SO(2) und U(1) sind also im Wesentlichen äquivalent zueinander. Beide beschreiben die Symmetriegruppe des Kreises.

18 Genauer gesagt, betrachtet man Drehungen der Wellenfunktion, die an verschiedenen Orten im Raum oder in der Zeit durch verschiedene Drehwinkel charakterisiert sind. Dies kann nur dadurch kompensiert werden, dass ein neues Teilchen – das Photon – erzeugt wird.

19 Im Folgenden werden wir die Elementarladung e bei den Quarkladungen einfach weglassen.

20 Dieser Flussschlauch sieht einem offenen String mit den beiden Farbladungen an seinen beiden Enden gar nicht so unähnlich; dies ist der Grund dafür, dass offene Strings approximativ eine gute Beschreibung für die Mesonen liefern.

21 Diese Temperatur entspricht ungefähr einer Energie von $1\,\mathrm{GeV}/c^2$.

22 Um Neutrinos nachzuweisen, muss man tief unter die Erde gehen. Hier kann man andere Teilchen aus der kosmischen Strahlung so weit abschirmen, dass nur noch die Neutrinos, die extrem schwach, also selten mit anderer Materie wechselwirken, zum Detektor durchkommen. Die Detektoren bestehen in der Regel aus einem riesigen Wassertank, in dem man die Stöße der Neutrinos nachweisen kann. Heute nimmt man zum Nachweis der Neutrinos und ihrer Masse auch Detektoren, die eine große Menge von sehr reinem Germanium enthalten, wie zum Beispiel im GERDA-Experiment unter Beteiligung der Max-Planck-Gesellschaft im italienischen Gran-Sasso-Massiv.

23 Genauer gesagt, nehmen nur die Fermionen mit linkshändiger Chiralität an der schwachen Wechselwirkung teil. Dadurch ist die Raumspiegelungssymmetrie, genannt Partitätssymmetrie, in der schwachen Wechselwirkung maximal verletzt. Die Paritätsverletzung im β-Zerfall wurde schon im Jahre 1956 durch die chinesisch-amerikanische Physikerin Chien-Shiung Wu experimentell nachgewiesen. Ferner können die schweren Quarks mittels der schwachen Wechselwirkung in die leichten Quarks zerfallen. Man nennt dies Cabbibo- auch Kobayashi-Maskawa-Mischung der Quarks.

24 In Wirklichkeit ist es sogar noch komplizierter. Der Elektromagnetismus ist sowohl in SU(2) als auch in U(1) eingebettet. Die U(1) in dieser Formel beschreibt genau genommen die sogenannte Hyperladung.

25 Aus bestimmten theoretischen Gründen, die mit Anomalien zu tun haben, muss es in der supersymmetrischen Erweiterung des Standardmodells sogar zwei Higgsinos geben.

26 Nur der Nordpol der Kugel lässt sich nicht auf diese Weise auf der Ebene abbilden.

27 Genauer gesagt, gilt diese Abstandsdefinition anhand der Metrikgrößen nur für infinitesimal kleine Abstände vom Ursprung. Für endlich große Abstände muss man das Integral der Metrikkomponenten berechnen.

28 Betten wir den Torus allerdings in einen dreidimensionalen Euklidischen Raum ein, dann besitzt der Torus eine dreidimensionale Raumkrümmung.

29 Deswegen ist die Klein'sche Flasche nicht orientierbar.

30 Eine ähnliche Betrachtung wie bei der Zeitdilatation gilt auch für die Längenkontraktion in der gekümmten Raum-Zeit. Wir können den Ausdruck $l = \sqrt{g_{xx}}\, x$ als den durch die Raumkrümmung korrigierten räumlichen Abstand zwischen zwei Punkten interpretieren. Die Metrikkomponente g_{xx} ist allerdings im Gegensatz zu g_{tt} im nichtverschwindenden Gravitationsfeld immer größer als eins.

31 Obgleich die Einstein'schen Gleichungen einfach aussehen, sind sie jedoch mathematisch recht kompliziert. Sie stellen in vier Raum-Zeit-Dimensionen zehn gekoppelte Differentialgleichungen dar, aus denen man die Metrikkomponenten berechnen kann. Exakte, analytische Lösungen der Einstein'schen Gleichungen in geschlossener Form zu erhalten ist sehr schwierig. Die Metrik eines Schwarzen Loches ist ein gutes Beispiel für eine exakte Lösung.

32 Die genaue Formel lautet: $\kappa = 8\, \pi\, G/c^4$.

33 Die genaue Beziehung ist durch folgende Formel gegeben: $r_s = 2\, G\, M/c^2$.

34 Die Metrikkomponenten g_{tt} und g_{xx} des Schwarzen Loches – die sogenannte Schwarzschild-Metrik – sind durch folgende Funktionen des Abstands r vom Mittelpunkt des Schwarzen Loches mit Masse M gegeben: $g_{tt} = 1 - 2\, G\, M/c^2\, r$, $g_{xx} = 1/(1 - 2\, G\, M/c^2\, r)$. Wir sehen nun, dass am Ereignishorizont $r = 2\, G\, M/c^2$, also genau am Schwarzschild-Radius r_s, die Funktion g_{tt} gleich null wird, während die Funktion g_{xx} eine unendliche Größe annimmt. Beide Funktionen ändern dort ihr Vorzeichen. Bei $r = 0$, nämlich an der Singularität, wird g_{tt} zudem noch unendlich. Jedoch kann man das Schwarze Loch durch eine andere Metrik in Kruskal-Koordinaten beschreiben, die am Horizont endlich bleibt.

35 Schwarze und Weiße Löcher lassen sich durch ein gemeinsames Koordinatensystem beschreiben, die Kruskal-Szekeres- oder auch Fronsdal-Finkelstein-Koordinaten.

36 Ein Megaparsec (Mpc) entspricht ungefähr 3,26 Millionen Lichtjahren.

37 Die genaue Formel lautet $\varepsilon_c = 3\, H_0^2/8\pi G$.

38 Ein weiterer wichtiger Effekt, nämlich die inverse Compton-Streuung der

Photonen der CMB-Strahlung mit geladenen Teilchen im kosmischen Plasma, wurde von Zeldovich zusammen mit Rashid Sunyaev, jetzt Direktor am Max-Planck-Institut für Astrophysik in Garching, im Jahre 1970 gefunden. Daraus ergibt sich, dass sich die CMB-Strahlung ähnlich wie Schallwellen in einem Medium fortpflanzt. Man kann dies in den sogenannten akustischen Peaks sehen, die im WMAP-Experiment gemessen wurden. Aus diesen kann man schließlich auch auf die Dichte der sichtbaren und Dunklen Materie im Universum rückschließen.

39 Bei der Herleitung der Planck'schen Energie muss man berücksichtigen, dass die Newton-Konstante G im Gegensatz zur Sommerfeld-Konstante α eine dimensionsbehaftete Größe ist. Deswegen muss man G mit dem Quadrat der Teilchenenergie (Teilchenmasse) multiplizieren, um die Gravitationskraft mit der elektromagnetischen Kraft zu vergleichen. Man kann die Planck'sche Masse auch aus der Heisenberg'schen Unschärferelation herleiten. Dazu betrachten wir ein Teilchen, welches wir in einem bestimmten Raumgebiet Δx lokalisieren wollen. Nach Heisenberg ist dann seine Impulsunschärfe Δp mindestens so groß wie $\Delta p = \hbar/\Delta x$. Es folgt, dass dieses Teilchen (es kann auch ein Teilchen ohne Ruhemasse sein, also beispielsweise auch ein Photon) mindestens eine Energie $E = \Delta p\ c = \hbar\ c/\Delta x$ haben muss. Nun stellen wir uns die Frage, wie groß diese Energie gerade sein muss, um das Teilchen innerhalb seines Schwarzschild-Radius $r_s = 2\ G\ E/c^4$ zu lokalisieren, sodass es selbst zu einem Schwarzen Loch wird. Dafür müssen wir den halben Schwarzschild-Radius mit der Ortsunschärfe Δx gleichsetzen. Lösen wir nun diese Formel nach der Energie E auf, so erhalten wir gerade die Planck'sche Energie: $E_{Planck} = \sqrt{(\hbar\ c^5/G)}$. Wie wir sehen, ist diese Planck'sche Größe nur aus geeigneten Potenzen der Lichtgeschwindigkeit c, der Planck'schen Konstante $\hbar$ und der Newton-Konstante G gebildet.

40 Es wäre sehr interessant zu sehen, ob man verschränkte Wellenfunktionen herstellen kann, die mehrere Universen enthalten. Auf diese Weise könnte man vielleicht sogar Informationen über andere Universen erhalten.

41 Für den mathematisch interessierten Leser sei gesagt, dass der heterotische String auf selbstdualen Gittern beruht, die auch in der Festkörperphysik eine wichtige Rolle spielen und die in mathematischen Arbeiten insbesondere von John H. Conway und Neil J. A. Sloane über dichteste Kugelpackungen klassifiziert wurden.

42 Zu nennen sind hier die Arbeiten von Ignatios Antoniadis, Costas Bachas und Costas Kounnas, von Hikaru Kawai, David Lewellen und Henry Tye, von Lance Dixon, Jeffrey Harvey, Cumrun Vafa und Edward Witten sowie von Luis Ibanez, Hans-Peter Nilles und Fernando Quevedo.

43 Mein Dank gebührt meinen ehemaligen Kollegen Dietmar Ebert, Harald Dorn, Michael Müller-Preußker, Hans-Jörg Otto und Gerhard Weigt, die mich in den ersten Jahren in Berlin sehr unterstützt haben.

44 Unter den vielen erfreulichen Dingen ist noch unbedingt die Walter-und-Eva-Andrejewski-Stiftung zu erwähnen, die es sich zur Aufgabe gemacht hatte, durch großzügige Spenden den Aufbau der Mathematik und der theoretischen Physik in den neuen Bundesländern, insbesondere in Berlin, zu unterstützen. Ich hatte das Vergnügen, die beiden Stifter, den Essener Patentanwalt Walter Andrejewski und seine Frau Eva, während zahlreicher Treffen in Essen kennenzulernen und mit ihnen über die Situation an der Berliner Humboldt-Universität zu diskutieren. Durch diese Stiftung konnten viele bedeutende Wissenschaftler, wie Bernard de Wit, David Gross, Jean Zinn-Justin und viele andere zu Gastvorlesungen nach Berlin eingeladen werden.

45 Dazu gehören Arbeiten von Luis Ibanez, Fernando Marchesano und Raul Rabadan sowie von Mirjam Cvetic, Gary Shiu und Angel Uranga aus dem Jahre 2001.

46 Bei diesen Formeln müssen wir beachten, dass wir den Radius R und deswegen auch die Volumina V(d) immer in Einheiten relativ zur Planck'schen Länge im (3+d)-dimensionalen Raum messen. Der Radius tritt in diesen Formeln immer als dimensionslose Größe auf. R=1 bedeutet, dass der Radius des zusätzlichen Raumes gerade mit der Planck'schen Länge in (3+d)-Dimensionen übereinstimmt. R=2 entspricht einem doppelt so großen Radius usw.

47 An diesem Projekt haben wir zusammen mit Oliver Schlotterer, Stephan Stieberger vom Max-Planck-Institut in München und Tomasz Taylor aus Boston sowie auch mit Luis Anchordoqui, Haim Goldberg und Satoshi Nawata gearbeitet.

48 In den letzten zwei Jahren hat man stringtheoretische Methoden auch erfolgreich in der Festkörperphysik angewendet, um zum Beispiel das Verhalten von Fermiflüssigkeiten und Hoch-Temperatur-Supraleitern zu untersuchen. Auch in diesem Zusammenhang hat sich die große Vielfalt von Lösungen in der Stringtheorie als wichtig zur Beschreibung von Festkörpern erwiesen.

Bildnachweis

Nancy Ellen Abrams/Joel R. Primack: The New Universe and the Human Future. How a Shared Cosmology Could Transform the World, Yale University Press, 2011, mit freundlicher Genehmigung der Autoren: Abb. 2

© Franz Aichinger, München: Abb. 1, 26

© CERN, Genf: Abb. 16

© NASA/ESA/Christopher Reynolds/Jörn Wilms: Abb. 24 c)

© Dieter Lüst: Abb. 31

© Reinhard Genzel, Max-Planck-Institut für extraterrestrische Physik, Garching: Abb. 24 a) und b)

© 2011 The M. C. Escher Company-Holland. Alle Rechte vorbehalten. www.mcescher.com: Abb. 13

© NASA/ESA/STScl: Abb. 22

© NASA/WMAP Science Team/ESA: Abb. 27

© Kristin Riebe, Potsdam: Abb. 3, 4, 5, 6, 8, 9, 10, 11, 14, 15, 17, 18, 19, 20, 21, 23, 25, 28, 29, 30, 33, 34, 35, 36, 37

Wikipedia: Abb. 7, 32

© Zoonar.com/Karl Peter Basenau: Abb. 12

Personenregister